📖 见识城邦

更新知识地图　拓展认知边界

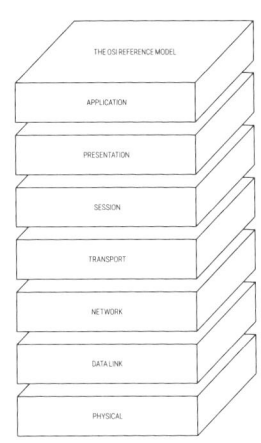
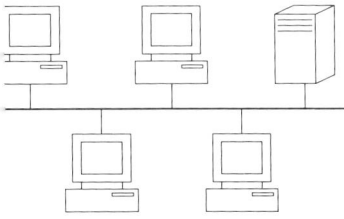
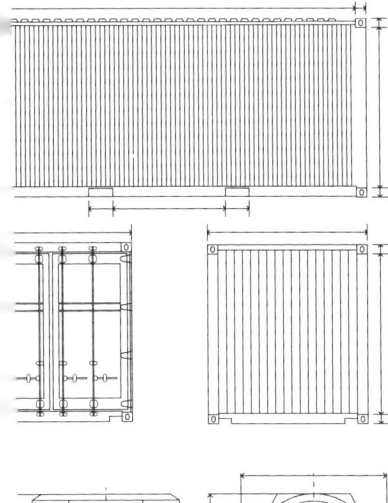
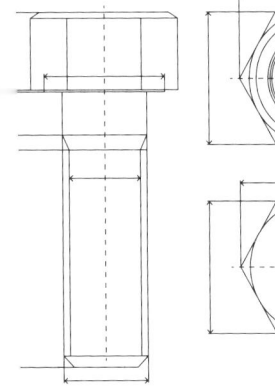
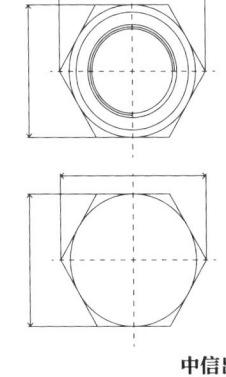

制造规则

国际标准建立背后的历史与博弈

[美] 乔安妮·耶茨 JOANNE YATES
[美] 克雷格·N.墨菲 CRAIG N. MURPHY ——著

应武——译

Global Standard Setting since 1880

中信出版集团 | 北京

图书在版编目（CIP）数据

制造规则：国际标准建立背后的历史与博弈 /（美）乔安妮·耶茨,（美）克雷格·N. 墨菲著；应武译. -- 北京：中信出版社，2025.4. -- ISBN 978-7-5217-7372-9

Ⅰ . G307

中国国家版本馆 CIP 数据核字第 20251TA064 号

©2019 JoAnne Yates and Craig N.Murphy
All rights reserved. Published by arrangement with Johns Hopkins University Press,Baltimore, Maryland through Chinese Connection Agency
Simplified Chinese translation copyright © 2025 by CITIC Press Corporation
ALL RIGHTS RESERVED
本书仅限中国大陆地区发行销售

制造规则：国际标准建立背后的历史与博弈

著者： ［美］乔安妮·耶茨 ［美］克雷格·N. 墨菲
译者： 应武
出版发行：中信出版集团股份有限公司
（北京市朝阳区东三环北路 27 号嘉铭中心 邮编 100020）
承印者： 三河市中晟雅豪印务有限公司

开本：787mm×1092mm 1/16 印张：35.75 字数：567 千字
版次：2025 年 4 月第 1 版 印次：2025 年 4 月第 1 次印刷
京权图字：01-2025-1218 书号：ISBN 978-7-5217-7372-9
定价：88.00 元

版权所有·侵权必究
如有印刷、装订问题，本公司负责调换。
服务热线：400-600-8099
投稿邮箱：author@citicpub.com

序

隐秘的王国：一个由工程师、技术极客和企业家组成的少数派

林雪萍

上海交通大学中国质量发展研究院客座研究员
《供应链攻防战》《质量简史》作者

《制造规则》是一本突破"工业化思维"认知边界的书，罕见地展示了工程师在制定标准过程中的心理活动。这让我们对那些支配世界的隐秘力量有所察觉，随后恍然大悟，进而有冲动参与其中。

我们生活在不同的地方，我们彼此不认识，然而我们眼前的商品几乎拥有一样的尺寸，比如 A4 纸的大小，或者螺钉的尺寸。显然，有人定义了我们生活的物质世界，还决定了我们的生活方式。

他们是谁？

这是一群制定标准的人。他们的武器之一，就是共识。

一个三角

标准的形成，实际上是由工程师、市场和政府所组成的三角关系决定的。一般情况下，政府是这个三角中最薄弱的一环，经常处于被动地位。

尽管政府机构仍然是民间标准制定的推动者和使用者，但公共行政者通常容易成为阻碍标准制定进程的因素。正如书中所说，需要解释的"不是政府为何常常不参与标准的制定和施行，而是政府为何在少数情况下这么做了"。

在这种情况下，民间组织至关重要，而工程师的共识则威力巨大。工程师们往往借助委员会机制，通过共识推动标准的制定与实施。一些经济学家将此现象称为"委员会标准化"，从而优于"政府标准化"或者"市场标准化"。

市场标准化，类似一场群雄逐鹿的淘汰赛。

QWERTY标准键盘（全键盘）并非最优选择，好多键盘的布局都比这种布局效率高。QWERTY的出现，最初是为了防止打字机上相邻字母的键帽相互纠缠导致墨带卡住。当打字机被电脑取代而退出市场时，这种键盘布局跟随着指尖记忆，顽固地延续到了电脑上。随后，它又从电脑"传染"到智能手机上。

Windows操作系统凭借其广泛的用户基础和易用性，在市场竞争中接连击败其他操作系统，并进一步在企业级服务器领域取得了显著进展。与此同时，Unix系统在服务器市场的份额逐渐被挤压，最终形成了以Windows Server和Linux为主导的现代服务器操作系统格局。

这些就是"市场标准化",是一个漫长的进化过程。企业倾向于在很长时间内维持竞争状态,但这会导致大量的竞争性消耗,包括成本和时间的浪费。而且,其结果并非总是最优的。

"市场标准化"有时甚至无法达成统一的结果。例如,当我们出差的时候,去欧洲需要带欧标充电插头,去美国要带美标插头。如此简单的插头标准都不能统一,就是因为当时电气插座的发展及国内标准形成的速度,远远超过了国际标准组织的制定速度。后者无能为力,留下了如今这种无法统一的局面。正是因为这种情况,人们有时会信奉"委员会标准化"所实现的标准化可能优于市场的选择。

这本书最有看头的地方在于,它提醒我们,一个好的标准制定需要两点:一是个人魅力至关重要,二是组织效率无与伦比。

到处都是人的力量

很多人以为,标准都是由大公司盛气凌人的商业领袖制定的。其实完全不是这样,很多时候,标准是由一些不太关心商业世界的"工程极客"制定的。他们牺牲了个人的时间,去完成与全球各种不同的想法的连接。

这些人远远没有企业家那么风光,也没有一个鲜亮的品牌。他们在隐秘的角落里交流,时而争论,但更多时候凭借专业洞见、独立判断和彼此信任达成共识。最终，他们构建出了一种软性的基础设施，而整个商业的基础都建立在其上。这本书提到的一个案例是，在标准制定过程中，"草案编辑"拥有的巨大权力。他们往往是由各商业公司派出的，但在实际标准制定过程中，对他们的监督却很少。

虽然标准所形成的目标往往是生产工业化，但制定标准的过程具有作坊式的特征——少数人控制了一个新概念的内涵和细微的语义，成为隐形的规则主导者。例如，在网络加密工作组中，一个个性十足的强势者很容易"把持朝政"，其间有时是一个漫长的争论、妥协，甚至相互不理睬的过程。W3C的网络加密标准，仅仅因为草案编辑的个人情绪，就导致标准制定不断推迟。谁能想到，标准制定中也会有个人情绪呢？

有时很难理解，少数我们看不见的人，那些完全不知名的工程师，实质性地控制着标准的走向，最后影响的却是数千亿美元甚至上万亿美元的生意。然而这些工程师又是敏锐的，他们能够判断技术正在发生的变化，并且能够与跨学科的技术系统达成共识，从而在标准制定过程中发挥重要的影响力。这些参与标准制定的志愿者，其实也可以被视为具有"标准化企业家精神"的角色，而这是我们以前未曾关注到的群体。

如果说，工程师、政府和市场形成一个相互依赖的三角关系，那么标准制定者则是工程师、企业家和外交家三者的交集。工程师懂技术，企业家则有持久的推动力，他们能让事情从零到一。而制定标准的整个过程充满了妥协的艺术，这正是外交家的魅力所在。

标准的制定，整体上活跃着人的力量。喜怒哀乐，都会在标准的草案里留下痕迹。

令人赞叹的组织

这些工程师是怎么组织起来的？标准化组织的运行机制可能是这个世界上最高效的组织运作模式之一，但它也是常被忽视的组织成功密码。

ISO（国际标准化组织）位于总部瑞士日内瓦的员工只有几百人，却形成了上万个委员会和小组委员会，会聚了数十万专家，活跃于由全球160多个国家的国家标准制定机构所形成的组织中。ISO目前有5 000多个标准，在未来希望能够每年制定1 000多个。

这种高效的组织是如何传达指令、形成闭环的？它又是如何在截然不同的世界中形成国家间的共识的？对于大多数人而言，这些问题仍然是一个谜。这可能是全球最传奇、最有影响力的组织。

说到底，标准不仅仅是技术问题，更关乎组织效率。这是科技攻关中关键却被忽视的问题。ISO是国际标准化组织，而各个国家作为成员组织机构，则致力于将国际标准"翻译"成本国标准。然而也有完全不同的组织，如因特网工程任务组（IEFT），它一开始就专注于制定全球范围内被采用的特定行业标准。ISO代表全球标准国家化，IEFT则是特定行业标准的全球化。无论如何，这些组织都呈现了"通过合作来做更多事情的能力"。在其背后，是一个松散、广泛但不乏严谨的组织网络。

从经济学角度来看，实现标准化以及达成资源性共识，是降低企业之间协调交易成本的有效手段。其组织网络充分实现了全球不同语言、不同肤色人群的连接，往往采用一种最为经济高效的方式。其中也有一些成员的工作是无偿的。

毫无疑问，标准组织的发展历史，也是一部全球社会动员史。

三次浪潮

这本书描述了私人自愿性标准制定的三次浪潮，工程师浪漫主义的形象贯穿其中。

第一次浪潮是从19世纪末20世纪初开始，直到大萧条时期。这是一个工业化在全球各地蓬勃发展的时代，工业化进程以及不断扩大的通信和运输网络催生了对不同类型标准的需求。第一个通用国家标准组织——工程标准委员会（ESC）在工业化程度较高的英国诞生，它是当今英国标准协会（BSI）的前身。这标志着工程师开始崭露头角，而其反映的是一种国家工业竞争力的发展。随后，工程师们又建立了第一个特定领域的国际标准化组织——国际电工委员会（IEC）。这次浪潮确立了自愿采用标准、平衡各个利益相关方、过程体面，以及在国际机构中采取每个国家一票等原则。

第二次浪潮是20世纪30年代到20世纪80年代，展现了标准制定工作从国家层面向国际层面的转变,说明在电子时代,国际标准而非国家标准变得愈加重要。其中典型的例子是在"二战"后兴起的ISO。人们对它的热情超过了标准制定者的想象,这背后其实是全球化繁荣的景象激发的想象力……每个国家都渴望参与全球化贸易以获取财富。当一个个企业在与其他国家的企业做生意时,ISO标准成了一种有力的背书。

第三次浪潮发端于数字技术领域,最后融入环境和社会责任标准之中。计算机网络标准之争促成了因特网工程任务组(IETF)的诞生,也推动了为适应快速变化的技术世界而提供实用标准的联盟崛起。

IETF没有正式成员,秉持"大致共识和运行代码",也就是拒绝官僚式的投票规则,要求新的协议或代码在成为标准之前必须已实现可互操作性。

而W3C则采用会费模式。所有成员组织无论会费多少,均享有同等投票权,体现了开放性和平等性。此外,它还接纳免版税政策,践行公共利益优先的运营理念。

然而,最近的标准化浪潮并不仅仅是关乎信息技术的,还包括一些全新的东西——促进环境和社会可持续发展,改善各类组织中工人的条件,以及在企业社会责任语境中考虑的大多数其他议题。实际上,ISO9000认证对优秀企业的帮助有限,但一些公司仍将其视为必要的经营成本,以向客户做出承诺。

很多中国企业是通过获得ISO认证与跨国公司连接在一起的。它们执行了其认证的要求,并非仅仅为了获得证明书,也致力于将这些规则注入公司的基因。此举塑造了大批高度国际化的公司,这一点在不少中国企业中能够清晰地看到。

这三次标准化浪潮分别体现在几个产品或标准上：蒸汽锅炉、螺纹标准、集装箱和互联网。19世纪晚期，锅炉爆炸事故频发，促使国家出台强制性标准。螺纹标准的制定则依靠工程师民间组织的推动。标准全球化的成功典范是ISO标准集装箱。它最初在美国标准协会（ASA）中被提出，然后经ISO流程确认，因能显著促进贸易而被广泛使用。然而，这并非易事，看看电视国际标准的失败就知道了。

在经历了黑白电视国际标准制定的失败之后，彩色电视国际标准之争也未能取得成效。在美国，美国无线电公司（RCA）与哥伦比亚广播公司（CBS）的竞争导致彩色标准系统难以统一，使得美国国家标准搁浅；在欧洲，法国也未能与其他国家的电视标准保持一致。在这一过程中，国家利益的博弈表明，政府和监管体系可能会阻碍国际标准的制定。

互联网的标准化则更具个人英雄主义色彩。那些"好斗的工程师"具有开放性的特征，从一开始就以全球化的姿态发展，容易摆脱国家约束。虽然美国在互联网领域占据领先地位，但其他国家也并非没有机会。

下一次浪潮可能在中国

经济一体化的压力和社会的复杂性，都会反映在标准之中。一个国家的综合国力和精神面貌，也会投射其中。在标准形成的过程中，民间组织的活跃程度比市场和国家的作用更为重要。

世界银行数据显示，中国的制造业增加值2010年首次超过美国，2022年占全世界比重为30.2%，这引发了一个问题：中国能否成为下一次自愿性标准化浪潮的引领者？中国企业正在大力向海外拓展，这必将进一步拓展全球化的空间。那么，中国制造业是否有机会在以自愿性为主体的标准化过程中引领潮流？

中国有机会做到这一点。

中国在电力标准方面其实已经走在了全球前列。随着中国西电东送带动的超高压技术的发展，中国在电力领域取得了多项突破，这使中国在国际电工委员会（IEC）中拥有重要的话语权。很多与电力相关的技术委员会都设立在中国。此外，中国在动力电池、电动汽车、风力发电、智能硬件（如无人机）等领域都展现出了惊人的活力，在通信领域更是表现卓著。截至2024年底，中国在全球声明的5G标准必要专利中占比超过41%，这一数据充分彰显了中国在5G标准制定中的主导地位和关键贡献。如果说前三次标准制定的浪潮前后跨越100多年，我们未能赶上，那这一次，我们已经站在了新的起点。

这本书填补了我们认知上的一个巨大空白。它掀开幕布，向我们展示了一个从来没注意过的标准制定的舞台。这本书最大的启发是：标准虽是制高点，但并不神秘，它的形成充满了人的气息。这是一个由技术极客、工程师和企业家精神混合而成的江湖。在一个由知识和魅力驱动的世界里，中国面孔能够更多地出现。

目录

前言　01

第一部分　第一次浪潮　21

　　第一章　20世纪以前：
　　　　　　工程专业化及民间工业标准制定　23

　　第二章　1900年至第一次世界大战：
　　　　　　国界内外的民间标准制定组织　66

　　第三章　第一次世界大战至大萧条时期：
　　　　　　一个共同体和一场运动　103

第二部分　第二次浪潮　163

　　第四章　20世纪30年代至50年代：
　　　　　　标准化运动的衰落与复兴　165

　　第五章　20世纪60年代至80年代：
　　　　　　全球市场标准　204

　　第六章　第二次世界大战至20世纪80年代：
　　　　　　美国参与国际RFI/EMC标准化　259

第三部分　第三次浪潮　313

　　第七章　20 世纪 80 年代至 21 世纪初：

　　　　　　计算机网络开创标准制定新纪元　315

　　第八章　2012 年至 2017 年：

　　　　　　W3C 网络加密 API 标准的制定　353

　　第九章　20 世纪 80 年代以来：

　　　　　　质量管理和社会责任自愿标准　386

结论　437

资料来源说明　445

致谢　449

缩写词　456

注释　461

前言

如果您正在读的是这本书的纸质版本，您眼前的页面大小很可能是一个标准尺寸，而这一标准是大约一个世纪前由一些德国工程师所组成的民间标准制定组织确立的；与此同时，这本书很可能是被装在一个标准化的集装箱中进行运输的，而这种集装箱的标准在半个多世纪之前即已产生。如果您是在屏幕上阅读这本书，那么创造您面前这些字符的电子脉冲信号是由一个更晚近建立的国际工程师委员会进行标准化的，能使您的电子阅读器生成这一文本的软件语言亦是如此。其他的一些委员会则建立了您所使用设备电池的标准，以及电池充电器和发电厂之间各种开关、连接件、输电线路和电塔的标准。类似的工程师委员会还标准化了建造这些电塔的水泥和钢铁，将它们连接在一起的螺钉、螺母和螺栓，以及立起这些电塔并悬挂那些电线所用的机械设备。作为输电线路起点的发电厂则依赖更多其他委员会和组织制定的众多标准。甚至您所使用的设备背面的两三颗小螺钉也是符合一项标准的。事实上，为螺纹的大小、形状和间距制定标准的需要促使这类标准的前身在19世纪出现。而您下载这本电子书所使用的大型网络则依赖于由一些相对较新的私人组织所制定的标准，包括因特网工程任务组（Internet Engineering Task Force，缩写 IETF）和万维网联盟（World Wide Web Consortium，缩写 W3C），它们制定标准所遵循的程序与一个多世纪前基本一致。

几乎每一个我们所使用的物品和我们所栖居的建筑空间都有类似的标准。这些标准使技术平台得以确立，让创新在此基础上发生，从而塑造了整个工业发展进程。［例如，1963年制定的使如今电子阅读成为可能的第一个美国信息交换标准代码（ASCII），即为后续所有的创新革命奠定了基础。］没有这些标准，我们所购买的大部分东西将会更加难以制造，商家和消费者之间的矛盾可能会更加激烈；除此之外，如果没有这些标准，我们每日生活所依赖的电网、供水和排水系统，以及通信网络就不会以现在的形式存在。这些经由私人组织实施制定的标准已然成为全球经济的关键基础设施。

尽管以这种方式开发的标准从技术上来说可能并不总是最优的，它反映了代表不同公司和利益的工程师之间的冲突和妥协，但私人制定这些标准的过程所取得的成果大多还是有益的。虽然经济全球化有其不利的一面，但标准化的集装箱确实削减了世界各地消费品的成本，而软件标准的确立则激励企业通过开发新功能、新产品、新服务来进行竞争，相较于被标准化的开发平台，这些依托平台而产生的新功能、新产品和新服务使我们大多数人获得了更大的好处。

标准持有者

本书所要呈现的是一部关于工程师及相关组织的历史，他们开发和运行着规模庞大但不引人注目的全球基础设施，虽然很少有人留意这一以私人达成共识为基础而形成的标准制定过程，但它却影响了我们生活的方方面面。我可能会将这一过程、这些人与这些组织称为"标准持有者"，因为是他们通过各种不同的方式缔造了种种标准，而这些标准是一系列"规定要求、规格、指南或特征的文件，它们可被统一使用，以确保原材料、产品、加工过程和服务符合相应的目的"[1]。他们创造了我们使用的大多数私人标准，他们支持这些标准，并将其作为一种荣誉的象征。他们也在不同时期将这些标准引向不同的方向，在两次世界大战中令它们朝向交战各方不同的国家利益，在20世纪60年代到80年代朝向国际市场，自20世纪80年代以来使其朝向商业的全球性关注。而更多时候，标准持有者只是将其引向一个通过私人、自愿的标准化而团结起来的世界的愿景。

标准持有者的故事滥觞于19世纪晚期。北大西洋两岸的工程师急于通过提供某种社会服务来巩固自己的专业性地位，于是他们发明了一种为工业制定合理技术标准的新程序。这些工程师所发明的程序及时解决了制定可用标准的问题，而如果想让市场自己形成这样的标准，所需时间则要长得多，而且也很少有政府愿意出面去制定这些标准。新程序涉及由代表一定范围内利益相关方的技术专家组成的、致力于寻求共识的委员会。这些委员会成员通过反复的研究、讨论、审议，以及经常性的投票，来试图实现各方均自愿采用某个共识的成果。这一过程经常会创造出一些后来被广泛采纳的标准，如将不同零件连接在一起的螺纹、用于扩大全球市场的集装箱，以及万维网。

这样一种具有私人性质的非政府行为发生在诸多不同层级的非营利标准制定机构之中，而这种新型的组织机构最初是在1900年前后建立起来的。这些机构很快制定了许多帮助管理世界各地经济的国家标准（和一些国际标准）。从第二次世界大战结束到20世纪80年代中期，新一代的工程师和有关专家发起成立了更多的组织，这些组织建立并制定了许多使经济日益全球化成为可能的产品标准。至20世纪接近尾声之时，更新一代的工程师和更加多样化的专家群体以崭新的、更加全球化的方式推动了这一进程。他们创立了一系列维护互联网并令其得到更广泛应用的新组织，以及帮助监管应对新形势下全球经济的某些负面影响的组织机构。如今，大多数工业标准，以及许多重要的社会、环境和服务部门标准，都是通过这一过程制定出来的。它的影响无处不在、极为重要，但又总是处于无形之中，常为人所忽视。

民间规则

由于这些标准极为重要，因此当发现它们都是由一些不知名的技术专家委员会制定出来时，我们可能会感到诧异。而这正是本书的主题。在现实世界中，您可能会问，在市场不起作用时，难道不应该由政府来负责确保"原材料、产品、加工过程和服务符合相应的目的"吗？或许政府应该做，但是自18世纪末以来，各国政府在承担这一任务方面始终行动迟缓，即便它们认为标准化是政府日益拥抱的工业化能够取得成功的关键，即便所涉及的领域能因通用标准而实现更多公共利益，比如基本的度量衡以及安全和健康标准。这种不情愿最初源自这样一个事实，即地方政治领导人或企业往往在维持多种标准的传统体系方面存有既得利益。

法国和美国就是这样的例子。毋庸置疑，建立通用的标准是启蒙运动的一个希望，也正是启蒙运动赋予了这两个国家目前的政府形式。法国大革命的诉求之一是建立一套统一的国家度量衡，以废除由地方领主（seigneurs）在各个地区维持不相容的标准所获得的铸币权（seigniorage）。然而，即使是伟大的理性主义者德尼·狄德罗（Denis Diderot）也怀疑法国三级会议是否会很快就一个全国性制度达成共识并加以施行。他是对的。直到1840年，法国才完全采用了1799年即已引入的公制。美国政府的速度更慢。1787年的宪法赋予了国会制定基本标准的权力，总统乔治·华盛顿在第一次国情咨文中敦促国会立即推进这项任务。然而，一个多世纪之后，美国国会才在1901年建立了一个软弱的国家标准局。在19世纪末，美国各地仍在使用二十五种不同的基本长度单位（如英寸、英尺和杆）；其中有"三种长度相同但名称不同，其余的则是名称和长度皆互无关联"[2]。伴随着1901年的突破，美国开始尝试采用启蒙时期被广泛使用的公制。

最后，总统罗纳德·里根撤销了负责执行1975年《公制转换法案》（Metric Conversion Act）的办公室的资金，他采取这一行动来回应那些坚定的选民，他们中的一些人对于美国传统的计量系统有着民族主义般的依恋，而大多数人，尤其是小企业主，则更担心转换为新系统后所带来的成本问题。[3]

从更加普遍的意义上来说，当任何政府或政府间组织机构制定标准并加以强制执行时，新的标准往往会给那些有能力抵制甚至阻止立法和施行的重要利益群体增加成本，或者会削弱其优势力量。出于这样的原因，政府往往不反对民间行动者制定自愿性标准；这些标准虽然可能在法规中有所提及，但并没有被官方正式颁布执行。然而，一位研究过诸多不同国家政府标准制定的悠久历史的政治学家认为，不足为奇的是，"公共行动者可能会阻碍标准制定进程，即便是当标准制定能满足很高的私人需求、具有明显公共福祉之时"。他据此说道，真正需要解释的不是政府为何常常不参与标准的制定和施行，而是政府为何在少数情况下这么做了。[4]

那些政府（或政府间）标准制定的案例不是本书的重点，尽管政府机构经常是民间标准制定的推动者和民间标准的使用者。例如，工程师们基于共识过程制定标准的早期历史与政府日益增长的以下认识交织在一起，即政府认为应该制定安全标准来规范一些新的、具有危险性的工业产品，特别是似乎总在发生爆炸事故的新型蒸汽锅炉。19世纪晚期的各国政府也希望自己在购买蒸汽船、蒸汽机车等时有标准可以参考。在此后的每一轮创新中，政府对于确保其所购物品能够

"符合相应的目的"的关注一直存在,因此政府对制定标准感兴趣,但并不一定要亲自为之。

长久以来,许多私人行动者(终端消费者、生产和使用各种商品和服务的公司、设计这些商品和服务的工程师和其他人,以及一直致力于为工程师提供信息的科学家)在制定共同标准方面拥有更为一致的目标和强烈的兴趣。因此,范围广泛的非政府组织(本书重点关注的专业学会、贸易协会,以及最终形成的专门的标准制定机构)在19世纪开始试验不同的标准制定模式,并于19世纪80年代之后聚合形成一种自愿性、基于共识的过程。一些经济学家将这一结果称为"委员会标准化"(standardization by committee),主张就理论而言有理由认为其优于政府标准化或市场标准化〔市场标准化虽然不够完善,但也产生了无处不在的标准,如QWERTY标准键盘(全键盘)和微软Word软件〕。在1988年的一篇重要文章中,约瑟夫·法雷尔(Joseph Farrell)和加思·塞隆纳(Garth Saloner)比较了不同类型标准设定的规范化模式。[5]根据他们所提出的合理性假设,通过委员会过程实现的标准化要优于市场形成的。这符合一般经验。市场倾向于在很长一段时间内维持彼此竞争的标准,从而导致大量不必要的成本和种种挫败。想想让穿梭于世界各地的旅行者颇为烦心的各国不同类型的插头和插座,又或是这样一个奇怪的事实,即每部手机似乎都有自己独特的连接线。这两种情况都是市场失效的结果,而这一挫败靠私人标准制定亦无法扭转。

法雷尔和塞隆纳还指出了一种比委员会独自行动更为有效的机

制：在一个由强大行动者（大公司、先进国家或者类似于欧盟这般正式成立的区域贸易组织）参与构成的世界中通过私人委员会来制定标准，这些强大的行动者可以略过标准制定过程并设定一个其他人可能都会遵从的标准。这精确地描述了我们所实际生活的世界：由寻求共识的利益相关者委员会实现的自愿性标准制定过程广泛存在，该体系就其本质而言允许大公司和强政府在共识达成之前选择制定它们自己的标准。

实际的私人标准制定委员会系统是如何在我们这个由实力悬殊的公司和政府构成并充满利益的现实世界中产生和发展的？这就是我们要回答的问题。我们的考察范围是全球性的（但是由于我们的语言局限性和档案材料的可用性，重点会偏向美国）。我们偶尔会讨论制定标准的其他方式，主要是为了梳理为什么私人的、基于共识的系统最终会有其具体（而广泛）的关注焦点。例如，各国政府和政府间组织已成为围绕19世纪蒸汽锅炉安全、20世纪中期工人安全和20世纪末污染控制等等问题来制定或执行标准的领导者。然而，私人系统也参与了这些领域中的每一个领域，在竞争系统之间建立的边界有助于解释为什么这两个系统会并存。我们还会讨论同样具有启发性的案例，包括美国联邦通信委员会和欧盟委员会等机构如何选择依赖私人性的全国、欧洲或全球标准制定机构，而不是自己来制定标准。此外，我们还研究了一个案例，在该案例中，国际电信联盟（International Telecommunication Union）这一政府间组织机构内产生了一个模仿私人共识方式制定标准的公私混合委员会。

市场在标准制定过程中发挥的作用也与我们要讲述的标准之战和联盟标准的故事有关。标准之战始于创造新技术的公司竭力通过市场将自己的产品确立为约定俗成的标准。（部分读者可能会记得，在20世纪70年代至2000年索尼Betamax与JVC的VHS竞争期间，市场未能为我们提供及时、高质量的录像机标准。[6]）标准之战有时会破坏，有时会刺激自愿性、基于共识的标准制定过程。自20世纪90年代以来，由相互合作的公司组成排他性联盟来制定标准已成为高科技领域的一项重要实践。这些联盟制定并维护其成员希望在市场上获得成功的标准。私人标准制定旧体系的一些拥护者将联盟视为其制定标准过程的主要挑战。其他人注意到，联盟制定标准越来越类似基于共识的标准制定体系。并且，为了避免失去相关性，国际标准机构制定了新的程序，以允许其将那些一次性联盟标准纳入更广泛的标准化框架内。

在某些领域，政府（或政府间）与私人标准制定体系之间的边界相对模糊（典型的困惑是边界在哪儿和应该在哪儿），部分出于这个原因：一代代的公共政策理论家和跨越政治派别的社会行动者感到私人标准体系十分强大且富有吸引力。[7]第一次世界大战结束时，费边社（Fabian Society）的领导人西德尼（Sidney）和比阿特丽斯·韦伯（Beatrice Webb）认为，进一步扩大第一个国家标准机构——英国工程标准委员会的实践，应该成为社会主义英国宪法的重要组成部分；著名自由国际主义理论家玛丽·帕克·福莱特（Mary Parker Follett）认为，这一过程对于一个新兴的、进步的

"世界国家"至关重要；美国共和党人、商务部长（兼工程师）赫伯特·胡佛（Herbert Hoover）倡导将私人自愿性标准制定过程纳入他的现代化"协会型"（associational）国家。[8] 不到一个世纪后，另一位著名的自由国际主义者——联合国秘书长科菲·安南，以及杰出的胡佛思想继承者、世界经济论坛的克劳斯·施瓦布（Klaus Schwab）也提出了类似的主张。[9]

组织、流程与人员

组织是私人标准制定体系中的关键组成部分。在一部涉及相关话题（世界政府的现代理念）的现代史著作中，马克·马佐尔（Mark Mazower）称ISO"可能是当今世界最有影响力的民间组织之一，无论是家用电器的形状还是我们周遭的色彩和气味，它对我们生活的方方面面都产生了巨大而无形的广泛影响"[10]。这么说似乎非常奇怪，因为这个组织只拥有几百名带薪员工，所在的大楼很不起眼，位于日内瓦机场附近，可以俯瞰郊区火车站和高速公路立交桥。它与任何主要政府（甚至是联合国日内瓦办事处）的内阁部门都完全不同，那类政府机构通常会有一个宏伟的总部，内有数千名雇员，同时还会高薪聘请数万或数十万名分布在全国（或世界各地）遥远的地方工作的实地作业人员。

ISO是一个与众不同、令人困惑的存在，它是一个由超过160个国家的国家标准制定机构形成的组织。而这些机构中的大多数又由不同组织构成，数千个这类组织也会资助成立委员会来建立和维护标准。当我们考虑的不是 ISO 的几百名员工，而是作为其成员团体的整个国家标准制定机构网络（及它们自己的成员协会和组织），以及由这些机构赞助创建的成千上万个委员会和小组委员会、数十万名在委员会中服务的专家所形成的标准制定者共同体，以及他们所有人遵循的共识形成过程时，马佐尔关于 ISO 权力的论断就是有道理的。马佐尔和许多其他评论人士甚至把 ISO 的名字都弄错了，但这是可以理解的。ISO 的英文全称并不是马佐尔所说的 International Standards Organization（国际标准组织），而是 International Organization for Standardization（国际标准化组织）。ISO 是一个假的首字母缩写词，之所以选择它，恰恰是因为它在该组织的任何官方语言中都不是组织全称的首字母缩写词（比如在法语中的全称是"Organisation international de normalization"，而俄语使用的是不同的字母体系）。此外，人们常说，创始成员之所以选择 ISO 这个名称，是因为 isos 在古希腊语中表示"相同"的意思，但参与 ISO 创立的人士表示，这一说法并不确切。[11]

今天，基于共识的民间标准制定领域的范围比整个国际标准化组织网络还要大，而后者在五十年前包括了遵循这一过程的大多数组织。现在，这一领域包括诸如 W3C 和 IETF 等较新的组织（W3C 和 IETF 都认为自己是全球性的，二者都没有可代表世界不同国家或地区的正式制度），以及所有在环境和社会责任标准制定方面与 ISO 竞争的新的民间组织。此外，与 ISO 在 1946 年决定成立时不同的是，当前尖端高科技行业中许多潜在标准制定者认为所有组织都是官僚主义和古板笨拙的，因此，他们自己创建了与组织的相似性尽可能少的机构，例如，IETF 没有正式的会员。尽管如此，在民间标准制定的历史长河之中，组织在为制定过程提供周密安排以及招募工作人员方面一直起着至关重要的作用。

ISO 组织了制定国际标准的工作。作为 ISO 成员的国家机构组织制定国家标准的工作。其他标准制定组织，如 IETF 和 W3C，通常专注于制定最终在全球范围内被采用的特定行业标准。(如前文所述，这一治理和监管体系内的边界可能是模糊的。)然而，参与私人标准制定的所有组织都使用相同流程的不同变化形式。

从一开始，流程的核心就是技术委员会，这些委员会致力于就文件达成共识。这些文件是定义产品、技术流程或（最近）组织实践具体质量的标准。在国家层面，委员会成员构成通常会平衡来自生产商的工程师、来自用户或消费者公司的工程师，以及不属于这两个类别的工程师。委员会通常在多年时间里经由通信和定期会议，就某一项标准或某一套标准开展工作。成员相互交换与标准化任务有关的技术研究结果，提出标准的可能性规范，讨论和审议标准提案，尝试达成全体一致的意见，并经常在最后阶段对提案进行表决。在 ISO 和类似的民间国际标准组织中，通常是由国家代表团派驻代表并投票，但这些代表团通常由国家标准化或技术机构甄选的技术专家组成，而不是由政府选择的官员构成。在诸如 W3C 等较新的全球组织中，有很多代表是来自跨国公司的技术专家,但没有国家代表团。

从内部看,标准制定委员会的决策过程类似于协商民主——一个在达成共识前让所有声音都能被听到、所有立场都能被考虑的审慎过程。从外部看,自愿制定标准的制度显然是一种技术专家治国制度,而不是一种民主制度,因为专家知识通常是进入委员会的必要条件,而且始终是被严肃考虑的必要条件。此外,大多数技术专家代表商业公司、生产商和大部分标准化产品的主要消费者。利益相关者的均衡代表性的要求,以及我们可以称之为正当程序的要求(例如,考虑每一张反对票并以书面形式回应每一项反对意见),都是为了防止委员会中的任何一位或一组成员不顾其他利益相关者的合理反对意见,仓促执行某项特定的标准,但这些要求也会使就标准达成一致变得更加困难。拥有强大实力、以自我利益为导向的国家或公司参与者必定会延缓进程,而且根据许多标准化组织的规则,最终可能会陷入僵局。但是,协商一致的过程几乎总能阻止这些具有强大实力的参与者就所期望的标准达成强制性协议。

在 19 世纪末 20 世纪初,创立和实行此类过程的人几乎都是工程师,只有少数是科学家和熟练掌握技术的管理人员。他们组成了一个很小的共同体,只有几千名男性(据我们所知,没有女性),大部分是欧洲人和美国人。如今,全世界有数十万人,其中许多人(但不是所有的工程师)每年都会花一部分时间帮助制定自愿标准。我们在本书中描述了三次制度创新浪潮,每一次浪潮都由一些个人引领,他们是标准制定组织的熊彼特式的政治企业家,我们称之为标准化企业家（standardization entrepreneurs）。[12] 其中最早也最有影响力的是英国电气工程师查尔斯·勒·迈斯特（Charles le Maistre）。他于 1901 年帮助成立了第一个基础广泛或通用的国家标准制定机构——英国工程标准委员会，于 1906 年协助建立第一个今天仍然活跃的特定领域的国际机构——国际电工委员会（International Electrotechnical Commission，缩写 IEC），在 1946 年参与建立基础广泛的 ISO。第二次世界大战之后，瑞典工程师奥勒·斯图伦（Olle Sturén）帮助将标准制定者的注意力从国家标准转移至国际标准，他也是 20 世纪后半叶任职时间最长的 ISO 负责人。软件工程师倡议建立一个平等的互联网，具有类似平等主义愿景的非工程师群体则尝试应用该过程来创建社会责任标准；发明万维网和创立 W3C 的英国软件工程师蒂姆·伯纳斯-李（Tim Berners-Lee）可谓这一新近机构标准化企业家中的代表性人物。

这些男人（和一位在我们故事最后才谈及的女人）领导了这场运动，但如果没有那几百、几千，最终成千上万的人在技术委员会中辛勤工作和审议，直至标准达成共识，他们就不可能做到这一点。对几乎所有人来说，这项工作都不是他们的主要工作。对于一些人来说，这只是他们工作的一小部分；他们为受拟议标准影响的大公司（例如早期的宾夕法尼亚铁路公司和今天的谷歌公司）工作，公司为他们（的时间和差旅）支付费用以使其能够代表公司的利益。其他的标准制定者，比如独立咨询顾问和学术界人士，会出于其他原因自己支付费用：他们认为这项工作有助于提高他们的技能和知名度；

他们认同这个共同体；还有许多人坚定认同标准化过程本身，认为这符合公共利益。事实上，通过这一过程，即使是许多怀揣明确意图的大公司代表也成了今天所谓的"标准极客"（standards geeks）。对这一过程深信不疑的标准制定者时刻谨记普遍的利益，他们愿意牺牲个人时间和舒适度来帮助实现这一过程。尽管局外人有时会将参加世界各地的标准化会议所需的大量旅行视为一种额外的福利，但标准化制定者很快认识到了深入参与这一过程的不利因素。奥勒·斯图伦在结束他35年的ISO职业生涯时，已游历过60多个国家，他说他所从事的工作最大的好处之一就是，有机会去到世界上的许多地方，标准制定者成为世界范围内从事标准化工作的工程师共同体的一部分，并享受社会和教育方面的好处。但是他抱怨道："要是认为参加技术委员会会议是惬意的旅游体验，那就错了。"他解释说，因为这项工作需要与"相关行业中最优秀的人才进行争论，而在技术上不完全自信的人，在发表最温和的评论之前可能都会迟疑不决"。[13]

然而，也许我们在研究民间标准制定全球史时学到的最重要的东西是，共同体的有效性最终不仅取决于参与人员的能力，还有赖于他们的坚定投入。标准持有者的历史其实是一段社会运动史，一场在19世纪末开启的兴衰起伏的标准化运动史。这也许是本书故事中最令人惊喜的部分。

本书与当前文献的契合点

自 20 世纪和 21 世纪之交以来，关于民间标准制定及其影响的研究激增。商业和经济史学家研究了民间标准在特定领域（如铁路和计算机）中的作用。[14] 另一些人书写了特定国家或国际标准制定机构的历史，通常作为官方历史。[15] 有些人则侧重于标准制定在个体经济和整个现代工业历史中的核心地位。[16] 与此相似的是，近期在社会科学领域开展的一些工作研究了自愿性标准在特定领域作为政府间协议替代品的作用，以及制定标准这一流程的不同变化形式对全球市场运作的影响。[17] 一些学者提出了更广泛的问题，研究标准制定可能如何转移、强化和隐藏社会权力。[18] 此外，最近对全球治理领域中最重要的研究问题的反思著作，将自愿性标准制定的历史和影响确立为进一步研究的重要课题之一。[19]

这种类型的标准化是一种复杂的现象，不太容易用单一的理论或学科来解释。强调标准化在战略和权力方面作用的文献是有用的，因为这说明了一家公司的标准化政策如何成为其市场成败的决定性因素[20]，也揭示出当给定标准占据主导地位时，是否采用该标准的决策将越来越不是能够自由选择的问题，即使该标准并未成为法律，事实上，许多私人标准皆是如此。[21] 但这远远不是全部。用政治学家的话说，标准制定不光与"控制的权力"（power over）或谁控制事情有关。我们（以及大多数标准制定者自己）在对待标准制定时，更多考虑的是，"做事的能力"（the power to do），即人们通过合作来做更多事情的能力。[22]

  一些从事标准化研究的经济学家认识到,自愿性共识过程可被视为降低企业之间协调交易成本的一种手段,[23] 但只从经济学角度看待标准制定还不够完整。这种方法很难解释这样一些例子,比如一家公司决定放弃标准集装箱角件的专利权,即便这一决定在短期内对公司没有任何帮助。这一行为更加符合标准化运动中关于超越利益、支持技术优势和公共利益的理念,也符合标准制定者普遍持有的信念,即从长远来看,任何一个标准都比没有标准好。完全基于经济利益的观点无法有效解释的还包括查尔斯·勒·迈斯特和奥勒·斯图伦将越来越多的国家纳入国际标准化网络的努力,这种做法削弱了在标准化之路上先行的发达国家的影响力。经济解释也无法说明那些与公司无关或已经退休的人为何会继续从事标准制定工作,并为此自行支付高昂的旅行费用。对此,工程师共同体的情谊可能有助于解释。即使在传统自愿性标准化运动已经失去部分动力的今天,围绕互联网和网络技术,以及围绕环保主义和企业社会责任的社会运动的道德承诺,似乎仍是标准制定成功的重要因素。

  我们认为,研究民间标准化的更好方法是,将其视为一个与商业或政治有着完全不同逻辑的领域,这一领域的发展是为了应对伴随工业资本主义更大经济一体化压力而产生的更大规模的社会复杂性。早期的标准化企业家可能会补充说,这个社会领域之所以发展起来,是因为市场和国家都无法有效担负标准化领域的职能。[24]

面向未来：民间标准制定的三次浪潮

制度创新的三次浪潮塑造了私人自愿性标准制定的历史。本书第一部分（第一章至第三章）的主题是第一次浪潮，主要关注但并不仅限于国家标准化。随着工程技术在工业国家的普及与专业化，工程师们希望通过服务于公共利益来展示他们的专业地位。他们开始在全国性专业和行业协会内建立标准制定委员会。第一个综合性国家标准制定机构和特定领域的国际电工委员会都是在20世纪第一个十年形成的。查尔斯·勒·迈斯特成为英国机构秘书和国际电工委员会秘书长（及其背后主要的道德和执行力量）。他在第一次世界大战之前、期间和之后鼓励其他国家以英国模式成立国家性标准制定组织。第一次运动浪潮在第一次世界大战后十年达到顶峰，国家标准制定机构遍布整个工业世界，随后因大萧条的爆发而逐步衰退，直至第二次世界大战。

创新的第二次浪潮是本书第二部分（第四章至第六章）的主题，这次浪潮始于第二次世界大战，主要关注国际标准化。获胜的同盟国的标准制定者发起成立了一个新的国际组织：ISO。它迅速采取行动，接纳了战败国，并在之后几十年里弥合冷战分歧。作为ISO的负责人，瑞典人奥勒·斯图伦敦促发展中国家建立国家标准化机构并加入ISO，进而推动制定国际标准，并与政府和政府间组织合作，在立法中引用国际民间标准。成功的国际标准（如海运集装箱）有助于商业国际化，而未能达成国际标准（如彩色电视机）则会造成巨大的贸易壁垒。仔细检视自"二战"结束到20世纪80年代围绕射频干扰和电磁兼容性的标准制定,就会发现,尽管美国在军事和经济上占据主导地位,但其标准制定者必须学会有效参与国际标准制定。

20世纪80年代末,工业化世界的国家政治和主导产业都经历了根本性变化,引发了标准制定创新的第三次浪潮,第三部分(第七章至第九章)对此进行了讨论。新型私人标准制定组织产生于计算机互联网领域,包括IETF和W3C。此外,似乎违背许多自愿性标准制定既定原则的机构、企业联合会也出现了,这进一步挑战了传统的私人标准制定机构。仔细考察W3C标准制定委员会,可以发现新旧标准化机构之间的相似之处和不同之处。最后,第三次浪潮还包括另一次体制创新,这一次是发生在传统标准制定过程内部以及外部,将私人自愿性标准制定过程应用到了更加广泛的管理和社会问题,从ISO9000质量保证标准到环境管理体系和社会责任标准,以及标准化企业家艾丽斯·泰珀·马林(Alice Tepper Marlin)的工作——她建立了SA8000全球劳工标准,帮助ISEAL(国际社会与环境认可和标签联盟)、一组非ISO组织定义并采用其自己版本的自愿性协商一致原则。

本书最后讨论了这种标准制定模式当前面临的挑战,包括标准制定者群体老龄化,该群体的性别、种族和民族多样性有限,以及经济力量向亚洲和其他发展中国家公司和政府转移。我们认为,一些标准化组织正在采取行动应对这些挑战,我们还将讨论中国日益重要的作用和发展,那里可能会形成下一轮自愿性标准化浪潮并影响整个世界。

第一部分

第一次浪潮

自愿性标准化运动肇始于19世纪工业国家的工程专业化。出于对科学方法和效率的共同信念，以及展示自身专业地位的渴望，工程组织在19世纪末开始建立标准制定委员会。1900年之后，英国的工程师们建立了第一个基础广泛的国家标准制定机构，此后不久，这批人中的一些人又成功创立了第一个电气工程这一特定领域的国际机构。这项运动确立了若干原则，包括：自愿采用标准，需要平衡各个利益相关方（来自生产方和用户方公司的工程师，以及独立的工程师）；过程应当体面，考虑各方观点；以及在国际机构中采取每个国家一票的原则。虽然从一开始就有国际标准，但第一次浪潮主要集中于建立国家标准制定机构。

第一章考察了早期的标准化尝试，结束在19世纪80年代和90年代期间建立国际标准制定机构的首次（失败）尝试。第二章回溯了英国第一个国家标准制定机构和第一个活跃至今的国际机构（国际电工委员会）的兴起历程，并强调了标准化企业家查尔斯·勒·迈斯特在这两个机构中发挥的作用。第三章将这一故事引至大萧条初期第一次浪潮的顶峰，分析标准化运动及其共同体。

第一章

20世纪以前：工程专业化及民间工业标准制定

19世纪工程的发展促使工程师专业协会内部在该世纪结束之前首次有组织地开始尝试制定民间标准。最初，欧洲和其他地区的科学界在不同的场合开会讨论并商定许多领域科学术语和单位的标准。随着网络化通信和交通（电报和铁路）的发展跨越国界，科学家与工程师、实业家和外交官一起针对这些应用领域制定基于条约的行政标准。与此同时，工程师正在确立自己的专业地位，并以专业协会为中心形成自己的共同体。在工业化的欧洲、美国和日本，工程师协会在国家层面上不断发展并分化。工程师们开始在他们的协会内部成立委员会，并为工业目的制定自愿性的国家技术标准，包括蒸汽锅炉、螺纹和铁路钢轨的标准。到该世纪的最后二十年，许多工程师协会开始进行标准化，以巩固其专业地位。

19世纪行将结束之时，人们还曾试图建立一个国际性的、特定领域的私人标准制定组织。在约翰·包辛格（Johann Bauschinger）教授的领导下，德语大学的工程师们发起了一系列日渐国际化的会议，以就建设桥梁、道路和建筑所用的材料的试验方法达成一致。19世纪90年代，他们成立了国际材料试验协会（International Association for Testing Materials，缩写 IATM），以制定该领域自愿、非政府性质的技术标准。虽然该协会作为一个标准制定组织没能在第一次世界大战中幸存，但包辛格引入了一些早期自愿性标准制定的原则。此外，IATM 还催生了一个美国机构，该机构于 1902 年分离出来，成了一个重要的、特定领域的美国标准制定组织，也就是美国材料试验协会（American Society for Testing Materials，缩写 ASTM）。在宾夕法尼亚铁路公司的查尔斯·B. 达德利（Charles B. Dudley）的领导下，该机构参与了在此之前二十年即已开始的美国钢轨标准化工作。

在本章中，我们简要回顾这一过程，这些发展为 19 世纪和 20 世纪之交建立的首批持续存在的国家和国际标准制定组织奠定了基础，这些组织的成立完全是为了制定民间自愿性标准，而这一点将会放在第二章讨论。

19 世纪的国际科学界

19 世纪下半叶，许多国际科学和技术大会与日趋流行的国际展览和世界博览会共同举行，第一次这样的博览会在伦敦的水晶宫举办。在这些相互关联的大会上，特定领域的国际科学界往往试图就各自领域的术语和计量标准达成一致。

在1851年于水晶宫举办的国际工业博览会上,法国政府展示了一根米杆(米制水平标尺)、一公斤重量和一升容器,借此推动公制计量系统的国际化,而该系统已被法国通过立法认定为国家标准。[1]这次展览引发了法国之外的科学家和政府代表对于计量标准的讨论。1855年,伦敦第二届国际统计大会的一些与会者成立了统一十进制度量衡、重量和硬币协会(Association for Obtaining a Uniform Decimal System of Measures, Weights, and Coins),由国际银行家雅克·罗斯柴尔德男爵(Baron Jacques Rothschild)担任第一任主席,以促进公制系统的广泛采用。[2]随后的定期会议促使更多国家接受这一制度。到1867年,40个国家的代表在巴黎世界博览会上会晤,讨论建立一个国际计量组织,将该系统的采纳范围从法国扩大到国际社会;在1872年的一次会议上,与会者正式提出建立一个政府间组织,该组织在1875年通过一项公约正式成立,最初被称为国际公制委员会(后来成为国际计量局)。[3]美国和英国尽管对公制系统持保留意见,但都派代表出席了会议,不过只有美国签署了同意成立委员会的公约——签署该公约并不意味着签署方需要接受公制。英国和美国都没有采用公制,这在后来的国际工业标准化过程中持续引发争议。

除了计量学家和统计学家,研究地震学、数学和制图学的科学家也在国际博览会上举行会议。民间、非政府性质的国际大地测量学会(International Geodetic Association)于1864年和1867年召开会议,会集了众多志在合作绘制世界地图的科学家;该组织还支持改进公制系统并使其在全球范围内普遍采用，以确保其制图工作有一个统一、明晰和精确的度量标准。第一届国际地理大会于 1871 年在安特卫普召开，此后每隔一段时间召开一次。[4]

制图学在引出科学问题的同时还引出了政治和外交问题。1884 年，美国政府邀请 25 个国家派代表参加在华盛顿特区举行的第一次国际子午线会议，商定一条本初子午线（即零度经线），以及从本初子午线午夜开始的世界日。[5] 会议主席、海军上将罗杰斯（C. R. P. Rodgers）在开幕致辞中指出，"在外交和科学领域享有盛名的代表"（国际科学界成员以及代表各国政府的外交官）出席了此次会议。[6] 法国的外交姿态主导了政府间会议的最初阶段，这在一定程度上反映了法国对美国和英国计划将格林尼治而不是巴黎作为本初子午线标界处的不满。法国代表勒费夫尔（A. Lefaivre）宣布他反对美国的一项提议，即允许几位不代表某一国家的杰出科学家参会（折中方案允许他们在应总统邀请并经代表批准的情形下发言），并断然拒绝了美国提出的另一项建议——会议向公众开放。他主张（如会议记录报告所总结的），会议是

> 官方和机密机构；是科学的，这是事实，但也是外交的；它被授权就公众现在无法介入的问题进行磋商；允许公众参与会议将破坏会议的机密性，并使会议遭受外部压力的影响，而这种压力可能会对会议的进行产生非常不利的影响，他将坚决反对这项决议。[7]

由此，法国主张各代表应优先于国际科学界和公众。会议开始时的这一交锋也突出了美国代表团的观点，即在这一问题上，科学技术专家的意见比国家赋予的地位更重要。在那次会议上，以格林尼治作为本初子午线标界处的提议经投票表决最终获得批准（有一张反对票来自多米尼加，法国和巴西弃权[8]），使制图和计时工作得到了简化和标准化。

国际科学界对科学准确性和合理性的共同信念，推动了对计量标准制定的需求。与此同时，工业化和不断扩大的通信和运输网络也产生了对不同类型标准的需求。

通信运输网络用电气设备及管理规定

一个世纪中，越来越多工程师和实业家参与的类似大会、协会/学会和条约组织也提出了在建立跨越国界的电报通信和铁路运输网络过程中出现的应用标准问题。19世纪，由于电报工程师对安装维护远距离海底电报电缆的迫切需要，科学家（主要是物理学家）、工程师，以及从根本上说是外交官之间的合作促成了电阻和其他电气装置在测量方面的标准化。早在1851年，德国物理学家威廉·韦伯（Wilhelm Weber）就在卡尔·弗里德里希·高斯（Carl Friedrich Gauss）关于磁学的先期工作基础上，提出了一种基于功和能量单位的"绝对"系统。然而，这一体系难以解释或以物质形式体现；此外，以通过导线速度表示为每秒一米的电阻单位，"小得可笑［不到 1 英里（约合 1.6 千米）普通导线电阻的一亿分之一］"。[9]电报工程师制作用于工作的电阻线圈，但无法将其与不同电报公司所使用的线圈进行校准。1860 年，德国电报工程师兼实业家、西门子公司创始人维尔纳·冯·西门子（Werner von Siemens）提出了一种测量电阻的方法，该方法基于零摄氏度状态下一段长度为 1 米、横截面为 1 平方毫米的水银柱的测量，这种测量方法具有物质性的体现，并且有适当的刻度。

但是到这个时候，建立一套新的电气元件（电阻只是其中之一）系统的更广泛的努力正在得到有力支持。为了应对大西洋电报公司（Atlantic Telegraph Company）于 1858 年铺设第一条大西洋电缆时遭遇的失败，英国政府和该公司成立了一个联合调查委员会来评估失败原因，并提出未来可能的行动方案。在 1861 年的最终报告里，该委员会建议未来的合同需要规定标准电阻。与此同时，著名物理学家、热力学第二定律提出者，同时也是最初失败的大西洋电缆项目顾问威廉·汤姆森（William Thomson，后来的开尔文勋爵）以及其他人建议，英国科学促进协会（British Association for the Advancement of Science）成立一个委员会来标准化电气元件。[10]在该协会于 1861 年召开的会议上，电气标准委员会（Committee on Electrical Standards）即为此而成立。它在成立之初只有六名成员，五名科学家（包括汤姆森）和一名电报工程师，在后续工作过程中增加了几名成员,包括杰出的科学家詹姆斯·克拉克·麦克斯韦(James Clerk Maxwell,他建立了麦克斯韦方程组),以及几名杰出的电报电工,其中有维尔纳·冯·西门子的兄弟卡尔·威廉·西门子,他是他们家族公司在伦敦办事处的负责人。[11]

该委员会尽力满足电报工程师和实验室科学家的需求,最终将单位制建立在韦伯绝对单位系统的基础上,但将单位设置在实际水平(例如,电阻单位,后来被称为欧姆,以韦伯米/秒作为基础,但增加了几个数量级)。为了满足电报工程师的迫切需求,委员会在1863年颁布了初始的电阻标准(体现在电阻线圈中),并于1865年发布了英国协会的官方标准。[12] 但是,这些标准与维尔纳·冯·西门子提倡的基于水银的单位标准之间的斗争持续了多年,对委员会所建立标准测量精度的攻击也是如此。1881年,第一届国际电气大会(International Electrical Congress)最终就此在国际层面达成妥协。这次会议是由法国在巴黎主办,但演化成了德国和英国之间围绕阻力单位的辩论。会议结束时,来自欧洲各地的200名科学家和工程师就基于韦伯绝对单位系统的欧姆、伏特、安培、库仑和法拉系统达成了一致,并用厘米、克和秒来表示,但他们也同意利用水银柱来对电阻的测量进行校准。科学家和电气工程师将在未来几十年内继续召开这样的电气大会,以提出电磁测量的进一步问题。[13]

电报在引出科学技术问题的同时也产生了国际外交问题。国际电报联盟(International Telegraph Union,缩写ITU)是基于1865年在巴黎举行的一次外交会议而成立的,通常被研究政府间组织的历史学家认定是19世纪末、20世纪初建立的几个全球公共性国际联盟中的第一个。[14]在欧洲,电报系统由各国政府管理,穿越边界从一开始就构成潜在的国家安全问题。事实上,在国际电报联盟成立之前,在每一个过境点,跨国电报都是写在纸上,被人携带越过边境,然后在另一边重新传递。[15]过境权、电报关税、电报编码的使用从根本上来说都是行政问题,而不是需要协商的技术问题。早在1849年,国家之间就开始签订双边条约或区域条约,但在欧洲发送电报的问题始终存在。[16]

1865年,为建立统一的欧洲电报系统,法国政府邀请20个欧洲国家的代表在巴黎召开会议。代表团是由外交官率领的,但为了谈判协议的细节,他们成立了一个由各国国家电报管理局高级官员组成的特别委员会。该委员会谈成了第一个国际电报公约(条约本身)以及一套电报条例,以将国际电报联盟确立为一个维护、促进和更新这些协定的永久性组织。在1868年的维也纳电报会议上,国际电报联盟设立了一个国际局来处理会议之间的细节,在1875年的圣彼得堡会议上,国际电报联盟将会议分为两类:全权代表会议,主要由外交官参加,只关注与公约有关的外交问题(后来很少举行,事实上,从那一年到1932年都没有举办过);行政会议,主要由电报管理局的专家参加,重点是更新关税和行政法规。[17]对国际电报公约的修改需要各国国家电报管理局在行政会议上以多数票通过,然后由各国政府批准。投票反对某项决定的国家可以行使"保留意见"权,基本上拒绝接受该决定的约束。对电报条例的修改无须政府的额外批准，行政会议的参会者通过投票同意即可。

到1911年，国际电报联盟的成员已增加到48个国家，联盟允许更多的观察员以顾问身份出席会议。这种做法允许电报系统由私人而非国家控制的美国通过派私人电报公司（如西联）代表的形式参与（但不能投票）。美国等观察国通常自愿采用国际电报联盟的跨境通信管理协议。

其他主要的欧洲公约、联盟和协议都遵从国际电报联盟的领导。各国政府及其邮政服务部门在1874年的伯尔尼会议上就一项公约达成一致，以国际电报联盟的模式建立万国邮政联盟（Universal Postal Union），并于1875年批准了该公约。[18] 在一种略微不同的模式之下，欧洲铁路为协调货物运输的关税和过境权召开了一系列会议，并在1890年建立了国际货物运输公约。随后，其商讨客运服务的日程安排问题，讨论在1891年举办的常规性一年两次的欧洲时刻表会议（但没有条约、核心办公室或联盟）上达到了高潮。最后，欧洲各铁路公司在1886年签署了一项单独的铁路公约（1907年修订），公约涵盖铁路轨距、车厢装载和机车车辆维护等事项。[19] 为了应对无线电报的出现，满足船舶无论离母国多远都可以与之通信的需求，无线电报联盟（Radiotelegraph Union，缩写RTU）于1906年（按照ITU的模式）成立，为此类通信确立了管理协议。[20]

在19世纪，以条约为基础的国际公共联盟主要制定行政规则，而不是技术标准，以使远距离通信和交通网络跨越国界。参加这些机构的国家代表团代表的是政府或政府机构（如国家电报管理局），而不是技术协会。20世纪20年代，国际电报联盟和无线电报联盟成立了独立的技术委员会（见第三章），创立了主要由工程师组成的公共-民间混合机构，并将重点放在与民间标准制定机构互动并对其产生影响的技术标准上。

下一节将讨论民间标准化故事的主要角色——工程师。

工程的专业化

19世纪，包括英国、欧洲大陆国家、美国和日本在内的工业化国家经历了工程的兴起和专业化的发展。1818年，土木工程师学会（Institution of Civil Engineers，缩写ICE）在伦敦成立，以形成英国土木领域（相对于军事）工程专业的核心。[21] 包括大不列颠在内的整个大英帝国对于道路和桥梁的需求促使英国早期的工程师走向专业化。在1848年的二月革命之后，法国工程师成立了法国土木工程师学会，法国政府于1860年正式承认了该学会的公共事业属性。[22] 作为美国工程组织重要前身的富兰克林学会（Franklin Institute）是于1824年成立的一所机械学院，也是19世纪20年代创立的旨在教授工人将科学运用于实际的诸多机构之一。[23] 这所以费城为基地的学院最终超越了其他机械学院，成为美国领先的科学技术机构，拥有享有盛誉的刊物《富兰克林学会期刊》（*Journal of the Franklin Institute*），科学家、工程师和实业界人士都会聚在这里。1852年，纽约的工程师们成立了美国土木工程师学会（American Society of Civil Engineers，缩写ASCE），这是一个区域性的学会，很快就销声匿迹了；1867年，它得以复兴并被扩大为一个全国性的学会，这是美国第一个专业的工程学会。[24] 与此同时，德国的工程师们于1856年创建了德国工程师协会（Verein Deutscher Ingenieure，缩写VDI，也即Association of German Engineers），以支持德国的统一和工业化，并促进工程师的专业化和中产阶级对工程师的向往。[25] 日本工程师学会成立于1879年，是年第一批学生从该国第一所工程学院毕业。[26] 在工业化的过程中，不管是在大国还是小国，是在帝国还是非帝国，工程师们都在组织并努力使自己专业化。

所有这些国家的工程师都大致确立了最初的工程师学会的形式，而在特定工程学科和工业领域工作的工程师很快又成立了更多、更专业的学会，英国则再次引领了这一风潮。1847年，作为一个地区性的组织，机械工程师协会（Institution of Mechanical Engineers，缩写IMechE）在伯明翰成立；1877年，它搬至伦敦，并成为一个全国性的组织。在此期间，英国的工程师和实业家还创建了特定工业领域的协会，包括1860年成立的海军建筑师学会（INA）和1869年成立的钢铁学会（ISI）。[27] 1871年，英国工程师对发展他们所谓的"电报科学"甚感兴趣并成立了电报工程师协会。[28] 在德国，从事采矿和金属行业的工程师所成立的德国钢铁工程师协会于1880年从德国工程师协会分离了出来。[29]

美国则是在1871年成立了美国矿业工程师协会（American Institute of Mining Engineers，缩写AIME），于1880年成立了美国机械工程师协会（American Society of Mechanical Engineers，缩写ASME）。[30] 作为行业协会和准专业协会的各种铁路协会，如成立于1867年的车厢制造大师协会，也在迅速发展。[31] 正如历史学家埃德温·莱顿（Edwin Layton）所指出的那样，在这一时期，美国的工程师在忠于工程专业和忠于商业（其所在的公司和行业）之间摇摆不定。[32] 那些致力于使工程师成为像法律和医学这样的公认职业的人，倾向于组建或加入会员资格门槛较高（担任特定级别工程师的年限、考试等）并围绕工程学科组织的工程协会。那些以商业为导向的人则倾向于成立或加入特定行业（如铁路或采矿业）内的工程师和经理协会，这种协会对于成员的资格要求非常低（例如，在该行业工作即可，而不管你是工程师还是经理）。

1881年在巴黎举行的国际电气大会（与会者在会上就电阻单位达成了一致意见）促进了许多国家电气工程的专业化。1883年，法国电气工程师成立了国际电工协会，奥地利人在维也纳成立了电工协会；1884年，比利时人成立了比利时皇家电工协会。[33] 为迎接1884年在费城举办的国际电气展览会（由富兰克林学会赞助），一群美国电气工程师于同年早些时候成立了美国电气工程师学会（American Institute of Electrical Engineers，缩写AIEE），这样美国就可以有一个专业学会来接待即将参加展览会的名流。[34] 从一开始，这个学会就拥有宽广的理论和实践天地，其管理员和成员包括发明家（如亚历山大·格雷厄姆·贝尔和托马斯·爱迪生)、电气工程教授、电报工程师和电工,以及电气行业经理(如西联的主席诺文·格林)。[35]与此同时,英国电报工程师协会将其业务范围从电报扩大到电力的其他方面;到1888年,它成了电气工程师学会(Institution of Electrical Engineers,缩写IEE),显露出其作为一个真正意义上的电气工程师学会的新身份。[36]1888年,日本的电气工程师成立了日本电气工程师学会;1889年,瑞士的电气工程师成立了瑞士电气工程师学会。[37]在德国,地区电工协会(German regional electrotechnical societies,缩写ETVs)分别于1879年在柏林(由维尔纳·冯·西门子领导)和1881年在法兰克福成立;1893年,这些ETVs的成员聚集在一起成立了VDE,即德国电工协会(Verband Deutscher Elektrotechniker),以作为德国电工保护伞式的协会。[38]1897年,意大利电工协会在意大利成立。[39]

在19世纪,多个工程学科试图通过在工业化世界实现专业化和建立技术专家组织来提高其地位。由于专业化通常与公共服务相关,所以其也设法为公众服务,以获取公众对其专业化主张的支持。下一节将追溯其在为社会服务的非政府自愿性标准制定方面的首次尝试。

早期工程的标准化:蒸汽锅炉、螺纹和钢轨

蒸汽锅炉、螺纹和钢轨,是19世纪经由工程和技术协会实现工业标准化的三个早期案例,这表明了工程师们对提供民间制定标准的

渴求，以及行业、政府和公众对此类标准的需求。

工程师和技术专家最早公开通过其所在协会来制定标准的努力涉及蒸汽锅炉的安全。在美国，富兰克林学会率先树立起其卓越的专业声誉，部分原因是它在19世纪30年代对蒸汽锅炉爆炸的研究。内河船只上蒸汽锅炉爆炸所造成的船员和乘客大量伤亡情况会被广泛报道，令人毛骨悚然。富兰克林学会的一些成员受到"对有用服务的渴望"的驱使，决定对此类爆炸的原因展开调查。[40] 与此同时，美国政府迫于公众压力，向财政部部长塞缪尔·英厄姆（Samuel D. Ingham）提供资金，以进行此类调查。在搜集与问题有关的信息方面进行了一些初步、相对不成功的努力之后，英厄姆资助富兰克林学会进行研究，允许它在搜集现有信息的同时也进行实验工作。富兰克林学会组织起自身，设立了一个发明委员会来进行特别调查，该委员会还可以在需要时自行设立更多的特别委员会。负责蒸汽锅炉爆炸研究的特别委员会纳入了科学家、工程师和实业家。这项研究的报告于1836年发布，建议在蒸汽锅炉的设计、材料、建造和维护方面制定标准和监管立法，以提高蒸汽轮船的安全性；美国政府又花了十四年的时间推动基于该建议的立法，在经历数次失败和半途而废之后，最终于1852年将其正式立法，极大提升了内河船只的安全性。[41]

几十年后的1884年，德国工程师协会（VDI）仿效美国，发布了其第一个用于蒸汽锅炉钢板厚度的"指南"（Richtlinie）或标准。[42] 尽管这两种蒸汽锅炉标准都是由民间技术专家组织设计的，但是它们都意在并最终成为各自国家的法定强制性安全标准。

下一个，也是标志性的工业标准制定案例——螺纹。这是一项自愿性标准，从来没有打算立法。螺纹是20世纪诸多标准制定组织的第一个技术委员会的重点，它也提供了一个非常早期的受到19世纪工程和技术协会支持的重要标准化案例，尽管这一标准不是由这些协会创建的。拥有一个标准的螺纹系统可以实现互用性（interoperability），这样一个机器车间制造出来的螺钉可以用来替代另一个机器车间丢失的螺钉。在英国和美国，都是一个工程或技术协会提供支持，这使得大量机械师自愿采用螺纹标准。

确定一套标准螺纹的想法是在英国被首次提出的。1841年，英国维多利亚时代顶尖机械工程师之一约瑟夫·惠特沃斯（Joseph Whitworth）在土木工程师学会（ICE）的一次会议上发表了一篇论文《论一种统一的螺纹系统》（*On a Uniform System of Screw Threads*）。[43] 在这篇论文中，他提出了一套系统，是在检测从英国许多车间收集的螺栓的已有螺纹基础上，设计出一个在横截面和每英寸螺纹数方面尽可能接近平均值的螺纹规格。这一方法表明，他不是在寻求最佳的技术解决方案，而是在寻找一种能被所有人接受的解决方案，因为他看出店主和客户都会从标准中受益。他自己的商店和其他一些商店已经采用了他提出的系统。土木工程师学会没有制定或正式认可这一标准体系，但惠特沃斯在土木工程师学会的介绍将其推广到了更加广泛的领域。到1858年，该体系获得了广泛的应用，所以他声称，尽管有些夸张，但该体系已在英国被"普遍采用"。[44]

数年后，美国一位著名的机械工程师和机床制造商威廉·塞勒斯

（William Sellers）开发了一种不同的螺纹模型，其横截面比惠特沃斯螺纹更容易由技能水平不高的工人制造。在《科学美国人》（*Scientific American*）于 1863 年呼吁美国机械厂对螺纹进行标准化后，时任富兰克林学会主席的塞勒斯在那里就其推荐的美国标准发表了演讲。[45] 由于富兰克林学会在制定蒸汽锅炉标准方面享有盛誉，它对塞勒斯螺纹标准（后来常被称为富兰克林学会标准）的公开支持产生了巨大的影响，说服了许多美国工程师，包括宾夕法尼亚铁路公司和两个铁路行业协会（车厢制造大师协会和机械工程师协会）的工程师，美国海军也将采用这一系统作为其标准。虽然改用新标准涉及制造另一种类型的螺钉工厂的初始成本，并且可能会加剧制造替代性螺钉厂商之间的价格竞争，但这显然对客户有利（尤其是像铁路这样的大型客户），它还为供应商拓宽了潜在的替代性市场。[46] 它在美国的应用与惠特沃斯螺钉在英国的应用类似，广泛到足以夸张地声称其通用性，但还不足以消除互用性的问题。螺纹兼容性问题对于标准制定者来说是一个长期存在的问题，如第四章所示，在 20 世纪的世界大战期间，盟国之间将会再次出现这一问题。

第三个，也是更复杂的，是美国经由各个工程协会对美国铁路轨道上所使用钢轨的性能标准进行标准化的例子。与上述两例的不同之处在于，在这一案例中，由工程师委员会所创的自愿性标准的制定过程更加开放，在一些情况下，许多工程协会都拥护将其作为标准。并且，多个工程协会在 19 世纪 70 年代、80 年代和 90 年代的拟议过程中发挥了积极的作用。

第一个阶段是还没有实现标准化。在19世纪60年代末70年代初,铁路首次用钢轨代替了铁轨,这一替代预计可以大大延长轨道的使用寿命。但是到了70年代中期,铁路部门开始质疑它们的寿命和性能。许多铁路工程师都是美国土木工程师学会(ASCE)的成员,该学会是美国第一个以专业为导向的工程师学会。他们主导了一个研究"钢轨形状、重量、制造和寿命"的 ASCE 委员会,该委员会成立的目的是调查铁路管理者对不同载重量下钢轨性能表现的看法。[47] 尽管该委员会既没有对钢轨进行测试,也没有试图为其制定标准,但它发布了一系列报告,表明铁路管理者目前认为钢轨仅仅是在耐用性方面略优于铁轨。该委员会还建议,铁路部门需要的是在形状上更具耐用性的轨道,而不是采用钢铁制造商提供的易于制造但在形状上却不太耐用的钢轨。

与此同时,钢铁制造商转而求助于一个不同的、更具行业导向的工程机构——美国矿业工程师协会(AIME),与其探讨如何确保钢比铁更加耐用,以证明较高的价格是合理的。[48] 在解决硬度问题时,冶金工程师和钢铁制造商希望对具有长期耐用性的钢轨进行物理测试(例如,弯曲所需的力)和化学成分规定。[49] 因此,铁路公司和其钢铁制造供应商都向羽翼未丰的工程机构寻求帮助,以解决轨道的耐用性问题;但它们通常都是独立开展此项工作,与不同的机构合作,而不是通过彼此合作来寻找解决问题的方案。[50]

查尔斯·达德利是钢铁制造商与美国矿业工程师协会、铁路公司与美国土木工程师学会这种结盟形式的一个例外,他于1875年成为宾夕法尼亚铁路公司的首席化学家,下一节将会述及他在建立最早的民间标准化机构之一——美国材料试验协会(ASTM)中的关键作用(图1.1)。[51]达德利年轻时曾参加过美国南北战争,腿部受伤严重,差点截肢,一生跛行。战后,他重返校园,通过在《纽黑文守护神报》(New Haven Palladium)担任夜间编辑赚取学费,并最终获得耶鲁大学谢菲尔德科学院化学博士学位。[52]他在一家铁路公司建立了第一个化学实验室,研究铁路所用材料——从钢轨到用来擦洗火车车厢的肥皂——在化学方面的表现情况。在他的职业生涯中,他曾加入一系列的科学和工程协会;他在美国矿业工程师协会(AIME)和其他工程组织[美国土木工程师学会(ASCE)、美国机械工程师协会(ASME)和美国电气工程师学会(AIEE)]中的活跃成员身份表明,他拥有工程师和科学家的双重身份。[53]

达德利坚信应对化学分析方法进行标准化,以便为铁路公司采购的材料制定标准规格。从1878年开始,他在《美国矿业工程师协会汇刊》(Transactions of the AIME)上发表了一系列关于钢轨化学成分与其磨损之间关系的论文,推荐了一种化学配方来制造最坚硬的钢轨。[54]这些论文引起了相当大的争议,AIME的钢铁制造商对他的发现,以及铁路公司应对钢铁制造商实施化学标准而不是简单的性能标准的观点提出了疑问。尽管如此,卡内基钢铁公司的钢铁大王威廉·琼斯(William R. Jones)指出:"虽然达德利博士可能错了,我相信他只是部分正确,但他毕竟是第一个努力建立这种配方的人,因此有资格获得钢铁制造商的感谢。"[55]虽然进一步的研究使达德利在几年后放弃了

图 1.1 查尔斯·达德利，宾夕法尼亚铁路公司化学家和美国材料试验协会（ASTM）首任主席，受到钢铁制造商和购买者的尊重，他主张在标准化问题上平衡双方的意见。
照片由哈格利博物馆和图书馆提供。

这一特定的配方，但他显然收获了美国矿业工程师协会（由钢铁制造商主导的专业协会）大多数成员的尊重和善意，因为他在1880年至1882年被任命为该组织的副主席。他将会在19世纪和20世纪之交再次出现在我们的故事中。然而，在19世纪80年代早期，让生产者和购买者就轨道标准达成一致似乎不太可能。

尽管钢铁制造商和铁路公司的立场不同，但到19世纪80年代末，轨道的供应商和采购商都已准备好承认钢轨标准的潜在价值；事实上，卡内基钢铁公司的琼斯在1889年的美国土木工程师学会

（ASCE）会议上告诉与会人员，专注于几种钢轨形状也将有助于钢铁公司的运营。[56] 咨询工程师和钢轨检查员（他们被铁路公司雇用进入钢厂，以确保钢轨是按照规范进行制造，因此他们非常熟悉铁路公司的需求以及钢厂的流程）开始在钢铁公司和铁路公司之间就这个问题进行调解。1889年，其中一个叫罗伯特·亨特（Robert Hunt）的人，同意担任ASCE标准轨道部门委员会的秘书。[57] 一名土木工程师担任该委员会主席，他曾在建造各种铁路吊桥时担任咨询工程师，委员会成员还包括铁路工程师和咨询土木工程师，其中许多咨询土木工程师在其职业生涯的某个阶段都具有铁路建设经验。1893年，该委员会发布了一份报告，提出了不同重量的铁路区段，并就制造工艺提供了建议。该报告指出，"在决定一系列区段时，委员会考虑了钢轨制造的细节，同时寻求最大限度满足各种不同运输需求的设计"，这就同时考虑了制造商和钢轨用户的主张。[58]

1895年，委员会在规范中增加了化学准则和一项物理测试，进一步反映了钢铁制造商的愿望。同年，亨特秘书向美国矿业工程师协会（AIME）成员介绍了美国土木工程师学会（ASCE）委员会的流程，他将其描述为"诚实而认真地努力征求该国主要铁路工程师的意见，协调分歧，并设计出一系列符合他们经验且被普遍接受的铁路区段"。此外，正如他所指出的那样，"同时需要与钢铁制造商进行沟通，以求拟建区段（的钢轨）在制造过程中不会出现特殊的困难"。[59] 他接着赞扬了这一进程的成功结果：标准被广泛采用，尽管这不是官方的，而是自愿性的。

虽然美国土木工程师学会的章程阻止该学会正式采用委员会推荐的铁路区段作为其自身的［标准］，但它们已被普遍认可和接受；而且，更棒的是，它们已经被全国的铁路广泛采用，并有望很快成为绝对标准的美国路段。

虽然委员会成员主要是正在为铁路公司工作的工程师，或者曾经为铁路公司工作的工程师，但他们中的许多人也了解钢铁公司的流程和需求，报告的结论体现了生产商和消费者双方的需求。[60]这种对生产者和消费者需求的共同关注将成为民间标准制定的标志。

这三个早期工业标准化的尝试通过技术和专业组织解决了安全性（蒸汽锅炉）、互用性（螺纹）和性能（钢轨）标准问题，它们一方面反映了工程师基于科学原则进行标准化的信念，另一方面也反映了他们希望通过为公共利益做出贡献来展示"社会福利"，从而加强他们的专业地位。[61]

19世纪末机械与电气工程领域的标准化

正如铁路案例所表明的那样，在19世纪的最后二十年里，诸多国家工程组织越来越多地参与标准制定中。在美国，除美国土木工程师学会（ASCE）外，美国机械工程师协会（ASME）也参与其中，尽管它最初并不情愿这么做。[62]在19世纪最后几十年和20世纪第一个十年里，ASME 的一些著名成员是系统和科学管理运动的领导者，这一运动支持企业内部材料和工艺流程的标准化。[63] 然而最初，企业之间的标准制定是 ASME 内部争论的一个来源；例如，当一名成员敦促新组织认可塞勒斯的螺纹标准时，领导层拒绝了，他们选择让市场来决定。在 ASME 成立的前十年，也就是 19 世纪 80 年代，成员们反复讨论 ASME 是否应该制定标准，意见分歧很大。一些成员认为，协会不宜在商业问题上采取立场，而另一些成员则认为，对于一个专业工程师组织来说，在技术问题上采取权威立场是非常恰当且具公益性的活动。当普惠公司在 19 世纪 80 年代早期开发了一种测量仪器并建议将其作为测量螺纹的标准时，ASME 成立了一个标准和量规委员会对其进行检查并做了报告，但不为螺纹量规设定标准。虽然弗雷德里克·赫顿（Frederick Hutton）提出的让该协会制定蒸汽锅炉性能评级标准的建议在同一时间遭到拒绝，但一年后，威廉·肯特（William Kent）提出的一个制定蒸汽锅炉试验的标准方法的建议却被认为值得成立一个委员会来研究和进行报告。当该委员会在 1885 年发表报告时，许多 ASME 成员都赞同将提议的测试方法确立为标准，但反对为任何标准背书的人赢得了随后的辩论。

渐渐地，领导者们对标准制定产生了兴趣。1887 年，协会成立了一个委员会来研究管道和管道螺纹的标准化问题，该委员会包括管道制造商代表和管道用户代表，并与一些来自诸如管道制造商协会等行业组织的委员会进行了协商。另一个委员会的成立是为了对泵和阀门的管道法兰进行标准化，其 1888 年的报告推动了"委员会关于法兰直径的建议'被采纳并推荐为 ASME 标准'"[64]。这些推荐规范被称作 ASME 标准，尽管该协会还没有正式决定承担起标准化的角色。1895 年，从未成为官方标准的锅炉测试规范需要更新，协会成立了一个委员会对其进行修订。至此，委员会似乎已经解决了内部争论，将原始拟定和修订的推荐规范都称为 ASME 标准。因此，ASME 和 ASCE 一样，开始接受超越企业边界的标准制定，这对于工程专业来说是合适和可取的。

与此同时，德国工程师协会（VDI）也接受了标准制定，于 1884 年发布了样板性标准，但它在标准制定方面所走的路线与美国的工程组织有所不同。与美国同行着力推行的机器互用性标准（如螺纹）、性能标准（如钢轨截面）以及安全标准（如蒸汽锅炉规范）不同，VDI 起步较晚，最初只专注于安全标准。德国的国家机器标准（包括螺纹标准）的出台要晚得多，最早研究德国标准制定的学者之一、美国经济学家罗伯特·布雷迪（Robert A. Brady）认为，这对于比较不同国家的工业化历史意义重大，因为"整个现代精心的［全球］标准化运动最重要的推动力来自机器工业"。[65]

VDI 于 1856 年成立之时，许多德国工程师认为：国家分裂成 30 多个独立的主权国家，延缓了德国的工业化进程；此外，政府赋予"建筑师"（建筑师／土木工程师）的特权地位——监督国家投资的建筑、桥梁和道路设计的公务员——却未惠及其他工程技术人员，这双重因素严重阻碍了工程师群体的专业化发展。[66] 因此，VDI 成了弱势工程师的统一战线，促进了国家的统一，提高了所有工程师的地位。[67] 到 19 世纪 70 年代，这两个最初的目标都实现了，德国工程师也开始面临困扰美国同行的矛盾冲突：到底是对工程专业忠诚还是对行业忠诚？德国工程师还面临一个更大的问题，这个问题也将他们在专业和商业方面利益统一起来：尽管德国的科学水平很高，但与美国、英国或法国在世界博览会和国际展览会上展示的产品相比，许多德国的"产品通常是质量低下、模仿性强，而且笨拙"。[68] 对于德国制造业从业者来说，游客在 1876 年费城世界博览会所做的那令人反感的比较，格外令人不安。弗里德里希·恩格斯写道，"德国人在费城打了一场工业上的耶拿会战"，指的是拿破仑打败德国的那场战争。[69]

与此相对，许多德国工程师和实业家致力于为外国竞争对手打造属于他们的"滑铁卢"。特别是在机械行业，德国工程师许诺在质量、创意和设计方面超越一切竞争对手。根据一家德国机床制造商的说法，到 VDI 于 1884 年公布蒸汽锅炉标准时，其"在专用机床的使用和专业制造方面仿效美国'光辉榜样'的机床车间并不缺乏订单或利润"。事实上，该制造商提到了两种产品，缝纫机和"机车"，它们已经"变得和美国或英国的产品一样好"。[70] 显然，德国工业界相信，遵循美国的这些方法可以使其产品质量与美国和英国的一致。但是，这些德国人最初并没有遵循美国工业产品模式中的一个环节——机器及其零件的标准化。布雷迪指出，"对早期机器标准化尝试的主要反对意见是，标准会压制技术发展"。[71]

到了 20 世纪初，VDI 拥有许多在企业内部接受标准化的工程师，这种标准化也内化于对经济效率和弗雷德里克·泰勒科学管理的认同，但事实表明，泰勒体系无法被大多数 VDI 成员接受。[72] 只有为数不多的德国企业接受了，如电气巨头西门子，其甚至在工厂层面推广标准化，并于 1908 年成立了标准办公室。第一次世界大战期间，国家要求提高生产效率的压力最终使德国企业和工程师走向德国的合理化运动（类似于美国企业内部的系统与科学管理运动）和螺纹等"通用基本标准"。[73]

从 19 世纪 80 年代开始，随着各个国家电气工程组织的兴起，电气工程这一新领域成为人们对标准化产生兴趣的另一片疆土。1882 年，英国电气工程师学会（IEE）成立了一个委员会，研究与电气照明有关的火灾风险；该委员会迅速向 IEE 理事会报告了一套关于预防电气照明引起火灾风险的规则和条例，理事会接受并公布了这些规则和条例。[74] 文件的开篇指出，这些规定"不仅为需要在各种场所安装电气照明设备的人提供指导和说明，还将每个照明系统固有的火灾风险降至最低"。这些安全标准最终会被纳入法律要求之中。[75]

德国电工协会（VDE）等其他电工组织也对标准化表现出了兴趣。正如 VDE 的官方编年史记录者所指出的那样：

> 虽然［早期］区域 ETVs 的任务是促进电力和技术科学的应用，并召集电工技术的利益相关者，但建立一个保护组织的动机却更为深远。［国家］VDE 的任务是在立法以及特别是行业政策基础上建立一个技术性、标准化和处理专业议题的中心组织。[76]

在德国，与在英国和美国一样，实业家在标准化方面发挥了重要作用。在维尔纳·冯·西门子去世和 VDE 随后成立之前，这位柏林 ETV 的联合创始人兼主席已通过游说成功推动建立了国家物理工程研究所，这是一个旨在对德国的基本物理单位进行标准化的政府实验室。VDE 在 1893 年成立后的两个月里，在科隆召开的第一次大会上，创建了一个永久性的 VDE 委员会，以制定电气安装标准。到 1895 年，该委员会还发布了"高压装置安全规则"。[77]

美国电气工程师学会（AIEE）也对标准化感兴趣，尽管它关注的不是安全性，而是测量、兼容性和行业评级标准。该组织的专家指出，AIEE 自成立以来，便宣布它将"解决行业内的'有争议的电气问题'——这是从一开始就重视统一行业标准的标志"。[78] 尽管如此，AIEE 中的一些人，同美国机械工程师协会（ASME）中的一些人一样，起初拒绝接受标准化，支持者必须克服这种阻力。在 19 世纪 90 年代早期，AIEE 任命了一个单位和标准委员会，该委员会在实现美国电气单位命名标准方面发挥了积极作用。重要的是，对行业自愿性标准化未来而言，尽管更具争议，但在 19 世纪 80 年代末和 90 年代初，AIEE 还试图为线材规格和电气设备创建标准。由于对 AIEE 应该在标准化过程中扮演什么角色各方未能达成共识，所以，标准化线材规格的尝试最终失败了，并就此止步不前。

但 AIEE 应纽约电气组织的要求对电气设备进行标准化的尝试则颇为成功。1898 年，AIEE 主席弗朗西斯·克罗克（Francis Crocker）主持召开了一次题为"发电机、电动机和变压器的标准化（专题讨论）"的会议，克罗克是哥伦比亚大学电气工程教授，也是克罗克·惠勒公司（一家生产发电机和其他电气设备的小型制造商）的联合创始人。[79]为了避免早先线材规格标准问题上的僵局，克罗克仔细地安排了讨论，引用了成员在其他工程组织（美国和英国的）制定标准及先例中的资格：

> 电气设备标准化的普遍必要性常被提及，并且似乎得到了广泛认同。但它的可行性，或者关于它的政策，则是另一回事。如果要实现这种标准化，美国电气工程师学会（AIEE）无疑是唯一有资格决定这一问题的机构。至于先例，我认为我们有很多很好的例子。

他引用了美国机械工程师协会（ASME）和美国土木工程师学会（ASCE）在标准化方面的尝试，以及"我们在英国的姐妹工程组织"的尝试。基于此，他宣称："只要这些标准是可以满足需求的，我们在制定它们时就不应当采取任何激进或非同寻常的做法。"最后，他谈到了推荐标准的自愿性特点，指出没有任何法律或道德要求人们必须遵循此类标准："无论是不是会员，任何人只要认为合适，就可以遵照执行；制定它仅仅是为了会员和公众的便利，只要他们认为是方便的，这样的标准就会被推荐。"他将标准制定视作工程专业组织的普遍事业（在当时可能有点夸张），并将标准设定为完全是自愿性的，这无疑有助于影响随后的讨论，讨论的重点是美国电气工程师学会（AIEE）尝试进行标准化的内容和方式，而不是 AIEE 是否应该开展标准化方面的工作。

最大的争论点是制造商是否应该加入制定标准的委员会。麻省理工学院教授卡里·哈钦森（Cary Hutchinson）认为，制造商不应该被包括在内，因为他们自然会倾向于自己公司的利益。但是克罗克持更加务实的观点，他认为"这个问题有三个方面，正如赖斯先生在他的论文中指出的那样：制造商、采购方和咨询工程师，忽视其中任何一方，未必会产生更好的结果"。[80] 咨询工程师阿瑟·肯内利（Arthur Kennelly）表示同意，他指出"一个没有任何制造商的委员会建议制造商应该如何制造设备，就像是在演《哈姆雷特》但没有哈姆雷特"。[81] 著名的通用电气工程师查尔斯·施泰因梅茨（Charles P. Steinmetz）也支持将制造商包括在内，驳斥了哈钦森关于制造商只会为公司利益行事的假设：

> 如果该机构想要创造出一种具有持久价值、为整个大陆所接纳和采用的东西，那么从事这项工作的委员会必须由具有很高地位和声誉的人组成，而不论他们是否与制造业有关，毫无疑问，他们将是公正的，不会因为他们与这家或那家企业有关联而受到影响。

声誉论和务实论的结合显然击败了哈钦森的反对。经过一番讨论，美国电气工程师学会（AIEE）任命了一个标准化委员会，由代表所有三方的男性组成：两名教授（哈钦森和克罗克）、两名知名通用电气工程师和经理（施泰因梅茨和伊莱休·汤姆森），以及两名使用该设备的电力公司工程师（约翰·列布和刘易斯·斯蒂尔韦尔）。[82]

1899年，该委员会发布了首份《标准化委员会报告》，重点是对用于描述各种设备的不同术语（如效率、温升、额定值）进行定义，并建议如何针对不同类型的设备进行测量，而不是试图对设备本身进行标准化。[83] 然而，随附的文件表明，委员会认为自己刚刚开始标准化工作，并指出："虽然委员会认为，许多其他事项可能被认为是有利的，例如，作为标准的检验方法，但试图在一份报告中涵盖比本文所提交的更多的内容是不恰当的。"[84] AIEE已经明确将标准化作为其专业任务的一部分。它将在未来几年内对这套标准进行多次补充和修订，使委员会成为常务委员会，在特定技术领域设立多个小组委员会，并大大扩展初始报告的内容，1916年版的报告占据了《美国电气工程师学会汇刊》（*AIEE Transactions*）的100多页，相比之下，1899年的版本只有十几页。[85]

通过向标准化迈进，国家工程组织试图通过服务公众和行业来提升其专业地位。与此同时在欧洲，一群从事材料测试学术研究的工程师跨越国界，想要实现类似的目标，但最后没有成功。

材料试验的国际标准化——一次失败的尝试

国际材料试验协会（IATM）是第一个专门为制定特定领域行业自愿性标准而创建的国际协会，并不是在现有国家工程协会的基础上产生的；事实上，在材料试验领域，当时还没有任何国家工程协会。该协会是由几位来自德语国家研究材料测试顶尖实验室主任合作产生的。虽然1895年正式成立的这个国际协会未能作为一个标准制定机构在第一次世界大战中幸存，但该领域一个重要的国家标准制定协会——美国材料试验协会（ASTM）在19世纪和20世纪之交应运而生，查尔斯·达德利当选为第一任主席。一位早期的标准化学者指出，美国材料试验协会并不是真正的专业工程协会，而是试验领域标准的交流中心。[86]也就是说，它没有履行当时典型的专业工程协会的诸多职能（如召开工程师发表论文的会议，出版论文集）；它只专注于就试验材料的标准方法达成一致。因此，它是一种新型的协会，确立了一种不同使命下的组织化形式、目标和会员制度。

在19世纪后期，工程师们使用钢材建造桥梁和轨道，使用混凝土建造大楼，实践型和学术型的工程师都发现，他们缺乏统一的方法来测试此类建筑材料的质量和安全问题。[87]在德国、奥地利和瑞士，顶尖的工程学校获得政府支持，建立了用于学术研究和行业实践的材料测试实验室。1871年，机械工程教授约翰·包辛格在慕尼黑理工大学建立了第一个这样的实验室；同年，柏林理工学院建立了另一个实验室。1873年，维也纳建立了一个类似的实验室；1879年，苏黎世和斯图加特也建立了类似的实验室。[88] 1884年，包辛格教授在慕尼黑召集了一批实验室主任和工程学教授，以开发和推广统一的材料试验方法。[89] 他们组织了一系列正式会议（1886年在德累斯顿，1890年在柏林，1893年在维也纳），与会人员既包括为材料制造商工作的工程师，也包括为材料用户工作的工程师，同时还包括教授和实验室主任。

包辛格在不断壮大的实验室主任群体中脱颖而出。他出生于1834年，从小在数学和科学方面表现出色，作为一个收入微薄的大家庭的一员，他还学会了处世之道。在完成慕尼黑大学的学业之后，他在附近的奥格斯堡和菲尔特进行过短暂的教学，他接受了慕尼黑理工大学提供的力学和静力学教职，在那里他开发出了最精确的方法，来测试从建筑石材到钢梁等几十种材料的性能。虽然包辛格最初是在讲德语的城市里举办这些会议，但很多国家都派代表出席了会议。正如包辛格在公布前四次会议通过的决议时所指出的，"不仅已派出席国家（德国、奥匈、瑞士、俄国）的代表人数有所增加，来自其他国家（法国、美国、挪威、荷兰、意大利、西班牙）的代表人数也有所增加，因此大会具有真正意义上的国际性"。[90] IATM美国分会第一任主席曼斯菲尔德·梅里曼（Mansfield Merriman）教授对这一现象做了如下解释："这些会议记录的报告……引起了广泛关注，会议讨论事项的巨大价值和重要性在工程界得到了普遍认可。简而言之，这场运动具有国际性。"[91] 这种努力类似于19世纪早期的科学大会；当时，科学界跨越国境聚集在一起，共同讨论重要的科学问题。事实上，梅里曼提到的"工程界"最初可能是国家工程界,但这些大会将其纳入了国际工程界,就像科学大会为科学界所做的那样。

从一开始,包辛格和试验工程师们就通过工程师委员会创建了自愿性标准。他们在各个不同领域(如钢铁标准规格)成立了"常设委员会",以寻求在试验方法上达成一致;这些委员会成员在一次会议和下一次会议期间通过信件进行交流,编写报告和决议,再提交给随后的会议进行表决。[92] 在国际材料试验协会(IATM)正式成立之前,包辛格在介绍"慕尼黑、德累斯顿、柏林和维也纳举行的大会决议"时认为,确定合适的试验标准需要平衡材料生产方和采购方代表的意见,以避免任何一方的利益占据主导地位。[93] 就像工程协会的标准化委员会一样,这些委员会试图就建议达成共识,然后将建议提交给更广泛的机构进行投票表决,并最终公布。正如包辛格所解释的,"投票和决议的目的无非是产生大多数成员喜欢的试验方法。根据第一次会议的第一项决议,'审议是自由的,决议不是强制性的'"。[94] 因此,这些关于商定试验方法的国际决议是自愿性标准,不存在也不需要强制执行。与国际电报联盟不同,IATM 并不寻求将核心标准写入政府间条约或国家法律之中。这些决议发表在现有技术期刊上,或者以小册子的形式公布,引起了工程界的极大关注。

到 19 世纪 90 年代,这一试验工程师共同体已经定期召开会议,并成立了常设委员会,但没有建立持久性的组织或任何出版机制。在 1893 年的维也纳会议上,在包辛格的领导下,工程师们决定建立一个更具持久性的组织。包辛格本人没能活着看到这一决定成为现实,他在那年晚些时候突然去世了。他的讣告刊登在 1894 年的《美国机械工程师协会汇刊》(Transactions of the American Society of Mechanical Engineers)上,其中指出:

> 正是由于包辛格的能力、智慧、不知疲倦的工作和始终如一的亲和力,所以现在著名的"测试结构材料方法和试验统一会议"才会取得如此显著的成功。如果没有他的指导,如果不是他时刻保持警惕以避免危险的讨论和理顺纠缠不清的论点,在一方是制造商、另一方是材料使用者,以及在这两方之间作为第三方的调查人员或实验室主任所组成的自愿性集会之中,能否取得如此大的成就,都是值得怀疑的。[95]

讣告继续写道,包辛格之所以如此有影响力,"主要是因为包辛格的诚实、正直和作为一个男人的品格"(图 1.2)。[96]

1895 年苏黎世会议的代表,包括来自美国和除土耳其以外的所有欧洲国家代表,正式成立了国际材料试验协会(IATM),其宗旨是:"为确定建筑和其他材料性能而制定和统一标准的试验方法,并为此目的完善仪器设备。"[97] 苏黎世会议因此被称为 IATM 的第一届大会,管理苏黎世理工学院实验室的土木工程师路德维希·冯·泰特迈尔(Ludwig von Tetmajer)教授担任第一任主席。[98] 那次会议还设立了一个国际理事会,以处理每次会议之间的组织事务。到 IATM 于 1897 年在斯德哥尔摩召开第二届大会时,国际会员人数已超过

图1.2 约翰·包辛格（照片摄于他的墓地纪念碑）举办了促成国际材料试验协会(IATM)成立的会议。照片拍摄于2000年3月10日，由Evergreen68拍摄，创作共用署名共享3.0，访问于2017年8月13日，https://commons.wikimedia.org/wiki/File:Bauschinger_Johann_1.JPG。

1 000，其中来自德国的会员最多。[99] 理事会在1898年初开会时，任命了一系列正式的技术委员会，由指定的主席和委员会成员组成。它还制定了一项政策，是基于包辛格对材料生产方和使用方之间平衡重要性的信念，"技术委员会的名额应当在生产方和使用方之间近乎平均分配"。[100] 理事会还建议各国的IATM成员成立国家分会，以组织其工作及委员会的任命事项。

IATM的成员资格与典型专业工程协会的成员资格至少在三个方面有所不同。[101] 第一，成员资格并非像典型专业工程协会那样取决于技术资格，而是基于对推进IATM目标的协议的认同（可能还包括支付会费的意愿）。原因之一恰好在于第二个不寻常之处：专业协会、企业、政府部门以及个人都可以成为会员。然后，组织指定个人代表它们。美国成员包括富兰克林学会、美国机械工程师协会、工程期刊和钢铁公司等企业；德国成员包括许多城市公共工程部门、铁路委员会、柏林警察局，以及技术协会。第三个不同之处是，这些成员来自多个工程学科（如机械、土木和化学工程），甚至包括其他专业人士（如建筑师、科学家和实业家），成员资格是根据解决复杂工业问题（如确定测试钢轨的方法和设备）的需要而定的。这三个与专业工程协会成员资格的不同之处反映了IATM只关注标准制定的实际应用方面；此后，其他标准化机构也采用类似的成员资格政策，以及平衡材料生产方和使用方观点的政策。

美国对1898年初IATM理事会呼吁成立国家分会的响应是迅速的，且基于后续美国材料试验协会（ASTM）的深远历史影响，此举具有重大战略意义。当年6月，国际理事会临时美国代表、咨询机械工程师格斯·亨宁（Gus C. Henning）召集美国IATM成员共同组织IATM美国分会，并于8月下旬召开了新成立的美国分会的第一次年度会议。[102] 在那次会议上，他们选举利哈伊大学（又译理海大学）机械工程教授曼斯菲尔德·梅里曼担任主席，哥伦比亚大学冶金学教授亨利·豪（Henry M. Howe）担任副主席，两名试验部门的执业工程师（一位在铁路部门，一位在费城市政厅）担任财务和秘书。在8月会议上通过的IATM美国分会章程，规定了IATM的目标，就像其名称一样："美国分会的目标是更紧密地团结生活在西部大陆的国际协会成员，共同合作促进该协会之宗旨。"[103] 这种对 IATM 的明显服从没有持续太久。美国分会的成员很快就对他们感知到的组织沟通不畅以及过度控制而恼火，而 IATM 大会之间的间隔比预期的要长，也加剧了这一问题。1900 年巴黎世博会的组织者拒绝让 IATM 按计划于当年在巴黎举行会议，因为法国的组织者已经任命了自己的官员来主持召开一个（非 IATM）材料试验大会。因此，IATM 于一年后将此次会议移至布达佩斯举行。

在 1897 年斯德哥尔摩第二届大会和 1901 年布达佩斯第三届大会期间，IATM 理事会和美国分会官员之间的通信表明，美国在 IATM 理事会中的代表问题引发了激烈争议，双方存在分歧。[104] 在美国分会成立之前的斯德哥尔摩第二届大会上，IATM 领导层任命了一名美国军官作为 IATM 理事会的美国代表。[105] 由于该军官未能回复理事会的信函，IATM 任命代表 ASME 出席会议的格斯·亨宁为临时美国代表，直至（计划中的）巴黎会议。[106]1899 年 6 月，IATM 主席泰特迈尔写信给分会主席梅里曼，询问"在巴黎大会召开之前，协会的美国成员希望如何解决美国在理事会中的代表问题"。[107] 由于计划中的巴黎大会不到一年就要召开，梅里曼最初的回复是，亨宁应该留任到那时。但两个月后，当美国分会举行第二次年会时，成员们得知巴黎会议不会召开。[108] 此时，亨宁请求理事会允许他留任，直至下届 IATM 大会召开，但美国分会宣称希望任命分会副主席亨利·豪教授作为理事会代表。理事会无视这一宣言以及美国分会随后的投票、请愿和支持豪的决议，决定让亨宁继续留任。[109] 与泰特迈尔的交锋变得异常激烈，美国分会称亨宁是不受欢迎的人（原因目前尚不清楚）。到1901年，IATM的秘书最终说服理事会接受豪为美国代表，这个问题才得以解决。[110]

另一个分歧涉及美国分会在IATM技术委员会中的成员资格，这个问题解决得快一些，也不那么尖锐。IATM理事会最初指定第一委员会负责钢铁标准规格，该委员会有40名成员，其中有5个名额分配给美国。到1899年9月，美国分会认为它已被授权扩大人数，并将美国小组委员会的成员增加到20多名，其中大多数新增成员来自要求成为代表的钢铁公司。[111] 泰特迈尔回应说，理事会拒绝了增加IATM委员会中美国代表人数的请求，因为这会破坏委员会内部比例问题，"扰乱［材料生产方和使用方代表之间的］平衡和投票事项，并且会赋予其他国家要求相同数量代表的权利"。但他委婉地表达了拒绝，说美国委员会的5名官方成员可以在国际委员会会议上代表更大规模的美国小组委员会。[112] 最后，美国分会对IATM缺乏透明度和沟通表示不满。IATM创办的官方刊物《建筑材料》(*Baumaterialienkunde*)最初只以法文和德文发表大会论文。此外，理事会的会议记录、财务报表和技术委员会的工作情况均未公布。[113]

1900年10月，梅里曼在美国分会的主席讲话中总结了这些问题，并表明了自己的立场："根据两年多来与国际当局开展业务的经验，我不得不认为，为了使其能够有效处理自身事务并成功开展科学工作，必须进行重组。"[114] 他建议将国家分会作为主要单位，负责大会议程、国际理事会选举、会费等，并让国家分会在大会召开前定期举办会议，以便"统一"其立场。IATM 没有做出满足梅里曼愿望的改变，美国分会于 1902 年开始自行处理事务，正式组建为美国材料试验协会（ASTM），并选举宾夕法尼亚铁路公司首席化学家查尔斯·达德利为主席。从那时起，ASTM 开始独立运作，尽管在名义上作为 IATM 的附属机构又持续了近二十年。ASTM 的成员不再被要求成为 IATM 的成员。

直至第一次世界大战之前，IATM 一直在国际层面发布关于试验方法的决议，这也导致其作为一个标准制定组织而最终消亡。1915 年 3 月，IATM 秘书长通知会员，"战争中断了协会的活动"，在恢复之前，不需要再交纳任何会费。[115] 战争结束后，ASTM 在 1919 年的会议记录中将其对"隶属于 IATM"的认定改为"1898 年组织/1902 年成立"。[116] 该会议记录还保存了当时 ASTM 主席的演讲，他从 ASTM 的角度审视了 IATM 的一些不足之处，包括它拒绝为材料本身和试验方法制定标准，以及不喜欢强大的国家协会；他接着说道："恢复旧的国际协会是否行得通或者可以做，这是值得怀疑的。"[117] 他说，ASTM 的执行委员会通过了一项决议，表示协会将前往英国和法国支持成立一个新的国际协会，并支持"中立国加入该组织"，言下之意是敌对国不行。这番话也暗示了不恢复 IATM 的另一个政治原因，即对于战胜国而言，战败国德国不应再居于核心位置。

拟议中的新协会似乎从未启动。来自瑞士、荷兰两个中立国的成员在 20 世纪 20 年代末和 30 年代试图短暂地恢复旧的 IATM，并于 1927 年在阿姆斯特丹举行了一次国际材料试验协会的大会。[118] 在会议上，来自 17 个国家的代表就是否有必要继续成立一个协会（而不仅仅是一系列大会），以及是否任何标准化都需要授权进行了辩论。这场辩论结束后通过的章程将"新的国际材料试验协会"的目标定为：实现"国际合作、交换意见、与材料试验有关所有事项方面的经验和知识交流"，这主要通过常设委员会定期举办大会来协调。[119]然而，章程明确将标准化排除在外。[120] 在 1937 年的伦敦大会上，它又变成了一系列由东道国独立资助的大会，甚至很快以这种形式消失了。

由于一战期间和之后的民族主义以及战后对协会目标存在分歧，IATM 在一个领域内建立一个国际标准制定协会的首次尝试相当不成功。尽管如此，它表明了工程界对此类国际标准化的兴趣。IATM 的另一个主要遗产是 ASTM 的成立，这是一个特定领域的国家标准制定协会，将在创建美国第一个国家级通用标准制定组织方面发挥作用，并于 2001 年开始在国际范围内开展工作，并更名为 ASTM 国际（ASTM International）。

钢轨重熔

更直接地说，美国材料试验协会（ASTM）在本章前面讨论的美国钢轨标准化的下一个阶段中发挥了作用。在世纪之交，频繁的钢轨断裂使得铁路公司和美国土木工程师学会（ASCE）委员会开始研究钢材的轧制和精整工艺，特别是在燃烧温度下。为了提高钢铁加工效率,钢铁厂提高了烧成温度,并在不让钢轨冷却的情况下将钢轨从一个加工阶段移至下一个加工阶段,从而削弱了钢材的性能。[121]铁路公司希望说服钢铁制造商在不提高价格的情况下改变这一流程。这一次,亨特等调解者为促成铁路公司和钢铁制造商达成协商标准所做的努力,因新增了两个协会而变得更加复杂:一个是国际材料试验协会(IATM)的美国分会,其很快成了ASTM;另一个是成立于1900年的美国铁路工程和道路维护协会(AREMWA)。

与美国矿业工程师协会(AIME)和美国土木工程师学会(ASCE)一样,这两个新组织也有行业联盟:最初,美国铁路工程和道路维护协会(AREMWA)参与进来,是因为它的成员希望铁路公司可以联合起来,在这个问题上对钢铁制造商施加更多的压力。亨特和威廉·韦伯斯特(William Webster,另一位咨询工程师和铁路检查员,他也认为需要进一步制定标准)加入了AREMWA新成立的铁路委员会(韦伯斯特担任该委员会主席)。从这一立场出发,他们缓和了该组织最初片面的做法,鼓励成员更多作为一个工程师共同体来工作,而不是自视为铁路公司的代言人。韦伯斯特随后说服ASCE修订了自己的纲领,他自己也成了ASCE铁路标准委员会的成员。[122]

与此同时,国际材料试验协会(IATM)美国分会铁路小组委员会(IATM钢铁标准规范委员会的一部分)最初被认为倾向于钢铁制造商。IATM的政策是使其技术委员会在生产方和使用方代表之间达成大致的平衡,IATM理事会最初分配给该小组委员会一共5名美国代表:3名来自钢铁公司的工程师和2名独立或铁路工程师(威廉·韦伯斯特是其中一员,并被指定为美国小组委员会主席)。[123]回想一下,当时美国分会增加了更多的成员(这是其与IATM存在的分歧之一),包括更多申请入会的钢铁公司成员。在1900年10月的一次会议上,针对委员会明显倾向于钢铁制造商的批评,韦伯斯特主席为自己辩护,也许有些不诚实,他解释说,他将钢铁制造商加入委员会是为了帮助实施规范,对方参加会议并为这项工作做出了贡献:"这一切都被误解了,提议的规范被称为'制造商规范',被认为'太过宽松',等等。这是由于该委员会的工程师太忙而不能参加会议造成的。"[124]

然而,到了1902年,该机构已经超越了这种批评,很大程度上是因为选举备受欢迎和崇敬的查尔斯·达德利为新独立并更名为美国材料试验协会(ASTM)的主席,他一直担任这一职位,直到1909年去世。达德利代表了消费者(一家铁路公司),尽管他活跃于生产者主导的美国矿业工程师协会(AIME),但他长期主张在制定标准时平衡生产者和消费者的双方利益。事实上,在1898年6月新成立的IATM美国分会执行委员会的第一次会议上,他建议就主题为"国际协会与生产者和消费者关系"进行一次讨论。[125] 1909年达德利去世后,亨特在写给他的"个人颂词"中指出,达德利执着的平衡理念对ASTM的成功非常重要:

> 该协会成立之初,人们普遍担心它会成为一个制造商的组织,因此其他人对其审议和建议进行无偏见考虑时,总犹豫不

决。我怀疑是否还有可能存在另外一个人，在他的领导之下，这个协会能够如此迅速地大获成功。达德利博士在其整个商业生涯中一直是作为消费者的代表，但他始终表明自己竭力公平对待制造商的立场。因此，双方都很信任他。虽然在意见上总会存有分歧，但大家绝对不会怀疑他的智慧或诚实。[126]

随着领导层的更迭和向美国材料试验协会（ASTM）的转变，该协会不再被认为是倾向于钢铁制造商。在这个时候，亨特和韦伯斯特设法引导美国土木工程师学会（ASCE）、美国矿业工程师协会（AIME）、美国铁路工程和道路维护协会（AREMWA）和美国材料试验协会（ASTM）之间的标准进行融合，这也反映了两组利益相关者共同的担忧，新标准添加了一条紧缩条款以解决精加工温度问题。[127] 达德利在材料试验领域从事标准工作一直持续到他去世。除了在ASTM工作之外，达德利还于1904年当选为IATM（在第一次世界大战之前仍活跃在国际上）主席。[128] 他在ASTM中做出了突出的贡献，为此，一篇讣告称他是"一场运动之父，这场运动既有慈善意义，也有商业价值"。第三章将讨论这场运动。[129]

本章讨论的19世纪标准的实际影响是深远的。1900年的一项研究报告称，1852年，即富兰克林学会蒸汽锅炉标准正式颁布的那年，密西西比河谷和墨西哥湾的蒸汽船乘客中，每55 714人就有1人丧生。三十年后，该数据变为每1 726 287人中有1人。当然，锅炉以外的地方也有改进，尤其是在航行方面——在19世纪40年代，大约十分之一的汽船事故是"碰撞"，而不是"火灾"或"爆炸"；虽然这些标准是由民间组织制定的，但它们肯定不是自愿性的，因为它们被写入了法律。[130] 美国和英国的主要公司和政府机构广泛采用螺纹标准证明了这些民间自愿性标准的价值。根据一位著名经济地理学家的说法，在制定出钢轨强度确认标准之后，钢替代了铁，并近乎被普遍采用，这大大"降低了重型和笨重原材料的长途铁路运输成本"。在20世纪北美经济的发展过程中，它与"卡车和个人交通工具中内燃机的发展"同等重要。[131] 同样的道理也适用于其他幅员辽阔的经济体。最后，ASTM制定的早期材料标准（适用于钢梁、混凝土等）和IEE、AIEE和VDE制定的早期电气系统标准为20世纪许多国家标准的制定提供了基础，促进了世纪之交物理基础设施的建设，这些基础设施改变了城市生活，包括高楼大厦、电气系统、铁路、电报网以及我们所有人都习以为常的现代供水和排水系统。[132]

如下一章所述，在19世纪和20世纪之交，专业工程师们成立了第一个至今仍然存在专门制定标准的组织，其中也发展出了一个就自愿性标准达成共识的流程。

第二章

1900年至第一次世界大战：国界内外的民间标准制定组织

随着20世纪的到来，越来越多以行业为中心的国家和国际工程师群体发起了第一次民间标准化组织的浪潮。他们试图通过扩大和协调多个工程领域和行业团体的标准制定来服务公众，以此提高国内（以及某些情况下是在不断扩张的帝国统治范围内）制造业的效率、互用性、安全性和产品质量，并提高国际竞争力。虽说这股浪潮的重心在于制定国家标准，但在第一个国家标准制定机构成立几年后，一群电气工程师就跨越国界，首次成立了至今仍旧存在的民间国际标准制定机构，虽然它只是被限定在某个特定领域。

本章将追溯第一次浪潮是如何快速兴起的，从20世纪伊始民间标准化领域两次重要的组织发展讲起。1901年，第一个成功建立且至今仍然存在的通用国家标准组织——工程标准委员会（ESC）在英国诞生，它是当今英国标准协会（British Standards Institution，缩写BSI）的前身。仅仅五年之后，电气工程师们便建立起第一个成功且至今仍在运作、针对特定领域的国际标准化组织——国际电工委员会（IEC）。显然，发起这些组织的工程师受到了国际材料试验协会（IATM）原则的影响，他们进一步巩固了之前的原则并确立了流程，在20世纪的大部分时间里，这些原则和流程为民间自愿性标准制定活动提供了参考。来自英国的土木工程师约翰·沃尔夫·巴里爵士（Sir John Wolfe Barry）、电气工程师和实业家鲁克斯·伊夫林·贝尔·克朗普顿上校（Colonel Rookes Evelyn Bell Crompton），与包辛格和达德利一起成了开创性的标准化企业家，他们通过工程师委员会进一步阐述了制定工业标准的原则和过程。曾任英国国家机构秘书和国际电工委员会（IEC）秘书长的电气工程师查尔斯·勒·迈斯特以伦敦为大本营传播并扩大这些原则和流程的影响，他还担任这一自愿、基于共识制定标准模式的大使，成为20世纪上半叶最具影响力的标准化企业家。本章结束于国家标准组织在第一次世界大战期间的发展，在某些情况下，这些组织是由迈斯特直接塑造的。

英国的国家标准化组织

尽管土木工程师组织最初认为自己代表了除军事领域之外的所有工程师，但正如上一章所述，在19世纪的最后二十年里，代表不同工程领域和特定行业工程师的新协会激增。其中一些人成立了委员会来制定标准，但如果一个工程协会想要制定一个会被广泛采纳的非政府自愿性行业标准,就必须与其他相关的工程协会进行合作。有些协会已经在一些特定的工作中开展了这样的合作,如第一章论及的美国钢轨标准化活动。在19世纪和20世纪之交,英国工程界领导者们认为他们要更加积极地参与标准制定,并且需要一个更正式的协调机制来为大英帝国制定标准。他们所建立的国家标准化机构在一战期间及之后为其他国家提供了一种模式。

19世纪末,土木工程师学会(ICE)是英国乃至世界上最古老、最大且享有盛名的专业工程学会。[1] 英国其他工程组织的领导人也大多是该学会的成员,这令其成了英国工程界的核心。ICE通过推出惠特沃斯标准螺纹间接影响了标准制定,但它不愿同其他机构(或国家)以共同协作的方式来制定标准。在19世纪的最后几年里,ICE的管理委员会对国际材料试验协会(IATM)的参会邀请以及英国皇家建筑师学会提出的在全国范围内对砖块尺寸进行标准化的建议,都表现出了冷淡的态度。[2] 1900年,ICE又拒绝了皇家建筑师学会的另一个合作制定结构设计标准的要求,称"ICE的惯例是在其业务范围之内独立行事"。同年,ICE还拒绝了英国钢铁行业协会(British Iron Trades Association,缩写BITA)在结构材料尺寸和标准方面的合作请求。1901年,ICE两位核心领导人的变化,再加上一个突出的问题,使管理委员会改变了这一立场。

1897年,土木工程师学会(ICE)主席约翰·沃尔夫·巴里与其他科学技术界的代表一起,与首相罗伯特·加斯科因·塞西尔(Robert Gascoyne Cecil)(索尔兹伯里勋爵)会面,讨论建立国家实验室的必要性，为这一转变埋下了伏笔。这次会议最终使英国建立了由皇家学会管理的国家物理实验室来制定基本的科学标准。那次会议广泛讨论了美国的标准化举措，例如螺纹、蒸汽锅炉和结构钢等的标准化。这些讨论可能启发了沃尔夫·巴里对ICE参与工业标准化的想法。[3]

沃尔夫·巴里出生于1836年，比包辛格小2岁，比达德利大6岁。他们是同一代人，受教育程度也相似，并扮演了类似制度创新者的角色；但在英国，无论是生前还是死后，沃尔夫·巴里的工程作品对其国民而言更加出名。21世纪初，人们可以在慕尼黑的某个地铁站找到一块纪念包辛格试验方程的牌匾，但整个伦敦地铁似乎都是对沃尔夫·巴里的纪念。巴里设计了泰晤士河沿线的早期关键路线，以及四座跨河桥梁，包括标志性的塔桥，该桥于1894年完工，其高耸的人行横道和新哥特式外观隐藏了一种当时最先进的机制，在海运繁忙的时候可以打开街道桥梁。这座桥让沃尔夫·巴里成为英国最伟大的工程师之一，并使他于1897年受封骑士爵位。在接下来的二十年里，直到1918年去世，他利用他的声誉在国家物理实验室项目和土木工程师学会（ICE）随后成立的新委员会中推动了标准化工作。ICE在纪念他的讣告中提及，"这是约翰爵士在1917年詹姆斯·福里斯特讲座中的主题——标准化及其对国家繁荣的影响。由于在这件事情上的影响，他对整个帝国的贡献无法估量"。[4]

然而，沃尔夫·巴里的继任者道格拉斯·福克斯爵士（Sir Douglas Fox）在其1899年的主席演讲中才首次宣传了ICE在标准化方面的作用。福克斯考察了19世纪土木工程的成就,尤其关注铁路和电力。他还指出英国在某些领域落后于其他国家,哀叹"英国当前在电气产业中的地位比不上美国、德国、瑞士、日本,甚至是我们自己殖民地的类似企业,令人感到沮丧",并最终认定真正的竞争者是德国和美国的工程师。[5] 他特别指出了美国在建筑结构钢和铁路线路钢轨形状标准化方面所取得的进展。美国建筑结构钢的标准化是卡内基钢铁公司实现的事实上的市场标准化的一个案例。[6] 然而,通过上一章提到的各种工程和行业协会的努力,其中包括IATM美国分会(不久后变成美国材料试验协会),铁路钢轨实现了标准化。他抱怨说,在英国,神秘的"既得权利很难解决",贸易委员会和议会法案施加了其他国家所没有的限制。他还指出"德国和其他欧陆工程师在许多方面都得到了政府的大力协助,这些工程师通常都是政府官员,他们制定了有价值的法规,还制定了许多不同情况下的质量和设计标准"。

福克斯进一步主张更加广泛的标准化,并认为这一扩大的标准化活动不应依靠英国政府,而是要靠有可能开展这项工作的土木工程师学会(ICE)。他想知道"是否可以通过在充分授权的情况下制定钢材和水泥等材料的标准规范,并引入桥梁、屋顶和其他结构……以及机车和机车车辆的标准类型,来促进世界范围内的竞争"。他对阻碍改进的潜在威胁提出了警告,但以"阿特巴拉大桥(Atbara Bridge)的经验"为例,说明"在必须尽早交付的情况下,根据普通商业钢型材准备类型设计是多么重要"。这表明,福克斯不只是考虑英国本土,还考虑到了整个帝国。英国政府将英埃共管苏丹境内连接铁路主干道一座桥梁的建筑合同签给了一家美国公司，因为相比于任何一家英国公司，它使用了标准化的美国型钢，建造速度更快、成本更低。[7] 福克斯赞扬了"近年来引进的可用于钢轨、钢板和轧制型材的高抗拉强度廉价优质钢对工程做出的巨大贡献"，同时也指出工程师们担心大量使用廉价钢后会出现金属疲劳的迹象："对于这一问题以及其他有关科学研究的问题，我认为ICE的资源可以被充分有效地利用。"福克斯指出，任何一家公司都可能负担不起解决如此重大问题所需的研究费用，但ICE做得到，并能使其所有成员受益。这种对于ICE更多参与试验和标准化的呼吁听起来像是ICE领导人发出的一个新声音。

福克斯曾将这一突出问题归为一个亟待标准化的领域，而这一问题促使ICE管理委员会认识到标准的不可或缺以及与其他工程协会合作制定标准的必要性。讽刺的是，ICE当时刚拒绝与英国钢铁行业协会（BITA）合作实现结构材料标准化，问题在于英国订购的轧制钢梁尺寸和形状繁多。伦敦钢铁商人、英国钢铁行业协会（BITA）成员之一斯凯尔顿（H. J. Skelton）在1895年给伦敦《泰晤士报》的一封信中抱怨：

> 英国大量进口来自比利时和德国的轧制钢梁，是因为我们国家在各个方面，在某些集体行动对经济有利的问题上存有太多的个人主义。因此，建筑师和工程师通常会为给定的工程指定不必要的不同类型的截面材料，从而使节约成本和持续生产变得不太

可能。在这个国家,专业人士没有就某个特定工程所用的大梁尺寸和重量达成一致,为了满足专业建筑师和工程师不规范、不科学的要求,英国制造商不断地改变其轧辊或器具,极大地增加了制造成本。[8]

尽管这封信没有取得立竿见影的效果,但在 1900 年,斯凯尔顿在沃尔夫·巴里出席的英国钢铁行业协会(BITA)会议上发表了一篇主张对钢梁进行标准化的论文,数年后,沃尔夫·巴里称这篇论文当时给他留下了深刻的印象。[9] 这篇论文,以及早些时候与索尔兹伯里勋爵的对话和福克斯的主席报告,可能是促使沃尔夫·巴里在 1900 年底改变对标准化看法的原因。

在土木工程师学会(ICE)理事会 1900 年最后一次会议和 1901 年第一次会议之间的 6 周里,沃尔夫·巴里和福克斯可能就工业标准化对 ICE 和英国的价值进行了讨论,因为在 1901 年 1 月 22 日的会议上,沃尔夫·巴里提出"成立一个由 6 名委员组成的委员会来考虑规范各种钢铁部门的可行性;如果发现可行,则考虑并报告应采取什么样的步骤来实施这一标准化活动"。福克斯对此表示附议。[10] 提议获得通过,一个由 ICE 领导层组成的颇具声望的委员会成立了,其中包括福克斯(1899 年的 ICE 主席)、沃尔夫·巴里(1897 年的 ICE 主席)和詹姆斯·曼瑟(James Mansergh,1901 年的 ICE 主席)。由于工业问题[比如国际材料试验协会(IATM)的测试和美国对钢轨标准化的努力]需要多个工程学科的共同努力,委员会邀请机械工程师协会（IMechE）、海军建筑师学会（INA）和钢铁学会（ISI）的代表加入。不久之后，"由 IMechE、INA 和 ISI 支持负责标准制定的 ICE 委员会"如最初指定的那样，开始召开会议研讨工作，委员会由一位主席曼瑟、一位代理秘书莱斯利·罗伯逊（Leslie S. Robertson）和四位分别来自四个工程机构的代表组成。[11]

英国标准化历史学家罗伯特·麦克威廉（Robert C. McWilliam）指出，委员会本可以在轻松完成分配给它的任务之后解体或成为一个半自治、组织松散的机构，正如美国的类似委员会在 19 世纪最后二十五年和第一次世界大战期间所做的那样。他把该委员会发展成为第一个国家标准制定组织的事实，归因为英国标准市场的特殊性。[12] 两个巨大的客户——英国军方（战争部和海军部）和文职印度事务部——主导了这个市场。这些政府采购组织渴求能拥有为大英帝国服务的标准，尽管政府自己明显不愿意或者不能自行制定标准。

尽管新委员会最初得到了土木工程师学会（ICE）和与其合作的工程协会的一些财政支持，但其领导层仍然成功地从政府那里寻求到了额外的帮助。《公共工程》（*Public Works*）期刊的一位作者在两年之后解释道："这场运动对于全国而言意义重大，除了五大主要工程协会的积极帮助和财政支持外，鉴于这将给本国一般贸易带来巨大好处……政府应该提供援助。"[13] 事实上，当曼瑟主席、沃尔夫·巴里和罗伯逊秘书与战争部和海军部的领导人接触时，他们通过贸易委员会立即获得了财政支持。他们还联系了印度事务部，该事务部渴望拥有可在印度次大陆不同线路之间运转的标准化火车头。因此，当沃尔夫·巴里去到该事务部时，其领导人热情接待了他并表示支持，鼓励委员会不仅要对型钢进行标准化，而且对火车头也要进行标准化。到1901年底，ICE理事会扩大了该委员会的职权范围，将机车和材料试验的标准化纳入其中，并将其名称改为工程标准委员会（ESC），该名称一直保留至其1918年从ICE独立出来。毫无疑问，正是政府的支持和部分资金赞助将一个一次性的委员会转变为一个持续运转的组织。

该委员会或多或少具有自主性，发展壮大了它的工作人员、组织架构和会员，以适应其扩大的范围。它吸纳了电气工程师学会（IEE）成员、年轻的电气工程师查尔斯·勒·迈斯特，令其担任罗伯逊秘书的助理；这一重大任命开启了勒·迈斯特作为标准企业家的漫长职业生涯，其早期阶段的工作将在本章后续进行讨论。在组织架构上，工程标准委员会（ESC）在主委员会的基础上增补了四个部门委员会：（1）桥梁和建筑施工，（2）造船材料，（3）机车和铁路车辆（由福克斯担任主席），以及（4）铁路和电车轨道（由沃尔夫·巴里担任主席）。[14] 这些部门委员会（及其小组委员会）以一种与19世纪末国际材料试验协会（IATM）以及德国和美国工程协会中的标准化委员会类似的模式，或者可能是直接遵循其模式，来完成标准化工作。1902年，应邮政总局总工程师威廉·普里斯爵士（Sir William Preece）的请求，发电厂也被纳入委员会的业务范围。[15] 作为回应，土木工程师学会（ICE）鼓励ESC邀请IEE派代表参加委员会，IEE也因此成为第五个也是最后一个被认定是创始机构的组织（英国标准协会于

1931年重组并重新命名时,在现行英国标准机构的章程和委员会结构中保留的一种官方名称)。[16]电气工程师鲁克斯·伊夫林·贝尔·克朗普顿上校是一家英国发电和照明系统制造商的负责人,也是下一章内容的主角,他在ESC的主要委员会中被任命为IEE代表。[17]新增加的电气委员会也就成了第五个部门委员会。ESC在1903年增加了四个部门委员会(机械零件、管道法兰、水泥和铸铁管),在1911年和1912年又增加了三个部门委员会(陶瓷管、道路材料和汽车零件)。[18]在独立于ICE之前,ESC于1917年增加了最后一个部门委员会(飞机零件),因为战争期间需要统一的飞机标准。在以后的几年里,作为一个一般性(而非特定领域)机构,ESC可以继续扩大其业务范围。

虽然只有五个正式的创始机构,但工程标准委员会(ESC)成立了部门委员会,因此也包括来自其他领域相关协会(如苏格兰工程师和造船商协会以及IATM)的代表,以及代表企业和行业的贸易组织(如南斯塔福德郡钢铁制造商协会)、政府部门代表(如海军部和贸易委员会),以及在相应领域具有丰富学识的个人(如1895年倡导钢梁标准化的钢铁商人斯凯尔顿)。[19]由于成员各异,ESC与IATM一样(鉴于ESC在其部门委员会中有IATM代表,受其影响也在所难免),在它认定的所有利益集团(生产者、购买者和独立工程师)那里寻求广泛而平衡的意见。例如,船舶及其机械部门委员会容纳了钢铁制造商、造船商、海军部代表和学术工程师所有这些利益相关方的意见。[20]

1902 年末，土木工程师学会（ICE）赋予了工程标准委员会（ESC）作为一个新机构所需的最终权力：将其调查结果作为英国标准发布的权利。[21] 从 1903 年初开始，委员会发布了英国标准 1 号（BS1），即英国的钢铁标准，从而实现了委员会的最初目标。ESC 在 1903 年又发布了四项标准：BS2，电车轨道和接合板；BS3，测试棒标距长度和截面伸展率的影响；BS4，标准梁的几何特性；以及 BS5，印度铁路标准机车。BS5 体现了印度事务部的影响力；BS2 和 BS4 揭示了钢截面、轨道和梁的重要性在不断增强；BS3 是一份技术调查报告，列举了一小类信息性标准。[22] 在英国标准化的第一个阶段，从 ESC1901 年成立到 1918 年脱离 ICE，共有 972 人在 14 个小组委员会任职，并发布了八十一项标准。[23] 这些标准"通常是由买方决定的"，因此这些买家可以很容易地将这些规范纳入其订单。[24]

同时代的人认为工程标准委员会（ESC）及其所制定的英国标准有利于英国国家制造商和大英帝国。1903 年，一位评论员回应了斯凯尔顿早些时候的抱怨，他写道，"在过去，工程项目中存在过多的独创性"，制造商和工程师都试图在机械、桥梁和其他工业项目上留下自己的独特印记；"工程标准委员会不愧为本世纪伟大国家机构中最重要的机构，它在适当的时候扫除了上述这些以及其他阻碍国家进步的障碍。"[25] 1908 年，"早期[标准化]运动领袖"[26]沃尔夫·巴里（见图 2.1）在他的演讲中指出了这种商业民族主义：

由于进口税和保护性关税的存在，我们不能指望在某些市场

图 2.1 约翰·沃尔夫·巴里爵士，塔桥和其他著名建筑的建造者，在工程标准委员会（ESC）刚成立的几年中担任指导。图为 1905 年《名利场》(*Vanity Fair*) 中的漫画。

上公平竞争，但委员会所做的工作在物质层面上有助于我们将殖民地的贸易掌控在英国制造商手中。如果殖民地政府坚持其所购买的所有材料都要符合英国标准，就会知道，其所得到的将是优良的设计和高品质的材料……标准化影响到整个大英帝国的工程贸易。[27]

他认为，英国标准不仅对英国制造商和殖民地政府至关重要，而且对依赖英国制造商提供工作岗位的英国工人也意义非凡；这一声明也可能昭示，英国人民对劳资纠纷的关注要多于对工人阶级本身的关注。1911年，为纪念沃尔夫·巴里而举行的宴会（庆祝ESC成立十周年）的出席情况表明，印度事务部、造船商、钢铁制造商、铁路制造商和海军部都对沃尔夫·巴里表达了高度的敬意。[28] 此外，正如1913年一篇刊登在美国工程杂志上的文章所指出的，在与工程协会合作制定国家标准方面，英国现在被认为领先于美国所取得的成就。[29]

1917年，也就是ESC成为独立的英国工程标准协会（BESA）的前一年，沃尔夫·巴里于土木工程师学会（ICE）的詹姆斯·福里斯特讲座中，系统阐述了他在领导工程标准委员会（ESC）时所遵循的八项有效标准化原则。[30] 第一项原则，"参与者应该代表所有利益相关方，包括生产者和购买者"，他表示，所有利益相关方（正如我们现在所说的）都应被囊括在这一过程中。这是包辛格代表大会和国际材料试验协会（IATM）以及美国电气工程师学会（AIEE）等工程机构在19世纪末制定的原则，ESC也采纳了这一原则，无论是以直接模仿IATM的形式还是通过自己摸索形成的方式。商业实体对这一时期的标准制定至关重要。沃尔夫·巴里在第二项原则中说明了民间标准化必不可少的原因，即"若参与者认识到需要进行自我监管，以便为或多或少已经变得混乱的事物引入一个秩序，则应引入标准化主题"。在不存在政府监管的领域（或不愿意接受政府监管的事务），这种针对混乱的自我监管理念对于民间标准制定而言非常重要。第三项原则是，"努力使其成为自愿性的，参与者无须付费"，这明确阐明了"自愿"的另一个含义：企业可以自愿采用标准，工程师也是自愿参与标准制定过程的。尽管创始机构和英国政府提供的资金用于试验和标准的发布，但除全职秘书外，所有参与标准制定的工程师的差旅费均由工程师的雇主提供或赞助。作为新兴的专业群体人士，这个时期的工程师都渴望成为绅士。这一自愿性服务原则尽管使标准化机构能够在没有大量核心企业或政府资金支持的情况下顺利开展标准制定工作，但也使资源匮乏的小企业工程师或没有个人资源的独立工程师难以参与标准制定活动。

第四项原则和第五项原则指出，制定标准应该是为了响应明确的需求，而不是为了制定标准而制定标准，这就限定了什么时候制定标准是合适的。第六项原则是，虽然要以当前的科学知识作为基础，但应该强调标准制定的实用性、工程性和商业性。第七项原则指出，工程标准委员会（ESC）应当只从事标准开发和制定工作，而不是成为一个试验机构，这一原则将在当今 ESC 继任者参与第三次标准制定创新浪潮时被放弃（参见第九章）。第八项原则强调定期修订标准的必要性，以避免这些标准成为发展进步的障碍。

虽然没有证据表明包辛格和达德利或者是国际材料试验协会（IATM）对沃尔夫·巴里及工程标准委员会（ESC）存有直接影响，但第一项原则以及 ESC 委员会是由众多不同类型协会、企业和政府部门组成的这一事实都体现了这一影响。此外，间接证据表明，沃尔夫·巴里与包辛格和达德利同属于一个国际工程师共同体，在那里，极有可能他们至少知道彼此。1896 年，在 ESC 诞生之前，沃尔夫·巴里（时任 ICE 副主席）主持并发表了一篇题为"与工程有关的物理实验"的演讲，并引用了包辛格及其继任者泰特迈尔的话。[31] 作为 ESC 钢轨委员会主席，沃尔夫·巴里肯定参考了本书上一章所讨论的美国钢轨标准化结果，其中 IATM 和 ASTM 的平衡原则发挥了作用。此外，IATM 派代表参加了 ESC 的一些部门委员会（例如，昂温教授曾代表 IATM 在 ESC 造船用型钢委员会的一个小组委员会任职），这为沃尔夫·巴里提供了另一个接触 IATM 原则的渠道。[32] 因此，无论沃尔夫·巴里是在 19 世纪 90 年代与去世前的包辛格有过直接交流，还是在 20 世纪第一个十年与达德利有过接触，他们都认为工程委员会平衡代表制造商和客户组织利益来制定标准是非常重要的。这种观点是这一时期工程师之间普遍对话的一部分，我们将在第三章中讨论这一点。

1917 年，"约翰·沃尔夫·巴里爵士亲自领导了起草继任机构组织大纲和章程的小组"［英国工程标准协会（BESA）］，他在 1918 年 5 月 BESA 成立前几个月去世了。[33] 在本章后面的小节中，我们将主要通过查尔斯·勒·迈斯特来讨论 ESC 对建立其他民间国家标准制定机构的影响。

但是首先，我们来看一下工程标准委员会（ESC）成立后民间自愿标准化方面的另一个重要发展。19 世纪末 20 世纪初，由于许多新产业都是国际化的，因此不足为奇的是，仅仅在第一个国家标准制定机构成立几年后，就出现了一个存续至今的民间国际标准制定机构，虽然它只是在一个特定的技术领域。

国际电工委员会

尽管国际材料试验协会（IATM）在材料试验领域试图制定非政府性质国际标准的努力没能持续到第一次世界大战之后，但在工程标准委员会（ESC）成立几年后，在电气工程领域出现了一个更为成功且至今仍在活动的国际标准制定机构：国际电工委员会（IEC）。[34] 第一章的内容表明，19 世纪的科学大会已将电气设备系统标准化，政府间国际电报联盟对条约签署国跨越国界电报系统的管理协议进行了标准化。此外，1881 年在巴黎举行的国际电气大会促进了一些工业化国家电气工程学会的发展，其中一些国家的专业学会（如德国电工协会、英国电气工程师学会和美国电气工程师学会）也涉猎了电力领域的标准化活动。20 世纪初期，这些电气工程师的工作与国际电气大会正在进行的科学工作相互交叉，从而形成了 IEC，并将工业电气的标准制定活动拓展到了国际舞台。

国际电工委员会（IEC）是在 1904 年圣路易斯国际电气大会上提出的，该大会与圣路易斯世界博览会同时举行。在大会召开前夕，一个计划委员会在尼亚加拉瀑布召开会议，选举汤姆森-休斯敦电气公司的联合创始人之一伊莱休·汤姆森为 1904 年大会的主席，他是生于英国但在美国长大的著名发明家、实业家，并且是（1892 年与爱迪生通用电气公司合并之后）通用电气的总工程师。[35] 在这次科学大会上，计划委员会还邀请了一个政府代表团，不仅是在科学家之间，而且也在政府和政府间层面去解决命名的标准化问题。当政府代表团

（由来自 15 个国家的 29 名成员组成）在圣路易斯开会时，其也选举了伊莱休·汤姆森为该机构的主席。该代表团成立了一个国际标准化委员会，于第二天提交了一份报告，该报告或将对行业的民间国际标准化产生重大影响。除了科学术语标准化的相关建议外，报告还提议"应通过任命一个有代表性的委员会来考虑电气设备和机器的命名和评级标准化问题，采取相应措施以确保世界技术协会之间的合作"。委员会对此表示，"如果政府代表团的提议通过，该委员会最终可以成为一个永久性的委员会"。[36]

这一努力的意义重大，因为它不同于科学大会对科学术语的标准化；它提倡工业用电气设备和机械的标准化。此外，尽管来自政府的代表组成了政府代表团，但会议呼吁由技术协会而不是政府组成新的、永久性的委员会。政府代表团迅速采纳了这项提议，要求代表通知其本国的技术组织（电气工程学会），并将对此的回应报告给两位负责领导这项工作的人：美国电气工程师学会的下一任主席（尚未透露姓名，也未过多参与），以及在 ESC 中代表 IEE 的英国电气工程师和制造商鲁克斯·伊夫林·贝尔·克朗普顿上校。克朗普顿刚在电气大会上就标准化的必要性发表了一篇广受欢迎的论文，并提出支持成立这样一个机构的决议。[37] 图 2.2 所示是 1911 年《名利场》中描绘的克朗普顿上校。

克朗普顿上校出生于 1845 年，其职业生涯很精彩，包括参军、参与运输工程（早期的蒸汽动力道路机车和后来的内燃机车），他还在电力和照明系统以及标准化方面处于商业领导者地位。11 岁时，

图 2.2 鲁克斯·伊夫林·贝尔·克朗普顿上校领导并建立了国际电工委员会（IEC），该组织至今仍是一个重要的标准制定机构。
https://upload.wikimedia.org/wikipedia/commons/8/8c/Rookes_Evelyn_Bell_Crompton_Vanity_Fair_30_August_1911.jpg.

他与家人在克里米亚战争结束时前往克里米亚，在那里，他与表舅一起登上了皇家海军舰艇"龙"号驱逐舰（HMS *Dragon*）。据说他目睹了战争，后来他经常（错误地）声称自己年轻时曾获得克里米亚战争奖章和塞瓦斯托波尔勋扣。回到哈罗公学之后，他沉溺于自己的第二个爱好，建造了一台蒸汽驱动的道路机车——蓝铃（Blue Bell），这是一位机械师为制造业而开发的。之后，在印度的军队服役时，他通过说服英国人订购了一辆机车而将这两种热情结合在一起，这种机车可以替代当时用来运送军品且需要监督其运行的牛车。在这些早期的军事和交通领域冒险之后，他转向了电气行业，这将是他未来几十年里的主要工作，1878年他成立了自己的公司克朗普顿公司。[38] 后来他回到军队，在布尔战争中，他是电气工程师志愿军的队长，并从事道路运输工作；19世纪90年代末，他是英国和爱尔兰汽车俱乐部的创始人之一，同时是1910年成立的英国政府路政局的工程师。[39] 他在标准化方面的工作主要（但不完全）与他的电气工程师身份有关。事实上，他曾在ESC一个负责处理螺纹问题的部门委员会中任职。他在晚年主张设计并测试了ESC开发的一种新型螺纹标准，以取代惠特沃斯标准螺纹，"因为被用在所有场合的惠特沃斯螺纹过于粗糙，不适合某些现代用途，诸如汽车和很多使用电力的情况下"，这一标准后来被称为英国标准细牙螺纹。[40]

当1904年电气大会的政府代表团建议成立一个委员会时，克朗普顿与英国电气工程师学会和美国电气工程师学会进行协调，于1906年在伦敦组织了一次会议，成立了国际电气委员会（会议期间更名为国际电工委员会，以区别于更注重科学的组织）。[41] 截至1905年，9个国家的电气工程师学会对克朗普顿上校关于1906年会议的信函做出了积极回应，表达了国际社会对这一相对较新工程领域的兴趣。为筹备1906年的会议，英国电气工程师学会任命了一个享有盛誉的委员会来起草一套拟议规则，并将其分发给感兴趣国家的电气工程师学会。[42] 该委员会成员包括亚历山大·西门子（Alexander Siemens，他是维尔纳·冯·西门子的堂兄，时任西门子公司英国分公司负责人）、开尔文勋爵（威廉·汤姆森，著名物理学家和电气工程师，在第一章中介绍过），以及克朗普顿上校本人。1906年的会议由亚历山大·西门子主持，与会者选举开尔文勋爵为第一任 IEC 主席，克朗普顿上校为首任荣誉秘书。[43] 克朗普顿和西门子是电气工程师和实业家，而开尔文勋爵则为这个新组织增添了科学的光彩。克朗普顿邀请电气工程师学会成员兼工程标准委员会秘书长助理查尔斯·勒·迈斯特担任代理秘书。[44] 查尔斯·勒·迈斯特于 1874 年出生于英法之间的海峡群岛之一泽西岛，能说一口流利的法语和英语，他是这项国际努力成果的完美人选。[45]

共有 33 人出席了 1906 年的会议，代表了 13 个国家：美国、奥地利、比利时、加拿大、西班牙、日本、英国、法国、德国、荷兰、匈牙利、意大利和瑞士。[46] 挪威、瑞典和丹麦接受了邀请，但没有派代表出席会议。最初，西门子要求这 33 名代表集中讨论已经分发的规则草案，但很快就发现，工作组的规模太大，无法进行有效的讨论。因此，他成立了一个由 13 个国家代表团各派一名成员的小组委员会，讨论章程规则的细节。[47] 随后的小组委员会讨论引入了许多原则和流程，并建立了一个直接影响后来自愿性国际标准制定机构的模式。事实上，克朗普顿上校将他们正在做的事情称为"运动的初步阶段"。[48]

他们采纳了一项基本原则，即任何参与国，无论大小，都有一票表决权。正如亚历山大·西门子向更多代表解释的那样，最初的 IEE 委员会草案"竭力将加入委员会的每个国家都放置在绝对平等的地位"。[49] 这一做法与政府间公共国际联盟（如国际电报联盟）所遵循的做法相似。在国际电报联盟中，每个国家的国家电报局（或者像印度这样的殖民地国家）最初只有一票表决权。在公共国际联盟中，目标是平等对待管理公共服务的每一个组织。[50] 在 IEC 中,重点是平等对待每一个参与电气标准化的主要技术机构。尽管小组委员会成员就草案中代表权和表决权的其他方面进行了辩论,但他们从未质疑过一个国家一张选票的理念。事实上,根据会议的报告,"[西门子]认为,每个国家的贡献相同,享有的投票权也相同,这从实质上促进了[国际标准化]运动的成功"。[51] 在未来八十年内成立的所有主要民间国际标准化机构也将遵循这一原则。小组委员会考虑了各代表团如何进行投票以及如何处理内部纠纷的事宜(地方委员会不必就如何进行单一投票达成一致意见)。小组委员会还考虑了如何宣布标准;要求成员国一致同意,才能将一项决定公布为 IEC 标准,并指出:"只有在给出投赞成票和反对票的国家名称时,才能公布因投票不一致产生的所有决定。"[52] 该机构于 1908 年再次召开会议时,将发布 IEC 标准的要求从全体一致降低到五分之四的多数同意,但依然保留一个国家一张选票的原则。[53]

在决定由谁任命国际电工委员会(IEC)的每个国家代表团或地方委员会时,小组委员会发现有两个问题需要平衡。一些代表团,如德国电工协会(VDE)代表团,"似乎认为让每个国家的政府参与此事并不明智",并希望每个国家相应的技术协会在没有政府参与的情况下任命该国的地方委员会。[54] 绝大多数德国工程师与政府之间的紧张关系,以及由政府支持的建筑师和土木工程师所形成的特权基础架构,给德国工程师带来了长期的不信任感;当 IEC 成立时,从事新兴领域(包括电气工程)的德国工程师仍然无法进入更高级别的行政部门。⁵⁵而小组委员会则考虑到,许多国家还没有国家工程专业组织,更不用说电气工程师学会的现实。在与VDE首席代表的私下讨论中,西门子说服了他,让技术协会成为在IEC内的主要代表方式是可以接受的,但规则允许"在没有处理电气事务技术协会的国家,政府应任命委员会"。⁵⁶交际策略和妥协能力是标准制定领域领导者不可或缺的重要素质。根据1906年美国电气工程师学会主席、美国代表团团长西普里安·欧狄龙·梅洛克斯(Cyprien O'Dillon Mailloux)的建议,小组委员会还同意,"任何希望任命地方委员会的国家技术协会都可以这样做,前提是该协会至少已存在三年",以此来避免在技术协会充分建立发展之前对它产生依赖。⁵⁷尤其值得注意的是,鉴于国际电报联盟等政府间组织的先例以及国际电工委员会(IEC)在1904年国际电气大会上由政府任命代表团的源起,小组委员会将政府在IEC中的作用降到最低。克朗普顿上校及其在工程标准委员会(ESC)的经验和梅洛克斯及其在AIEE标准化委员会的经验,无疑对此起到了一定的作用。无论受到哪些因素影响,1906年聚集在一起的创始人都预见到,国际电工委员会将是一个由国家电气工程学会组成的非政府联盟。

小组委员会还围绕制造业利益讨论了会员资格问题,这一次的问题不再是是否允许制造商代表参与[该问题约十年前曾出现在美国电气工程师学会(AIEE)的讨论中,参见第一章],而是是否需要此类参与。一些商业利益代表以领导人和代表团成员的身份出席了1906年的预备会议,包括主席亚历山大·西门子、英国代表团的克朗普顿上校和东芝公司创始人藤冈一介博士。藤冈一介被称为"日本电力之父",同时也是日本代表团的唯一成员。[58] 比利时代表在最后的全体讨论中再次提出了制造商代表的问题,认为规则应明确允许在地方委员会中任命制造商。来自美国和英国的代表指出,规则没有明令禁止地方委员会中制造商的会员资格,并且制造业的利益总是在其电气工程学会中得到代表。一位加拿大代表担心,如果技术协会全权负责,其可能不会任命制造商,但其他人指出了责任分散的风险。最终,他们统一了措辞:"委员会中被任命的人员不必从属于技术协会。"[59] 这样,技术协会就可以但不必代表制造业利益。

在会议结束之际,与会者批准了这些规则,在等待参会成员所代表的技术协会批准时,这个问题再次出现。这时,克朗普顿上校提供了自己以及代理秘书查尔斯·勒·迈斯特的服务工作情况,向其他代表展示英国电气工程师学会如何组织自己的标准化工作。正如会议报告总结的那样,他说:"英国的标准化工作进行得非常艰难,让制造商站在我们一边是十分有必要的;经验表明,如果没有制造商的合作,任何标准化活动都不可能成功。"[60] 这样,国际电工委员会(IEC)的创始领导人从组织理念出发阐明的这一既代表制造业利益,也代表更多学术性工程利益的原则,为国际标准制定组织建立了一种模式,这种模式与一些国家工程组织以及工程标准委员会已经确立的模式一致。

会议结束时,克朗普顿上校总结了取得的成果,会议报告中显示:"克朗普顿上校说,听到继续开展标准化工作的决议得以通过之时,是他一生中感到最骄傲的时刻之一。"这番话令人惊讶,因为他是一个功成名就的人,却仍会为此感到自豪。然后,他提到了英国战争事务大臣理查德·霍尔丹(Richard Haldane)在国家物理实验室一座新大楼开幕式上发表的演讲,霍尔丹在讲话中指出,"这场运动是未来世界和平管理的预兆"。只有通过耐心合作,通过消除在标准化等和平事务中可能出现的困难,世界才能逐步实现普遍和平。[61]克朗普顿提出了一个经常出现在民间国际标准化进程中的主题,即它将促进世界和平。两次世界大战肯定会让人质疑这一观点,并且直到第二次世界大战之后,一个全面而持久的国际标准化组织才得以成立。但是,这种关于国际标准化的论调早在自愿性标准化创新的第一次浪潮中就出现了。

1908年,在获得国家技术协会的必要批准后,国际电工委员会(IEC)首次作为官方机构召开会议,15个国家派代表出席。伊莱休·汤姆森接替开尔文勋爵当选为IEC主席;查尔斯·勒·迈斯特被任命为IEC秘书长,他一直担任该核心职位,直至1953年去世。[62]于1902—1905年出任英国首相的阿瑟·贝尔福(Arthur Balfour)对出席会议的代表表示了欢迎:

> 按照我的理解,委员会的主要目标是根据国际协议,安排对不同类型的电力机器进行测试,并描述不同机器的特性,以便让购买机器的人和销售机器的人确切地知道自己在做什么,双方都拥有最大的自主权;一方希望使用建造好的机器来实现自己的特别设计,另一方希望利用日益增长的知识所带来的日新月异的变革和不断进入人类叙事的创造发明来建造机器。[63]

贝尔福还提到了在所有层面上新兴民间标准制定体系的两项关键原则：制造商和用户的共同参与，以及自愿采用所制定的标准。

第一次世界大战前，国际电工委员会（IEC）发展相当迅速。早在1910年12月，勒·迈斯特就注意到，尽管会员仍然附属于自己所在的国家，有时甚至是狭隘地依附于自己的国家，但该委员会群体的全球化发展速度是如此之快。他向IEC成员报告了其中央办公室在前一年处理的2 000多封信函。[64] 这些信函分为两类：成员国的标准化工作报告，以及来自非成员国工程师对于该组织信息的请求；伴随这些信件而来的通常是当地电气标准制定者的工作报告。[65] 勒·迈斯特希望这些报告能以委员会的官方语言的一种或两种（英语和法语）提交，以便"这些报告能被所有成员阅读和理解，包括众所周知的语言能力并不突出的盎格鲁-撒克逊种族"成员。[66]

1911年，19个国家参加了会议；1913年，24个国家派代表出席了会议。到了1914年，国际电工委员会（IEC）成立了四个技术委员会，并发布了第一批标准（包括标准术语、铜电阻标准和"与旋转机械和变压器有关的定义和建议"）。[67] 该组织有了一个良好的开端。IEC还在国际标准化运动中发挥了重要作用，为查尔斯·勒·迈斯特（图2.3所示为1911年IEC会议期间的查尔斯与其他知名标准化人士）提供了一个平台，他在该平台担任标准化巡回大使，他所发挥的作用将在后续章节中详细阐述。

勒·迈斯特与国际电工委员会（IEC）主席伊莱休·汤姆森（1908年至1911年在任）的通信往来表明了民间国际标准化所遭遇的挑战

图 2.3　1911 年，许多早期标准化运动的领导者在都灵参加国际电工委员会（IEC）会议的官方照片：最右边坐着的人是伊莱休·汤姆森；身材魁梧的亚历山大·西门子头发花白，站在汤姆森的右侧；克朗普顿上校在中间（站着的第一排从右数第七位）；站在前排右侧身着浅色三件套、留着大胡子、干净利落的年轻人是查尔斯·勒·迈斯特。
IEC 照片文件，由 IEC 提供。

和秘书长在推进这项工作时需要具备的才能。[68] 例如，IEC 的性质及其任务没有立即向各国政府相关部门进行说明。勒·迈斯特曾给美国标准局局长塞缪尔·韦斯利·斯特拉顿（Samuel Wesley Stratton）博士回了一封信，斯特拉顿在他写给迈斯特的信中就英国关于建立光的国际单位的提议明确地对 IEC 的职权范围或"参考引用"提出了疑问。勒·迈斯特的回复非常具有策略性，他首先感谢斯特拉顿"就此问题给他"致信提问，称此事是一个"误解"，并与斯特拉顿分享了当前提案的立场（来自匈牙利、墨西哥、瑞典、美国和非官方的法国 IEC 国家委员会都同意英国的建议，而德国是"强烈反对"）。勒·迈斯特解释道："电工委员会的'参考引用'并不像你所想象的

第二章　1900 年至第一次世界大战：国界内外的民间标准制定组织

那么狭窄。"他继续写道,"毫无疑问,实现和维护一个国际坎德拉(International Candle)[发光强度单位]对于标准化实验室来说是件好事",这加强了国家标准实验室(如标准局)的作用。[69] 在写给汤姆森的一封简短的信中,勒·迈斯特附上了这封写给斯特拉顿的回信副本,并说:"我已经尽可能地使用交际策略,我认为少说为妙。委员会的影响将会越来越明显,我们不必坚持它的地位,它会自己逐步形成气候。"勒·迈斯特以在处理微妙局势和问题时所展现的策略技巧而闻名,这也为标准化活动铺平了道路。

勒·迈斯特还与其他国家进行了大量通信并前往这些国家,鼓励它们参与国际电工委员会(IEC),进而促使它们成立了电气工程方面的国家机构(如果它们还没有的话)。他的足迹远远超出了欧洲国家和美国,到达了世界其他地区。1910年,他因其他事务前往巴黎时会见了"智利驻欧洲的工程代表",会晤结束后,他说,"我相信我们在争取让智利加入委员会方面不会有任何困难"。[70] 一周后,他通知汤姆森"日本政府现在决定配合委员会的工作。其将向中央办公室支付会费,并积极配合组建可在IEC代表日本的日本电工委员会"。几周之后,他向汤姆森宣布乌拉圭加入IEC并成立了一个国家委员会,同时指出,"乌拉圭是一个小共和国,委员会的工作在整个南美洲得到了支持,这令人欣慰"。

1910年,勒·迈斯特对汤姆森说,早些时候,在自己就任英国工程标准委员会(ESC)的助理秘书时,就在不知不觉中为这一国际化努力奠定了基础。在开始为国际电工委员会(IEC)就电机标准达成国际协议的努力过程中,他编写了一份报告,其中列出了所有具有此类标准法规国家的电机标准规定。在这个过程中,他一开始惊讶地发现有这么多国家拥有这些规定,但随后意识到了自己的作用:"大约四年前,我将(由我协助起草的)英国工程标准委员会的标准规则发送给了不同国家的朋友。"他继续说道:"这肯定对他们有所帮助,因为我看到了英国规则对意大利和瑞典规则的影响。"[71] 这种早期的国家间标准材料共享对实现电气标准的国际化大有助益。事实上,在1911年,当他把这篇题为《各国发布报告中的机械评级摘录》的文章转交给汤姆森时,他请汤姆森写一篇介绍文章,强调这些相似之处对国际标准化的努力是个好兆头:"我希望你提请大家注意这样一个事实,这份报告的调查表明,实际面临的分歧非常小,因此,这份报告所做的研究会给达成国际协议带来巨大的希望。"他指出,他的朋友克朗普顿上校也"认为从国际角度考虑评级困难重重,但这份报告对他来说是一个惊喜。对其他人可能也是如此"。[72] 尽管勒·迈斯特的国际活动在第一次世界大战期间受到了一些限制,但在两次世界大战之间的岁月里,这些活动仍在继续。

勒·迈斯特经常传达一种信念,即国际标准的价值应该优先于狭隘的个人利益,尤其是他自己的利益。当汤姆森向他祝贺1910年布鲁塞尔会议成功举办时,他将这种个人的祝贺引向了一个更宽广、不那么个人化的层面上:

> 我认为,布鲁塞尔重聚的成功更多是因为,每个人都开始意

识到，他们必须尽自己最大努力就提出的不同讨论议题达成工作协议。每个人都被这一愿望所激励，更愿意在个人问题上让步，而这些问题往往是达成一致协议的困难所在。[73]

勒·迈斯特以身作则，严于律己，把实现标准化置于个人、国家或企业的回报之上，并且通过树立榜样的方式成功激励了这种行为。同样，在邀请汤姆森为机械评级报告撰写导言时，他说："请不要以任何方式提及我。我希望这有助于工作的推进，工作进展顺利就是对我的最大回报。"在勒·迈斯特接下来四十年的标准化工作中，这种谦逊成为他的特征。

在第一次世界大战前最后一次国际电工委员会（IEC）大会（1913年8月在柏林召开）上，勒·迈斯特在他的年度报告结束语中感谢电气工程师们"为推动这一国际运动……自愿和无偿地提供了……往往给他们自己带来诸多不便……的服务"。然后，他回到了国际标准化和世界和平这一主题上，这一主题由克朗普顿在1906年成立IEC的会议结尾时提出："这些定期的国际聚会，使得很多不同国籍的电气工程师建立了持久深厚的友谊，这无疑是促进世界和平的一个重要因素。"[74]尽管这番言语在当时具有可悲的讽刺意味，但正是这一愿景在随后几十年里激励着勒·迈斯特的标准化创业精神，并鼓励委员会中的许多工程师在标准制定过程中发挥自己的勤勤恳恳的作用。

与此同时，勒·迈斯特也将这种企业家精神带入了他在英国和其他地方支持国家标准化的活动中，直至第一次世界大战期间。

国家标准制定组织的传播

英国的工程标准委员会之前一直是土木工程师学会的一个委员会,于1918年分离出来,成为英国工程标准协会(BESA)。作为一个非政府性质的国家标准制定机构,它的运作相对独立,拥有自己的组织和流程,涉及广泛的工程学会、政府部门、行业协会和个人。第一次世界大战刺激了其他国家的工程师效仿它建立民间通用国家标准化机构。勒·迈斯特和工程标准委员会(ESC)直接影响了美国工程标准委员会(American Engineering Standards Committee,缩写AESC)的形成和结构,但对德国工程标准委员会的影响较小。

美国工程标准委员会(AESC)成立于1918年,在庆祝其成立25周年时,AESC的第一任代理秘书克利福德·勒·佩奇(Clifford B. Le Page)在一份关于AESC起源的报告中指出,汽车工程师学会成员、工程师亨利·赫斯(Henry Hess)在1910年至1911年期间对英国的一次访问,推动了AESC的建立。[75] 在英国,赫斯遇见了多位参与成立工程标准委员会(ESC)以及国际电工委员会(IEC)的工程师,包括克朗普顿上校和查尔斯·勒·迈斯特。他们鼓励赫斯返回美国,并敦促他成立一个像工程标准委员会这样的联合委员会,在美国开展自愿性国家标准化工作。在接下来的几年里,美国机械、电气、矿业和土木四个工程师组织[美国机械工程师协会(ASME)、美国电气工程师学会(AIEE)、美国矿业工程师协会(AIME)和美国土木工程师学会(ASCE)]的代表多次会面,试图成立一个类似于工程标准委员会的联合标准化委员会。

1916年初，美国电气工程师学会（AIEE）的标准化委员会新任主席阿瑟·肯内利教授（来自哈佛和麻省理工学院）牵头邀请了其他三个工程协（学）会以及美国材料试验协会（ASTM）[由国际材料试验协会（IATM）发展而来的美国特定领域标准制定组织]的代表，作为组织委员会召开会议，商议成立国家标准化委员会事宜，美国标准化组织的建立才取得了一些进展。[76] AIEE是一个合适的美国标准化领导机构。如第一章所述，它已经发展了自己的标准制定能力和委员会结构，并在1899年《美国电气工程师学会汇刊》中发布了电气设备特性术语和试验的初始标准，并在发布后至1916年间多次更新。美国技术协会也参与了国际电工委员会的组建，并决定了美国代表团的组成。它的标准化过程长期以来一直包括制造商、采购商和咨询工程师之间的平衡，就像IATM、英国ESC和IEC那样。1916年6月，在五个协（学）会（AIEE、ASCE、ASME、AIME和ASTM）的代表召开了几次预备会议之后，他们成立了一个委员会，为美国标准制定组织起草章程；该委员会于1916年12月下旬举办了第一次会议。[77]

在这个阶段，再次感受到了勒·迈斯特的影响力。值得注意的是，尽管战时国际旅行不安全，勒·迈斯特还是在1916年夏初以国际电工委员会（IEC）秘书长的身份来到美国，帮助美国电气工程师学会（AIEE）标准化委员会修订其规章制度。毫无疑问，他和肯内利还讨论了在美国同时组织一个国家标准化委员会的可行性，特别是在那一年，继莱斯利·罗伯逊之后，勒·迈斯特从ESC的助理秘书升职为秘书。莱斯利·罗伯逊在战时还担任军火部生产主管,在前往俄国的途中与英国战争大臣霍雷肖·赫伯特·基奇纳一同离世,他们的船"汉普郡号"(HMS *Hampshire*)在奥克尼群岛附近沉没。[78] 经过两年的章程筹备工作,与 ESC 五个创始机构类似的五个协会于 1918 年正式成立了美国工程标准委员会(AESC)。[79]

美国工程标准委员会(AESC)遵循了 ESC 中英国模式的几个方面。在第一次会议上,经过充分讨论,成员们决定邀请美国商务部、战争部和海军部派遣代表,正如 ESC 与英国政府部门所做的那样。[80]AESC 章程还创建了一个流程,通过该流程,不同层级对提案标准进行审议和批准,并最终认定为美国标准,这一流程类似于 ESC 制定英国标准的过程。该流程依赖于与 ESC 相似的部门委员会,委员会"应由生产者、消费者和一般利益的代表组成,且这些利益团体中的任何一方都不能成为多数",这是沃尔夫·巴里对平衡原则更精确的表述。在该机构的第二次会议上,来自哈佛大学的电气工程教授康福特·亚当斯(Comfort A. Adams)当选为主席;1919 年初,拥有物理学博士学位并为国家标准局工作过的保罗·高夫·阿格纽(Paul Gough Agnew)当选为秘书,他一直担任这一职位到 1946 年。[81]此后不久,阿格纽和亚当斯都提到英国模式对形成美国协会的重要影响。阿格纽还断言,"所有其他国家的标准化机构都在很大程度上借鉴了英国工程标准协会(BESA)的经验和方法。英国人发明了一种合作方法,这种方法在技术上被称为'部门委员会'"。[82]

查尔斯·勒·迈斯特继续在美国工程标准委员会(AESC)的组

织和运作方面发挥咨询作用。作为现已更名且独立出来的英国工程标准协会（BESA）的秘书，勒·迈斯特来到纽约参加 AESC 的第二次会议（于1919年8月举办），为新机构提供咨询服务。阿格纽秘书在三年后说，"AESC 在组建期间有优势，获得了 BESA 秘书勒·迈斯特先生的帮助和建议"。他还指出，勒·迈斯特在此期间两次访问美国，"最后一次是在美国提出此类帮助的具体请求后"。[83]第一次访问显然是勒·迈斯特1916年与美国电气工程师学会（AIEE）的会谈，最后一次则是他1919年对 AESC 的访问。将近半个世纪之后，康福特·亚当斯谈到了勒·迈斯特和英国国家标准制定组织模式对美国组织创立所产生的"极其宝贵"的影响：

> 勒·迈斯特先生在标准制定工作方面的二十年经验对向他请教的美国国家标准机构组织者来说是非常宝贵的。我们技术委员会的结构与英国的结构非常相似；现在，这一结构在所有国家标准化组织中都很常见。[84]

在勒·迈斯特第二次访问美国时，工程标准委员会（ESC）刚刚从土木工程师学会（ICE）独立出来，成立了英国工程标准协会（BESA）；这一变化无疑也对美国工程标准委员会（AESC）产生了影响。AESC 在1919年已经在讨论扩大其结构和授权的可能性，从一个协调五个创始协会和其他一些机构进行标准制定活动的委员会，到"邀请所有对这些标准感兴趣的组织和政府部门加入成立美国标准协会"这一独立的标准制定组织。[85]

第一次世界大战给敌对双方的国家都带来了标准化的压力。大约在美国工程标准委员会（AESC）形成的同时，其他国家也纷纷开始在国家层面组织行业标准制定活动。1917 年底，德国工程师建立了自己的国家标准制定机构，最初是通用机械行业标准委员会（Standards Committee for the General Machine Industry），然后是其继任者德国标准化研究所（German Institute for Standardization）〔自 1975 年起，被称为德国标准化研究所（Deutsches Institut für Normung，缩写 DIN）[86]〕。与 AESC 不同的是，虽然在德语国家兴起的国际材料试验协会（IATM）可能对这两个组织都产生了影响，但 DIN 并没有得到勒·迈斯特和工程标准委员会（ESC）的积极塑造。

德国标准化研究所（DIN）的发展比美国工程标准委员会（AESC）快得多，很大程度上可能是因为战争形成的政府压力说服德国工程师协会（VDI）接受了工业标准。VDI 官员瓦尔德马·赫尔米奇（Waldemar Hellmich）被任命为国家机构的负责人，他遵循泰勒的科学管理原则，并支持工程师根据需要将标准化作为公共服务的观点（参见第一章）。在他的领导下，该机构不仅制定了安全标准，还为行业制定了包括螺纹在内的通用基本标准。[87] DIN 一开始也遵循与工程标准委员会（ESC）类似的原则和流程。DIN 的章程很复杂，但研究德国标准化的美国经济学家罗伯特·布雷迪在 20 世纪 30 年代初指出："DIN 在其章程中建立的结构就其标准化实践而言毫无意义，因为在实际操作中，委员会是一个极其灵活的组织，没有固定的规则或程序、章程限制或正式的规章制度。"事实上，布雷迪将其称为"灵活的组织，主要是源自引领该机构的天才人物赫尔米奇博士的说法，他成功地将标准化引入了德国工业"。[88]

布雷迪总结了赫尔米奇给标准制定组织委员会确立的五项原则：（1）只有在产品、零部件或流程的快速技术变革和改进结束后，才可以开始实施标准化；（2）允许更改和修订；（3）根据行业需求制定标准；（4）确保各项标准相互一致；所有这些都要求（5）"尽可能使标准制定过程科学化"。[89] 根据布雷迪的说法，最后一项原则要求"所有的利益相关者，都必须而不是选择性参与某个问题"。他接着解释道：

> "这是德国标准化工作的一个基本原则，"赫尔米奇写道，"所有制定的规范都应是生产商、消费者和商业利益自由融合的结果，并在政府和科学的帮助及合作下进行。"前三项必须确保该标准在技术上可行且高效，（在资本主义工业中）有利可图，并且，一般来说，是有用的。政府的利益在于将标准应用于其拥有、经营和监管的工业过程，以及规范与整个社会普遍繁荣、安全和福祉的关系，因为它是整个社会的发言人。科学和工业的任务是防止一切可能阻碍未来技术发展的标准化活动，同时其必须确保所提出的标准尽可能科学，尽可能包括所有因素。[90]

让所有利益相关者参与的原则，不仅是使标准化尽可能科学化的问题，也是使标准最终具有合法性的原因。用赫尔米奇的话说，"一个供公众使用的可行标准必须是平衡了技术和经济可行性之后的结果。如果其中一个因素等于零，那么产品的价值也为零"。[91] 让所有利益相关者聚到一起，并要求其朝着尽可能科学化的方向努力制定标准，这有助于限制任何一个经济利益集团的控制权力。尽管在德国的案例中，工程标准委员会（ESC）或国际电工委员会（IEC）或勒·迈斯特没有直接对其产生影响，但赫尔米奇所遵循的原则与沃尔夫·巴里为 ESC 阐述的原则有所重叠。由包辛格制定的国际材料试验协会（IATM）的平衡原则，可能对 ESC 和 IEC 都产生了影响。包括所有利益相关者、牢记行业问题（而不仅仅是技术问题）、提供标准修订系统，以及所有工程师都对科学方法有一定忠诚度等关键问题，使标准制定在此后的发展过程与之前的有了许多相似之处。

由战时政府推动的德国标准化研究所（DIN）在很大程度上是为了服务特定的国家利益而产生的（事实上，ESC 和 AESC 同样也是为了服务国家利益而出现的），但赫尔米奇及其同事认识到，标准制定需要在多个层面上进行。布雷迪认为，德国从一开始就相信需要国际标准（IATM 在德国和其他德语国家的出现也表明了这一点）：

> 如果拟议标准的应用领域完全是本地化的并且受到行业限制，那么只需要去咨询世界上的少数人。如果该领域是国际性的（如度量衡及其换算率、命名规则、配合和量规等），那么制定规则的机构也必须是国际性的。[92]

然而，第一次世界大战并没有推动民间标准的国际化进程，又过了十年，才出现了超出国际电工委员会（IEC）领域范围的国际标准化努力。

到第一次世界大战时，在国家和国际两个层面都产生了民间行业标准制定组织和过程。工程标准委员会（ESC）以国际材料试验协会（IATM）和一些国家工程组织的工作为基础，确立了自愿性标准原则，以及生产者、购买者和独立工程师平衡参与的原则。国际电工委员会（IEC）（以及经由查尔斯·勒·迈斯特的作用而与其有直接关联的ESC）侧重于自愿性国际标准，并鼓励制造方、采购方，以及由电工协会选出国家代表团的独立工程师共同参与。它引入了国际规则制定中特有的原则，包括对国际主义积极有益一面的信念和一个国家一张选票的投票原则。下一章将进入两次世界大战之间的时期，探讨标准化活动在20世纪20年代国家和国际两个层面的后续发展。

第三章

第一次世界大战至大萧条时期：一个共同体和一场运动

从 19 世纪 90 年代和 20 世纪初开始，创建第一批国家和国际民间标准制定机构并参与其技术工作的人形成了一个跨国共同体，这个共同体是由来自欧洲各地、英国海外领地、美国、拉丁美洲、日本和其他几个东亚国家的工程师、商人和政府领导人组成的。这些人拥有共同的身份、仪式和价值观，他们的领导者虽然相隔万里，乘坐轮船或火车来往很不方便且花费巨大，但依然定期见面会谈。这一群体的成员认为他们自己不仅仅是一个共同体，还把自己所从事的工作看作一项社会进步运动，类似于当时其他具有引领性的国际运动：和平运动、自由贸易运动、人道主义运动，甚至是工人运动。

前一章讲到标准制定组织的建立引发了此类制度创新的第一次浪潮，这次浪潮在 1930 年左右达到顶峰，而后在大萧条和第二次世界大战期间衰落。本章将分析第一次浪潮从上升到顶峰的过程。我们会讨论早期的工业标准制定者如何形成一个国际共同体，并将自己所从事的工作理解为一项进步运动,并因此在世界范围内创造了一个标准制定组织网络。许多标准制定者甚至认为他们自己是全球工程师运动的先锋,而这场运动正在创造一个更加繁荣、和平、人道的世界。尽管受到一战之后与德国工程师在合作上的分歧、长期商业竞争、一些国家标准制定组织脆弱的财政状况,以及阻碍所有运动的个性冲突等因素的影响,但在20世纪20年代,其在工业化世界里建立了大多数今天仍然存在的民间国家标准机构,以及第一个国际通用标准制定组织,虽然该组织未能在第二次世界大战中幸存。其他公私混合的国际标准制定组织也出现了。许多工程师,尤其是20世纪上半叶规模最大的专业性国际会议(1929年东京世界工程大会)的组织者,将标准化运动的成功视为工程师可以在创造一个更美好的世界中发挥主导作用的最有说服力的证据。

一个共同体

令人惊讶的是,在"二战"之前成立的国家和国际自愿性标准制定机构的文件中,甚至在相隔40年、跨越10 000多英里(合16 000多千米)的事件记录中,一些名字反复出现。在政治上拥护这种标准化的人,包括英国的阿瑟·贝尔福和美国的赫伯特·胡佛,在没有政府监督的情况下提供了政府支持。像开尔文勋爵这样的科学家给标准制定组织增添了光彩,并提高了科学可信度。实业家们——包括均为电气工程师出身的跨国公司西门子家族的成员、英国出生的美国人伊莱休·汤姆森和日本的藤冈一介——为更大范围的商业界认定标准化的重要性提供了合法性和证据证明。最重要的是，那些著名的标准化创始人，诸如建立标准化组织的查尔斯·勒·迈斯特和瓦尔德马·赫尔米奇，会经常见面交流。

查尔斯·勒·迈斯特是整个共同体的核心。他的同事后来称他为"国际标准化之父"和国际标准化的"救世主"。[1] 如第二章所述，勒·迈斯特在1901年被聘为新的工程标准委员会［1918年更名为英国工程标准协会（BESA）］秘书长助理；1916年至1942年，他担任该组织的秘书（后来担任主任）。他还从1906年开始担任国际电工委员会（IEC）的秘书长，直至1953年辞世。勒·迈斯特在20世纪20年代为成立第一个短暂存在的国际通用标准化组织发挥了重要作用，这个组织是国家标准化协会国际联合会（International Federation of the National Standardizing Associations，缩写ISA）；同时，勒·迈斯特也为"二战"之后成立且存续至今的国际标准化组织（ISO）贡献了重要力量，一生都致力于推动标准化运动。[2] 在早期的标准制定者之中，勒·迈斯特是罕见的付出全部心血的人。[3]

早期的标准制定人员数量庞大，但大多并无全身心投入其中。在20世纪20年代，全世界大约有12 000名男性定期参与工业标准制定工作。[4] 毫无疑问，他们中的大多数人认为标准化是他们生活中的一个重要目标，但不是唯一目标。"标准制定者"只是西门子、伊莱休·汤姆森、藤冈一介或赫尔米奇等人以及数千名在早期技术委员会任职的工程师所接受的身份之一。因此，大多数早期的标准制定人员形成了一种自19世纪中期以来日益普遍的新型专业共同体——一个跨越国界的专业群体，像医生、律师和学者一样。[5]这些共同体的共同特点是：（1）成员有共同目标，（2）以一种共同的身份或围绕一个共同的项目传达思想，（3）一种相互获益的参与感，（4）积极参与、投入的独特形式，所有这些都会产生（5）一种持久的归属感。[6]

无论是编写标准的工程师，还是与标准产品利益相关的生产方或购买方代表，标准制定者都认为自己是标准的生产者。工程师们的共同项目是推进民间标准的制定（包括建立国家标准化机构以及在其中进行合作的机制）和就具体行业标准达成一致。他们跨越行业、工程专业以及民族国家的互惠参与感，与他们的定期互动和对工程的信念有关。他们相信，在任何时间、任何领域，都可能存在"最佳实践"，即更好的做事方式，并且认为，发现这些实践的最佳方式是通过专家在制定标准方面的广泛参与，以及通过广泛自愿采用这些标准而对这些标准进行实际检验。参加技术委员会（实际制定标准的论坛）的工作，以及成立标准制定机构并进行管理，是标准制定者群体共同参与的独特形式。到20世纪20年代初，整个工业化世界的标准制定者已经开始认为自己同属于一个共同体和一场广泛进步的"标准化运动"，这种集体身份认同将在下一节探讨。勒·迈斯特在1916年一篇关于标准化价值的论文中总结了早期标准制定者的共同取向、共同项目和相互参与感，这篇文章也被当下的人们广泛转载和引用：

令人满意的结果［已被广泛采用的标准］并不是靠共同体中的某一部分人将自己的意见强加给另一部分人来实现的，而是所有利益相关方共同合作、相互妥协并最终达成一致的结果。采用这种方式商定的标准无疑会促进实践的一致性，避免浪费，消除苛刻和不必要的条件，降低制造成本，以及最后，它让用户和生产商之间产生一种相互信任的感觉，这是任何一方单独采取行动都无法保证的。此外，经验清楚地表明，这种程序不会降低质量标准，而是倾向于提高它，因为按照这些路线进行的标准化实际上反映了关于是什么构成最佳现代实践的共识。[7]

共同体尽管是跨国的，但它最初强调建立国家标准化机构。1922年，另一位忠诚的标准制定者，美国工程标准委员会的秘书保罗·阿格纽解释说，"有一些重要的考虑因素和强大的力量趋向于实现国际标准化"，包括全球科学单位和度量衡标准、受益于标准规范而不断增长的国际贸易、"日益相互依存的各国产业"、不断累积的世界性知识，以及"产业领导者正以越来越广阔的视角对未来进行的规划"。[8] 然而，尽管有这种期望，尽管早期的主要标准制定者在两次大战期间经常与他国的合作者互动，但跨国标准制定共同体多数成员的主要关注点仍然是国家标准。用当今社会学家的话来说，与大多数跨国共同体的成员一样，标准制定者是"根深蒂固的世界主义者"，他们参与了本身即内在于全球范围的一项事业，但"同时他们也内嵌和根植于其他社区，通常是国家，也有范围更小的社区"。[9]

跨国共同体侧重于将一个国家的经验传递给另一个国家。从这个意义上讲，早期的标准制定者也是一个"实践共同体"，一群志同道合的实践者参与共同的实践，并且乐于从其他实践者那里学到更加深入的东西。[10] 但是，他们并没有形成一种新的职业。[11] 该共同体主要由自愿在技术委员会工作的男性工程师，而非专业的标准制定人员组成，因为他们认为这是专业工程师从服务公益事业角度出发而应该要做的事情。他们的职业身份仍然是他们所在特定领域的工程师：机械工程师、化学工程师、电气工程师等。他们是不同工程领域共同体中的成员，是某个特定领域的专家，通过彼此的共同工作，他们成了一个新的共同体中的一员，这个新的共同体与其他所有跨国标准制定团体相互重合。

第一次世界大战破坏了这一共同体，但没有彻底毁灭它。战争一结束，昔日的敌对双方即开始积极接触并相互学习。例如，美国工程标准委员会（AESC）的主席史蒂文森（A. A. Stevenson）在谈及1921年的伦敦会议时说："我们的秘书去欧洲与其他国家的类似组织建立个人联系，了解对方的方法，这是非常有价值的……我认为他那份关于德国的标准化报告对美国工业的价值远远超过整个旅程的费用。"[12]

20世纪20年代，德国的创新获得了各国机构秘书最热烈的响应，并在世界各地被复制。这种创新是将每个DIN标准作为单独的编号文件发布，通常带有单独的分段，可以全部或部分出售给感兴趣的企业。[13] 今天，这种形式的标准出版物是全球通行的。事实上，大多数参与民间标准制定的人都认为这些文件（现在通常是电子的）就是标准。[14]

毫不意外，第一次世界大战促进了国家标准的制定，而不是国际标准的制定。作战国家对快速生产战争机器的需求，以及战争之于全球经济的影响导致对效率问题关注度的持续增加，都推动了国家标准化机构的建立；而且，对战后经济衰退的担忧也导致了对经济合理性的进一步关注。1916年，荷兰加入了第二章曾讨论过的战时德国和美国标准化机构；1918年，瑞士加入；1919年，比利时和加拿大加入；1920年，奥地利和日本加入；1921年，匈牙利和意大利加入；1922年，澳大利亚、捷克斯洛伐克和瑞典加入；1923年，挪威和波兰加入；1924年，芬兰和西班牙加入；1925年，苏联加入；1926年，丹麦和法国加入；1928年，罗马尼亚加入；1931年，中国加入；1932年，新西兰加入。[15] 无论是大国还是小国，也不管是那些有或者没有帝国主义野心的国家，民间国家标准制定机构数量的迅速增加，并没有形成大国沙文主义或者是敌对竞争状态。所有的新组织都遵循BESA、AESC和DIN的程序模式。美国经济学家罗伯特·布雷迪报告称，在整个20世纪20年代，国家组织之间开展了密切合作，德国扮演着"欧洲大陆标准化运动的领导者，就像英国一直在自己的领土上所扮演的角色一样"；事实上，他指出："捷克斯洛伐克、瑞士、荷兰、奥地利、匈牙利、意大利、苏联、波兰和比利时的委员会已经采用了德国的许多标准，或者是对这些标准稍做改动。"此外，他还说："十名［苏联］工程师在柏林为其委员会翻译德国标准和其他可以使用的标准。"[16]

通过勒·迈斯特的工作，英国也扮演了类似的角色。他是一位完美的标准化企业家。我们已经讨论了勒·迈斯特在 AESC 形成过程中对美国标准制定者的帮助。法国标准化协会（AFNOR）的历史学家阿兰·杜兰德（Alain Durand）也赞扬他，因为他确保说法语的人在国际标准化工作中发挥关键作用，并为 1926 年法国国家标准化机构的成立贡献了重要力量。[17] 1921 年，会说法语和英语两种语言的勒·迈斯特促成了法语国家机构（比利时和瑞士）之间的首次合作，这有助于确保一个有凝聚力的法语区标准制定国际共同体。法国本身在这方面曾落后，但在 1926 年，勒·迈斯特向他的法国同事解释说，如果不从政府的标准化局独立出来，成立一个民间国家机构，就无法对即将成立的国际标准化机构的性质产生影响。因为政府的标准化局历来只关注基础计量标准，很少与行业的企业联系。[18] 杜兰德带着崇敬总结了勒·迈斯特的贡献："在 20 世纪初的混乱世界中，勒·迈斯特的能力只会让 21 世纪的标准制定者感到困惑……在没有互联网、传真、高速列车或飞机的时代，是他的光辉人格和道德权威劝服了世界其他地区，特别是法国。"而且，正如杜兰德还指出的那样，勒·迈斯特的影响范围远远超出了法国。"在勒·迈斯特五十年的工作中，他几乎参加了所有现存的主要标准化组织的会议；会见、动员了所有国家的专家和代表，并向他们提供意见，"杜兰德补充道，"加拿大和澳大利亚的组织特别尊敬他，因为它们在成立之初得到了他的鼓励。"[19]

除了美国、法国、加拿大和澳大利亚，许多其他国家的标准制定工作者也认可勒·迈斯特。在瑞典，勒·迈斯特因其工作成就而被授予瓦萨勋章骑士指挥官头衔。[20] 在新西兰有关国家标准化机构成立的地方报道中，勒·迈斯特被列为最重要的人物。[21] 1931 年的一场毁灭性地震使许多新西兰人相信，有必要制定一套更一致的、更符合当地实际的建筑标准。在不久之后的一次访问中，勒·迈斯特认为新西兰需要成立一个以英国模式为基础的国家标准机构。他在给一位英国知己的信中写道，这很可能实现，因为在为勒·迈斯特公开举办的一场晚宴上，新西兰首相"展现出了他对行业标准的兴趣以及对它的一些了解，我认为这一点是很少有首相具备的"。[22] 五个月后，新西兰标准协会成立。[23] 勒·迈斯特可能也推动了苏联的国家和国际标准化进程。1923 年，作为国际电工委员会（IEC）的秘书长，他在苏联进行了"长期访问"，表面上是为了支持该国电工委员会的复兴。该委员会自十月革命以来一直处于停摆状态。他与美国蒙大拿州参议员伯顿·惠勒（Burton K. Wheeler）同行，惠勒倡议与革命政府建立正常关系。回到伦敦后，勒·迈斯特提议成立一个由愿意向苏联同行提供技术文献的西方工程协会、企业和个人组成的网络，并积极鼓励苏联同行参加未来几年的国际标准化会议，1925 年苏联国家标准机构成立后，他们开始参与会议。[24]

作为英国工程标准协会（BESA）的秘书，勒·迈斯特还组织发起不同国家标准化机构负责人之间的首次会议，帮助标准化共同体建立一个组织网络。1921 年 9 月，他在伦敦办公室主持了一次由比利时、加拿大、荷兰、英国、挪威、瑞士和美国国家标准化机构秘书组成的非官方会议。保罗·阿格纽向美国工程标准委员会（AESC）提交的关于本次会议的报告表明，一名德国代表也参加了会议，但会议记录中并未提及。虽然会议的初始目的是交流信息,"不是组建一个国际组织",[25] 但它开启了第一个国际通用(而非特定领域)标准化机构的形成进程。秘书们随后于 1923 年召开了各国国家标准机构的第二次非官方会议(瓦尔德马·赫尔米奇肯定出席了会议),并于 1925 年再度召开了一次非正式会议。[26]

前三次会议的记录和勒·迈斯特的大量信件表明他在执行计划时的机智。[27] 例如,一个关于服装礼仪的问题表明,勒·迈斯特在必要时愿意顺从。1926 年 2 月,19 个国家标准制定机构中的 14 个机构代表正在筹备第一次正式会议(在两次非官方会议和一次非正式会议之后)。这将是 1926 年 4 月在纽约和费城举行的两场具有历史意义的工程师会议的一部分。国际电工委员会(IEC)将在那里举办自己的定期会议,各国国家标准制定机构则将召开会议考虑建立一个国际通用标准化组织。这些会议是自 1904 年圣路易斯世界博览会召开以来,第一次所有主要工业化国家(包括欧洲之外的国家)都参加的标准大会,而圣路易斯世界博览会曾经促成了 IEC 的成立。2 月,勒·迈斯特告诉美国协办方,他计划派许多"世界知名的欧洲工程师"前往,这些工程师很快将"登上卡纳德的'安达尼亚'号"去参加。[28] 鉴于大多数美国工程师相对较为随意,与其他地方的礼仪要求有所冲突,勒·迈斯特写道:

我建议[欧洲人]带:
A. 晚礼服

B. 吸烟装

C. 晨礼服用于参加正式开幕之类的活动。众所周知，与法国人一样，外国人经常穿燕尾服。

D. 不需要高顶礼帽

并且，我正在告诉女士们［标准制定工作者的随行妻子］不需要皮草。[29]

这是一张欧洲工程师们抵达纽约从"安达尼亚"号下船登岸时的照片（见图3.1）。勒·迈斯特头戴高顶礼帽，手里拿着手杖，走

图3.1 查尔斯·勒·迈斯特（左前）与一群戴着高顶礼帽的欧洲国家标准制定组织代表抵达美国参加会议，考虑建立一个全球通用标准制定组织。IEC照片文件，由IEC提供。

第三章 第一次世界大战至大萧条时期：一个共同体和一场运动

在一群戴高顶礼帽的人前面，从舷梯上下来。不管勒·迈斯特"不需要高顶礼帽"的建议是遭到美国人（不太可能）还是他的欧洲同胞的拒绝，这一事件的重要性和尊严似乎让这位"国际标准化之父"确信，对于风尚而言，追随比领导更具策略性。

一场运动

本次会议以及随后国际会议的盛况和仪式在整个20世纪20年代服务于跨国标准制定共同体的更大目标，助推标准化在工程师心中成为一场运动。他们至少从1899年起就这样认为，当时国际材料试验协会（IATM）美国分会的第一任主席说明了材料标准制定工作的快速发展状况，已经从单个科学家和单独的地方实验室活动演变成"具有国际性的标准化运动"。[30] 图3.2所示为"标准化运动"在已出版书籍中的使用频率，从中可以发现，这一术语的使用在20世纪30年代达到顶峰，然后在大萧条和第二次世界大战期间衰退。[31]

标准化运动的领导者从一开始就断言，标准化运动在伦理道德上势在必行。美国工程标准委员会（AESC）第一任主席康福特·亚当斯后来在回忆其人生时这样总结该运动的宗旨："文明的进步在很大程度上依赖于诸多领域成功的标准化，以及制定标准所需要的合作。"[32] 这就是标准化运动能够完善协作性标准制定的原因。亚当斯和他的同事们从一开始就说过很多这样的话。在1919年3月题为"工

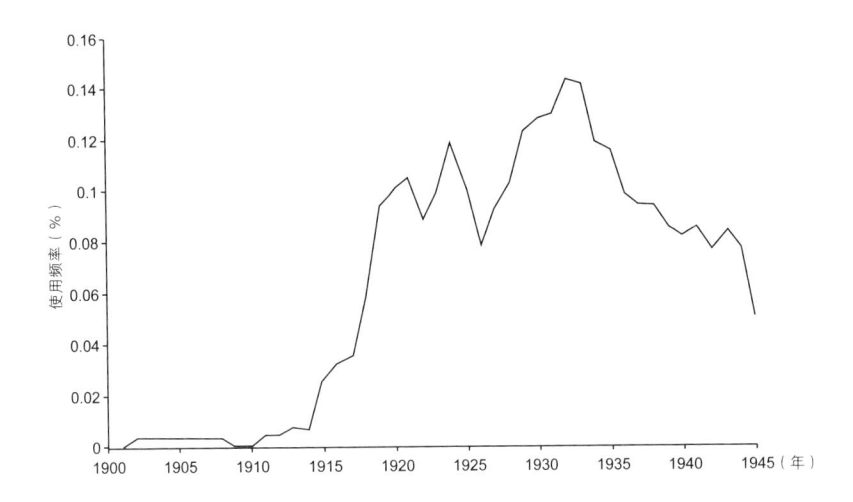

图 3.2 谷歌图书 1900—1945 年"标准化运动"使用频率的统计图表明,关于这一运动的术语在第一次世界大战期间和之后急剧上升,在 20 世纪 30 年代达到顶峰,然后在大萧条和第二次世界大战期间衰退。

程师作为公民"的研讨会上,美国机械工程师协会(ASME)副主席斯宾塞·米勒(Spencer Miller)庄重地宣告:

> 工程师在公共生活中占据着越来越重要的地位,并且不由自主地成了生活的中心。我们越是意识到这个伟大的真理,就能越发认真地思考我们的责任……若将工程师从世界上除名,人类文明很快就会经历另一种"黑暗时代",其程度堪比原始社会和野蛮时期。因此,很明显,我们个人和集体都应该尽一切努力将公众引向正确的方向,特别是在当下,抵制那些煽动阶级仇恨的宣传。[33]

康福特·亚当斯进一步深化了米勒的观点,要求"常规工作与行业组织密切相关的工程师,把处理与社会组织有关的更广泛的问题当作公民责任的一部分"。他继续用丰富多彩的隐喻性词汇强调阶级斗争的危险性,"我们应该公平地面对事实,采取明智的举措向前迈进,而不是坐等不满的巨轮——当它厌倦等待我们行动时——积聚足够的能量来粉碎我们和我们所代表的一切"。[34] 工程师需要"改进方法和改造机器,以提高劳动生产率,直到有可能向劳动者支付真正的生活工资,并仍有合理的资本回报"。[35] 如果这种情况没有发生,亚当斯担心工程师自己所创造的文明能否延续。

他们认为推进标准化是实现这一目标的主要途径。当米勒和亚当斯谈到标准化运动时,他们将其作为一项更大任务的一部分,这项任务包括通过企业层面的科学管理和经济整体的合理化来优化大规模生产。这些都是与20世纪早期福音运动有关的焦点问题。在这些运动中,工程师与进步实业家一起讨论大规模生产原则是否可以解决当下的社会问题。[36] 正如我们将看到的,这种涉及工程师对自我描述的"运动"在20世纪20年代持续激增,而标准化运动始终处于主导地位。

标准化运动与其他进步国际运动

工程师并不是唯一对这种运动怀揣热情的群体。在那个时代,受人尊敬的中产阶级成员有时会组织跨国运动,目的是进行彻底的社会变革。19世纪的国际反奴隶制运动、妇女选举权和财产权运动、早期人权运动（例如，中国的不缠足运动），以及人道主义红十字运动等，主要都是中产阶级运动，通常与主流教会和基督教复兴主义有关。[37] 与工程师的运动目标部分重合的中产阶级的跨国运动在稍晚的时候兴起，包括19世纪末以国际法为中心的和平运动、20世纪初相关的国际联盟运动和商人和平运动，以及国际劳工立法运动。[38]

早期的标准化运动与第一次世界大战前的自由贸易运动有关，至少在英国，自由贸易运动以终端消费者和工人阶级、中产阶级妇女、实业家和反殖民主义者为中心。[39] 缺乏共同的标准与关税或定额一样，都是贸易的障碍。不兼容的标准阻碍了地方、区域、国家和国际各级的贸易。勒·迈斯特在1922年对英国工程师和实业家发表的演讲中使用了强烈的功利主义语言，提出了这一观点，其演讲题目为"标准化：对我们的贸易繁荣至关重要"。他表示，共同的标准不是为了"获得个人利益"，而是为了"给大多数人带来最大的利益"。[40] 赫伯特·胡佛在1921年至1928年担任商务部长期间也发出过类似的呼吁。1922年，他在接受美国工程标准委员会（AESC）董事会采访时说，"毫无疑问，美国制造商正试图通过关税来改变其在国外竞争中的困境"，但专注于"我们自己的生产力"更有意义；真正需要的是"在整个产业系统中普遍消除浪费"。这就是标准的由来。[41]

标准的倡导者认为，标准化有助于提高生产率，标准化被一些人认为是解决劳动问题的关键。1919年，旨在改善世界各地工作条件的政府间国际劳工组织（ILO）成立四个月后，康福特·亚当斯向美国工程标准委员会（AESC）的成员解释说，他们也要在解决工人阶级的问题上发挥核心作用："我们必须要么面对在这个国家可能出现的布尔什维克运动，要么想出一些办法来提高平均劳动生产率。这可以通过合作和标准化来实现，它们是携手并进的。"他赞扬了标准化对产业和国家的价值，并敦促工程师说服产业和国家工程组织进行"标准生产中全面广泛的合作"；通过这样做，他声称："我认为我们将完成这个国家有史以来最伟大的工作之一。这将比我们所能做的任何其他事情都更有助于解决美国目前的问题。"[42]

标准制定者对生产率不断提高的信念甚至可以克服康福特·亚当斯所表达的对布尔什维克主义的厌恶，正如勒·迈斯特1923年在苏联的"长期访问"及其结果所表明的那样。标准化、合理化以及由此带来的生产率提高有望驯服布尔什维克。英国的《电气评论》（*Electrical Review*）报道说："勒·迈斯特先生发现，苏联的技术界极其活跃，充满了朴素的热情；并且，标准化深受苏联政府的青睐，并被鼓励尽一切努力推动工业发展。"该评论还称勒·迈斯特"相信这将在恢复苏联的繁荣和进步方面发挥主导作用——或许我们还记得，苏联的统治者也持有相同的观点"。[43] 而前来柏林翻译DIN标准的苏联工程师无疑也持有类似的观点。

事实上，标准制定者认为，工程师超越政治分歧看待问题的能力促进了世界和平。勒·迈斯特在第一次世界大战快结束时访问美国，提出："如果我们能让说英语的工程师们聚在一起，那将很快会成为促进世界和平的最大助力之一。"[44] 他说他相信这一点，不是因为这种合作将有助于盎格鲁-撒克逊的霸权,而是因为这种合作可以作为一颗种子,围绕它形成一个全球共同体。

即使工程师们不同意和平运动组织关于全球共同体应该如何形成的观点,一些更广泛的全球和平运动成员似乎对这一观点也表示了肯定。1913年,一些比利时国际主义者主办了一场"国际协会世界大会",包括国际电工委员会(IEC)在内的许多跨国运动组织的代表参加了此次会议。大会建议和平运动即刻寻求创立一个"制造业标准化"的国际体系。出席大会的 IEC 代表奥马尔·德巴斯特做报告时说,他"丝毫不想贬低本次世界大会在促进和平方面发挥的重要作用",他认为"本次大会所涉及的庞大范围及其章程使人怀疑,它是否有能力像处理社会或道德问题那样处理纯技术方面的问题"。IEC(通过德巴斯特)支持一项替代性的动议,即成立"一个旨在从事通用国际技术和产业标准化工作的国际委员会,该委员会只研究原则性条款,这些条款的标准化将为产业带来经济利益"。德巴斯特总结说,他"很高兴能够向"IEC 成员"保证":"如果这个新的国际组织经受住了问世的苦楚,它将不会以任何方式与 IEC 的工作发生冲突,也不会阻碍其工作的进展。"[45]

这次大会并不是标准化运动唯一一次与 20 世纪早期其他进步国际运动代表的接触。查尔斯·勒·迈斯特一直密切关注这些运动。1955年,勒·迈斯特的法国同事安德烈·兰格在歌颂这位国际标准化之父时,慷慨激昂地说道:"正是从伦敦威斯敏斯特市维多利亚街28号开始……查尔斯·勒·迈斯特的影响力在全球范围内持续了40

多年。"[46] 在那些年里，这里也是英国工党、科布登俱乐部（英国主要的自由贸易运动组织）、国际自由贸易联盟（与 H.G. 威尔斯有联系的和平运动组织）和许多其他社会运动组织工作的地方。[47] 一位法国编年史家于 1913 年在《英国激进派》(*L'Angelterre radical*) 中将维多利亚街 28 号描述为一座著名的建筑，"红色外墙，镶嵌着多扇枣红色的飘窗，有很多层，光秃秃而冰冷的楼梯，工业和贸易、政治和慈善等很多协（学）会都在这里设立办公室并举行会议"。[48]

至少在一些人看来，许多这座建筑使用者的激进主义导致了 1917 年警方的突然袭击，没收了"敌方的宣传材料"。事实上，查获的唯一政治上激进的传单是威尔斯（H. G. Wells）的《一个有理智的人的和平》(*A Reasonable Man's Peace*) 的副本。在议会接受质询时，内政大臣承认："在突袭行动中查获的大量文件可能包括一些与敌方的宣传材料无关的文件。"[49] 这些文件中可能包括已公布的技术标准。

标准化运动与商业

并非只有战时内政大臣和伦敦警察厅官员会将维多利亚街 28 号的工作误认为是对现有秩序的威胁。1904 年，就在电气工程师们计划成立国际电工委员会（IEC）的同一年，美国经济学家和社会理论家托斯丹·韦布伦（Thorstein Veblen）提出了一种理论，认为包括从事标准制定工作在内的专业工程师可能存在激进主义。在《营利企业论》(*The Theory of Business Enterprise*)中,韦布伦认为,对现代商人来说,"简单的生产效率"从来都不是"企业成功的首要因素"。[50] 他们想要主宰市场,而这往往是通过技术的低效来实现的。根据韦布伦的说法,为了主导市场,他们必须防止其他企业的"掠夺"。使这些掠夺机会"成为可能并成为证据"的生产性工作,是那些"发明家、工程师、专家或在现代产业中从事智识劳动的综合阶层"的工作,而这一工作对"痴迷于钱财的人"而言是一件很不愉快的事情"。[51] 韦布伦站在工程师的效率和创造力一边,反对那些为了利润而宁愿让经济停滞和效率低下的老牌商人。一战结束后,人们开始担忧战后的经济衰退,韦布伦在《日晷》(*Dial*)杂志上发表了一系列文章〔后来结集成《工程师与价格制度》(*The Engineers and the Price System*)一书出版〕,为康福特·亚当斯和斯宾塞·米勒提出的人的革命性潜力观点提供例证,号召工程师来拯救文明。[52]

1919年10月,在第一次世界大战之后召开的国际电工委员会(IEC)的第一次全体会议上,IEC主席莫里斯·勒布朗(Maurice Leblanc)首次发表了他自己对韦布伦观点的见解。正如其主题演讲的官方英文摘要所写的那样:"竞争使人们将更多的时间和精力花在与其猎物(客户)的争论上,而不是花在生产上。"然而,由于劳动力被战争消耗殆尽,因此,"增加生产才是当今的口号"。"从今往后,只有生产性的工作才会被视作是光荣的,任何将钱从别人口袋转移到自己口袋来赚钱而没有给社会带来任何好处的贸易,即便没有被禁止,也会被鄙视。"他指责"个人、社会和国家的利己主义"造成了"有史以来最大的灾难",并认为只有"利他主义,或者换言之,福音精神"才能拯救世界。之后,他宣称自己所信仰的"朝着正确方向的进化将会迅速产生"。最后,他提出,"所有领域的标准化都是在生产层面的民主化改革,这在今天尤为必要,因为所有人都有责任以最少的劳动力确保最大限度的生产"。[53]

会议结束时,一直支持国际电工委员会(IEC)、曾任战时外交大臣并因维多利亚街28号的突袭而陷入尴尬境地的阿瑟·贝尔福重申了许多相同的主张。他谴责了"不必要的个人主义所导致的浪费",把充分应用科学解决增产问题称为"解决生活中物质问题的灵丹妙药",并向标准制定者提出挑战,要求他们执行勒布朗于会议前一天提出的"继续增加产量"计划。贝尔福总结道:"这样一个组织所做的工作,虽然规模不大、谦逊且不张扬,既不迎合大众,也不依赖大型公众集会或雄辩演说家的吸引力,却比那些占用国家立法者的时间、耐心并带来沮丧情绪的组织所做的更有意义。"[54]他是在10月21日发表这番讲话的。这一天,结束战争的《凡尔赛和约》被新的国际联盟登记在册。

尽管贝尔福谈到了标准制定者的"谦逊",但他和其他相关的观察家意识到,一战之后的工程师不仅反对价格制度,而且还反对政府的许多工作,包括《凡尔赛和约》的影响。在1929年出版的开创性著作《工业标准化》(*Industrial Standardization*)中,韦布伦的同事兼崇拜者罗伯特·布雷迪[55]解释了战后标准化运动的近期目标和成果:

> 从长远来看，德国需赔偿的债务只能用货物支付……德国只有通过削弱其竞争对手——英国、法国、意大利和美国——来实现这一目标。这些国家是未来赔偿的接收者……它们对大量涌入的廉价德国商品实施关税壁垒……国际竞争以协调一致的国家运动形式来保持目前的市场……通过严格的标准化和简化实现大规模生产的经济性……为了满足这一需要，几乎在每个重要的工业国家……都已经成立了国家标准化委员会。[56]

国家标准化机构激增对这场运动来说是一场来之不易的局部胜利，因此，即使在它们成立之后，工程师们仍在继续推动建立一个国际机构，以使全球产业经济趋于合理。

与此同时，在许多国家，国家标准制定机构的建立标志着企业与工程师之间友好关系的开始。布雷迪在 1933 年发表的第二项重要研究《德国工业的合理化运动》(*The Rationalization Movement in German Industry*)中，阐释了这一情况是如何在魏玛共和国发生的。布雷迪认为，根据韦布伦的观点，自 19 世纪 70 年代以来，德国工业"习惯于从国外借鉴或在国内改进，并将最新和最科学的方法、组织形式、机器和设备付诸实践，从而大大加快了工业的发展"。[57] 一战之后，所有德国公司都面临着前所未有的效率要求，在此背景下，科学逻辑被更加深刻地嵌入公司内部，包括愿意使用技术专家以及采用所有能提高效率的新发现，"当然，前提是这种改变能够通过改善企业的盈利前景来证明其合理性"。[58] 因此，德国管理层的很大一部分人开始认同韦布伦和布雷迪所认为的工程师目标,即"技术效率和长期改进,而不是公司所有者所考虑的快速收益"。[59]

标准化运动和其他工程运动

德国标准化研究所(DIN)的创始人瓦尔德马·赫尔米奇的职业生涯说明了福音工程师所创立的运动之间的关系。赫尔米奇生于1880年,在柏林学习工程学。他"对设计化学工艺设备特别感兴趣",[60]但在完成学业三年后,他却在德国工程师协会(VDI)的管理团队中获得了一份工作。1915年,他成为VDI的副主任,曾在战时担任柏林斯潘道区炮兵车间的管理员,并于1917年成为DIN的首任主管。[61]1919年,他成为VDI的主任,但仍在DIN中发挥核心作用。

在德国标准化研究所(DIN)的早年间,赫尔米奇对商业的态度常常是批判性的。十年后,他认为DIN帮助社会"从利己主义走向公共精神"。他宣称:"一直以来,德国标准化都是工程师最好的工作,由他们所创造的精神作为支撑,因为不是出于被迫,而是出于必须。"赫尔米奇声称,工程师的责任义务是出于这样一种"本能",即"努力寻求从混乱到有序,从任性到承诺,从巧合到规律"。[62]

赫尔米奇认为,工程师应该教会企业如何变得更加理性,从而变得更加具有公益精神。因此,他提倡科学管理、合理化和简化,

图 3.3 这幅漫画出自一张精心制作的生日卡片,描绘了作为德国所有工程运动组织之父的瓦尔德马·赫尔米奇,VDI(德国工程师协会)和 DIN(德国标准化研究所)也位于核心位置。由 DIN 档案馆提供。

以及所有其他能够吸引企业所有者和管理者参与的"工程"运动。1919 年,当赫尔米奇成为德国工程师协会(VDI)的负责人时,工程师协会出版了一本宣传科学管理的书《泰勒想要什么?》(*Was will Taylor?*)。[63] 在整个 20 世纪 20 年代,VDI 一直是科学管理及其相关主题的研究、翻译和原创出版物的主要来源。[64] 如果勒·迈斯特是国际标准化之父,那么赫尔米奇是所有与德国工业合理化有关运动的核心人物;在一幅友善的漫画(见图 3.3)中,他被描绘成一位身担重任的父亲,身边有十几个孩子(组织),其中包括德国的泰勒时间-动作研究组织。漫画的核心位置是 DIN 和 VDI,以及它们的弟弟——

这两个组织的出版公司，一个是标准的出版商保伊斯出版社（Beuth Verlag），另一个是担负德国所有工程运动交流枢纽功能的 VDI 出版社（VDI Verlag）。

尽管与国际舞台相比，赫尔米奇对国家的贡献更多，但和勒·迈斯特一样，他也是标准化的创始人。与大多数社会运动一样，几乎所有的工程运动都有这样的创始人：提出科学管理的弗雷德里克·泰勒；包括赫尔米奇和阿克塞尔·恩斯特罗姆（Axel Enström）在内的支持更广泛合理化运动的各国领导者；支持联合主义和"简化实践"的胡佛和乔治·伯吉斯（George K. Burgess，他被选为美国国家标准局局长，也倡导安全运动）；还有领导美国现代消费者运动的经济学家罗伯特·布雷迪［以及美国工程标准委员会（AESC）的保罗·阿格纽和其他一些参与标准化的工程师］，该运动于1936年创设了《消费者报告》(*Consumer Reports*)。[65]

相关工程运动的增多和诸多其他经济和社会运动一样，是对新的政治机遇的回应。[66] 在 20 世纪早期，对于标准制定者和合理化者而言，最重要的机会是第一次世界大战及其后果带来的对高生产率的需求。回想一下，正是战争本身推动了德国标准化研究所（DIN）的建立。甚至在获胜国，这场战争也使精英们达成了一种共识，即国际商业的未来，或许还有整个国际关系的未来，将会通过一种理性管理的形式来实现。战争结束时，战时公私合营的联合海事运输控制了 90% 的国际航运。这些船运多半用于战后欧洲的大规模救援工作，特别是对比利时和苏联。这一慈善事业使其领导人赫伯特·胡佛成为国际名人，他是一位富有的美国矿业工程师，有着丰富的世界经验。[67] 1918 年 9 月，英国战时联合政府的顾问提出，这种有管理的经济制度是"孕育未来国际组织的种子"，[68] 这一观点有助于解释保守人士阿瑟·贝尔福在次年国际电工委员会（IEC）会议上针对工程师未来角色提出的令人感到惊讶的激进看法。

20 世纪 20 年代商业精英的复兴以及传统的自由放任思想最终使英国和美国都无法完全接受一个合理化、有管理的全球化经济愿景。[69] 然而，从 1921 年开始，胡佛成为战后共和党执政时期的美国商务部长。他利用商务部，在"新联合主义"的基础上，在政府和企业之间建立了自愿合作的伙伴关系，从而重振了美国日渐衰落的"战争法团主义"。例如，1924 年，胡佛指导他的一名助手去解决木材行业的"巨大标准化问题"，目标是"向组织发展的新纪元迈进，在这个时代，监管将被内部化，但会以制造商、分销商和公众的共同利益作为方向"。[70]

被胡佛极大扩充的商务部协助并帮助了美国标准制定者及其盟友在产品安全和简化（削减"不必要的"产品种类）方面的行动，但在美国，那些拥护法团主义经济体系的人几乎没有什么政治机会，因为这些体系是在德国和瑞典合理化运动的帮助下建立起来的。魏玛共和国面临的战争债务以及瑞典和其他北欧国家工党领导的政治确保了其合理化运动将成为三方（劳工—企业—政府）经济政策的核心，而这一政策在今天仍然具有影响力。[71]

佩斯·韦布伦（Pace Veblen）认为，工程运动从来都不是天生反对商业或价格制度的，而是支持工程的各个方面。因此，只有当企业主管乐于接受工程师所提供的合理化、效率、标准化和其他东西时，这些运动才能蓬勃发展。全世界的欧洲合理化运动者、胡佛的联合主义者和标准制定者更多地根据他们所倡导的过程来定义自己，他们认为这些过程可以克服工业社会内部的分歧。合理化运动者和联合主义者支持企业、政府和劳工之间的直接政治合作，而这往往很难实现。标准制定者提倡更为温和的做法：通过代表不同利益相关方（生产商和用户公司）以及集体、非商业利益的技术专家达成共识来制定自愿性标准的过程。

一场关于过程的运动：基于共识的民间标准制定

虽然合理化运动者和联合主义者付出了大量努力来影响政府的政策，但标准制定者的目标是成立一个新的非政府机构来实施他们所倡导的服务。参与标准化运动的工程师们认为，通过包容和平衡的共识过程所制定出的标准优于经由立法机构制定的标准，因为技术委员会成员拥有立法机构所不具备的必要专业知识和兴趣。他们同时认为，这些标准也优于某一家公司制定的市场标准，因为这一过程所要求的广泛、平衡参与确保了由此产生的标准将被普遍认为是正当合法的，所以有可能被采纳。最后，在这样的委员会中工作和参加更大规模的运动，会激励参与者超越个人利益而将目光投向普遍利益。因此，他们认为，孕育一个更加美好世界的方式就存在于这种标准制定事务之中。

利益相关者的参与和平衡

尽管标准化运动对技术专家的参与有所限制，但早期的标准制定者仍然确立了第一个准则——标准制定群体必须包括代表所有利益相关方的专家，以及平衡利益冲突各方的参与以便更好地服务于共同利益的第二个准则。第一章和第二章对第一批标准化组织中演变出的这一过程有所呈现，现在我们将把它们放在一起并对这一脉络做一些延伸。

"利益相关者"（stakeholders，又译"利益相关方"）不是英语世界标准制定者使用的词，它在 20 世纪 80 年代才成为一个术语，但在 19 世纪末，这个基本理念就已经在工程标准制定组织的内部辩论中出现了。[72] 回顾第一章中 19 世纪末的国际材料试验协会（IATM），与工程专业机构不同，它并未将成员资格限制在技术方面能够胜任的个人，而是包括了来自工程协会、政府部门，甚至企业和行业协会的人，因为所有这些人都与标准化问题存有利害关系。最重要的是，IATM 的创始人约翰·包辛格强调企业代表参与的必要性，认为必须同时包括原材料的制造方和消费方，以避免某一利益集团或另一利益集团占据主导地位。IATM 早期与其美国分会之间因为后者在（平衡的）IATM 钢铁委员会小组中增加了更多的生产方代表而产生了冲突，这表明该协会对平衡原则的重视程度。由于这一点和其他争议，美国脱离了 IATM，成立了美国材料试验协会（ASTM）；然而，当 ASTM 选出强烈主张平衡的查尔斯·达德利作为其第一任主席时，平衡代表准则也很快在 ASTM 中得到了巩固。此时，在美国电气工程师学会（AIEE）等传统工程机构的标准制定委员会中，也出现了关于商业利益代表的辩论。该机构最终决定在来自生产企业、消费企业的工程师和代表普遍利益的咨询或独立工程师之间建立平衡。这三个群体之间的平衡为防范利益冲突提供了一种保障。

回顾第二章，1901 年，英国成立了第一个国家通用标准制定机构——工程标准委员会（ESC），尽管政府部门最初是最大的消费方组织，但平衡生产方和消费方利益的类似情形依然在英国出现。ESC 建立了一个委员会制度，成员包括来自其他协会、工业贸易组织、政府部门和企业的代表，以平衡所有利益团体的参与性。到 20 世纪第一个十年快结束时，所有利益相关方的均衡代表性在 ESC 中是神圣不可侵犯的，约翰·沃尔夫·巴里爵士将其列为首要原则。在 ESC 成为独立的英国工程标准协会（BESA）之后，勒·迈斯特秘书强调了该原则的重要性："从成立之日起，委员会的工作就受到某些明确原则的制约，在这些原则之中，放在第一位的或许是生产方和消费方的共同利益，实际上，这是整个组织的基石。"他还提到 BESA 是"使生产方和消费方……达成一致的中立基础"，以服务于共同利益。[73]

尽管证据表明，国际材料试验协会（IATM）在参与及平衡原则方面对工程标准委员会（ESC）的影响是间接的，但其直接影响在随后的发展过程中更为明显。勒·迈斯特建议成立更多国家标准化机构，鼓励采纳 ESC 模式。1921 年，他组织召开了国家标准化机构秘书非官方会议，此时他的影响力进一步增强；会议记录中写道："所有国家都非常谨慎，以确保在制定标准时，征询了包括制造方和消费方在内所有利益相关方的意见，尽管在标准制定流程的细节方面有所不同。"[74] 美国工程标准委员会（AESC）主席在这次会议上表示："有趣的是，尽管在程序细节上存在巨大差异，但不同的国家所采用的工作方法是相同的。"他根据利益相关方的代表性和平衡性对这一方法进行了总结："有关任何具体工作的技术决定权都掌握在一个工作委员会手中，该委员会的组成在技术和管理两个方面都具有广泛的代表性。"[75] 当然，在此次会议和随后国家秘书会议上的意见交换使这些做法在组织网络中进一步传播开来。

即使是像国际电工委员会（IEC）这样一个由国家代表组成并由每个国家电工协会进行决策的组织，也是从一开始就明确表达所有利益方都要参与的必要性。在 1906 年的组织会议上，来自各国电工协会的代表团详细讨论了应由谁来任命国家代表团以及代表团应该如何组成等问题，特别强调了制造方代表参与的重要性。克朗普顿上校和勒·迈斯特都在闭幕词中断言，如果没有制造方代表、消费方代表和相信普遍利益的专业工程师代表，标准化就不可能成功。

就标准制定的国际层面而言，所有利益相关国家的代表性也很重要。在第一次世界大战结束时，德国委员会被正式排除在国际电工委员会（IEC）之外（由于一些比利时电气工程师的敏感，并得到了法国的支持），尽管如此，德国工程师仍受邀加入了咨询委员会，他们表面上作为其他代表团的客人（特别是瑞士）或作为 IEC 执行委员会邀请的观察员出席了 IEC 的全体会议。1924 年 3 月，德国代表正式向 IEC 提出抗议，认为这种虚伪的安排已经持续太久了，特别是从 1923 年比利时国家标准机构秘书长古斯塔夫·杰拉德（Gustave Gerard）加入赫尔米奇和勒·迈斯特共同计划下一次会议的秘书会议之后。[76] 勒·迈斯特就此问题致函 IEC 主席吉多·塞门扎（Guido Semenza）："在我看来……你应该［与法国同事］在巴黎吃一顿非正式的午餐，顺便说一下，完全可以由总部办公室出钱，来讨论这件非常重要的事情，很显然，这件事已经到了紧要关头。"[77] 如果塞门扎按照这个计划行事的话，是不会成功的，因为 IEC 在当年 4 月新成立的执行委员会（塞门扎、英法及瑞士委员会负责人、克朗普顿上校和勒·迈斯特）决定："在德国被接纳加入国际联盟之前，应将德国有资格派遣观察员参加 IEC 及其咨询委员会的会议通知德国委员会。"[78] 在执行委员会下一次会议上，勒·迈斯特报告说，他"发现德国委员会愿意尽一切可能提供协助服务"，但不再只是派遣"观察员"了。[79]

在 1925 年 1 月写给德国 IEC 代表团负责人的一封私人信件中，勒·迈斯特写道，他正在"尽己所能修补这一裂痕，但这是一项艰巨繁重的工作"。他在信中谈及他最近访问柏林时受到了赫尔米奇的友好接待，并以亲切的问候作为收尾。[80] 3 月，勒·迈斯特收到其德国同事克洛斯（M. Kloss）的一封信，信中提到在一次德国会议上，"［由于］法国人病态般的固执……可以说，IEC 将我们作为二等成员对待，德国对这一事实表现出了异常强烈的情感"。该组织正在讨论一项决议，提议停止与 IEC 的一切合作，但克洛斯说服了足够多的参与者投票反对该决议，"主要指出，亲爱的勒·迈斯特先生，您正在尽最大努力解决目前的困难"。最终，"大家一致同意，在目前糟糕的情况下，我们不会正式与 IEC 接触，但是会再次等待我们的朋友努力的结果"。[81] 几周前，勒·迈斯特写信给 IEC 成员，要求他们就重新接纳德国问题进行投票。IEC 尚不完善的 6 个月投票规则是，允许 IEC 成员在 6 个月内进行投票，第 7 个月的月底会清点选票。除两名成员外，其他所有成员要么同意了，要么没有做出回应，投票达到了法定多数。（比利时和波兰坚持要等到德国加入国际联盟。）德国代表在下一次全体会议（1926 年 4 月在纽约召开的历史性会议）上受到了正式的欢迎，4 个月后，德国才被接纳加入国际联盟。

这一事件，以及勒·迈斯特为确保德国同事能够参加尽可能多的会议所做的一些超乎寻常的努力，说明国际层面标准化运动在和平时期的规则是主要利益相关者需要包括国家协会，尤其是那些涉及标准问题产业部门最多的国家。它们的代表需要被纳入国际标准制定体系，以代表和平衡所有国家的利益。任何一个国家的代表团，即使是援引政府间准则的国家代表团（如比利时），也不能否决其他国家代表团的充分参与。在早期的非官方会议或是后来国家标准制定协会非正式的秘书会议上，勒·迈斯特似乎遵循了一个非常类似的政策，1921 年的会议记录没有提到德国代表，但美国秘书在给美国工程标准委员会（AESC）的报告中提到了赫尔米奇非官方性质的出席。在

1923 年的会议上，他和其他秘书一起被列入会议记录。标准化共同体和运动比任何国际联盟规模都要大，而良好的标准化事业需要广泛的国际代表性。

通往更美好世界的种子：鼓励合作

尽管自愿性行业标准制定中的参与和平衡的规范准则旨在防止单一利益集团占据主导地位，但勒·迈斯特等标准化创始人认为，在 20 世纪初演进形成的标准制定过程是为了鼓励参与者超越个人利益，以公共利益为重。"二战"后任职时间最长的国际标准化组织（ISO）秘书长的妻子诺尔·斯图伦（Nalle Sturén）曾评论说："要么是只有好人才能从事标准化工作，要么是标准化让你变成了好人。"[82] 当然，她不参与技术委员会的审议活动，只是在社交场合会见标准化工作者。然而，早期的标准制定者相信他们创造了一个让利益相关者变得友好的过程。

1919 年，在描述英国工程标准协会（BESA）的方法时，勒·迈斯特发现，这一过程需要"许多个人观点的沉淀，但如果其目标经由开阔的视野、统一的思想和行动，对整个共同体有利，那么标准化作为一种协调一致的努力，必将会不断造福全人类"。[83] 自 20 世纪 30 年代初在澳大利亚标准协会开始漫长的职业生涯的伊恩·斯图尔特（Ian Stewart），将"与标准化相关的对话"描述为不仅仅是实现最佳标准的一种手段，更是"为所有参与者提供了一种自由教育"。这些对话活动涉及经验、专业知识不同，且可能存有潜在利益冲突的人。然而,斯图尔特断言:"所有参与过这种对话的人都会变得更加明智,因为他们加深了对彼此的理解。"所以,"参与制定标准不是一件需要忍受的琐事,而是一次可以利用的机会,从相互教育的过程中受益,并能够影响那些将决定未来国家和国际实践的标准内容"。[84]斯图尔特和大多数致力于标准化运动的人一样,确信"二战"前国家和国际标准制定机构所遵循的过程非常成功,因为既允许参与者追求自己的利益(或其所代表的群体的利益),又让参与者超越狭隘的利益,甚至超越了他们的学科盲区。[85]

伊瓦尔·赫利茨(Ivar Herlitz)是一位著名的瑞典电气工程师,20世纪20年代初开始他的控制巨型电网的标志性工作,在一次纪念勒·迈斯特的演讲中,他总结了早期标准制定者对他们的国际化过程的看法:

> 如果我们的理想主义基调太高,批评家可能很容易发现狭隘的民族国家观点占据了主导地位。不,让我们接受这样一个事实:我们大多数人在这里是为了自己的利益。但是,我们希望,在这样做的时候,每个人的心胸都足够宽广,能够认识到从长远来看,经由一种求同存异的精神,一种寻找共同之处而不是相互冲突之处的愿望,才能使自己的利益最大化。如此,我们的工作将是建设性的,可以消除国家之间的障碍。

赫利茨接着将工程师与政治家进行了对比,政治家"有时可能喜欢过河拆桥，筑起屏障"；工程师"不应该助长这种倾向，而应该致力于更具建设性的工作，如建造桥梁和打开大门"。[86]

从最好的层面来看，标准化过程充当了通过协商民主（或者至少是技术专家治国论）来制定政策（精英主义的工程师当然不是在追求大众民主）的"学徒"。"协商民主"是社会学家用来描述诸多社会运动所循过程特征的术语。[87]在接近这种理想类型的会议中，所有参与者（1）都有发言的机会，不受其他参与者行为的限制，（2）相互尊重并仔细倾听，（3）提供详细的理由——基于共同的原则或考虑到共同利益，选择一种行动方式而不是另一种，以及（4）用更有力的论证来确立集体决策。[88]这些要素都是国际材料试验协会（IATM）、工程标准委员会（ESC）/英国工程标准协会（BESA）、国际电工委员会（IEC）的技术委员会，以及大萧条前成立的其他国家标准制定机构所具有的特征。尊重所有委员会成员意见以及允许成员充分表达想法的准则源于前文讨论过的共同体意识和共同目标。根植于共享科学工程原则而提供详细论证的标准，以及基于更有力的技术论证而达成决议的标准，反映了共同体和工程专业的认知基础，并通过在参与者中寻求广泛共识的普遍实践得到进一步加强。从标准化工作者在这场具有道德意义"运动"中的自我认同来看，他们对共同利益和福祉的关注占据着核心地位。

用诺尔·斯图伦的话来说，这些因素以彼此强化的方式使标准制定者变得友善。参与给标准化运动所带来的好处可能是其他工程运动所缺乏的：定期，积极强化标准制定者对其共同目标的责任感，并建立一种机制，以避免因群体内部冲突而产生不满。[89] 该运动对共同利益的关注促使成员们倾听共同立场，即使在争论主要是基于个人利益的情况下，这一点也同样适用。对他们所共同从事专业以及对以科学进步为核心的理性辩论的崇敬，进一步强化了委员会在制定标准时所要求的尊重。科学的准则要求适当考虑少数人的意见，包括对已发布标准的意见，当这些标准因为新信息和新论争而被认为是有问题时，则应当予以重新考虑。此外，作为科学方法核心的怀疑主义促使参与者认识到，由于所涉技术的复杂性和未来技术发展的不确定性，他们自己的偏好可能不是固定不变的，也可能只是未知的。[90]

标准制定者愿意合作的最后一个因素源于标准制定过程可以促进相互之间的学习和联系。即使未能成功地制定出标准，例如，当一些公司选择不制定标准，允许由勒·迈斯特（听起来像韦布伦的观点）所认为的不同产品的"浪费"生产来获利时，当许多同样的工程师坐在一起试图去解决一个新问题时，彼此之间的学习和联系在后续是有用的。[91] 此外，这种新的联系可能对工程师或他们的雇主来说很有价值，甚至为企业联盟提供了基础，这些联盟允许特定的公司团体相互合作，制定不那么普遍但仍然有价值的标准。

这样的企业联盟出现在 1925 年，在国际电工委员会（IEC）的灯座委员会没能取得多大进展之时。当时使用的主要标准有两种：美国标准和德国标准。由于非常微小的物理差异，美国标准灯泡无法安装在德国标准灯座里，但德国标准灯泡可以轻松地装入美国标准灯座。美国希望创建一个国际灯座标准，但 IEC 的灯座委员会未能就此达成共识。[92]部分是为了响应IEC的建议，灯泡制造方的工程师成立了一个"制造商代表技术委员会"（放在今天可能会被称为"consortium"，见第七章），来制定一个可供这些公司采用的标准。1925年4月，其工作已被替代的IEC灯座委员会召开了一次会议。在这次会议上，IEC主席和IEC灯座委员会主席以及许多同时在这两个委员会工作的代表对新的小组表示欢迎，并建议该小组研究其他相关议题，包括"保险丝的螺纹问题"以及非标准连接（例如，将一个德国标准灯泡插入美国标准灯座）造成的安全问题，这通常会导致触电。[93]制造商委员会对这些问题进行了为期五年的研究。在1930年的年会上，IEC通过了一套由制造商委员会制定的欧洲范围的标准；在1931年的另一次会议上，相关IEC委员会批准了一套适用于美洲的标准。[94]

国际电工委员会（IEC）在制定这些标准时遇到的困难与谁坐在谈判桌前有关。无论方式如何复杂，美国和德国的利益，以及灯泡制造商和灯座制造商的利益都各不相同。这是通过协商民主进行决策的倡导者面临的一个共同问题，他们中的一些人认为，应该通过要求参与者只关注集体利益和共同利益来解决这一问题。标准化运动实践是采用更现实的方法，即接受不同利益的存在，创造上文讨论过的平衡规则，并仅在必要时非正式地支持替代方案，如成立制造商委员会。[95]

自愿制定行业标准与协商民主的理想还在另一个方面有所不同。大多数终端用户，也就是那些将灯泡拧进家里固定装置的人，并没有自己坐在谈判桌旁。与之相反的是,代表他们利益的专家坐在那里,包括代表"普遍"或"共同"利益、以此为业的工程师。这是一场精英运动,这场运动的目的是创建一个所谓审慎的技术治国组织。[96] 标准制定者对集体利益的承诺来自他们想要加强共同体专业身份的愿望,这个共同体本来就是一群精英专家。

20 世纪 20 年代的国家标准制定

在 20 世纪 20 年代,标准化运动的最初目标是创建一些组织,以作为技术委员会的永久性基础,进而实现制定和维护标准。虽然制定国际标准是大多数该运动领导者的最终目标,但他们的直接关注点还是建立在大多数规模运作行业基础上的国家机构和组织。勒·迈斯特、赫尔米奇及其同事在第一次世界大战后的十二年里成功地推动所有工业化国家建立了这样的机构,其中大多数是在 1926 年前成立的。这些机构的下一个目标是建立技术委员会和制定国家标准。有些国家,特别是德国,获得了比其他国家更大的成功。在一些国家,特别是美国,许多标准继续由工程协会、其他标准制定机构,或极为罕见地由政府制定,但均未被认证为国家标准。在另外一些国家,特别是那些刚刚开始工业化的国家,企业和政府机构依靠翻译或采用其他地方制定的标准。

在大多数情况下,国家机构是一个科层制国家网络的制高点,其成员包括行业协会、专业协会甚至政府机构中的其他标准制定委员会。这些网络的一致性因国家的不同而有所差异,美国和德国则处于完全相反的两个极端。美国工程标准委员会(AESC)的创始人更关心的是制定国家标准,而不是试图将美国众多的标准制定机构整合成一个固定的等级体系。[97] 除了来自更早的、特定领域的美国材料试验协会(ASTM)的竞争,AESC还面临着某些领域的标准由工程协会或行业特定团体的标准委员会主导的问题。相比之下,德国标准化研究所(DIN)的"声望"和"德国工业界对它的支持"令胡佛领导下的国家标准局的一位高级官员确信:"不可避免的是,所有这些标准化工作最终都将会被置于它的普遍支持之下。"[98]

这种差异有助于解释为什么在20世纪20年代,德国国家标准机构制定的自愿性标准比其他任何国家机构都多。从1919年到1930年,德国标准化研究所(DIN)平均每年发布300多个标准;与此同时,英国和美国标准机构平均每年只发布约14个标准(见表3.1)。产生这种差异的原因并不在于共识过程的运作方式有什么不同。[99] 相反,这在一定程度上反映了国家网络的性质。德国的体系更为有序和精确,各个组织的职责更加清晰具体、没有重叠,就像一套精致的日本便当盒。而在另一个极端,美国工程标准委员会(AESC)更像是一个位于野餐区被过度使用的垃圾桶,里面装满了小容器,四周布满了交叠着的杯子、盘子和午餐袋,大约80%的小容器都在主垃圾桶外面,旁边还有一个超大的袋子,似乎也具有类似的功能[美国材料试验协会(ASTM)]。在早期,美国体系非常分散的结构意味着

表 3.1　国家机构自成立之后发布的标准数和自成立到 1930 年的年均发布率

	完成	年平均发布率	进行中
每年 10 个以下			
比利时	47	1.5	17
匈牙利	14	1.6	78
加拿大	32	2.9	25
捷克斯洛伐克	57	4.8	无数据
每年 10—25 个			
日本	109	10.9	45
英国	395	13.6	无数据
美国	168	14.4	173
意大利	132	14.7	116
丹麦	66	16.5	91
瑞士	300	16.7	50
澳大利亚	135	16.9	30
荷兰	300	21.4	150
每年 20—50 个			
挪威	227	32.4	79
瑞典	288	36.0	184
芬兰	217	36.2	500
法国	190	38.0	155
奥地利	434	43.4	309
波兰	272	45.3	496
每年超过 50 个			
苏联	1 446	289.2	无数据
德国	4 412	339.4	1 100

来源：数据来自塞缪尔·戴特威勒（Samuel B. Detwiler），《美国和外国基于国家基础的标准化》，《商业标准月刊》（Commercial Standards Monthly），第 7 期，第 9 卷（1931 年 3 月）：第 297 页。

ASTM 制定的标准比 AESC 多得多，与德国形成鲜明对比的是，美国企业和政府对待 ASTM 标准的态度与对待 AESC 标准的态度相同。[100]

德国体系在结构和产出上的差异，也反映出该国巨额战争债务所造成的严峻经济形势。直到 20 世纪 30 年代，战争债务仍是德国沉重的负担，而这是美国和英国都不用面临的问题。所有德国企业所面临的极端效率要求使得实现快速标准化的成本看起来很低。主要成本是用来支持许多自愿在技术委员会工作的工程师,但在德国,这一成本可以被承担,因为在 20 世纪 20 年代,德国的管理层已经认同工程师的目标,即技术效率是唯一可行的长期战略。[101] 截至 1930 年,超过 1 000 家德国企业"系统地组织了标准部门",并且形成了一个良性循环,将更多标准的制定与德国标准化研究所(DIN)比其他国家机构承担更多项目的能力联系在了一起:DIN 有一个可行的商业计划,通过销售标准来不断增加收入。在经济大萧条之前,DIN 每月销售的标准(文件)已经超过 10 万份。[102] DIN 甚至将其标准目录作为主要收入来源,允许符合某项标准的产品制造商将其信息直接放在标准目录下面,价格是"每行 38 美元"(指的是 1928 年的美元)。[103]

这些因素解释了德国在早期制定标准活动方面的独特之处,也解释了各国情况之间的差异性。再比如瑞典,该国在 20 世纪早期对经济落后(被大多数工业化国家甩在后面)的恐惧,使得实业家和全国贸易联合会在大萧条之前就接受了泰勒主义、简化和标准化。瑞典标准协会(SIS)最受欢迎的早期出版物之一是 1928 年出版的小册子《浪费》(*Wastefulness*),这是一本推崇简化的小册子,在实业家和联合会领导者中广受欢迎。[104] 在两次世界大战之间,甚至在大萧条之前,瑞典公众对标准化的广泛支持使政府很自然地对 SIS 的工作予以一部分的补贴,从而使其能够制定更多的标准。[105]

尽管我们考虑到像瑞典这样具有与德国支持国家标准化相似的因素的案例,但德国和苏联的情况仍然与众不同。在苏联,列宁的计划经济将泰勒主义和"德国战时经济"作为自己的经济模式,这就解释了为什么苏联派驻工程师在柏林观察德国标准化研究所（DIN）的标准制定活动，并提出了许多供苏联采纳的标准。[106] DIN 的广泛标准化使苏联的模式成为可能。

与此同时，苏联的模式也有助于我们理解德国的情况。罗伯特·布雷迪在 20 世纪 30 年代初撰写关于德国的文章时认为，德国采用了一种计划经济，尽管其方法与苏联国家计划委员会的大不相同；虽然它与资本主义和代议制政府有关，但仍然是一种计划经济。两国的精英都认为，经济合理化是一个关乎生存的问题。社会民主的魏玛政府给德国实业家留下了非比寻常的余地，让他们可以就经济合理化进行合作。1921 年，政府授权成立德国经济效率委员会（RKW），由卡尔·弗里德里希·冯·西门子领导一批实业家，利用公共资金实施一项比赫伯特·胡佛在美国想象的还要广泛得多的简化和合理化计划。卡尔与他的父亲维尔纳和英国叔叔卡尔·威廉一样，长期支持国家和国际标准化。RKW 向确定最有效方式使用机床和办公机器的组织提供资金；为簿记、技术教育和原材料制定国家标准；并给予德国标准化研究所（DIN）"大量补贴"，"因为 DIN 制定的标准不是服务于个人，而是服务于德国产业的普遍需求，并为消费者提供特殊优待"。[107] 这些补贴集中在诸如家用设备、医院设施和实验室用品等领域。DIN 的瓦尔德马·赫尔米奇领导着董事会中的德国工程师，虽然董事会中的工程师和实业家确实就哪一个群体应该主导合理化过程而争吵不休，但精英们对经济项目的共识支持了一项国家级的"有组织的资本主义"实验，这种实验促进并依赖于对国家标准重要性的广泛共识。[108]

德国标准化研究所（DIN）在制定国家标准方面的高效率为其他国家的标准化机构设定了一个目标，这可能使德国（或许还有苏联）比两次大战之间的其他工业经济体拥有一些优势。20世纪中叶的权威标准专家奥勒·斯图伦断言，"在一个高度工业化的社会中，国家和国际标准的总需求量［确保必要的兼容性和在不减少创新的情况下降低成本］约为15 000个，最多能达到20 000个"。即使在此后的20世纪70年代初，"这些标准中的绝大多数（可能是90%）必须是国家标准，因为国际标准组织尚未制定出它们"。[109]在1930年之前，只有德国和苏联的国家标准机构有望接近这一数目。在美国国内，可能也正在制定类似数目的标准，但这些标准是由在尚未完全统一的国家系统下组织起来的多个相互竞争的机构制定的。英国与美国的相似度更高，而不是与德国，但英国制定的标准总数比美国、德国都少。在世界上的其他地区，想要使用许多此类标准的企业或政府机构可能不得不采用外国标准——对许多参与标准化运动的人来说，这似乎并没有什么问题，因为对他们来说，最终最好只有一套国际标准，而无论这套标准起源于哪一个国家。

20世纪20年代末国际通用标准机构的建立

尽管标准化运动具有国际性，并且标准制定者认为标准化过程本身鼓励了合作，但国际电工委员会（IEC）是第一次世界大战结束时唯一的国际标准制定机构，并且仅限于一个单一的技术领域。当时还没有一个国际通用的标准制定组织，而勒·迈斯特主持召开的国家标准协会秘书会议（始于1921年）在建立这样一个组织时面临诸多挑战。

采取下一步行动的一个挑战是，尽管该运动忠诚于国际主义的理念，但许多国家机构的成员仍然受到当时国际商业竞争的影响。1922年，阿根廷共和国美国商会的报纸重点报道了美国工程师奥斯卡·维坎德（Oscar E. Wikander）对德国标准化的研究，维坎德担心"在不久的将来，美国制造商将收到来自海外国家的询问，要求其按照德国国家标准提供产品"。他认为："有远见的德国人强制推行其标准化工作的一个主要原因是，他们想将德国标准出口到进口大国，甚至是出口到整个世界。"[110] 德国对美国也有同样的担忧。赫尔米奇认为，赫伯特·胡佛在1924—1925年冬假期间发起的伊比利亚和美标准化会议，是一个新的"经济门罗主义"宣言。[111]

勒·迈斯特的英国工程标准协会（BESA）办公室对胡佛和赫尔米奇都有类似的抱怨。1925年左右，资金紧张的BESA呼吁财政部支持在国外翻译和传播英国规范和标准，"由于缺乏英国工程标准，英国产业在许多情况下因国外采购商采用美国和德国标准而遭受损失"。具体来说，他抱怨南美洲一些国家采用美国标准，以及美国在阿根廷和巴西设立标准办公室，"其唯一目的是传播美国标准，并影响这些国家的购买者，使他们的咨询以美国标准为依据，而不是英国标准，进而有利于美国产业"。¹¹² 勒·迈斯特还担心美国提供技术援助，帮助拉丁美洲的国家建立自己的标准化机构，这些机构可能会拒绝接受英国标准。他埋怨道："美国政府的政策是支持［自己的］商业，而不是从事［国际标准］业务。"¹¹³

然而，在成立之初，美国工程标准委员会（AESC）业务模式的可持续性甚至不如英国工程标准协会（BESA），因为前者的业务成员的支持不力，并且除了成员部门的会员费之外，政府没有提供任何财政支持。会员费和销售标准所得无法为实施雄心勃勃的标准制定项目提供所需资金，更不要说在国外推广国家标准了。直到包括纽约爱迪生公司、通用电气公司、美国电话电报公司、美国钢铁公司和伯利恒钢铁公司在内的主要企业的高层管理人员中出现标准化运动的支持者，美国的情况才得到了缓解。¹¹⁴ 1928 年，AESC 的领导层试图通过将"工程"和"委员会"的字眼从组织名称中删除，并更名为美国标准协会（American Standards Association，缩写 ASA）来吸引这些支持者。正如执行委员会的成员所指出的那样，"工程"一词是获得商界领袖（可能不是来自工程师群体）认可的"严重障碍"；此外，"如果需要其他财源的支持，'协会'更容易获得这些资金"。¹¹⁵ 大公司的高管通过创建一个"承诺支付基金"提供了这种支持，该基金在 1928 年覆盖了 ASA 25% 的支出费用，在 1929 年提供了 ASA 93% 的费用。¹¹⁶

与此同时，尽管存在商业竞争和财务问题，1926 年在纽约举行的国际会议（见图 3.1）上，国家标准机构的领导者临时同意成立国家标准化协会国际联合会（ISA），该联合会将在 ISA 的信函中提及。随后，一个包括勒·迈斯特（作为秘书）和赫尔米奇［作为德国标准化研究所（DIN）的负责人］在内的委员会努力化解在实质和行政层面阻碍最终协议达成的矛盾冲突。该委员会的其他成员是比利时、捷克斯洛伐克、荷兰、瑞典（阿克塞尔·恩斯特罗姆）、瑞士（霍尼格）、英国［航运巨头、时任英国工程标准协会（BESA）主席的著名海军工程师阿奇博尔德·丹尼爵士］和美国［曾担任美国工程标准委员会（AESC）主席的西屋电气公司首席电气工程师查尔斯·斯金纳］的国家机构代表。法国的非正式代表是在勒·迈斯特的敦促下刚刚成立的法国标准化协会（AFNOR）的新任主席。[117]

主要的行政问题涉及国家标准化协会国际联合会（ISA）的工作人员。在纽约达成的临时协议宣布，英国的丹尼将担任 ISA 主席，勒·迈斯特将在维多利亚街 28 号街角的丹尼伦敦办公室负责管理事务。[118] 但是，从纽约回来之后，许多重要的德国标准制定者强烈建议一位在瑞士标准机构总部工作的德国-瑞士工程师阿尔弗雷德·胡伯-鲁夫（Alfred Huber-Ruf）参与勒·迈斯特的工作，协助后者完成所有的国际工作，包括新成立的 ISA。德国的 IEC 委员会主席卡尔·斯特雷克（Karl Strecker）认为，胡伯-鲁夫至关重要，因为"目前的工作方式是事无巨细、令人厌倦的，我们迫切需要一个工作速度更快的组织"。[119] 斯特雷克认为，让勒·迈斯特在担任 BESA 秘书和 IEC 秘书长的基础上再担任 ISA 秘书这一额外工作实在有点过分。

不幸的是，胡伯-鲁夫并不是可以与勒·迈斯特一起工作的最佳人选，勒·迈斯特发现这个年轻人咄咄逼人，缺乏理智。在其职业生涯早期，胡伯-鲁夫在曼彻斯特从事大型电机的建造工作，很喜欢在英格兰生活。他想搬回英国，有一部分原因是他和他的老板霍尼格发生了冲突。霍尼格也供职于瑞士国家标准制定机构，与勒·迈斯特有着密切的工作联系，并曾作为瑞士代表出席了 1926 年的会议。[120] 国际电工委员会（IEC）主席塞门扎告诉勒·迈斯特，胡伯-鲁夫一直在联系所有国家机构的负责人，为获得这一职位进行游说，他总结道："这个人有很多品质，包括非比寻常的固执和坚毅，因此我认为他将为获得这一伦敦职位而奋斗到底。"[121] 勒·迈斯特回答说：

> 他有许多优秀的品质，这将使他在所有的国际工作中为我们发挥最大的作用。然而，他的坚持是如此与众不同，以至于那些在开展这项国际工作中遇到困难的人都不喜欢他。他太执拗了，而阿奇博尔德·丹尼爵士觉得自己的责任重大，不愿做任何可能疏远美国的事，因此觉得他最难缠……如果胡伯-鲁夫先生能够更加安静一点，表现出稍多一些的策略性，我认为他将更符合国际形势的要求。[122]

美国关心的根本问题一部分是其内部事务，一部分是与胡伯-鲁夫所倡导的国家标准化协会国际联合会（ISA）愿景存有实质性分歧。第一个实质性分歧是，美国希望 ISA 只是协调国家标准制定（通过分享国家标准和最佳实践),而不是重新制定国际标准,美国知道勒·迈斯特和胡伯-鲁夫都支持后者。尽管如此,勒·迈斯特对这些标准所涉内容更加微妙的观点更能被美国工程标准委员会(AESC)领导层所接受,而 AESC 必须满足包括美国材料试验协会(ASTM)在内所有重要成员提出的要求——即使是国家标准化机构,也应该仅被视为"同侪之首"(first among equals),而不是国家标准制定的主要场所。第二个实质性分歧是让勒·迈斯特觉得更具有同情心的问题,美国想在公制国际标准的基础上建立一个基于英美计量体系的国际标准,可对于来自欧洲大陆的大多数工程师而言,这一建议似乎是浪费且多余的。

然而,在短期内,美国工程标准委员会(AESC)的内部问题,包括财务问题,比这些实质性问题更重要。当胡伯-鲁夫再三要求未来国家标准化协会国际联合会(ISA)成员的领导者给他一份永久性的工作时,美国正面临着财政问题,并就一个凌驾于所有其他美国标准制定组织之上的国家协会的作用展开了相关辩论。AESC 还不是这样一个组织,至少不像英国工程标准协会(BESA)一开始的样子。例如,在 1926 年,仍然是由美国电气工程师学会(AIEE),而不是由 AESC,任命美国代表团参加国际电工委员会(IEC)。此外,美国材料试验协会(ASTM)将 AESC 视作与自己平等,甚至可能是一个(出乎意料变得强大的)弟弟的角色。[123] 无论是 IEC、ASTM 的美国代表团,还是 AESC 内部许多其他成员组织,都不希望有一个全球组织将 AESC 视为高于其他美国标准制定机构,因此"只有组织松散的国际协会才能被接受"。[124] 由于美国在这些问题得到解决之前不愿意加入 ISA，本应于 1926 年举办的 ISA 启动工作会议的参与者同意将该计划推迟一年。[125] 部分由于美国不愿意加入，BESA 和其他"英寸国家"组织也推迟了加入 ISA 的时间。

因此，新组织成立之初，财政状况不佳，前途未卜，特别是其行政工作人员也不稳定。尽管胡伯-鲁夫坚持不懈，但他只实现了一部分目标。他最终成为该国际组织的秘书长，但他没能离开瑞士。在 1926 年 9 月的会议上，美国提议，为了削减成本，将瑞士国家机构作为新成立的国家标准化协会国际联合会（ISA）"非正式秘书处，正如其在纽约会议之前所做的那样"。这一想法没有得到任何支持，甚至没有得到瑞士的支持，但所有代表都同意胡伯-鲁夫应该"被赋予足够多的时间担任他的［丹尼的］技术秘书一职"。胡伯-鲁夫的瑞士雇主是否应该为此补偿他，或者他自己是否愿意献出宝贵的时间，这一点还不明确，但没有人投票赞同 ISA 给他发工资。除此之外，代表们同意："出于经济考虑，许多技术工作将被外包给不同的国家机构，这些机构将充当非正式秘书处或'工作中心'。"[126] 1928 年 10 月，美国工程标准委员会（AESC）［不久后更名为美国标准协会（ASA）］仍然没有完成其自身组织的必要变革，而 ISA 则在没有美国和英国参与的情况下启动。胡伯-鲁夫成为秘书长，尽管他与霍尼格的关系明显恶化，以至于霍尼格离开了瑞士标准机构。新成立的联合会坐落于瑞士巴登的一个郊外住宅区恩内巴登，距离胡伯-鲁夫当时的雇主布朗-博维里（Brown-Boveri）处有大约 15 分钟的步行路程。很可能 ISA 的总部一直都是胡伯-鲁夫的家，一开始是在恩内巴登，"二战"开始之后是在巴塞尔。[127]

1929 年 10 月，美国机构［即现在的美国标准协会（ASA）］，最终加入了国家标准化协会国际联合会（ISA），但只是在根据美国材料试验协会（ASTM）的建议通知该组织美国标准制定者的立场之后，即"一致且坚决地认为，ISA 章程目前规定在标准化工作中进行国际合作，而不是试图建立正式的国际标准，这种限制是合理的，而且从美国的角度来看是最可取的"。[128]

在美国标准协会（ASA）对此有所保留的讨论中，美国对国家标准化协会国际联合会（ISA）运作方式的反对与第二个实质性问题有关：向统一国际标准的转变可能要求美国改用公制。同样的担忧使得英国直至 1937 年才加入。[129]

勒·迈斯特对这个新的国际组织的设想是以英文和法文同时出版每种标准的公制和英制版本，但并非所有国家机构都认同这一设想。许多公制支持者认为，这样的标准很难制定，尤其是在英国和美国甚至就公制基本单位的精确测量尚未达成一致时；英国英寸和美国英寸的长度也不相同。法国称赞勒·迈斯特的双重方针（以及他为确保在所有重大议题的讨论中用法语表达意见所做的努力），但对德国来说，成立一个国际组织来帮助维护过时的英美习惯体系的想法似乎是荒谬的，而且会将欧洲大陆企业排除在由英国和美国主导的国际市场之外。[130] 冲突变得如此激烈，以至于在 1927 年秋天，勒·迈斯特表示不会在未来担任 ISA 联合秘书（留下胡伯-鲁夫独自一人），他写信给他的美国朋友克莱顿·夏普（Clayton Sharp），表示他"觉得这不可能继续下去，特别是在［为建立国家标准化协会国际联合会（ISA）而设立的］委员会中的一位成员发表了评论和意见之后"。[131]该成员可能是赫尔米奇，他认为勒·迈斯特对英美计量体系的个人承诺导致了利益冲突。[132]

勒·迈斯特和美国关心的是国家标准化协会国际联合会（ISA）成立后国际电工委员会（IEC）的地位。这也给勒·迈斯特带来了利益冲突。1926年，他的朋友夏普向美国工程标准委员会（AESC）执行委员会滔滔不绝地讲述了美国是如何将IEC从ISA中拯救出来的，ISA"就像一列高速行驶着的由满载蒸汽动力的强大火车头牵引的重型火车"。AESC拒绝加入ISA，"已经阻止了它，在他［夏普］看来，这样做很好"。[133] IEC的塞门扎和其他人当然不希望他们的组织被纳入ISA，正如IEC的美国委员会不希望被纳入AESC一样。1927年，AESC和IEC的美国委员会甚至简短地提出了一个替代方案，即通过将IEC扩展至其他领域，来建立新的全球组织。[134]最终，ISA成员只是正式承认了IEC在电气领域的优先地位和独特能力，并将ISA的业务限制在其他领域，而IEC的美国委员会则逐渐适应了重组后的美国标准协会（ASA）的规则。[135]

到20世纪20年代末，国家标准化协会国际联合会（ISA）建立，但它已经失去当时主要运动领袖勒·迈斯特的领导，并依赖于胡伯-鲁夫的支持，而胡伯-鲁夫却没有勒·迈斯特那样的策略技巧。

公私混合的国际电信标准化机构

在国家标准制定机构努力建立国家标准化协会国际联合会（ISA）的同时，一种不同的、公私混合的国际技术标准制定模式出现了。如第一章所述，1865 年，各国政府和国家电报管理局的代表成立了国际电报联盟（ITU），这是一个由签署国政府组成的条约组织，负责谈判电报网络跨越国界时的过境权和关税。在 1925 年巴黎国际电报会议上，ITU 成立了两个公私混合的标准制定委员会，即国际电话咨询委员会（CCIF）和国际电报咨询委员会（CCIT）。[136] 两年后，即 1927 年，无线电报联盟（RTU，之后不久并入 ITU）建立了第三个无线电相关机构。我们将集中讨论第三个机构的起源，因为它与后续章节有关。[137]

无线电波干扰问题一开始是在 20 世纪初的船对船和船对岸无线电通信中变得突出的。[138] 1906 年，29 个国家开会签署了国际无线电报公约，创建了无线电报联盟（RTU）。[139] 1927 年，在华盛顿特区举行的会议上，RTU 修订了当时的国际无线电报公约、一般无线电规则及附加的无线电规则，并呼吁签字的政府考虑合并国际电报联盟（ITU）和 RTU。1927 年的《无线电规则》规定了仪器的选择和校准、电气设备无线电发射的分类和控制以及频率的分配和使用。其中，前两个领域与包括国际电工委员会（IEC）在内的现有民间标准制定机构的工作重合，需要无线电工程专家予以关注。各国政府决定，为避免国际干扰（这是欧洲国家的一个特殊问题），广播频率的行政分配仍然是其需要解决的问题，它们成立了一个委员会，但该委员会相当于 RTU 的一个标准化机构,用来处理其技术性问题。1927 年公约的第 17 条(由 74 个国家签署)设立了国际无线电通信技术咨询委员会,不久被称为国际无线电咨询委员会(CCIR),"目的是研究与这些通信有关的技术和相关问题"。[140]

虽然国际无线电咨询委员会(CCIR)隶属于一个公共条约组织,而不是一个民间自愿性标准制定组织,但它已成为一个参与无线电干扰标准制定工作的重要机构。相较于工业设备对广播的干扰,它通常侧重于处理不同国家广播服务之间的干扰问题,这是许多国家和国际民间标准化活动的主题(如第六章所述)。1927 年的《无线电规则》规定,CCIR 的"职能仅限于就其所研究的问题发表意见",由国际办事处将这些意见传达给无线电报联盟(RTU)条约组织的成员。[141] CCIR 成立了专家研究小组,这些小组实际上是技术委员会,类似于国际电工委员会(IEC)那种民间标准组织中的小组委员会。尽管这些研究小组只是提供建议,但 RTU 的各国代表团通常遵从 CCIR 的领导,因此其建议往往成为无线电规则或公约本身的一部分,这样就会经常被纳入签署政府的国家法律之中。[142]

国际无线电咨询委员会(CCIR)的组成、投票规则及其工作流程表明了它的公私混合性质。委员会由签署公约的各国政府和"从事无线电站工作的授权私人企业的技术专家组成,这些企业希望参与委员会的工作,并承诺平等分担相关会议的全部费用"。[143] 每个成员国的行政当局(一个国家负责无线电通信的政府实体)在委员会中有一票表决权,如果一个国家是由私人企业的专家来代表,那么这些专家加在一起有一票表决权（这是一项针对美国情况的条款，因为美国是由私人企业而非政府部门来提供无线电传输）。基本上，每个代表团都对拟议的国际标准有一票表决权，如同国际电工委员会（IEC）、国家标准化协会国际联合会（ISA）和无线电报联盟（RTU）本身一样；CCIR 的目标在于让所有代表团达成共识。在这种情况下，代表虽然是技术专家，但通常是来自政府部门，并代表政府部门，而非工程协会和企业，这使其更具官僚主义倾向。在过程中，CCIR 采用了两年前国际电话咨询委员会（CCIF）创立的方法，包括设置问题、收集和撰写报告，对问题进行部分回答，并将建议草案先提交标准化委员会批准，然后再提交给条约组织。[144] 在第六章中会有说明，这一过程的文件数量巨大。

成立国际无线电咨询委员会（CCIR）的 1927 年会议也曾考虑合并国际电报联盟（ITU）和无线电报联盟（RTU）。1932 年，这两个机构合并为国际电信联盟（International Telecommunication Union），新的 ITU 保持了三个独立的委员会，分别负责无线电、电报和电话。[145] 尽管 CCIR 与国际电工委员会（IEC）、国家标准化协会国际联合会（ISA）等民间自愿国际标准化机构不同，但它在寻求由技术专家组成的国家代表团达成共识意见方面与二者很相似，并且在"二战"后电视和广播行业的标准化方面发挥了作用，第五章和第六章将对此进行讨论。尽管没有证据表明民间标准化运动对 CCIR 有明显的直接影响，但作为电气工程师的技术专家可能知道 IEC 的存在，也可能了解 IEC 的运作过程。

处于工程师运动前沿的标准化运动

　　1929 年，在公私混合的电信委员会以及国家标准化协会国际联合会（ISA）成立之后，20 世纪早期的第一次标准化浪潮和所有跨国工程师运动的高潮出现了。1929 年 10 月 28 日至 11 月 7 日，工程师们在东京举办了一次前所未有、无法复刻的"世界工程大会"。共有来自 43 个国家的 4 494 名男性代表参加了会议，还有"来自美国的吉尔布雷思夫人"（Mrs. L. M. Gilbreth）也参加了会议，她是"一打更便宜"科学管理运动的领导人以及"大会唯一的女性成员"。[146] 工程师们发表了 813 篇论文（371 篇来自非日本与会者）；（与陪同前来的妻子和孩子们一起）享受了 61 项"娱乐"活动，包括"晚宴、午餐会、晚会、茶话会、花园派对、戏剧派对，等等"；并有机会参加了 50 次在日本等地的旅行。大会出版了 40 卷会议论文集，共 16 000 多页，颂扬工程师们对全球繁荣、文化与和平做出的贡献。[147]

　　会议论文集整理了在不同会议日发表的论文，呈现了一个关于工程师们做贡献的故事。第一卷论文始于大会主要目的的历史，即创建一个世界工程师联合会。斯坦尼斯拉夫·史派克博士回忆说，自 1921 年以来，捷克斯洛伐克、美国和其他国家的工程师一直在讨论这个想法。作为第一份证据，他读了 1922 年美国工程标准委员会（AESC）的康福特·亚当斯写给他捷克斯洛伐克同事的一封支持信。[148] 史派克解释了提议成立联合会的目的：

虽然个体工程师可能会憎恨,但憎恨不是工程师的特征,博爱才是。工程师们在我国各地漫游,参观彼此的作品,交换信息,到国外冒险。他们在任何地方都像兄弟一样互相问候,这是大家的共同经验。但是,了解当今世界状况的研究者一致指出,国家、种族和阶级之间的仇恨是目前阻碍和平与繁荣的最大障碍,这种一致性的见解令人印象深刻。这是一种精神障碍。科学家、发明家和工程师通过各种方式的合作,使从拿破仑战争结束开始,奇妙的物质进步成为可能。现在,他们必须帮助世界从物质进步中获取智识和精神上的益处。[149]

会议论文集里的第二篇论文《作为国际关系中因素的工程师》("The Engineer as a Factor in International Relations")[150]延续了同样的主题。这篇论文的作者是日本"促进[解决]工业问题协会"会长井上匡四郎子爵,他认为,"存在一个切实改善各国人民生活条件的真诚希望,而这反过来又取决于国家之间的永久和平"。他指出,令人感到悲哀和讽刺的是,工程师们对永久和平做出了最大的贡献,使战争不再是"骑士精神和浪漫主义",而是"彻底令人厌恶的东西……我们工程师,一方面拥有强大而可怕的物理和化学战争武器,另一方面拥有建设性和进步的和平理想,将带领世界进入真正和平与幸福的黄金时代"。工程师还将为普遍繁荣提供基础,因为"工程的特征在本质上是国际性的。任何地区或国家取得的进步都将很快传播到整个世界,并有助于提高人类福祉"。[151]

接下来的四篇论文提供了最重要的实例，说明如何通过标准化实现这一点。此外，尽管在创建全球组织的过程中存在种种冲突，但国家标准化协会国际联合会（ISA）被认为是工程师们最伟大的成就。在这四篇论文的第一篇中，阿尔弗雷德·胡伯-鲁夫解释了 ISA 的工作，ISA 是拟议中的工程师联合会的一个可能模式，他指出，迄今为止的会议证明了这一点。"随着不同标准化机构代表之间个人接触可能性的增加，彼此之间的合作也会得到相应的促进，"他声称，"在大多数可以实现个人接触的情况下，有可能找到就基本原则问题达成协议的方法和途径。"[152] 胡伯-鲁夫的论文中包含了一则强烈的声明，表达了制定既不歧视公制也不歧视英制的标准的愿望，[153] 也许是得到了美国工程师们的尊重，他们最终在会议开幕前两周加入了 ISA。

美国标准协会（ASA）的查尔斯·斯金纳恰如其分地提供了下一篇论文，标题非常简单，就是"标准化"。他将工程师已经取得的大部分好处归功于此："在过去几十年中，整个工业化世界所取得的显著进步，很大程度上归功于标准化的程度，使……所有基本特征相同的成千上万台设备得以生产。"[154] 接下来的两篇论文详细介绍了德国和日本国家标准化机构的标准制定工作，德国标准机构是最具代表性的国家组织，紧随其后的是主办国的。[155]

还有四篇论文介绍了工程师之间进行国际合作的理论与实践的例子。约翰·海斯·哈蒙德（John Hays Hammond）的演讲摘要反映了普遍过于热情的基调。他是一位富有的美国矿业工程师，三十年前作为南非塞西尔·罗德斯（Cecil Rhodes）金矿和钻石矿经理，获得了他的第一笔财富。他认为,"这个职业现在被普遍认为是整个世界的恩人","工程师将在更大程度上成为'善意大使'",他接着宣称,一位致力于公共利益的工程师"是一位杰出的'和平使者'。在文明的物质发展过程中,工程师扮演了一个最重要的角色,并且其活动在过去几十年中展现了前所未有的重要性"。[156]

最后,另外四篇关于特定国家工程专业地位的严肃论文完成了对大会工作的介绍,重复了类似的论点,强调了标准化的范例。合理化运动领袖、瑞典国家标准机构创始人阿克塞尔·恩斯特罗姆指出,由于工程师创造了物质财富,他们的社会地位有所提高,但社会地位和普遍繁荣本身都不是他们的目的;精神发展(对工程师和社会来说)更为重要。他提供了一项"个人信条",以作为全世界工程师的指导思想:

> 作为一名工程师,我感到自豪和愉快,因为这个职业在相当特殊的程度上为我的同胞提供了服务。技术是为了创造一个更加幸福的未来,首先通过创造可能更好的物质生活条件,其次是在发达的物质文化基础上,促成真正的精神文化的兴起,这种精神文化是以所有人与所有国家之间的真理和善良作为特征的。[157]

他的话恰如其分地概括了大会的总体情况,以及与会工程师如何看待他们在世界中的地位。

"世界工程大会"及其所传达出的信息得到与会者的广泛赞誉,

但创建一个世界工程师联合会的目标从未实现。[158] 随着运送世界各地工程师的轮船靠近东京，纽约股市开始下跌。大会于黑色星期二那天开幕。欧洲和美国的工程师回到了大萧条中的家乡，大萧条给所有的工程运动都带来了灾难性的后果，包括每个工业化国家的标准化运动组织和标准制定机构。

在股市崩盘之后，全世界的标准制定者仍在继续与其他组织的同行会面，并向自己所在组织的成员汇报，他们还继续翻译和发布其他地方所做相关努力的信息。因此，在 1931 年出版的一期《商业标准月刊：商业标准化和简化进展回顾》(Commercial Standards Monthly: A Review of Progress in Commercial Standardization and Simplification) 中，一位美国工程师可以了解到美国标准协会（ASA）、美国材料试验协会（ASTM）和美国商务部国家标准局的最新工作情况，也可以阅读到关于澳大利亚、加拿大、意大利和瑞典标准制定工作的长篇论文，以及一篇单独全面探讨 21 个国家的国家机构的文章。[159]

多年里，最早实现工业化国家的标准化机构也继续向有兴趣在新兴工业化国家改进标准化的工程师提供技术援助。例如，1932 年，美国标准协会（ASA）开设了"苏俄短期标准化课程"——保留了勒·迈斯特早期访问苏联时开创的那种合作，以及在赫尔米奇与德国标准化研究所（DIN）对居住在柏林的苏联翻译人员的支持下发展起来的那种合作。[160] ASA 还短暂持续地向拉丁美洲提供援助，在那里，阿根廷（1935 年）、乌拉圭（1939 年）、巴西（1940 年）和墨西哥（1943 年）纷纷成立了新的国家机构，但巴西组织的官方历史强调，尽管拉丁美洲的标准制定者是全球运动的一部分，其学习欧洲和美国的模式，但这些新组织的创立是作为国家应对大萧条给新兴工业化国家带来机会的部分响应措施，因为大萧条正在影响那些率先步入工业化的国家。[161]

尽管东京大会做出了种种承诺，但国际标准化运动还是从第一次高峰跌入了低谷。

第二部分

第二次浪潮

经济大萧条严重挫伤了标准化运动，因为标准制定机构纷纷陷入了严重的财政问题。但第二次世界大战是一个转折点，国家标准制定组织的财务状况得到了改善，同时也开启了标准化创新活动的第二次浪潮，而这次浪潮的重点是国际标准化。短暂存在于两次大战之间的国家标准化协会国际联合会（ISA）在战争中消亡了，国际标准化组织（ISO）随之兴起。与松散附属的国际电工委员会（IEC）一起，国际标准化组织处于一个新的国际组织网络的制高点，各个国家组织也为其提供了有力支持。

第四章回溯了 20 世纪 30 年代的标准化危机，危机导致第二次浪潮的退去，随后战争爆发。"二战"之后，查尔斯·勒·迈斯特和来自盟国以及一些中立国的工程师立即发起了国际标准化组织，这为第三次浪潮做了准备。第五章追溯了 1968 年成为 ISO 秘书长的瑞典标准化创始人奥勒·斯图伦如何领导 ISO 与新兴国家合作，帮助其建立国家标准化机构，并推动 ISO 在关键领域制定国际标准。这一章还讨论了促进贸易国际化的集装箱国际标准的成功案例和彩色电视标准化的失败案例。最后，第六章对从"二战"前到 20 世纪 80 年代末射频干扰和电磁兼容性标准化的案例进行了深入的研究，介绍了美国标准化创始人拉尔夫·M. 肖沃斯（Ralph M. Showers），是他将美国带至这一技术领域的国际标准制定共同体之中的。

第四章

20世纪30年代至50年代：标准化运动的衰落与复兴

20世纪30年代，国际标准化运动遭遇严重的挫折，但在第二次世界大战爆发之前，许多国家机构依然活跃在世界上，并出人意料地致力于实现国际标准化目标。工程师们制定了少数沿用至今的国际工业标准和数千项国家标准。然而，事实证明，全球范围的经济大萧条对标准化运动打击很大，它动摇了一些主要国家标准制定机构本就摇摇欲坠的经济基础，所有主要工业化国家的经济民族主义情绪与日俱增。到第二次世界大战爆发时，国际标准化运动陷入一片混乱，甚至在许多国家，国家层面的标准制定活动前景也暗淡无光。

战争推动了标准化运动的复兴，第二次组织创新浪潮也随之拉开帷幕。战争期间对于标准化的快速需求解决了国家机构的财政问题，并且表明，当政府的财政支持可以让技术委员会持续开会时，委员会能够以极快的速度开展工作。战争的紧迫状况也促使战时联合国（一个反法西斯联盟，不是战后政府间组织机构）的标准化机构成立了一个新的国际组织——联合国标准协调委员会（United Nations Standards Coordinating Committee，缩写 UNSCC）。战后，UNSCC 发起了谈判，经过谈判成立了一个新的全球性机构——国际标准化组织（ISO），取代了之前的国家标准化协会国际联合会。尽管 ISO 起源于战胜国联盟，但它很快就与战败国的标准制定团体重新建立了联系，并抵制新出现的冷战紧张局势。这个组织致力于阻止战后世界的重大政治冲突，而工程师们则集中注意力解决所谓的纯技术问题。国际标准化组织与战后的政府间联合国发展系统进行合作，将标准化运动扩展到全球。整个 20 世纪 50 年代，这两个组织在新独立和工业化程度较低的国家推动标准化，帮助它们建立国家标准化机构，并鼓励其企业和政府接纳和使用国际标准。

战前国际标准制定的一些成就

大多数参加那场不合时宜的东京大会的工程师都认为，与此前大多数国家标准制定机构一样，国家标准化协会国际联合会（ISA）最终将成为一个由低层次标准制定机构组成的嵌套体系的最高机构，并取代国家机构成为标准化运动组织的中心。但是，这并没有成为现实。尽管美国标准协会（ASA）此前一直正式要求 ISA 不制定任何国际标准（如第三章中所述），但从 1929 年到 1940 年，该组织在实际运作的十来年制定了 32 套国际标准，其中许多都在 ASA 的官方出版物中得到支持。[1] 1933 年，纳粹势力上台后，虽然经济大萧条和国际紧张局势愈演愈烈，但 ISA 技术委员会的成员仍保持通信和会面，阿尔弗雷德·胡伯-鲁夫"在巴塞尔的家中，在家人的帮助下起草、翻译和复制文件"。半个多世纪后，威利·库尔特（Willy Kuert）回忆起这一点时仍然感到震惊。库尔特曾在瑞士国家标准机构工作，该机构在 1939 年战争爆发后被授予了"ISA 的管理权"。[2]

具有讽刺意味的是，考虑到勒·迈斯特最初对同时建立英制和公制标准的关切，也许国家标准化协会国际联合会（ISA）最重要的成就便是调和了英美两国在它们的非公制体系中对基本单位的度量。毫不意外，商定一致的英寸是根据毫米来确定的。[3] ISA 还确认了另一项国际标准，即今天广为人知的国际纸张尺寸（A2、A4 等）简化系统；它最初是由德国制定的，如今除了美国和加拿大外，世界各地都已广泛采用。[4] 美国实业家霍华德·孔利（Howard Coonley）是战后 ISO 的第一任主席，他喜欢提及 ISA 为电影胶片中声音的安置建立过一个国际标准，这对美国 20 世纪 30 年代最成功且面向国际的产业之一电影业非常重要，而我们大多数人所熟悉的 ISA 测量声音的标准——分贝，起源于 20 世纪 20 年代的贝尔电话实验室。[5] 当我们担心计算机内存中的千兆字节数、防晒霜中纳米颗粒的安全性或者其他任何有关皮、微、千、兆之类的东西时，ISA 也同样在我们身边；我们提到的非常大和非常小的单位的标准方式是 ISA 最后制定的标准之一。[6]

另一个国际标准机构——国际电工委员会（IEC）在"二战"之

前的工作也同样重要。战争前夕，IEC 有 28 个技术委员会（也被称为咨询委员会）在运作，并且与国际无线电干扰特别委员会（CISPR，是 IEC 的一个特别委员会，在第六章中会讨论）中涉及广播、铁路和电力传输的政府间组织和其他非政府组织进行合作。[7] IEC 和 CISPR 委员会共同制定了数百项国际电气标准，其中大部分标准都仍在使用和更新。

20 世纪 30 年代的危机

在第二次世界大战期间，其他高度工业化国家的国家标准化组织在生产能力方面开始赶超德国和苏联的国家机构，但那是在克服了 20 世纪 30 年代的一系列危机之后，这些危机包括大多数标准制定者对大萧条核心问题的无效反应、财务危机、贸易竞争导致的对所有国际主义运动的威胁，以及纳粹的崛起。

通过应用标准实现经济增长的有限前景

你可能会认为整个标准化运动会欣然接受经济大萧条带来的挑战。至少早在 1908 年，约翰·沃尔夫·巴里在他的演讲中就赞扬了标准化既可以促进工业繁荣，也可以解决劳工问题，标准制定者认为他们的工作是促进经济增长的关键。他们信奉这样一种意识形态，认为标准化能够直接帮助提高生产率、减少浪费，并且是工程师更大规模运动的前沿，这些运动试图使经济合理化并解决资本和劳工之间的冲突。1929年之后，世界各地的标准制定工作者仍在提这些论点，但在大多数国家，这些论点听起来越来越空洞，因为在这些国家，解决经济大萧条问题更成功的办法被证明是对宏观经济政策的彻底反思，而不是像赫伯特·胡佛或英国保守党领袖阿瑟·贝尔福长期倡导的那样，进一步推动经济合理化。

勒·迈斯特是一位真正的信徒，他继续高举旧论点的大旗。1931年，在英国皇家艺术学会（Royal Society of Arts）的一次演讲中，他举例说明了标准化协议是如何快速增加就业机会的。勒·迈斯特指出，英国所有公路的路缘石都是由花岗岩采石场制作的，过去这种工作是间歇式的，但现在，这种路缘石有了国家标准，这将"使采石场的负责人能够让他们的工人继续从事路缘石的制造工作，确保再次收到订单时可以使用库存；也就是说，这样的标准是在稳定就业"。[8] 这一观点听起来很合理，但标准路缘石的就业福利取决于全国各地地方政府的持续需求，而1931年资金短缺的地方政府却没有这样的需求。

通常，大萧条时期标准制定工作者的观点听上去更像是清教徒对"浪费"的谴责，而不是使经济合理化的辩论。在同一次谈话中，勒·迈斯特抱怨，为了吸引每一位潜在的消费者，生产"太多种类"的产品是一种"浪费"，在"一系列报纸刊登大量建议……'你有无线电设备吗？没有，那就买一台吧……'，'你的无线电设备用了两年了吗？那就买台新的吧，新的对你来说更好'"。[9]他认为，通过减少"为了一个相同目的而生产的不必要的各种物品或商品",标准化将有助于解决目前的生产过剩和产能过剩(即低需求)问题。[10]然而,减少商品种类或限制广告将如何增加就业机会,从而让消费者有足够的钱去买空置的工厂所能生产的所有商品,这一点尚不明确。毕竟,在英国和美国,采取的是约翰·梅纳德·凯恩斯和富兰克林·德拉诺·罗斯福刺激经济的政策——通过增加政府支出和大规模就业需求来结束大萧条,而不是靠胡佛或勒·迈斯特提出的简化要求。

但是,在有些国家中,简化、合理化和标准化与政府的大规模支出和充分就业政策相辅相成。例如,在瑞典,大萧条只会增加公众对标准化的支持,因为联合会、实业家和政府接受了一项更广泛的合理化计划,作为协作努力的一部分,以扭转经济滑坡的局面,并阻止技术熟练的瑞典工人移民美国。[11]瑞典标准协会的工作速度甚至比20世纪20年代更快,从1930年到1937年,这个国家的标准年发布量增加了一倍多,到1939年则增加了两倍。[12]最后,在第二次世界大战爆发时,它制定国家标准的速度比美国标准协会为更大的美国经济体制定标准的速度还要快。[13]

尽管如此,在通过政府支出积极维持充分就业之外,目前还不清楚瑞典(或德国,或意大利)对标准化的深入接纳独立产生了什么样的影响。1940年,深思熟虑后的保罗·阿格纽指出,标准制定工作者就他们的实践对经济增长的影响所提出的一些宏大论点并不是一时兴起,而是一个长期的过程:

自 19 世纪后半叶以来，标准化一直是工业化国家人口实际收入大幅增加的一个重要因素，这不足为奇。这是因为标准是所有大规模生产方式的基础，它们促进了大规模生产和分配所需的整合过程。[14]

在 21 世纪回顾这一时期的经济史学家会同意这一观点。整个工业化世界普通人民物质生活的巨大进步是伴随着住房（特别是与电力、自来水、污水和通信网络的连接）、交通、食物的供应和保存的改善而来的，这些改变始于第一次世界大战前的几十年，并在 20 世纪 20 年代以及此后继续扩大。民间标准，包括最早经由民间自愿过程创建的标准，是这个故事的重要组成部分。[15] 但是，标准化并不是结束 20 世纪 30 年代经济崩溃的关键因素。

支付费用

即使标准化是关键因素，大多数国家标准化机构也无法提供标准制定服务。在大萧条期间，一些主要的国家标准化机构难以维系一个可持续的商业模式。回想一下，在 20 世纪 20 年代末，美国诸多大企业通过创建一个"承诺支付基金"拯救了美国标准协会（ASA），该基金覆盖了 ASA1928 年四分之一的支出以及 1929 年几乎全部的支出。1932 年，它所能提供的资金下降到原先的 30%。然后停止了资助。[16]ASA 在接下来的两年中面临着常规收入来源（会员会费和标准销售）出现巨额赤字的局面，在 1935—1940 年收支勉强能够平衡，不得不勒紧裤腰带过日子。[17]

与此同时，美国政府对标准化运动给予的支持也在减少。例如，1933年，美国标准协会（ASA）不得不负责出版全国运动活动中综合全面的期刊《商业标准月刊》，这本杂志由赫伯特·胡佛领导的商务部在20世纪20年代初开始发行。它与ASA的《简报》（*Bulletin*）合并，成为《工业标准化和商业标准月刊》（*Industrial Standardization and Commercial Standards Monthly*），由ASA"与国家标准局合作"出版，尽管工作人员、办公室和大部分财政由资金紧张的ASA提供。[18]

法国标准化协会（AFNOR）在20世纪30年代也经历了类似的财政危机。1934年，为了建立一个民族团结的政府，作为交易的一部分，法国极右翼政党要求政府结束对AFNOR的补贴，而这种补贴在经济危机后起到了稳定的作用。法国机构不得不大量动用储备金，直到1938年，新的激进社会主义政府恢复并增加了政府补贴，成立了一个跨部门委员会以鼓励合理化和标准化，并授权一个国家标志，以表明符合AFNOR标准。[19]

新的经济形势也给英国的相关国家机构带来了压力。1931年的机构重组给了它一个新的名字：英国标准协会（BSI），以及一个新的结构。在这个结构中，贡献贸易协会，而不是自愿咨询工程师，越来越多地主导了它的议题设置及其技术委员会的工作。新的重要贸易协会以及一些铁路公司能够向BSI支付大笔费用，这有助于在整个经济危机期间维持该组织的运行，但这是要付出代价的。[20] 在标准制定委员会内，随着参与者试图就服务其各自商业利益的目标达成共识，工程师们所关心的"可能实现的最佳技术规范"逐渐被权衡掉了。此外，当政府的科学和工业研究部在场时，委员会中"贸易协会代表的保守性"会因"政府工作人员的存在产生反作用"，从而很难保证所制定标准能够服务于普遍利益。[21] 在 1943 年出版的一本关于那个时代的书中，罗伯特·布雷迪提醒读者，在英国，"贸易协会"和"卡特尔"指的是同一件事；20 世纪 30 年代，英国有一个互相勾结的"卡特尔控制的封建体系"，在这一体系中，政府为大企业服务。[22]

贸易竞争与轴心国的崛起

英国标准协会的重组和卡特尔势力的不断增强，导致出现了英国历史学家罗伯特·麦克威廉所说的"帝国幻觉"：一方面，英国的工业产品在其"白人领地"（澳大利亚、新西兰和加拿大）以及或许在经济上依赖英国的阿根廷拥有足够的市场；另一方面，一个统一的帝国标准共同体可以保护该市场免受来自德国或美国的竞争。[23] 尽管在 1929 年华尔街经济崩盘之前，国际社会就因使用标准来获得国际商业利益而产生了紧张关系（回想一下 1925 年赫尔米奇对"经济门罗主义"事件的愤怒），在美国国会通过 1930 年的《斯穆特—霍利关税法》作为随之而来的报复以及世界贸易的螺旋式下降之后，这一问题变得更加重要。[24]

20 世纪 30 年代，当勒·迈斯特访问大英帝国的其他地区时，他的言语听起来越来越不像 20 世纪 20 年代初他第一次帮助加拿大和澳大利亚推进标准化运动时的国际标准化倡导者了。"帝国贸易需要统一的标准"是他在公开演讲中的一个代表性标题。他在 1932 年 4 月向多伦多听众解释，"英国的出口贸易是（英国商人）目前最关心的问题"，他们意识到，要维持他们的市场，就必须满足海外客户的需求。因此，"正如我们的英国标准协会（BSI）所代表的那样，英国一点也不希望将英国标准强加给自治领地"。事实上，他声称："我们希望与自治领地的标准化机构合作，以便通过制定联合国家采购规范，为互惠贸易开辟新市场。"[25] 无法确认他的讲话能在多大程度上令听众信服，特别是考虑到加拿大与美国是如此接近。1936 年，勒·迈斯特前往阿根廷，打算在那里建立一个同 BSI 体系一致的美洲办事处，直到 1939 年 3 月，勒·迈斯特在 BSI 的副手珀西·古德（Percy Good）访问了澳大利亚、新西兰和加拿大，以加强帝国内部的合作。[26] 此时，大多数英国实业家已经开始怀疑在一个封闭的帝国内实现强劲工业增长的可行性；"澳大利亚和新西兰没有足够大的市场"，而加拿大为了进入美国巨大的市场，正在采用对方的标准。[27] 此外，撇开所有关于帝国的讨论不谈，工程师们很难抛弃标准化运动的传统国际主义。澳大利亚标准史学家温顿·希金斯（Winton Higgins）用勒·迈斯特 1932 年访问期间提供的菜单举了一个幽默的例子："（符合标准规格的）三明治"和"国际联盟沙拉"，然后是"'简化实践—比利茶'和'回旋镖蛋糕'"。合理化、国际联盟和澳大利亚都在菜单上，但大英帝国却不在。[28]

然而，到了 20 世纪 30 年代末，德国和意大利的经济崛起让许多非轴心国的标准制定者感到了威胁，这种威胁不仅仅是来自传统和萎缩市场的潜在损失。与此同时，德国和意大利工程师以及轴心国政府似乎成为国际标准化的积极拥护者，尽管有一定的条件。例如，1938年6月，在奥地利并入德国三个月后，讲德语的电气工程师说服了他们的国际电工委员会（IEC）同事，允许技术委员会成员说德语。德国国家委员会甚至同意支付将这些评论翻译成英语或法语的费用，这两种语言是IEC发布标准所使用的语言。[29]

德国在国家标准化协会国际联合会（ISA）中日益增长的重要性显而易见。ISA从一开始就发布了所有ISA标准的德语版本，而这些标准的意大利语版本是在1940年（ISA最后一个完整的运营年份）6月到12月发布的。1939年3月，ISA秘书长阿尔弗雷德·胡伯-鲁夫受到意大利墨索里尼的热烈欢迎；1940年，在德国政府征服了6个ISA重要的成员国之后，鲁夫受到了当时纳粹统治下德国标准化研究所的特别表扬。ISA秘书对这些表彰感到自豪，并将其列入发送给战时瑞士领导人的物品中，请求对方支持他为ISA所做的工作以及支持战后重新推动国际标准化运动的计划。[30]

德国标准化研究所（DIN）的瓦尔德马·赫尔米奇走了一条完全不同的道路。1933年，他"在与第三帝国的主人们闹翻后"辞去了公职，在瑞士制药巨头罗氏的德国办事处任职。[31]这项工作需要他从柏林搬到格伦察，格伦察位于德国境内离瑞士巴塞尔市很近的郊外，离国际边境只有几步之遥。罗氏的德国分部位于格伦察，而该公司的国际总部则位于边境对面的巴塞尔。罗氏公司的官方历史记录表明，该公司"帮助了许多来自欧洲的科学家逃往美国,其中大多数是犹太人",这无疑得益于德国分部与位于中立国瑞士的总部距离较近。这并不是说赫尔米奇参与协助了这项工作,但确实赞扬他粉碎了一个 1940 年"第三帝国内部分支机构从母公司分离并独立"的企图。如果其独立了,该公司拯救犹太科学家的能力可能会大大降低。[32]

战争初期的标准化运动

到 1940 年 9 月,国际标准化运动陷入混乱。国家标准化协会国际联合会(ISA)成员国奥地利、比利时、中国、捷克斯洛伐克、丹麦、芬兰、法国、希腊、拉脱维亚、荷兰、挪威、波兰和罗马尼亚不是被占领就是成了参战的战场。英国及其属地(包括 ISA 成员国澳大利亚、加拿大和新西兰)反对德国、日本、意大利和匈牙利。不久,苏联、美国、巴西、墨西哥和乌拉圭也加入了英国的行列。其余的 ISA 成员国阿根廷、西班牙、瑞典和瑞士保持中立,但在整个战争期间以及战争结束后,它们常常会受到反法西斯联盟政府的怀疑。

在许多被占领国家,国家标准化工作仍在继续进行,甚至保持了一定程度的独立性。德国入侵法国期间,法国标准化协会(AFNOR)的工作人员逃离巴黎,在马歇尔·佩坦签署停战协议后才返回。战后政府重申的战时法规和法令巩固了法国国家机构的地位,并建立了一个定期的政府补贴制度。[33] 在维德昆·奎斯林领导下的挪威政府允许国家标准机构理事会——挪威标准化协会继续存在,并无视其对挪威法西斯党支持的拒绝。[34]

相比之下,最初的国际机构在战争期间只是被封存了。1941年3月,美国标准协会(ASA)的保罗·阿格纽向其董事会汇报,国家标准化协会国际联合会(ISA)文件和记录将被保存在中立国瑞士胡伯-鲁夫的手中,在阿格纽看来,胡伯-鲁夫应该为此得到一份报酬。[35] 两周后,胡伯-鲁夫发电报称,"为举办ISA选举工作所做的一切努力都已经暂停"。阿格纽报告说,国际电工委员会(IEC)也同样进入了"冬眠期"。[36]

战时标准化

在国际标准化运动进入停滞期时,战争使英国标准协会(BSI)和美国标准协会(ASA)的生产力赶上了德国标准化研究所(DIN)。为了赢得战争,标准化是关键。英国和美国政府出钱给国家机构,让它们在技术委员会雇用全职的工程师(而不是兼职志愿工作的工程师)。各委员会继续遵循利益相关方平衡和共识的长期规则,但全职参与使其能够更快地在各利益相关方之间达成共识。

在美国,这一变化始于珍珠港事件之前,在1941年3月开始实施的租借法案下,为英国生产武器的工厂制定了一套美国国防紧急标准,用于进行质量控制。[37] 到9月,美国标准协会(ASA)还在为价格管理办公室制定国防标准,限制家用电器尺寸的数量,并对"牛仔布、阔幅布和细棉布"进行标准化。[38] ASA内的许多团体,包括美国电气制造商组织在内，都纷纷担心为政府制定此类标准等于非法限制贸易，但 ASA 的官员在接受下一轮标准制定请求之前，依据从美国司法部长和各辩护机构获得的法律意见转移了争论。当然，政府官员也赞同，为陆军、海军和租借方案制定标准是合法的。[39]1941 年 10 月的《工业标准化》中大部分篇幅都用来发表这些信件，在此之前，保罗·阿格纽发表过一篇说教性的文章:《标准化和简化的法律方面：从非专业工作者角度进行的讨论》。阿格纽（经常重复）的观点是"制定标准是合法的，出于各种目的使用标准也是合法的；但为了某些特定目的使用标准可能是非法的，危险在于各利益相关方可能就非法的标准使用达成了协议"。[40]也就是说，ASA 可以合法地接受几乎所有的政府合同，利用共识过程来制定标准，但如果公司利用其中一些标准进行串通反对竞争，这可能是非法的；但是，这将会是公司的问题，而不是 ASA 的问题。

从 1931 年到 1939 年，美国标准协会（ASA）平均每年制定 46 项标准。1941 年，ASA 制定的标准比上一个年度翻了一番，第二年制定了 119 项标准，这是一个"很高但并没有打破纪录"的总数。其中，一半以上的标准与战争有关：41 项用于"战争生产"，21 项用于"武装部队"，5 项用于"基本民用服务"。[41]1942 年，ASA 标准的销售量是前一年的四倍，其中大部分与战争有关。同年，政府对 ASA 标准化工作的补贴约占协会收入的六分之一；1943 年，政府订单提供了大约一半的资金。ASA 支付的工资金额也大幅增长，这表明协会给应政府要求进行标准制定工作的工程师提供了报酬。[42]

英国政府和英国标准协会（BSI）有着大致相同的过程，在1942年制定了大约400项战时标准。1943年初，勒·迈斯特告诉造船工程师等，在这项工作中，BSI已经成为"一个国家的工具，同时也在很大程度上保持了独立性。它让行业从业人员保持了信心，而这一直是取得任何成功的关键"。他还赞扬了"数千名自愿参加这项全国性工作、造福整个共同体成员所表现出的极佳的合作精神"，这种精神"预示着美好的未来"。[43] 当然，在政府支付志愿工程师报酬，而不是由其公司来支付时，行业的合作可能会更加容易达成。

勒·迈斯特还叙述了战争导致英国标准协会（BSI）进程发生改变的其他方面。例如，他指出，"对其和平时期程序的某种削减，特别是对以前广泛分发拟议规范草案的缩减"，既节省了纸张，又"大大加快了工作效率，同时也丝毫没有破坏潜在的原则"。他特别指出，这并没有牺牲利益相关者之间的平衡："此外，由于达成的决议必须由负责的全体委员会以信件方式确认，因此不存在被少数利益集团支配的风险。"尽管如此，他还是感叹道："我们著名的灰色小册子［当时BSI标准的经典出版形式］，由于当时纸张短缺的紧迫情况和对纸张控制的迫切需要，不得不让位于非常不起眼的黄色。"[44]

在美国标准协会（ASA）中，加快决策的方法大体一致。每个委员会仍然需要包括"主要涉及这项事业的所有群体——制造方、消费方、分销商和该领域的专家"，这些代表是由ASA的"战争委员会"通过"与相关团体协商"选出的。然而，"为了节省时间和减少不必要的动议，他们没有被正式指定为合作团体的代表"。标准草案被分发出去征求大家意见,但没有按照常规程序广泛传播,而且与英国的情况一样,需要在限定的时间内完成。委员会审查收到的评论和批评,根据这些评论和批评意见修改草案,并进行表决,表决结果通常是一致同意的。该标准随后被印在"浅黄色纸张,而非常见的白色纸张"上公布。[45]

美国和英国的"紧急"程序在许多方面与德国从一开始就采用的程序一致,更加注重效率,更加仔细地确定需要参与的具体利益相关方,但"消费方"利益的代表也在发生变化。正如美国机械工程师协会前主席在1951年所回忆的那样:

> 尽管这些标准在战争中是强制性的,但在制定这些标准时,仍然在很大程度上保持了协商一致原则。协议的范围缩小到直接参与方。在磋商会议桌前,私营工业仍是负责任的生产方,政府则因战争同时承担了买方和用户的双重角色。如果执行得当,通过该程序制定出的战争标准不但不会不切实际地偏离当前的产业实践,还可以充分利用美国工业的技术和创新能力。[46]

随着战争的结束,美国标准协会(ASA)考虑将许多变化永久化:取消委员会中一些"边缘"利益相关方的代表,限制每个主要群体的代表人数;利用小组委员会起草标准;对评论施加更加严格的时间限制,这一点"在许多战时工作中非常有效";并要求各委员会制订工作计划,提供时间表和进度报告。ASA标准委员会的一些成员对这些具有革命性的想法表示担忧。例如,"哈特先生……[提到]美国铁路工程协会……他认为一个少于35人或40人的委员会将遭受即刻的批评";毕竟,"如果一个委员会有一位好的主席,那么委员会的规模就无关紧要了"。[47]显然,哈特先生的结论没有得到战争期间更迅速有效制定标准经验的有力支持。

英国标准协会(BSI)和美国标准协会(ASA)在战时规则下标准化的大多数产品和流程与和平时期的产品和流程没有什么区别。当然,偶尔也会有"拘留营和战俘集中营的照明和围墙规范"(珀西·古德在第1页顶部写道,"秘密文件,非公开")。但在1943年,美国列出了六项新的战争应急标准,其中包括"马桶冲水箱""木梯""焊工培训用试验件"。[48]ASA当时列出的战时工作标准清单包括"钢铁建筑规范要求""电表规范""儿童服装尺寸和款式""燃气灶和燃气热水器的许可和安装要求",这些标准一直影响着大多数"二战"结束之后很久才出生的美国人的生活。[49]

明确的军事标准化要求也对国际标准化运动的未来产生了重大影响。由于联盟共享了一些军事装备,特别是因为如此众多的美国人及其至关重要的装备驻扎在英国及在地中海、亚洲和太平洋的边境,因此战时的合作标准化似乎是不可或缺的。不幸的是,正如美国第八航空队的一名机修工告诉拉尔夫·弗兰德斯(Ralph Flanders)参议员的那样,"我们不能从英国借飞机零件。我们甚至不能偷它们。因为它们不合适"。[50]弗兰德斯参议员列举了这场战争中最大的标准灾难:1940年,"比利时军队如果可以使用英国的弹药来填充步枪的话,可能会有更强的武力，战斗时间也可能会更长"。1942年，当英军第一次在亚历山大城外对阵隆美尔的军队时，盟军无线电之间缺乏可互换部件是"英国战败的一个重要原因"。当帕卡德（Packard）接手劳斯莱斯飞机发动机的生产订单时，"我们不得不先花十个月的时间重新绘制2 000幅美国款式蓝图，并将惠特沃斯螺纹形式转换为3 200个美国标准的螺母、螺栓和螺柱"。[51] 在战争接近尾声时，《经济学人》（Economist）报道称："英国和美国螺纹标准的差异使战争成本增加了至少2 500万英镑。"[52] 当然，由于缺乏标准化，美国飞机无法在英国基地修理所造成的非货币成本更是不可估量。标准部件的问题甚至登上了美国战时的海报，如图4.1所示。

随着战争的不断升级，美国标准协会（ASA）、英国标准协会（BSI）和盟国的其他国家标准机构敏锐地意识到了这个问题。1943年12月，BSI的珀西·古德访问了北美，与美国和加拿大的同事一起创建了一个组织，"在参战盟国之间就标准化问题开展'火花塞式'的合作"。[53] 要在1944年5月之前达成一个被称作联合国标准协调委员会（UNSCC）的协议绝非易事。[54] 反对流线型战时标准化方法的ASA成员认为这"违反了ASA的章程"，他们希望UNSCC遵循更长的和平时期共识原则，并希望那些"被ASA接受"的内容能够"按照ASA制定其他美国标准的程序发布"，而不是按照战争标准的程序发布。[55]

虽然联合国标准协调委员会（UNSCC）最终建立了自己的程序，这一程序更接近战时规范，但还有其他障碍需要克服。[56] 核心的美

图 4.1 这张战时海报说明了在第二次世界大战海外作战中使用标准零件（特别是标准螺纹和螺栓）的重要性。现在就飞：国家航空航天博物馆海报收藏，史密森学会。

国—英国—加拿大小组必须扩大，首先就得包括其他英联邦国家（澳大利亚、新西兰和南非）的标准化机构，然后是苏联和拉美联盟成员国（巴西、智利和墨西哥）的，最后，曾被部分占领的国家"获得解放后"（中国、捷克斯洛伐克、丹麦、法国、荷兰、挪威和波兰）加入联合国，其标准化机构也将被纳入。[57] 第一次会议于 1944 年 7 月举行，当时大多数国家尚未解放，拉丁美洲也没有同意。[58] 勒·迈斯特理所当然地被任命为 UNSCC 的秘书，与大西洋彼岸的一位美国联席秘书共同负责伦敦办事处的工作。[59] 与 1926 年不同，没有人会否认

第四章　20 世纪 30 年代至 50 年代：标准化运动的衰落与复兴　　183

勒·迈斯特将因其新的国际工作而负担过重。他于 1944 年 4 月从英国标准协会（BSI）退休，但仍然担任处于"冬眠期"的国际电工委员会（IEC）的秘书。[60]

联合国标准协调委员会（UNSCC）踏上历史舞台太迟，对战争几乎没有产生多大影响，包括《经济学人》在内的批评者担心该组织的真正目的是试图通过对流向新解放的盟国和即将被占领的敌国的所有货物强加所谓的联合国标准，而这些标准实际上是英国和美国的标准，从而为英国和美国赢得战后的贸易优势。[61] 我们将在下一节中谈到，这种担忧是没有根据的。UNSCC 将其运作时间限制为两年，虽然个别国家机构确实为其委员会开展了一些标准化工作，但大多数 UNSCC 会议都致力于构建一个常设国际组织，至少在一开始，该组织将轴心国排除在外，但是也没有规定将战胜国（英国、美国和苏联）相互冲突的标准强加给世界其他国家。[62]

谈判 ISO

从 1945 年 9 月至 1946 年 10 月，经过一系列国际会议的协商，一个常设组织——国际标准化组织（ISO）——最终成立。尽管早在 1944 年 12 月，美国标准协会（ASA）委员会季度会议上就有人提出联合国标准协调委员会（UNSCC）的主要工作可能是建立一个国家标准化协会国际联合会（ISA）的继任者。在这次会议上，保罗·阿格纽介绍了沃尔纳（H. J. Wollner）。沃尔纳是一名化学家，当时负责美国财政部的实验室工作，且刚刚被任命为 UNSCC 的联席秘书兼纽约办事处主任。[63] 阿格纽请沃尔纳报告 UNSCC 的工作，沃尔纳回答："只是在为未来的项目做准备"，并说道，"事实上，该委员会只不过是几个国家标准化机构展示其想法并相互联系的渠道"。对此，来自英国标准协会（BSI）的一位与会者约翰·瑞安（John Ryan）解释说，他之所以来美国，是因为他曾作为英国代表参加在纽约拉伊（Rye）举办的一场会议，这次会议"强烈建议推行国际标准化"。事实上，他认为 UNSCC 有机会在战后这样的工作中发挥作用，并建议"沃尔纳先生可以与目前身在美国的［驻伦敦］国际商会秘书长讨论这一情况"。[64]

瑞安提到的会议是一场来自 52 个国家的 400 名商人的聚会。这次国际商务会议是由国际商会美国分会、全国制造商协会和全国对外贸易委员会召集的。[65] 会议的目的是要成为 1944 年 8 月至 10 月在华盛顿特区敦巴顿橡树园所办会议相类似的私营部门战后规划会议版本，并遵循第一次世界大战结束时同类会议的先例。[66]1919 年，一大批后来建立国际商会的商人聚集在大西洋城，达成了一致协议，无论协议好坏，都在不同程度上影响了两次大战之间的国际经济体系。[67] 1944 年，国际商业会议的主题是制定战略，尽快打破国家和地区之间的经济壁垒。其目标是真正的经济全球化，因此，建立国际标准的必要性被反复提及。[68] 瑞安的干预可能对沃尔纳产生了影响，因为这位 BSI 代表曾是一家主要战时供应商的副主席，并于 1952 年成为

BSI 的主席。[69]

1944 年冬天或 1945 年春天，勒·迈斯特向非成员国家标准机构发出邀请，邀请它们加入联合国标准协调委员会（UNSCC），并参加 1945 年秋季的会议，该会议将创建一个新的国际标准化机构。正如勒·迈斯特所解释的：

> 在目前的情况下，成员国认为 UNSCC 是一个适当的机构，联合国应该通过它来从总体上考虑战后国际标准化问题。考虑到战后的条件，UNSCC 有必要发展一个涵盖所有领域国际标准制定的新国际组织，因此，其认为应根据新的要求重新审视国家标准化协会国际联合会（ISA）、国际电工委员会（IEC）和国际照明委员会（ICI）的地位。[70]

该会议于 1945 年 10 月 8 日至 11 日在纽约举行，约有 30 名男性和一名女性 [英国标准协会（BSI）的哈里森小姐] 出席，澳大利亚、奥地利、巴西、加拿大、中国、丹麦、墨西哥、新西兰、挪威、南非、瑞士、英国和美国的标准机构均派代表出席，最后一天有一名苏联外交观察员出席。勒·迈斯特和美国标准协会（ASA）的保罗·阿格纽是仅有的两位从一开始就参与标准化运动的参会者。[71] 在那之前，从 9 月 23 日到 10 月 6 日，美国、英国和加拿大在渥太华召开了会议议程讨论会，并于 10 月 7 日继续在纽约举行会议。[72]

主会同意向联合国标准协调委员会（UNSCC）成员提议成立一

个国际标准协调协会，该协会将向所有国家开放，并邀请国际电工委员会（IEC）加入该协会。虽然该协会的工作语言和地点有待商榷，但与会者根据最近通过的《联合国宪章》，建议成立一个由11个国家组成的管理机构，其中包括"五大"代表——中国、法国、苏联、英国和美国，"为这个常设组织提供一切可能的力量"，但这一规定只适用于前五年。与会者同意于1946年春末在伦敦举行下一次会议，紧随联合国大会第一届会议（也将在伦敦举行）之后，这一切可能并不是巧合，但其拒绝使用"联合国"标准协会这个名称。会议期间，代表们在无线电城彩虹厅（Rainbow Room）享受了一场招待会，并以"乘船绕曼哈顿岛观光之旅"结束了他们的讨论。[73]

三个长期存在的分歧问题，以及第四个新问题，占据了工程师们登上环线游轮之前四天的大部分时间。新的问题是发展中国家的作用。旧的问题是该组织是否应该制定国际标准（或者应该只是协调制定国际标准），如何适应仍然没有使用公制的国家，以及如何处理胡伯-鲁夫和国家标准化协会国际联合会（ISA）。

美国标准协会（ASA）的哈罗德·奥斯本（Harold S. Osborne）主持了第一天的会议，他立即提出了新问题，指出世界上只有10%的国家拥有国家标准化机构，并询问对其他90%的国家将采取什么措施。奥斯本认为："将成员国数量限制在世界国家总数的10%以内，会使新组织走上错误的道路。"[74] 他提议通过让一个国家的工程师获得国际代表权而单独组成团体来解决这一问题，但被其他代表投票否决了。他们（错误地）认为奥斯本提及的10%的比例显然太低。这一比例"更接近50%",在未来一年内甚至可能达到80%。[75]这一争论与如何定义一个"国家"有关。1945年,大约有20个国家标准机构在运作,新的联合国组织刚成立时有51个成员国,但这些成员国不包括战败国,甚至不包括"二战"结束时的中立国,包括两个殖民地——印度和菲律宾,这两个地方在当时预计是1947年可获得解放。[76]奥斯本的计算是考虑了最终将加入联合国的近200个国家,其中大部分在1945年是工业化程度较低的殖民地。

接下来,奥斯本将会议焦点议题放在该机构是应该"协调"制定国际标准,还是像国家标准化协会国际联合会(ISA)那样实际制定国际标准。取代勒·迈斯特担任英国标准协会(BSI)秘书的珀西·古德坚定地宣称,该组织只应该"协调"制定国际标准,并希望这一理念出现在组织名称里。参会人员没有做出任何决定,但在当天会议结束时,这个话题又回来了,古德对新组织将"建议"称作"推荐规范"的提议进行了抨击,他更倾向于用"报告"一词。毫无疑问,古德认识到,虽然国际电工委员会(IEC)的标准仍被称作"推荐规范",但事实上每个人都将其视为国际标准。美国标准协会(ASA)的保罗·阿格纽说,将这些建议称为"推荐规范"实际上不会引起任何问题。只需明确指出,该组织的每一项推荐规范都是由一个特定的技术委员会提出的,同时该委员会还会报告各种相关国家标准的现状。[77]主席奥斯本对此表示同意并提醒大家,没有任何东西是强制性的,已发布的推荐规范更是明确了这一点。古德对此持反对意见:"该机构不能达成决议,这些[关于使用'推荐规范']的决定必须由国家标准机构下达，并在其做出决定后予以公布。"[78]

奥斯本决定休会吃午餐。两天后，当这个问题再次出现时，那时的主席阿格纽引导参会成员接受了以下观点：在某个成员机构反对的情况下，不得发布任何推荐规范或标准。几个小时后，为了该组织的既定目的，他接受了这一措辞："最大限度地协调和统一国家标准。"[79]想必这几天的走廊对话为这一结果铺平了道路。因此，尽管古德可能没有承认这一点，但新的组织将与国家标准化协会国际联合会（ISA）一样，拥有发布国际共识标准的权力。

第二个长期存在的问题同样使古德感到苦恼：适应没有采用公制的国家。中国代表团建议，新的组织任何时候都应尽可能只采用单一的计量制度，如果是不可能而必须制定两个标准，则要尽可能保持一致。古德反对这一建议，称英国"不会参与任何有关这一问题的讨论"。这是英国标准协会（BSI）认为拟议的组织只应被视作"协调"机构的一个主要原因。来自另一个非国际公制计量大国的阿格纽则持不同意见，并表示中国的提议是解决两种不同制度带来不便的一个好办法。该小组同意将中国的提案提交给联合国标准协调委员会（UNSCC）成员，并在稍后的会议上做出决定。[80]

法国和瑞士提出了第三个引起争议的问题，即如何处理国家标准化协会国际联合会（ISA）。法国代表报告说，许多欧洲人认为美国、英国和法国正在取消旧组织。瑞士则提议 ISA 在联合国标准协调委员会（UNSCC）春季会议之前召开"五分钟"会议，以解散该组织，但一些代表对此表示不确定。如果没有意大利、日本和德国，ISA 有可能召开会议吗？甚至，来自战胜国的工程师们与对方会面是否合法或合乎道德？应该如何处理ISA的档案，有可能由胡伯-鲁夫保管吗？[81] 最终，会议指示UNSCC的"执行委员会同瑞士标准协会一起讨论清算旧ISA事宜"，而瑞士标准协会将作为"ISA事务的官方管理者"。[82]

想在第二年春天举行最后一次会议以建立新组织的计划被证明是乐观了。正如保罗·阿格纽在1946年4月向其美国标准协会（ASA）的同事们所报告的那样，"由于对旧的国际标准协会的情况进行了更深入的研究，因此完全有必要推迟此次会议"。[83] 自1941年以来，胡伯-鲁夫于战争期间在瑞士政府负责产业需求的一个小办公室做全职工作，他的薪酬是三名咨询工程师中最低的。他62岁，健康状况不佳，却仍然无法停止工作，因为他是一名签了临时合同的私人工程师，无权领取瑞士的养老金。阿格纽报告说，瑞士标准协会提出了一项"非正式"建议，即国家标准化协会国际联合会（ISA）的剩余资金将通过"每个ISA成员"出资增加……这样一来，鲁夫为ISA长期忠诚且总体上非常有效的工作即使没有得到足够的补偿，也能得到公平的对待。[84] "ISA成员之间的通信频繁，他们认为1939年ISA理事会仍有能力采取行动。"国际电工委员会（IEC）原计划于7月在巴黎举行战后第一次会议，因此勒·迈斯特适时地在同一时间和地点召开了联合国标准协调委员会（UNSCC）会议，并说服ISA理事会成员也这样做。这是在1946年1月，新的联合国首次在伦敦召开会议六个月之后。在巴黎，UNSCC和ISA会议指示勒·迈斯特会见胡伯-

鲁夫，并征求他对瑞士提案的意见。据说，鲁夫因病得太重而无法出席会议。[85]

在巴黎召开的联合国标准协调委员会（UNSCC）会议是苏联首次全面参与的会议，其主要目的是为10月在伦敦召开的国际标准化组织成立大会做准备。苏联代表就新组织的工作语言提出了问题，坚持要求俄语应该同英语和法语一样，成为该组织的官方语言。将俄语作为官方语言的提议被否决了。法国和美国代表在巴黎会议后立即会见了苏联代表，并做出了妥协，同意俄语成为该组织的官方语言之一，但所有的翻译和出版工作需要由苏联机构自己完成。[86]在国际电工委员会（IEC）会议上，这一问题顺利得到了解决；苏联提议将俄语作为IEC的一种语言，由苏联承担翻译费用，这一提议立即得到了其他成员国的认可和赞同。[87]在这两种情况下，标准制定者为了让苏联留在标准化共同体中，都寻找到了一种策略性的办法来解决问题，尽管世界紧张局势不断升级，很快就演变成了冷战。在同一次巴黎会议上，瑞士代表提出了另一个在未来十年将成为令人不安的政治问题：IEC中所有之前的中立国是否都可以成为新的国际组织的成员，如果不可以，它们是否必须退出IEC？瑞士特别关注葡萄牙和阿根廷。珀西·古德向其保证，这两个组织向所有国家开放。[88]

10月的伦敦会议包括中立国瑞典和瑞士。阿根廷受到邀请，但选择不参加。奥地利、芬兰和意大利的国家机构也参加了会议，它们的前政府曾支持纳粹。还有两个"观察员"，即南斯拉夫和巴勒斯坦委任统治当局国家标准机构。在主会议开始前的会议指导委员会会议上，勒·迈斯特报告了他与胡伯-鲁夫之间不尽如人意的会晤，胡伯-鲁夫坚持认为，1939 年国家标准化协会国际联合会（ISA）理事会成员的任期已经届满，因此他们无权采取任何行动；所以，他声称他仍然是 ISA 的秘书长，应该被任命为新组织的负责人。胡伯-鲁夫在获得 ISA 的工作时表现出的过度坚持再次证明了他试图保住这份工作，但这一次他的纳粹组织以及他的固执似乎阻碍了他的成功。委员会的结论是，既不正式答复胡伯-鲁夫，也不按照他的要求邀请他参加主会议。尽管如此，他们还是请勒·迈斯特"以个人身份与他沟通"，然后"建议大会通过一项决议，要求 ISA 成员机构声明其同意解除与 ISA 的联系，并加入新的组织"。[89]在一次单方会议上，ISA 的 14 个与会成员机构一致投票决定 ISA "自 1942 年 4 月起解散"。[90]

主会持续了近两周，过程很顺利。代表们花了"一整天的时间游览"汉普顿宫和温莎城堡。他们参观了国家物理实验室和英国广播公司（BBC）新的电视演播室。印度代表团在印度之家举行了招待会，英国标准协会（BSI）"在伦敦市文特厅"举办了一场闭幕音乐会，"精选了令人感到愉快的古老情歌、二重唱和民歌"。[91]保罗·阿格纽向美国标准协会（ASA）报告说，主要争议很快就解决了："新组织最终选定的名称是国际标准化组织（ISO）。"他解释道："英语国家本希望名称有所不同，但翻译成法语的话有些复杂，这也表明用不同语言表达的困难性。"[92]俄语也被接受为正式官方语言，与国际电工委员会（IEC）达成的协议一样，苏联将承担一切费用。代表们必须参与一系列投票表决该组织的总部地点，最终日内瓦以 12 票比 11 票的微弱优势战胜了蒙特利尔。国家标准化协会国际联合会（ISA）的问题是复杂的。阿格纽后来向ASA的陈述与会议的官方报告有所不同，他说"胡伯-鲁夫身体非常不好，无法出席会议"，并指出ISA成员"一致同意将可获得的适度资金用作前任秘书的养老金"。此外，ISA的一些成员，包括ASA本身，"同意通过增加养老金来补充这笔赠款，以感谢胡伯-鲁夫多年以来的忠诚和积极贡献"。[93] 1946年12月，勒·迈斯特可能在家中会见了胡伯-鲁夫，但没有证据表明这位工程师因其在ISA的工作而获得过养老金。[94]

与此同时，新的ISO将引领"二战"之后标准化运动的复兴，掀起了以在国际层面进行标准制定为重点的第二次浪潮。

将标准化带到更大的世界

1947年，勒·迈斯特和国际电工委员会（IEC）从伦敦迁至日内瓦，在那里，历史悠久的国际电工委员会（IEC）与新成立的国际标准化组织（ISO）共用一间小的私人住宅。勒·迈斯特保留了他的IEC头衔，但IEC执行委员会"指示［他］在需要时将支持ISO"作为他的"主要工作"。[95] ISO的第一任秘书长亨利·圣莱杰（Henry St. Leger）是"一位与法国关系密切且精通英语和法语的美国人"，当时他也在纽伦堡的战争罪法庭任职，未能获得勒·迈斯特的帮助。[96] 圣莱杰专注于和总部设在日内瓦的许多联合国组织建立关系，日内瓦曾经是国际联盟的所在地,并与纽约共同作为新的联合国的总部城市。圣莱杰在职期间,ISO 制定的标准很少(从 1946 年到 1960 年只有大约 100 个);其采取了极为谨慎的做法,即每项"推荐规范"都只是确认一项现有的国家标准,并建议扩展到其他国家实施。[97]虽然勒·迈斯特的英国标准协会(BSI)拥护者珀西·古德提倡这种做法,但这与勒·迈斯特管理 IEC 的方式相去甚远。此外,在与联合国合作以及处理关于如何重新整合战败国标准制定者,以及如何将标准化运动扩大到前殖民地和其他工业化程度较低国家等棘手问题时,圣莱杰运用了自己成熟的手腕和管理技能,认为自己不需要勒·迈斯特的帮助。

国际电工委员会(IEC)和国际标准化组织(ISO)等国际标准化机构相对较快地恢复了与中立国的正常关系,通常是在它们被联合国接纳的前几年。轴心国的标准机构也是如此。相比之下,从 1947 年到 1960 年,大多数发展中国家在成为联合国成员数年后才加入 ISO,因为 ISO 要求它们必须有一个国家标准化机构才能加入,而这是大多数国家在联合国技术援助的支持下获得的(表 4.1)。

被怀疑的中立国(苏联、英国或法国所认为的那些与纳粹关系密切的国家)的地位变得复杂起来,部分原因是国际电工委员会(IEC)、国际标准化组织(ISO)和联合国之间迅速发展的密切联系。1947 年,在圣莱杰的领导下,ISO 成为自 1946 年以来大约 200 个国际民间非政府组织中第四个获得联合国系统"一般咨询协商地位"的组织;在此之前,只有国际商会、国际合作联盟和世界工会联合会

表 4.1 接纳中立国、战败国和发展中国家的年份

	加入 ISO	加入联合国
阿根廷	1960	1945
巴西	1947	1945
保加利亚	1955	1955
缅甸	1957	1948
智利	1947	1945
哥伦比亚	1960	1945
埃及	1957	1945
德意志民主共和国	1955	1973
德意志联邦共和国	1951	1973
匈牙利	1947	1955
印度尼西亚	1954	1950
伊朗	1959	1945
爱尔兰	1951	1955
以色列	1947*	1949
意大利	1947	1955
日本	1952	1956
巴基斯坦	1951	1947
葡萄牙	1949	1955
罗马尼亚	1950	1955
西班牙	1951	1955
瑞典	1947	1945
土耳其	1956	1945
乌拉圭	1950	1945
委内瑞拉	1959	1945

来源：数据来自卡洛琳·勒·塞尔（Caroline Le Serre），《国际标准化组织（ISO）自成立以来成员资格的历史记录（1947 年）》，访问于 2017 年 7 月 12 日，http://www.iso.org/iso/historical_record_of_iso_membership_1947_to_today.pdf；联合国，《联合国会员国》，新闻稿，2006 年 7 月 3 日，访问于 2017 年 7 月 12 日，http://www.un.org/press/en/2006 /org1469.doc.htm。

* 在一些 ISO 记录中，以色列之所以被认为是创始成员国，可能是因为巴勒斯坦委任统治当局的代表出席了创始会议。

获得此项称号。[98] 与此同时，在 ISO 成立的第一年，IEC 同意加入该联盟。曾带领瑞典标准协会代表团参加 1946 年 ISO 成立大会的希尔丁·特尔内博姆（Hilding Törnebohm）在 ISO 召集了一次关于中立国问题的会议（瑞典标准协会和瑞士标准协会是仅有的两个受邀参加会议的中立国标准机构），他提出了一项战略，即可疑的中立国应继续

与国际标准制定机构进行"事实上的合作",直到将其排除在国际组织之外的"政治压力"消退为止。[99]在三到四年里,这一压力有所缓和,中立国也被允许(重新)进入标准机构;然而,此后又过了五年,所有中立国和大多数轴心国才被联合国接纳为其会员国,又过了将近二十年,直到1973年,德国的两个部分才成为联合国成员。

依据对可疑中立国的政策,西班牙委员会主席于1947年10月致函国际电工委员会(IEC)主席、比利时的埃米尔·乌特博克(Emile Uytborck),提议:"无论推动力大小,如果退出IEC有助于此前友好的委员会在启动新机构国际标准化组织(ISO)的艰巨任务中促进未来良好关系的建立,我们将退出IEC。""在这个不被信任的时刻",他对"IEC代表、ISO秘书处代表和您本人对我的善意表示感谢"。[100]乌特博克接受了执行委员会的辞职,"深表遗憾的是,由于IEC是一个与政治无关的技术和科学组织,因此这一行动是十分必要的"。然后,他重申了标准化运动的信念:"IEC的工作要为全世界带来最大的利益,需要所有国家的电气工程师和科学家们持续友好的合作。"[101]

当特尔内博姆与其他中立国一同工作时,珀西·古德和勒·迈斯特则致力于把德国带回标准化组织。1947年3月,古德写信给德国控制委员会(占领政府)英国分部的一位同事,说自己于1946年访问了柏林的德国标准化研究所(DIN)总部,并计划由另一位资深的英国标准协会(BSI)同事库克(J. O. Cooke)进行后续访问。同时,古德写信给他的德国同事,向他表示歉意:"很抱歉我没有在早些时候回复您于去年9月16日的来信,但我们必须获得政府的批准才能重新开启正式关系。"[102] 与此同时，古德在控制委员会的同事卢因（E. G. Lewin）写信给库克说，尽管苏联声称希望 DIN 能够开始有效运作，但"其行动的全部实质都是控制，显然是为了从各个方面阻碍和限制我们的工作"。他相信苏联在各个方面都得到了法国的支持，"在迄今为止的讨论过程中，我们一直在努力消除阻碍 DIN 能够运转的一个又一个限制"。[103] 英国标准制定者的努力成功了（也许是通过说服美国人，这是四个占领国中卢因唯一一个没有提及的国家），在 1947 年 3 月，德国标准机构能够"在[一个]切实可行的基础上重新建立自己的组织，并以基本正常的方式运作"，除非涉及与国际标准机构的合作。[104]

瓦尔德马·赫尔米奇在战争期间并不是明显的纳粹支持者，但他于 1947 年 5 月在德国各地成功地发起了一场对工程行业的"搜索式复审"（searching reexamination），并持续了多年。这促使德国工程师协会（VDI）在 1950 年采用了一个"工程师信条"，即

> 强调"尊重知识之外的价值观"和"在全能的造物主面前保持谦逊"；"献身于为人类服务"的荣誉、正义和公正；"尊重人的生命尊严"，不论其出身、阶级或意识形态；拒绝"为人类伦理和文化忠诚工作"中的技术滥用；为"技术的合理发展"而进行学院合作；最后，将"职业荣誉置于经济利益之上"。[105]

在他被广泛讨论的 1947 年演讲及随后发表的文章中，赫尔米奇

将"纳粹时期德国工程师的行为解释为是浮士德式的",德国工程师将自己的灵魂出卖给了魔鬼。[106] 一位学者将这一努力成果和由此产生的信条描述为:"在与第三帝国勾结的惩戒下,有思想的工程师努力寻求更广泛的自我概念,将技术专长与社会责任结合起来。"[107] 在采用了新的信条和镇压了纳粹法令及其附属机构之后,德国工程师协会(赫尔米奇的孩子们)重新出现,至少在德意志联邦共和国是这样的。[108]

1951年,德意志联邦共和国成功申请加入国际标准化组织(ISO),并重新加入国际电工委员会(IEC)。IEC 的文件中包括了投票记录;其中投反对票的有捷克斯洛伐克、匈牙利、以色列和苏联。[109] 自"二战"结束后一直致力于重新接纳德国的勒·迈斯特要求新加入的德国代表"尽快提议一个德国城镇,好在那里举行 IEC 年会"。勒·迈斯特去世三年后(1956年),IEC 会议在慕尼黑举行。[110]

重新将德国纳入这两个国际标准机构是勒·迈斯特自1901年以来为标准化运动所做的最后一项工作。勒·迈斯特于1953年7月在萨里郡的家中利亚门楼(Lea Gate House)悄然离世,这是他希望退休的地方。这座建筑是一个相对较小的现代主义杰作;它修建于1939年,远离公路,带有标准的金属制品窗框和阳台,看起来像维多利亚时代的实心砖乡村房屋,这个地方非常适合他。[111] 在1958年斯德哥尔摩召开的国际电工委员会(IEC)会议上,德国的理查德·维耶格(Richard Vieweg)称赞勒·迈斯特有"国际合作的远见卓识","怀着最诚挚的愿望,以及耐心和信念所产生的力量去实现目标,这

图 4.2 国际电工委员会（IEC）的查尔斯·勒·迈斯特的官方图像展现了其晚年的形象。当时他专注于重新团结"二战"前的国际标准化运动组织，并防止新的冷战时代的裂痕出现。IEC 照片文件，由 IEC 提供。

是查尔斯·勒·迈斯特为我们树立的永恒榜样"。[112] 他的最后一幅国际电工委员会（IEC）肖像如图 4.2 所示。

在一件事上，国际电工委员会（IEC）比国际标准化组织（ISO）和联合国都领先十多年；电工技术专家们在 1957 年就承认了中华人民共和国，而联合国要到 1971 年才恢复中华人民共和国的合法会员国席位，到 1977 年，ISO 才恢复中华人民共和国的成员身份。英国的国际电工委员会代表团的一位成员向勒·迈斯特的 IEC 继任者路易斯·鲁佩特（Louis Ruppert）解释了投赞成票的原因。他在投票前询问了"外交部邓肯先生"的意见，但发现"让邓肯先生发表意见是有些为难的。他解释道，由于 IEC 是一个非政府组织，因此外交部不应发表任何意见"。在声明中，他说："他确信我们要记住一个事

第四章 20 世纪 30 年代至 50 年代：标准化运动的衰落与复兴

实，即在政治领域，每当中国加入的时候，美国就会退出。"但英国的 IEC 代表对此做出了回应："尽管美国国家委员会投票反对接纳中国，但如果中国以多数票获得认可，前者是否还会继续'退出'值得怀疑。"[113] 事实上，美国并没有退出，只有比利时、加拿大、法国和土耳其追随美国的投票对中国的加入投了反对票。[114]

接纳大多数发展中国家加入国际电工委员会（IEC）和国际标准化组织（ISO）的争议都较小，但这是标准制定机构与联合国之间发展的复杂关系的一部分。回想一下，ISO 和 IEC 最终落户日内瓦的一个原因是，它是联合国的总部城市之一，这一点在最初考虑时可能更为重要。在早些时候，纽约只是一个清谈俱乐部（talking shop），是联合国大会和安理会的所在地，但日内瓦是联合国系统中与产业经济有关的大多数机构的所在地：关税及贸易总协定（GATT）、联合国欧洲经济委员会（战后重建的中心机制）、世界卫生组织（WHO）、国际劳工组织（ILO）等。日内瓦靠近巴黎，那里有联合国教育、科学及文化组织（简称联合国教科文组织，UNESCO），以及靠近罗马，那里有联合国粮食及农业组织（FAO）。

从 1947 年到 1951 年，国际标准化组织（ISO）和联合国机构都试图在整个国际标准化领域保持领导地位。圣莱杰提出了一项计划，使 ISO 成为联合国内所有标准化工作的协调者，因为

> ISO 的成员机构是公认的国家标准化组织……在国家层面，这些组织在某些情况下是国家政府的部委或办事机构；在其他一

些情况下,它们是私人民间机构,但和政府一起参与标准化活动。许多组织从其政府那里获得财政支持,其他的则完全是由政府提供支持。因此,本组织在其活动领域中处于准官方地位。[115]

圣莱杰为国际标准化组织(ISO)精心制订的计划,以及他试图将 ISO 描绘成不那么民间化、更为政府间组织的形象,最终都没有带来任何成效。

从联合国机构的角度而言,1951 年,联合国教科文组织(UNESCO)请求将国际标准化组织(ISO)、国际电工委员会(IEC)、国际计量局和另外两个协会合并到联合国教科文组织之下,提议成立一个新的组织,名为"国际技术协会联盟"(Union of International Technical Associations)。ISO、IEC 和国际计量局拒绝了联合国教科文组织的邀请。[116]联合国机构继续进行着各种"技术"标准化活动,而 ISO 的圣莱杰认为 ISO 应该为此起到协调作用,包括"统计的标准化"、劳动与健康的"安全规范"和"计量服务的标准化",联合国欧洲经济委员会开始(并继续)完成大量与战后重建所需道路、汽车和其他交通基础设施相关的行业标准化工作。[117]

尽管在国际标准化所有权问题上存在这种紧张关系,但在 20 世纪 50 年代联合国开始向发展中国家提供技术援助时,国际标准化组织(ISO)及其成员和联合国机构之间开展了大量合作。包括从工业化国家派出专家,帮助发展中国家政府设计新政策、创建新组织,并确定财政上可持续的大型工业项目,如电力大坝。20 世纪 50 年代,联合国为技术援助提供大量资金中的一半多来自美国，其余来自苏联和其他工业化国家政府。所有联合国机构在提供专家方面都有官僚主义的利益，因为它们每向外地派遣七名人员，就能获得一个总部职位的经费。到20世纪60年代初，整个联合国系统的绝大多数工作人员和预算（甚至包括世界气象组织和国际民用航空组织等"技术"机构）都致力于帮助发展中世界。20世纪50年代，联合国技术援助主要集中在支持创建和维持产业经济所需要的机构：电力系统、工程学校（包括印度技术学院和土耳其的中东技术大学）和国家标准制定机构。[118]

奥勒·斯图伦是继圣莱杰之后担任国际标准化组织（ISO）秘书长的瑞典工程师，作为从瑞典标准协会（SIS）借调的联合国专家，他首次参与了国际标准的制定。在20世纪50年代初的"三个好年头"里，他为土耳其建立自己的国家标准机构提供了建议。他后来写道，正是在土耳其，"我对国际主义产生了兴趣"。他原本计划留在联合国，就标准化问题向其他国家提供建议，但SIS邀请他回到斯德哥尔摩担任该组织的负责人。彼时，瑞典刚刚成为ISO理事会成员国，而他的工作则是能"以一种非常好的方式将标准化和国际主义结合起来"，他通过在ISO理事会和后来担任其秘书长一职在全世界推广标准化，他做到了这一点。[119]

在1961年国际电工委员会（IEC）年会的主旨演讲中，印度的穆罕默德·哈雅特（Mohammed Hayath）解释了为什么对每个发展中国家来说，能够制定自己的国家标准至关重要，以及为什么制定全球标准在未来变得越来越重要。发展中国家本来就面临着调和不同国家标准的问题，这些标准来自它们需要从已经实现工业化的国家获得的不同标准的设备。发展中国家不仅要应对各国援助所采用的不同标准，而且在购买设备时，这些标准的差异性会进一步加剧其所面临的挑战，因为"亚洲和非洲国家刚开始在全球竞争性投标的基础上从许多国家获得设备，而不是像过去那样从受限制的贸易区获得设备"。[120]例如，他指出，发展中国家通常从日本采购涡轮机，从英国采购发电机，因此需要使用公制和英制的供应商之间相互兼容的国家标准。此外，大部分发展中国家处于热带地区，因此其设备的容许公差范围与处于温带地区的发达国家不同。[121]

在下一章中，我们将讲述发展中世界对控制自身标准制定和对迈向国际标准，以及像斯图伦这样的工程师所拥抱的国际主义的担忧，我们还会谈到一些行业进入全球市场的压力，这些问题叠加在一起，使国际标准化组织（ISO）和许多国家标准化机构将注意力集中在创造更大市场领域的问题上。第二次标准化创新浪潮主要包括扩大 ISO 的工作范围并在发展中国家建立新的国家组织，尽管区域标准化机构也可能会出现。

第五章

20世纪60年代至80年代：
全球市场标准

国际标准化组织的成立开启了自愿性标准制定制度创新的第二次浪潮。从20世纪60年代至80年代，标准化运动所建立的标准制定共同体和组织网络，将重点从为工业产品的生产者和使用者制定国家标准，转移到制定能广泛促进商业发展的国际标准，并将其纳入官方法规。在本章中，我们将着眼于两个重要的国际标准制定案例：一个是集装箱，它的全球标准化得到了有效建立；另一个是彩色电视机，它的标准制定工作失败了。第一个案例展示了民间国际标准制定如何发挥其最佳作用；第二个案例是民间和政府间标准化的复杂组合，呈现了国际标准化的一些潜在失败模式。在这些案例之前和之后，我们讨论了这一时期的制度建设。

本章首先介绍瑞典工程师奥勒·斯图伦的工作，他是一位标准化企业家，在第二次浪潮中所起的作用至少与查尔斯·勒·迈斯特或瓦尔德马·赫尔米奇在第一次浪潮中所起的作用相同，特别是在将标准化活动转向国际范围方面。本章最后一节讨论了深刻改变民间标准制定机构与国家政府之间关系的创新,包括《关税及贸易总协定标准守则》以及在欧洲、美国和世界其他大部分地区公共监管与自愿标准制定之间所建立起来的正式联系。

奥勒·斯图伦:标准化企业家

奥勒·斯图伦是迄今为止任职时间最长的国际标准化组织(ISO)秘书长,1919年出生于瑞典,后来以一种闲适的和他自称是"波希米亚式"的方式在1945年获得了土木工程学位。他是一名狂热而有成就的网球运动员,在担任瑞典草地网球协会秘书的同时,也在政府部门任职,参与建设繁荣战后房地产事业。1947年,斯图伦开始寻找一份能让他有时间将一个当地的网球锦标赛变成瑞典网球公开赛的工程方面的工作。正如他在职业生涯后期与ISO理事会的一次谈话中所解释的那样,他在与瑞典标准协会(SIS)有联系的建筑行业标准化组织中找到了自己想要的:"这就是我成为标准化工作者的原因。我对它一无所知。我几乎无法用瑞典语拼写它,我加入了它,因为它是唯一一家接受我的工作条件的雇主。"他很快就学会了标准化:"我从建筑部门开始,我将建筑模块标准化。模块化协调是一件非常新的事情。"[1]他开始对厨房设备和厨房设计进行标准化,这一兴趣贯穿了他的一生,偶尔会让他的妻子诺尔感到沮丧(我们在第三章中提

到过她,她在思考为什么标准化工作者这么好),因为每当他们搬进新房子或公寓时,奥勒都会主动重新设计厨房。²

斯图伦在瑞典标准协会(SIS)中迅速成长,继续保持从事多份工作的习惯,并对国际标准制定越来越感兴趣。1950 年,他在马歇尔计划的资助下访问了美国标准协会(ASA)。³ 从 1953 年到 1956 年,他往返于土耳其,为建立土耳其国家标准机构提供技术援助,甚至还临时担任联合国驻安卡拉办事处的负责人。⁴ 1955 年,斯图伦担任在斯德哥尔摩举办的国际标准化组织(ISO)第四届大会的当地组织者和秘书长。这次大会比以往的规模要大得多,共有来自 37 个国家标准机构的 529 名代表,加上 120 名随行家属参加了此次会议。斯图伦旨在使会议公开、难忘和有趣。他发布了每日会议八卦简报,外加两期详细介绍与会者在该市游览情况的报告,他还说服当地媒体对整个会议活动进行了轻松愉快的(用今天的眼光看可能带有性别歧视意味)报道。例如,《瑞典晚报》(*Aftonbladet*)刊登了 SIS 一位年长政治家的照片,他正在黑板上为一位漂亮的年轻女性画一幅细致入微的螺纹图。照片配文是:"希尔丁·特尔内博姆向苏联译者展示螺纹的样子。"⁵

得益于国际标准化组织(ISO)会议的成功,斯图伦于 1957 年成为瑞典标准协会(SIS)的主任。第二年,他彻底重组了国家标准机构,并在斯德哥尔摩主办了另一次规模更大的国际会议。国际电工委员会(IEC)大会吸引了 1 232 名参与者。同样,这次也有《简报》、令人愉悦的活动(在查尔斯·勒·迈斯特演讲之前,野草莓就被端上来了,这是勒·迈斯特的最爱),以及有色笑话,这次说的是一位英国同事用胸罩尺寸来解释标准化。[6]

斯图伦在 1960 年至 1961 年间所参与的三次更为严肃的活动，让人们对他作为瑞典标准协会（SIS）负责人所做的事情有了清晰的认识。人们也期待作为国际标准化组织（ISO）秘书长的他，在利用标准创造广阔的国际市场方面发挥作用。他率领瑞典代表团出席了 ISO 集装箱标准技术委员会第一次会议；他访问了新成立的尼日利亚国家标准机构，该机构是在这个非洲人口最多的国家独立后不久成立的；同时，作为 ISO 理事会成员，他在日内瓦发起了 ISO 关于计算机标准的圆桌会议。[7] 曾帮助定义 ASCII（美国信息交换标准代码）字符集（计算机与书写字母表之间的连接）的软件先驱鲍勃·贝莫（Bob Bemer），在 2004 年去世前不久提到，这次 ISO 圆桌会议是使互联网和万维网成为可能的 18 项活动之一，"没有这个，就没有那个"（a without this, no that）。贝莫写道："斯图伦的目标是确保计算机标准在无法撤销的情况下被采用之后，全世界在计算机标准方面可能遇到的任何困难都能得到解决。"他声称，斯图伦举行的圆桌会议"促成了 ISO 计算机和信息处理标准第 97 技术委员会（TC97）的成立，以及他本人多年来担任 ISO 秘书长的职位"。[8] 具有讽刺意味的是，斯图伦个人对信息技术并不特别感冒。从 ISO 退休之后，他搜集了大量按时间顺序排列的材料，以便在写他自己的回忆录时使用；据他儿子说，他最终没有写，因为"他不习惯使用电脑"。[9]

事实上，斯图伦几乎没有保存关于单个技术的文档；他的回忆录的重点是他在建立国际标准化组织（ISO）方面所起的作用。从

1958年到1961年,他专注于协商成立欧洲标准化委员会(European Committee for Standardization,缩写 CEN),这是他与英国标准协会(BSI)总干事罗伊·宾尼(Roy Binney)和德国标准化研究所(DIN)总经理阿图尔·青岑(Arthur Zinzen)共同承担的一个项目。创建欧洲标准化委员会(CEN)是为了统一欧洲经济共同体(European Economic Community,缩写 EEC)最初成员的标准制定活动,这些成员包括"内部六国"(法国、德国、意大利、比利时、荷兰和卢森堡)以及组成欧洲自由贸易协会(European Free Trade Association)的"外部七国"(奥地利、丹麦、挪威、葡萄牙、瑞典、瑞士和英国)。斯图伦在1958年5月的瑞典标准协会(SIS)报告中解释了成立 CEN 的目的:"如果说一个自由的欧洲市场有什么意义的话,那就是更多的竞争。这意味着要面向全欧洲的竞争来开放国家市场,允许欧洲消费者从欧洲大陆效率最高的生产商那里购买产品。"他将国家标准视为欧洲自由贸易的障碍:"如果要求按照与其他国家相应标准有很大差异的国家标准交货,那么自由竞争可能会被压制,国内生产商则会受到青睐。"这就是为什么欧洲需要"具有区域性特征的国际标准"。此外,他还认为,与自给自足程度更高的东欧或美国地区不同,西欧有兴趣确保这些标准是真正全球化的,"有兴趣促进世界范围的标准化,将其作为自身标准的框架"。[10] 不久之后,同一份报告以斯图伦、青岑、宾尼和(意大利国家标准机构的)贝内代托·库西马诺(Benedetto Cusimano)的名义出现在国际科学管理委员会一次以消费者为导向的会议上,可能是为了推动 CEN 的成立。[11]

欧洲经济共同体（EEC）和欧洲自由贸易协会成员国的国家标准机构于 1961 年创建了欧洲标准化委员会（CEN）（斯图伦在 1967 年至 1968 年担任该委员会主席），但这只是斯图伦及其合著者所概述问题的部分解决方案。促进世界标准符合西欧的利益，但这是国际标准化组织（ISO）的工作。然而，在美国外交官亨利·圣莱杰的领导下，国际标准化组织（ISO）并没有这样做。不幸的是，正如第一批加入 ISO 秘书处的一位成员所言，"秘书长的个性使组织不可能有什么发展"。[12] 在 20 世纪 50 年代，圣莱杰对工作进展缓慢的 ISO 感到很满意，每年大约制定 10 个新标准，但如同斯图伦经常指出的，实际工作是需要建立和维护大约 1 万个标准，斯图伦认为一个想要正常运转的工业化国家，需要 2 万个标准，其中一半还必须是国际标准。[13]

1964 年，英国标准协会（BSI）的罗伊·宾尼开始他 5 年的国际标准化组织（ISO）副主席任期，分管负责组织议程的委员会；这个时候，事态到了紧要的地步。在 1964 年 11 月的大会上，荷兰国家机构提交了一份一整页的声明，要求秘书处设法（1）制止不同国家标准机构的重复工作；（2）加快 ISO 自身的工作；（3）与政府间组织、消费者团体和行业机构进行更有效的联络，以避免重复劳动，确保 ISO 关注最核心的问题，并更有效地为发展中国家从事标准化工作的人员提供技术援助和培训；（4）更有效地与国际电工委员会（IEC）合作；（5）"在非技术领域传播标准化知识并正确使用标准"。[14]

三个月后，即 1965 年初，圣莱杰开始缓慢执行国际标准化组织（ISO）大会的决定，以回应这一声明。他致函法国、以色列、荷兰、波兰、瑞典和苏联的国家机构负责人,要求他们各自任命一名代表参加"研究荷兰关于 ISO 联络和活动的声明(NEDCO)的委员会"。[15] 斯图伦立即回信说,瑞典的代表"将是奥勒·斯图伦先生"。[16] 在接下来的两个月里,斯图伦被选为 NEDCO 的主席,召开了三次预备会议(在海牙、伦敦和阿姆斯特丹的史基浦机场),说服荷兰人编写一份加长版的"荷兰代表团声明的详细说明",提出了许多此前已确定下来问题的解决方案,并邀请委员会成员出席 1965 年 6 月 2 日和 3 日在斯德哥尔摩举行的 NEDCO 第一次正式会议,同时"在我们家里吃晚餐"。[17] 斯图伦写道,如果他们要完成"今年 7 月 13 日至 16 日在日内瓦举行的 ISO 理事会会议"报告,6 月初的会议是必不可少的。

在 7 月理事会会议之前,荷兰关于 ISO 联络和活动的声明(NEDCO)在日内瓦又召开了两次会议,会上提交了一份基于"荷兰代表团声明的详细说明"的报告。NEDCO 认为,国际标准化组织(ISO)至少需要四个新部门,以遵循国际电工委员会(IEC)专注于电气工程的方式,专注于特定技术。ISO 还应遵循 IEC 更有效的标准制定方法,秘书处应编印更多出版物,同时更加仔细、连贯性地编辑所有文件,开展对外宣传工作,并加强对发展中国家的技术援助。[18]

在初步形成的报告被接受之后,下一个问题是需要哪些额外资源才能使这些建议成为可能。弄明白这一点会让人大吃一惊。斯图伦咨询了日内瓦的少数工作人员,并给罗伊·宾尼写了一封"私人机密信件",报告说秘书处员工"向我提供了一些有关 ISO 运作的信息",他们表示,"以前从未向任何理事会成员提供过这些信息,等等。您是 ISO 副主席，我想把这些信息传递给您"；"因此，我准备在您有空的时候到伦敦去拜访您。"他附上了一份详细的报告，记录了这一小部分工作人员的所有工作，上至圣莱杰，下到"偶尔也会帮忙拍照的清洁工德罗兹夫人"。[19] 在没有记录斯图伦将工作人员信息传达给宾尼的情况下，两人交换了 2 个月的关于 ISO 秘书长的秘密信件。[20] 然后，用 ISO 两位助理秘书长之一罗杰·马雷夏尔（Roger Maréchal）的话来说，"亨利·圣莱杰在 1965 年底放弃了该职位，8 个月来一直没有秘书长"。[21] 马雷夏尔是法国人，他和他的瑞士籍法国同事兰巴尔（W. Rambal）一起管理国际标准化组织（ISO）。他们向当时的 ISO 主席、印度的杰汉吉尔·甘迪爵士（Sir Jehangir Ghandy）坦白，事实上，他们已经习惯于这样做"很多年了"。[22] 1966 年 9 月，ISO 理事会选定曾在坦噶尼喀工作过具有双语能力的英国统计学家查尔斯·夏普斯顿（Charles Sharpston）来接管圣莱杰的工作。[23] 在 8 个月的过渡期中，理事会通过了荷兰关于 ISO 联络和活动的声明（NEDCO）的最终报告；执行该报告需要对日内瓦秘书处进行重大扩充，并对 ISO 开展所有工作的方式进行许多根本性的改变。

夏普斯顿最终并没有领导这一变革。尽管他精通法语，但缺乏斯图伦那种与生俱来的交际能力。1968 年初，兰巴尔向斯图伦和法国标准化协会（AFNOR）的文森特·克莱蒙特（Vincent Clermont）表达了各种不满，宾尼很大度地为此承担了责任，因为他是新秘书长的同胞，也是通往陌生标准化世界道路上的非正式导师。[24] AFNOR 的官方历史报告称，"英国人"很快就被"一致"要求离开。[25] 在 ISO 的官方历史中，罗杰·马雷夏尔这样写道："两年后，夏普斯顿放弃了该职位。然后，奥勒·斯图伦于 1968 年（12 月）来到了这里。真正的发展是从奥勒·斯图伦来了以后才开始的。有了另外一种精神！"[26]

在 1969 年对国际标准化组织（ISO）理事会的演讲中，斯图伦提出了一个激进的议程，将荷兰关于 ISO 联络和活动的声明（NEDCO）的倡议与他在 1958 年对于为什么大多数新标准需要国际化的分析结合起来。他宣称，"我们现在应该开始发布国际标准"，因为政府和消费者都期待并需要这样的标准，而且在一个又一个领域中，业务正变得国际化。本组织需要制定自己的议程，以反映全球经济的需要；"我们必须停止将 ISO 视为响应国家要求的消防队。"需要优先考虑的事项包括"办公设备"和"货运集装箱"，并且"ISO 应立即着手解决关于水污染、空气污染和噪声等级问题"。他认为，ISO 可以很容易地加快其工作速度："我们必须认识到，事实上，ISO 工作组（它的术语是技术委员会）所做的大部分工作，［在］起草文件时几乎就立即［结束］了"，但目前的规则意味着"只有在几年之后，我们才能够发布 ISO 的建议"。[27]

1972 年，斯图伦向美国受众描绘了新的国际标准化组织（ISO）。"有 5 万多名专家正在从事 ISO 的工作。"有 2 000 个新的国际标准正在制定之中，预计在四到五年内，这一数量翻一番。虽然大部分工作都能以通信的方式来完成，但在去年，有 1.8 万名代表参加了技术委员会面对面的会议。[28] 与国家和区域标准机构的工作协调大幅增加。许多国家标准机构计划只认可 ISO 标准，"欧洲标准化委员会（CEN）

将要发布的标准……不管何时采用，也仅仅是对 ISO 标准的支持。然后，位于布鲁塞尔的［欧洲］委员会……打算在代表成员国政府发布的技术法规中有意提及［它们］"。[29] 他指出，通过经济互助理事会，同样的事情正在东欧发生。

斯图伦温和地批评了美国在国际标准化承诺方面落后于欧洲同行。与欧洲国家的标准机构不同，美国的国家标准机构很少主动主办会议，不为 ISO 提供技术委员会秘书处，有时甚至不参加会议，除非会议主题对美国企业具有"直接的商业利益"。[30] 同样，美国尚未采用"参考标准"编写政府法规，这是欧洲的新做法（如上所述），官方监管机构"没有制定自己的规范，也没有开发自己的测试方法，而是依赖［民间］标准组织来完成这项工作"。[31] 斯图伦认为，美国的做法有可能会使工作重复，并可能导致由技术上不称职或囿于狭隘商业利益或两者兼而有之的公务员起草官方标准。

这种鼓励各国政府和政府间组织在法律上引用国际标准的做法，在一定程度上是斯图伦在 ISO 任职前十年留下的另一个重要遗产，也许是荷兰关于 ISO 联络和活动的声明（NEDCO）报告或他对国际标准日益增长需求早期分析中没有预料到的唯一遗产。具有讽刺意味的是，欧洲的做法在很大程度上是为了回应美国对非关税贸易壁垒的担忧，特别是针对政府采购电子元件的欧洲标准，这些标准似乎歧视美国生产商。美国在 1970 年联合国欧洲经济委员会召开的标准会议上提出了这一问题，同时也在关税及贸易总协定（GATT）的谈判中提出了这个问题。[32]

解决这个问题的一个合理方案，也是斯图伦所支持的，是通过要求各国政府在监管工作中使用国际、地区和国家标准来创造公平的竞争环境，并且国际化程度越高越好。通过这种方式，所有生产法律中提及产品的公司都可以成为标准制定过程的一部分，或者至少（在监管部门引用国家标准的情况下）这些规则是透明的，是由一个坚守平衡原则的专家组所制定，而不是由受特殊利益约束的非专业立法者制定。制定这样的标准守则成为1973年至1979年关税及贸易总协定（GATT）东京回合谈判的一个议题，但与此同时，斯图伦劝说ISO成员"将其机制交给所有对获得国际标准感兴趣的各方"，并支持政府间标准制定（如世界卫生组织在制药领域的标准），以确保监管机构所援引的标准不会成为贸易壁垒。[33] 1973年至1974年，ISO和IEC联合制定了一份《关于"参考标准"的原则守则》，承诺两个组织及其成员机构"特别注意"政府和政府间组织提出的制定可在具体法律法规中被引用的标准的请求。其保证，参与制定所需标准的委员会将"充分代表所有利益相关方的意见：政府、公共机构、生产商、分销商、用户等"，并要求合作政府在委员会审议完成之前不要发布新的规定。此外，"凡存在国际标准，国家官方机构和政府间组织应直接或通过相一致的国家标准在其法规文本中引用这些标准"。[34] 随着《关于"参考标准"的原则守则》的公布，斯图伦促使这两个国际标准制定机构及其成员提出，其所承担的任务远远超出了荷兰关于ISO联络和活动的声明（NEDCO）曾经的提议。它还将民间标准制定从其强烈的自愿性本源转变为制定的这些标准经常通过被纳入监管而成为强制性的。

作为 ISO 秘书长，斯图伦推动其工作日程的主要方式是面对面的交谈，有时是在他日内瓦的家中，他的妻子诺尔做饭，两个儿子帮助招待，但更多的是与各国的国家标准化官员在他们所在的国家进行会谈。在他任职的第一个十年里，他几乎每个月都要出差，访问了 60 个国家，其中许多国家还去过了好些次。他去过西欧 15 个国家，东欧 5 个，美洲 9 个，撒哈拉以南非洲 3 个，北非和中东地区 6 个，其余的则遍布整个亚洲和大洋洲。他不仅访问了所有主要工业化国家和人口最多的发展中国家，还访问了古巴和新加坡（早在其成为经济强国之前）等。[35] 他的妻子几乎总是陪同前往，两个儿子也常常一起，他们都扮演着外交角色，这是诺尔喜欢的。她回忆起在一次餐会上，苏联代表孤独地站在一个角落里。她叫来餐会上的另一位女士，两人开始下棋，尽管她们俩都不太懂。几分钟之内，苏联人围了过来，这个晚上的僵局就这么被化解了。[36]

或许斯图伦最重要的旅行是 1976 年和 1978 年的两次来华，第二次来华时，邓小平已恢复职务，中国在那一年加入了 ISO。中国迅速与国际标准化接轨，中国制造业开始走向全球。

在斯图伦任职的第一个十年结束时，他反思了国际标准制定的情况。国际标准化组织（ISO）现在"事实上垄断"了所有国际标准的制定，除了两个部门：一是电工技术，这是由国际电工委员会（IEC）（以及他没有提到的国际电信联盟标准化委员会）在负责；二是药物，这是由世界卫生组织（WHO）处理的。安全标准和其他与政府监管机构相关的问题超出了最初的工作范围，但 ISO 和 IEC 现在正将它们的机制交给试图在这些领域制定国际标准的政府来处理。这样，ISO 就不仅仅是其成员机构的联合体；它是一个"超越其成员机构传统的"国际组织。[37] 它已经发布了 5 000 多个国际标准，但考虑到许多正在开放的新领域，包括环境保护、人体工程学和节能，斯图伦认为还需要 5 000 多个标准。[38] 不久之后，在约 1 700 个技术委员会及其小组委员会共计 10 万名专家（这是斯图伦五年前提到的委员会和标准化工作者数量的两倍）的共同努力下，ISO 每年发布 800 ~ 1 000 个标准。[39]

一个可能会阻止国际标准化组织（ISO）在未来几年内实现新增 5 000 个标准目标的挑战，是一些国家未能协调好自己的观点。斯图伦以联合国"去年关于货运集装箱标准化的会议为例，其中一些与会者，特别是发展中国家的代表，表达了与其国家标准机构在 ISO 中所采取态度不一致的观点"。[40] 工业化国家也出现了类似的问题；一些标准制定机构，如联合国欧洲经济委员会，其在汽车安全和建筑规范等领域的授权与 ISO 存在重叠，其制定了可以与 ISO 竞争的标准。[41]

要求制定更多国际标准工作的压力只会持续下去。这是交通运输革命所创造的国际经济的结果。"今天（1978 年），几乎没有什么东西是因为太便宜或太贵而不能运输的"，因为有了 ISO 标准集装箱，这是下一节的主题。[42] 但是当然，仅仅靠新的运输技术是无法创造出一个全球市场的。政府必须建立共同的规则，生产者和消费者必须找到共同的标准，这样对 ISO 标准的需求就增加了。"我只想说，"斯图伦总结道，"我们可以自信地宣称，对于国际贸易而言，没有其他任何一套国际文件具有如此之大的影响力和重要性。"[43]

全球运输基础设施：标准集装箱

标准化工作者经常自豪地把国际标准化组织（ISO）的标准联运集装箱视作 ISO 成立几十年来国际标准化的一大成就。[44] 标准化学者也经常将其作为一个具有全球影响力的标准案例进行引证，并详细剖解其标准化过程中的各个方面。[45] 在 20 世纪 70 年代，集装箱化学会（Containerization Institute）将集装箱化（containerization）定义为"利用、分组或合并多个单元到一个更大的集装箱中，以实现更高效的移动"。[46] 1973 年，美国集装箱及运输专家埃里克·拉思（Eric Rath）给出了一个稍微复杂一点的定义："集装箱化是由临时装载货物的可移动储存设施的简单应用构成的，最终实现货物作为一个移动单元以联运方式被统一运输。"[47]

拉思认为："并不是因为集装箱是一项独特的技术发明而彻底改变了交通运输。"事实上，情况恰恰相反："是首先产生了协调综合运输的需求，然后集装箱才被开发出来用以完成这项任务。"因此，集装箱的重要性不是作为一项技术，而是作为一个"大批量多种类货物的共同特征"，从原材料到制成品，从橡皮鸭到服装，再到冰箱。[48] 为了实现这一共同特征，有关各方必须就集装箱和配套基础设施的特性达成一致，而这项任务适合自愿性、基于共识的标准化过程。正如拉思所言："集装箱技术需要一个利益共同体……它需要一个相互关联的系统……与国际合作利益相适应……在无须重新处理多个运输系统的情况下运输一种产品。"因为集装箱只是一个更大系统的一部分，他将集装箱化描述为"一种运输服务的系统方法"。他热情洋溢,滔滔不绝:"这展现了一个时代的曙光,在这个时代中,所有运输方式都将被整合到一个单一的全球系统中。"[49] 为了建立这样一个系统,标准是必要的。即便是在今天,正如拉思在 20 世纪 70 年代所写的那样,虽然这种单一的庞大体系并没有淘汰所有的替代方案,但 ISO 标准集装箱在全球洲际货运中占据了主导地位。[50] 标准化集装箱的广泛采用彻底改变了世界贸易。本节概述了工程师们实现这一重要标准的工作过程,首先是在美国标准协会(ASA),然后是在 ISO,以及由此产生的后果。

当然,在 20 世纪 50 年代,将货物装在标准尺寸的集装箱中以实现更高效的多式联运并不是一个全新的概念。甚至在第二次世界大战之前,铁路公司就已经尝试使用集装箱来降低成本;而在欧洲,国际商会早在 1933 年就成立了国际集装箱局。[51] 在战后不久的几年中,一些货运商尝试了提高货物装卸效率的方法,包括使用改装的两栖登陆舰制造的滚装集装箱,但这些试验都没有显著降低成本。[52] 然而,在战后的美国,两类团体拥有推动集装箱化的强烈理由:一是美国军方,希望以此来保护其货物免遭盗窃和损坏;二是美国商业轮船公司,希望提高效率,降低成本。1947 年,美国陆军开发了小型集装箱(8.5 英尺 ×6.25 英尺 ×6.83 英尺),用于更快、更安全和更少被盗地运送军事物资。20 世纪 50 年代和 60 年代,外形总体尺寸相同(也可选择两个较小的组合式箱子,与一个大箱子空间一致)的军用康乃克斯(CONEX)快递箱被用于将军人家庭的家用物品运送至海外。[53] 军方发现这种集装箱效率很高,并支持了集装箱运输的研究和后来的标准化。[54]

轮船公司对集装箱运输的商业兴趣主要来自解决使其船队低效的瓶颈问题和港口偷盗问题。在《箱子》(*The Box*)一书中，马克·莱文森（Marc Levinson）生动地描述了"码头上的僵局"是如何减缓船舶的装卸速度的，进而影响到整个世界的贸易。[55]在一艘典型船舶上装卸超过20万件散装货或非集装箱货物时的低效率、腐败问题以及码头工人联合会的罢工，导致港口成本预计占到运输成本的37%～49%，而运输成本又占到产品成本的25%。船舶每次往返航行中会有一半的时间是在码头装卸货物，这极大降低了资本投资的效率。这种情况对于从事国内和国外贸易的船舶而言都是如此，但来自国内卡车和铁路的竞争首先会对国内航运形成严重的竞争威胁。

20世纪50年代，美国航运公司率先在集装箱运输领域取得了突破性进展，并引领了现代集装箱运输系统的革命性发展。其中，最著名的两家公司是海陆联运公司（Sea-Land Services，最初称作泛大西洋轮船公司）和美森轮船有限公司（Matson Navigation Company），一些规模较小、知名度较低的公司也在早期发挥了重要作用。

一家相对不知名的海洋货运公司，被认为是创造了"现代集装箱的'真正'先驱"。[56]1949年，该公司签订了一份合同，要将美国陆军的物资从西雅图运送到阿拉斯加的理查森军营（Camp Richardson），并决定使用卡车上的厢式集装箱，同时使用在轮船上堆放两层的方式，在这条路线上建立常规性服务。由于当时还没有这样的集装箱，该公司求助于华盛顿州斯波坎市的布朗工业公司

（一家铝拖车制造商），向其订购了 200 个铝制集装箱。布朗公司的工程师基思·坦特林格（Keith Tantlinger）利用已有的 8 英尺 × 8.5 英尺 × 30 英尺的拖车，加强了它的堆叠功能，并发明了连接堆叠集装箱的方法。海洋货运公司最终在 1951 年推出了这项服务，但只运行了两年。这项试验的重要性在于，它给布朗工业公司的坦特林格提供了经验。几年后，他为一家更知名的公司——泛大西洋轮船公司（后来的海陆联运公司）开发了集装箱及其系统。[57]

1955 年，麦克莱恩货运公司总裁马尔科姆·麦克莱恩（Malcolm McLean）收购了泛大西洋轮船公司，其目的是通过在东海岸装卸卡车车身，以实现更高的运输效率和比公路运输更低的成本，然后再把它们放回到卡车上，走完最后一段旅程。[58]由于州际商业委员会（ICC）不同意麦克莱恩货运公司拥有一家航运公司，所以麦克莱恩卖掉了他的货运公司，并收购了泛大西洋轮船公司的母公司——从事国际航运业务的沃特曼轮船公司（Waterman Steamship）。麦克莱恩最初的设想是将整个卡车车身、车轮和所有部件都装到船上，但很快就发现车轮会占用太多空间。在寻求实现麦克莱恩使用相同集装箱同时进行陆路和海上运输这一愿景的过程中，麦克莱恩的一位高管与仍在布朗工业公司工作的基思·坦特林格取得了联系。坦特林格会见了麦克莱恩，并提出了一种解决办法。1955 年，麦克莱恩收到并批准了两个 33 英尺集装箱的初始订单，选择这一长度是为了充分利用"二战"遗留下来政府正在低价出售的 T-2 油轮。然后，正如莱文森所说，"麦克莱恩订购了 200 箱，并要求不太情愿的坦特林格搬到莫比尔担任他

的总工程师"。⁵⁹

1955年晚些时候，坦特林格成了泛大西洋轮船公司的工程和研究副总裁。到1956年，泛大西洋轮船公司已经开始在海岸装卸运送装满货物的拖车车身，尽管州际商业委员会（ICC）不允许其拥有这些随后被转移至陆地行驶完剩余路途的卡车。到1957年，泛大西洋轮船公司已经将几艘C-2轮船改造成了纯集装箱船，开发了自己8英尺×8英尺×35英尺的集装箱、用于装载固定这些集装箱的空间单元和带有角吊装置的船用起重机，并开始在东海岸和墨西哥湾沿岸运营其海陆服务。⁶⁰ 1960年，泛大西洋轮船公司更名为海陆联运公司，一年后，基于其专有的35英尺集装箱集成系统的货运业务开始盈利。

第二家著名的先驱公司是位于美国西海岸的美森轮船有限公司，其船只往返于夏威夷和加利福尼亚之间运送糖、石油等货物。在成功地将蔗糖运输转变成自动化批量处理并节省大量成本之后，美森也开始对降低其普通货物在港口和当地的运输成本感兴趣。它在8英尺×8英尺×24英尺集装箱的基础上开发出了自己的专有系统，由公司内部工程运营部（负责人是莱斯利·哈兰德）设计，以优化C-3货轮上的空间，并由卡车车身制造商移动拖车公司（Trailmobile）来建造。该公司还设计和建造了码头（而不是船上）起重机，以及相配套的角部配件和起重设备。美森于1959年投入使用该专有系统。⁶¹

与此同时，美国及其他国家的其他公司也在试验集装箱。阿拉斯加轮船公司（Alaska Steamship Company）于1951年和1952年在西雅图和阿拉斯加州的瓦尔迪兹之间运送海洋货运公司的30英尺集装箱，

1956年开始在西雅图和阿拉斯加州的西沃德之间运送24英尺的集装箱。格雷斯航运公司开发了17英尺的集装箱和一种完全不同的装载系统,用两艘改装的船只在美国和拉丁美洲之间运输货物。然而,当它的第一艘改装集装箱船于1960年抵达委内瑞拉时,当地码头工人最初拒绝卸货,并明确表示今后不允许使用集装箱船。另一次失败的尝试,是从五大湖到加勒比海的航线上使用了这些船,格雷斯航运公司也因此而结束了这一努力。[62]1964年,澳大利亚的联合轮船有限公司(Associated Steamships Ltd.)推出了一艘特别设计的集装箱船——库林加(Kooringa),可装载17英尺的集装箱,提供在墨尔本和珀斯之间的海上运输服务,并包括航行两端的陆路运输。英国铁路公司试验了27英尺的集装箱,这些集装箱可以通过火车或卡车在英国境内运输,而英国和爱尔兰的邮船公司最先在爱尔兰和英国之间引入了集装箱服务。到20世纪60年代末,两家公司都把服务范围扩大到了欧洲大陆。[63]

此时,许多航运公司都将集装箱视为多式联运的未来,但很明显,现有系统的专有性质限制了集装箱运输的发展,从而限制了它在成本节约方面的作用。解决这一问题需要制定标准,而推动力则再次来自美国。到1957年底,美国标准协会(ASA)成员文斯·格雷(Vince Grey)、已退休的铝业工程师赫伯特·霍尔(Herbert Hall)和代表卡车拖车制造协会的工程师弗雷德·穆勒(Fred Muller)开始讨论集装箱标准的必要性。[64]然而,美国第一次正式向标准迈进,并不是由ASA推动的,而是由一个强大的政府机构——美国海事局促使的，该机构负责管理与船舶有关的补贴和法律。1958年6月，在海军的支持下，美国海事局成立了制定集装箱尺寸和建造标准的委员会。[65] 一个月后，ASA成立了自己的委员会来解决多式联运集装箱的标准问题，该委员会即材料处理部门第5委员会（MH-5委员会），由赫伯特·霍尔担任主席，弗雷德·穆勒担任秘书，还有75名成员。[66] 该委员会立即要求美国海事局解散其委员会，因为为集装箱制定的任何标准所影响的远不只海事利益，这些利益的代表也参与进来；此外，标准需要国际化才能发挥最大作用，ASA是与ISO合作实现这一目标的合适机构。美国海事局拒绝终止其所做的努力，但ASA的标准化进程变得更加重要。[67]

美国标准协会（ASA）的MH-5委员会遵循ASA的规则和规范，要求所有受到影响的利益相关方都要参与，它的22人货箱集装箱小组委员会包括了拖车制造商、卡车运输公司、铁路部门、政府机构、设备制造商和协会的代表，还有两家海运公司的代表。[68] 海运公司只是集装箱的几个用户之一，最终对MH-5以及后来ISO讨论的尺寸标准影响相对较小，尽管苛刻的海运条件在确定强度要求方面很重要。美国不同地区道路对于卡车拖车的不同长度要求，以及关于车厢长度和高度的铁路法规，形成了小组委员会关于集装箱尺寸的建议。[69]

1959年初，MH-5关于尺寸问题特别工作组（MH-5货箱集装箱小组委员会的一部分）第一次会议，首次提出了6种标准集装箱尺寸：12英尺和24英尺、17英尺和35英尺、20英尺和40英尺。它们分别是当时已在使用的两种长度（24英尺和35英尺）和一种新的基于美国法规当时允许封闭式铁路车厢最大长度的尺寸（40英尺），以及所有三种长度的一半。[70] 在特别工作组和货箱集装箱小组委员会的后续会议上，这一组尺寸列表被削减为只剩20英尺和40英尺，然后增加了10英尺和30英尺。特别工作组成员、MH-5主席赫伯特·霍尔认为，美国标准协会（ASA）标准审查委员会不会接受最初的不同长度组合。此外，霍尔认为，10英尺、20英尺、30英尺和40英尺的集装箱具有最大的灵活性，并且所有4种长度之间的关系（能以各种方式组合）使得它们比其他的建议长度更加可取。作为美国铝业的退休员工，霍尔熟悉集装箱的建造，但不熟悉集装箱的装载和运输，因此他对这方面的成本不敏感，使用更多、更小的集装箱比使用更少、更大的集装箱的成本相对更高。这组长度，加上8英尺×8英尺的横截面尺寸，于1961年获得ASA标准审查委员会的批准。[71] 直到1965年，ASA才将这些尺寸公布为美国标准，同时公布的还有MH-5其他小组委员会同意的强度和升降标准；但在美国，从1961年开始，大多数参与者都已经将这些尺寸视作标准了。[72]

由此，先驱公司海陆联运和美森在后来被证明是在非标准集装箱尺寸上进行了大量投资。它们是众多行业中仅有的两家会购买和使用集装箱的公司。多式联运集装箱涉及的广泛利益，以及对利益相关方平衡的要求，使得这两家公司无法通过自愿性共识过程实现自己想要的尺寸，坦特林格后来称这是一场"狗打架"。[73] 由于这些标准是自愿的，两家公司在自己的封闭系统内继续使用非标准集装箱；但是，这些集装箱不能成为全球标准集装箱流动的一部分。为了避免失去竞标美国军事合同的能力，两家公司说服国会修改《海运法》(Merchant Marine Act)，以防止其优先考虑使用 ASA 新的美国标准尺寸的集装箱服务。[74] 这一特许权极为重要，特别是对海陆联运公司而言；1966年，该公司赢得了为越南战争中的美军运输物资的主要合同，这些物资先是被运到冲绳，然后再到越南。它能赢得这些合同，在很大程度上是因为麦克莱恩亲自去了越南，并监督建立了允许使用集装箱的码头、起重机和卡车（对海陆联运公司来说成本高昂）。[75] 其付出得到了回报，到 1973 年，海陆联运公司使用它的 35 英尺集装箱，每年从国防部获得 4.5 亿美元的收入。[76] 20 世纪 70 年代，海陆联运公司逐渐转向 40 英尺集装箱，最初是在装满 35 英尺集装箱的船舶甲板上装载一些 40 英尺集装箱，以便最终过渡到新标准。[77]

在 MH-5 委员会在美国就尺寸问题进行辩论的同时，文斯·格雷敦促国际标准化组织（ISO）成立一个国际集装箱系统委员会。1961年，ISO 新成立了货运集装箱技术委员会（TC104），并在纽约举行了第一次会议，由美国标准协会（ASA）作为其秘书处。[78] 回想一下，尽管作为瑞典标准协会（SIS）负责人和欧洲标准化委员会（CEN）的主要推动者（但还不是 ISO 的秘书长），奥勒·斯图伦肯定还有其他事情要做，但他参加了这些最初的会议，这清楚地表明了欧洲对这项工作的重视程度。TC104 主要对性能和互用性标准感兴趣；因此，互用性所需的尺寸是其开展工作的首要任务。与欧洲相比，美国对公路运输中集装箱尺寸（特别是长度）的监管限制更加严格。因此，美国代表团提出了在 MH-5 中已经同意的尺寸：长度为 10/20/30/40 英尺，横截面为 8 英尺 × 8 英尺。[79] 欧洲大陆的铁路已经使用了略宽于 8 英尺（以公制单位计量）且长度较短的集装箱，并希望它们也被宣布为标准。最初的折中方案在系列 1 标准的 10/20/30/40 英尺长度基础上增加了两个较短的长度（5 英尺和 6.5 英尺），该标准于 1968 年作为 ISO/R 668 发布。但是最后，两个较短的长度被删除了。[80]

TC104 还批准了另外两个系列。1968 年，国际铁路联盟（International Union of Railways）的较小标准被宣布为 ISO 系列 2，但作为一份技术报告而非标准发布，因为它们"主要是用于大陆内部系统"。[81] 20 世纪 60 年代末，TC104 开始根据苏联使用的小型集装箱制定系列 3。但是，系列 2 和系列 3 从未在其最初形成区域之外被使用过，最终从标准中删除。1997 年，美国标准化工作者文斯·格雷接受了一次采访，他最初是国际标准化组织 TC104 的秘书，然后是美国 TC104 代表团团长，最后是 TC104 的主席，并且在一开始就参与了美国标准协会（ASA）的 MH-5 委员会，他阐明了 TC104 围绕三个长度系列的战略。他解释说："我们遇到的第一个问题是，各国都试图让国际标准反映本国的做法。我们真的不想这样做。我们不是仅仅想确认已经存在的东西，我们是在创造新的东西。"他认为领导者们很好地处理了这个问题。当欧洲铁路和卡车公司提出采用其现有的集装箱尺寸时，"我们没有与其争论不休，说'不行'"，而是接受了这些集装箱尺寸，并称之为系列 2 集装箱。同样，当"苏联希望将东欧尺寸放进去……我们称之为系列 3"。最初的 ISO 标准包括了所有三个系列，但系列 2 或系列 3 集装箱没有市场，因此最终被放弃。他认为:"这是处理类似事情最巧妙的方式!最好是继续工作,只要你能实现基本目标,然后让用户来判断每个系列的优点。"[82]

集装箱的长度之战并不是 TC104 和 MH-5 中唯一的标准之争,甚至也可以说不是最有意思的一个。第二个主要的标准问题涉及用于在船上、火车上、卡车上或仓库里安全堆放集装箱以及升降、移动集装箱的角件。标准角件对于互用性至关重要。正如莱文森解释的那样,"每家公司都有支持自己配件的经济理由。采用其他设计将要求在每个集装箱上安装新的配件,购买新的起重和锁定装置,并向专利持有者支付许可费"。[83]海陆联运公司已为其用于将集装箱锁在一起并升降集装箱的角件及系统申请了专利,而国家铸造公司(National Castings Company)已为其带有类似于美森所使用角件的快速装卸系统申请了专利。[84]格雷斯航运公司采用了国家铸造公司的系统,英国标准协会(BSI)在很短的一段时间内也是如此。[85]

如何处理专利技术的问题较为棘手,因为标准制定者在可能的情况下尽量避免将专利纳入标准,以确保标准能够获得最广泛的使用。[86]根据莱文森的说法,MH-5 主席霍尔告诉正在竭力解决角件问题的工作组,专利技术可以包括在内,"只要它能被广泛使用,并以象征性的使用费向所有人提供"。[87] MH-5 角件特别工作组的主席是基思·坦特林格,这位工程师几年前在麦克莱恩公司担任高管时发明了海陆联运的专利角件,后来他转到了弗雷霍夫拖车公司(Fruehauf Trailer Company)。经过广泛的争论,工作组的大多数成员认为,海陆联运公司的角件在技术上更为优越,如果麦克莱恩能够无条件地放弃专利，他们就可以改变尺寸，使其成为标准。[88]之后，坦特林格找到他的老雇主，请求他放弃该专利，使其成为标准的一部分。

1963年，麦克莱恩同意放弃这项专利，允许美国标准协会（ASA）根据需要对其进行修改。[89]鉴于ASA于1961年拒绝了他的35英尺集装箱，转而采用10/20/30/40英尺的标准，因此他没有理由帮ASA任何忙。此外，由于必须根据标准修改配件的尺寸，海陆联运公司的设备也就需要改动；并且到20世纪70年代，海陆联运公司仍在使用它的非标准集装箱。因此，在短期内，放弃专利对麦克莱恩来说没有任何好处。研究标准的学者坦尼克·埃杰迪（Tineke Egyedi）指出了另外两个当事人放弃集装箱标准专利权的案例（一个是集装箱制造商斯特里克拖车公司放弃的扭锁升降机制专利，另一个是在非独占、免使用税基础上提供的集装箱识别系统专利）；她还表示："这样的公司反应在其他标准制定过程中很少出现。"[90]尽管不可能知道这种行为在其他标准谈判中发生的概率，但海陆联运公司对于角件专利（以及其他两项专利）的放弃表明，在最好的情况下，共识标准化过程和标准化运动意识形态鼓舞了参与者，甚至像麦克莱恩这样的非委员会成员也在为共同利益而行动。拥有一项标准，即使它不是对某一特定公司最有利的标准，也会让标准化过程中的短期输家最终从该标准所创造的市场中受益。事实上，从长远来看，海陆联运公司在这个蓬勃发展的行业中扮演了重要角色。

即使有了海陆联运公司的专利，无论是在美国标准协会（ASA）的MH-5还是在ISO的TC104中，这一过程都没有结束。国家铸造公司继续推广自己的角件,直至被另一家公司收购;尽管大多数人支持海陆联运公司的角件,但随着下一次 TC104 会议的到来,MH-5 委员会尚未达成共识。[91]1965 年 9 月,为了及时为几天后在海牙召开的 TC104 会议提出建议,ASA 标准审查委员会在 MH-5 委员会未达成完全一致意见的情况下采取了行动(这是一个不同寻常的程序性举措,需要放弃规则),并批准了修改后的海陆联运角件标准。[92] 通常情况下,带有技术图纸的建议设计应在会议前至少四个月分发给 TC104 成员,但 TC104 同意在海牙会议上放弃该要求。"三位公司高管,坦特林格、哈兰德和斯特里克拖车公司的尤金·欣登(Eugene Hinden),随后撤退到乌得勒支附近的一家有轨电车厂,他们在那里与荷兰制图员一起持续不断地工作了 48 个小时,以绘制出必要的图纸。"[93] 随后,英国代表团撤回了反对意见(这一反对是基于国家铸造公司对英国国家标准设计的建议),允许 TC104 通过新标准。[94] 两年后,在 TC104 于伦敦召开会议期间,几名工程师在酒店房间进行了另一次特别的重新设计,这次是为了支持 TC104 因联运集装箱性能要求而定义的荷载和应力。这一重新设计要求自 1965 年以来建造的集装箱具有新的焊接到位的角件。[95] 最终在 1967 年,TC104 同意了集装箱尺寸和角件标准。6 月,它们被发送至各成员国进行批准。[96]

直到 1970 年,ISO 才最终发布了第一套完整的集装箱国际标准,包括尺寸、角件和其他要素。[97] 但在发布之前,采用这套标准的势头已经开始。20 世纪 60 年代末,美国海事局海事补贴委员会在发放船舶建造补贴的标准中引入了一项效率措施,鼓励美国航运公司在尚未采用集装箱运输的情况下使用集装箱；因此，到 1970 年，大多数美国航运公司（除海陆联运和美森）开始使用新的标准集装箱。[98] 此时，出于竞争原因，全球贸易航线上的国际航运公司也在采用标准集装箱。20 世纪 60 年代末，海陆联运凭借其专有集装箱船进入了跨大西洋航运贸易，对来自美国和其他国家的国际托运人造成了严重的竞争威胁，推动了全球航运对标准集装箱的采用。[99] 到 1978 年，共有 500 艘集装箱船（其中 104 艘为美国船只）在全球水域上定期航行，有 150 万个集装箱在同时流通。[100] 即使在将大部分船队改装成标准集装箱后，海陆联运公司在前往加勒比海和南美洲的航运中仍继续使用其 35 英尺的集装箱，直到巴西拒绝处理非标准集装箱，该公司最终才将最后一艘船改装成 40 英尺的标准集装箱货轮。[101]

20 世纪 60 年代中期至 80 年代中期，集装箱的普及与贸易高速增长之间的关联，使许多人将第二次世界大战以来全球贸易的巨大增长归功于集装箱化。从 20 世纪 50 年代到 21 世纪初，货物装卸成本下降了惊人的 93%。[102] 然而，装卸成本的降低并不是推动全球贸易革命的唯一因素。事实上，一些经济方面的研究认为，石油价格上涨抵消了货物装卸成本的下降，导致海运费用的整体上涨；而关税降低虽然促进了贸易增长，但这种增长仅能弥补运输成本上升的 1/3。[103] 最近，经济学家丹尼尔·伯恩霍芬（Daniel Bernhofen）、祖赫尔·萨赫利（Zouheir El-Sahli）、理查德·科内尔（Richard Kneller）利用两国间贸易的详细数据和先进的统计方法，估算了集装箱运输对于世界贸易的实际影响。[104] 他们发现，采用 ISO 标准集装箱是 20 世纪 70 年代和 80 年代贸易增长的主要原因，比关税及贸易总协定（GATT）成员方的贸易增长要多得多。发达国家获益最大，使用集装箱进行联运尤为重要。这一结果表明，通过制定这一标准，ASA 和 ISO 的工程师促成了全球货物运输基础设施的建立，促进了全球贸易的大幅扩张，尽管这一扩张使一些国家比另外一些国家受益更多。

埃杰迪将标准集装箱视为一种网关技术（gateway technology），将多个运输子系统连接成一个主要系统。[105] 但是，她认为集装箱标准体现了模式和地缘偏见。与经济学家的发现一致，多式联运贸易对于北方国家的影响最为深远。埃杰迪认为，ISO 的集装箱标准青睐美国和包括深海运输在内的洲际运输（表现在 ISO 集装箱的强度标准上，这导致了更重的集装箱），而不是陆路上的卡车—火车运输。[106] 在欧洲大陆，铁路和卡车运输倾向于放弃 ISO 集装箱，而使用更小、更轻的集装箱，称为交换箱体（swap body），埃杰迪将其视作欧洲大陆的与 ISO 集装箱进行竞争的网关（gateway）；然而，较新的交换箱体采用了与 ISO 标准集装箱装卸设备配合使用的角件，这表明两个网关之间正在出现兼容性。此外，她还指出，在联合国针对集装箱标准于 1974 年成立的贸易和发展特设政府间小组会议中，发展中国家抱怨说，TC104 标准由来自发达国家的专家主导，并且总是在这些国家举办会议，导致委员会忽视许多发展中国家的需求，这些国家不太可能对公路和港口进行投资，也就无法从集装箱运输中获益。[107] 因此，发展中国家自愿采用 ISO 集装箱的速度较慢，也不太彻底，这限制了集装箱运输对于南北和南南贸易的积极影响。

近几十年来，用于特殊用途的非标准集装箱激增。例如，运送散装货物的斯道拉恩索货运单位（Stora Enso Cargo Unit）和吉斯特航运公司（Geest Line）的集装箱均为 45 英尺，高度和宽度也不是标准尺寸，联合品牌（United Brands）则使用 43 英尺的集装箱来运输水果。随着美国法规的变化，美国和加拿大的卡车现在经常使用 53 英尺的集装箱，一家名为 OCEANEX 的航运公司经营一艘专为这种尺寸设计的航船。[108] 这些较长的集装箱使得国内航运成本较低，但大多数远洋集装箱船队都陷入效率较低的（适用于北美国内航运）40 英尺集装箱。

标准多式联运集装箱的广泛采用有多重要？代尔夫特大学的运输专家汉斯·范·哈姆（Hans van Ham）和琼·里森布里吉（Joan Rijsenbrij）最近指出，使用这些非标准集装箱和系统会降低全球成本效率和互换性，处理这些集装箱的成本由标准集装箱实现的规模经济所覆盖。"也许，在经历了大约五十年之后，现在又需要一些有影响力的远见者来为下一个五十年制定标准。"[109] 他们还观察到，促成 ISO 标准形成的这些意义重大的妥协来自包括大公司负责技术或业务运营高管在内的委员会，他们推测，如今这些委员会中缺乏这样的高层人士可能会导致对国际标准要求的放松。他们告诫："应当记住：'标准化不是最好的，但对所有人都更好。'"[110] 然而，1977 年，英国航运公司海外集装箱有限公司的一位标准协调经理的观点略有不同，这反映他对标准集装箱和非标准集装箱之间利弊权衡更为复杂的理解：

在最好的情况下，标准是不完美的妥协，并且总会出现某个标准让人感到不怎么满意的情况……总会有一些"特殊情况"，对于这些情况，非标准的处理方案对所有相关方来说将是最好的解决办法，希望不会有任何措施使运用非标准方案进行处理变得更加困难。[111]

无论标准集装箱和非标准集装箱之间的最佳平衡点是什么，伯恩霍芬及其同事已经表明，采用标准集装箱显著促进了贸易。尽管全球贸易并不总被认为是一种单纯的好事，但正如图5.1所示的熟悉场景，它（以及由此产生的集装箱）确实塑造了我们的当代世界。

图5.1 这张2016年的照片上是一艘工作中的集装箱船，它是ISO标准激活世界经济的缩影。由以色列·加西亚（Israel Garcia）在Pexels.com上分享，2018年8月31日访问，https://www.pexels.com/photo/container-container-ship-ferry-gate-69540/。

国际标准的失败：彩色电视机

如果说多式联运集装箱是国际标准创造全球市场的成功范例，那么 20 世纪 60 年代未能实现的彩色电视机国际标准则说明这种尝试可能会出现问题。这一案例涉及一系列更大范围的标准制定机构，包括政府和公私（公共-民间）混合机构，以及私营机构，通过对比说明了民间自愿标准化的一些优势。为了理解未能实现的彩色电视机国际标准，我们需简单考察单色电视机的标准，因为这一标准的缺乏导致了后来彩色电视机标准制定的失败。这两次失败都反映了在试图实现国际标准化之前，个别国家首先制定标准并安装准公共网络技术时出现的问题。在从黑白到彩色的转换过程中，向下兼容性问题造成了进一步的问题。最后，在一个公私混合的国际标准机构——国际电信联盟的国际无线电咨询委员会（CCIR）中，国家和国际政治成了一个因素，甚至阻碍了彩色电视机欧洲标准的实现。

未能实现的单色电视机标准

早期电视机的关键部件是一个背面带有电子枪的阴极射线显像管，该显像管通过系统地扫描正面的磷光屏幕，方式是从上到下来回扫描，从而形成数百条细线，形成画面。标准制定人员的主要问题之一是应该使用多少线条来填充屏幕。线条越多，图像就越清晰，但是每多一条线可能会使显像管的成本增加一点。

在第二次世界大战之前和之后，黑白电视机最初是在少数几个国家被研发和标准化的。1936 年，英国政府特许非商业性的英国广播公司（BBC）开始使用 405 线扫描标准进行黑白电视信号播送。[112] 在美国，经过多年对最佳技术参数的试验和争论之后，1940 年，负责监管该领域的联邦通信委员会（FCC）成立了一个专家技术委员会——国家电视系统委员会（NTSC），来考虑各种提案，以达成一致建议；因此实际上，这是一种基于委员会的自愿性标准制定和政府监管的混合机制。1941 年，NTSC 提出了一种包括 525 线扫描的标准，FCC 批准了该标准，但第二次世界大战的爆发推迟了该标准的实施。[113] 1946 年，一位苏联工程师在美国 525 线系统的基础上，研发出了一种 625 线系统。法国在战前尝试了好几种扫描标准，战争期间这个被占领的国家使用了德国的 441 线系统，但在 1948 年，法国电视先驱亨利·德·法兰西（Henri de France）研发出了一种 819 线系统。[114] 有了这种不同的国家系统，跨国传输就需要制定标准。

国际电信联盟的国际无线电咨询委员会（CCIR）曾试图实现单色电视系统的国际标准。第二次世界大战之后，这个公私混合的标准制定机构扩大了其业务覆盖范围，涵盖了电视和广播。当 CCIR 于 1948 年在斯德哥尔摩召开第 5 次全体会议的时候，405 线、525 线、625 线、819 线系统都被作为可能的国际标准提交给了专门针对广播电视而新成立的第 11 研究小组（Study Group XI）。法国代表团支持其具有法国特色的 819 线标准。荷兰飞利浦公司（Philips）及其盟友美国无线电公司（RCA）共同推动了苏联的 625 线系统，因为它与美国的525线标准非常接近（只是电流频率不同），这样可以实现准跨大西洋的标准，进而使这些生产制造商拥有更为广阔的市场。[115]在那次会议上，关于扫描系统的标准未能达成一致，1949年在苏黎世召开的第11研究小组会议也未能形成共识。在苏黎世会议上，美国代表团支持自己的525线标准（尽管RCA进行了游说），英国支持它的405线系统，法国支持其819线系统，大多数其他国家支持625线系统。[116]大量的研究、信息交流以及1950年的伦敦会议都没能破解这一僵局，第11研究小组认识到，"由于许多国家的公共电视服务使用了不同的标准，并且有大量的电视机正在被使用，因此不可能就议程上的一些问题达成一致意见"。[117]即使是在1951年日内瓦CCIR全体会议上，最后的努力也失败了，研究小组主席、瑞典人埃里克·B.埃斯平（Erik B. Esping）后来报告了令人失望的结果："我尽一切努力让研究小组就黑白电视的单一标准提出建议。但我的努力都白费了。"[118]

彩色电视标准：美国NTSC标准的出现

尽管为彩色电视制定国际标准的努力在技术发展的早期阶段就开始了，比制定黑白电视国际标准还要早，但在制定黑白电视国际标准的尝试失败之后，单一的彩色电视国际标准也未能获得成功。再一次，不同的国家出现了不同的标准，彼此竞争的故事反映了与黑白电视兼容性、企业利益以及国家与国际政治方面的愿景的复杂关系。第一个出现的国家彩色电视标准是美国的NTSC标准，它本身就是在相当激烈的争论中诞生的产物。在美国，联邦通信委员会（FCC）仍然对这种网络技术的标准拥有监管权。历史学家休·斯洛顿（Hugh Slotten）认为，NTSC 标准的故事反映了"标准化和商业化之间的关系，宣传和客观性之间的张力，以及技术专家和技术评估在政策制定中的作用"。[119]

在彩色电视中，标准化的主要问题不仅涉及组成画面的行数，还涉及如何靠三种单独的图像（红、绿、蓝各一个）构建完整的画面（例如，通过传输三种不同颜色的全屏或"场"的快速序列，或者是一串不同颜色的线，再或者是同时发送不同颜色的相邻点）。最后，彩色信号与黑白电视机的兼容性也是一个重要的问题，即彩色电视节目能否在黑白电视机上观看。

在美国，哥伦比亚广播公司（CBS）提出了一种场序（field-sequence）彩色电视系统，以作为单色系统〔美国无线电公司（RCA）和其他设备制造商支持这一系统〕的替代方案，并请求使用 UHF（特高频）频道进行广播。然而，联邦通信委员会（FCC）在 1941 年没有批准 CBS 的这一请求，尽管认可 525 线单色标准。[120] 战争结束后，哥伦比亚广播公司再次请求批准该系统，当它于 1946 年展示了场序系统的现场直播能力之后，FCC 表示同意考虑。在哥伦比亚广播公司重新请求批准其彩色系统的同时，RCA 已经着手创建一种替代的同时扫描（simultaneous-scanning）彩色电视系统，这一系统与已被接受的单色标准兼容。RCA 将该系统提交给了 FCC，并在 1947 年初的听证会上与 CBS 系统一起接受评估。[121] 虽然该系统尚不能进行现场直播，仍需大量研发工作，但 RCA 对其系统的展示引起了人们对于 CBS 系统的怀疑，同时表明有替代方案，最终成功阻止了FCC对于CBS系统的批准。FCC的这一拒绝，加上因频率干扰冻结了VHF（甚高频）频道的扩展，以及随后UHF（特高频）频道向单色广播的开放，导致CBS暂停了其彩色系统的开发，以便在失去单色市场之前也要打入这一市场。[122]

与此同时在国会，特别是参议院州际和对外贸易委员会民主党主席埃德温·约翰逊（Edwin Johnson）参议员，向联邦通信委员会（FCC）施压，要求其停止拖延批准彩色电视标准，指责其屈服于美国无线电公司（RCA）的影响，未能阻止其垄断控制。[123] 在这种压力下，FCC在1949年至1950年召开了另外一系列听证会，以确定目前提议的三种系统，哪一种应当成为彩色电视的标准：CBS改进的场序系统、RCA新提出的点序系统，以及彩色电视公司（CTI）研发的逐行系统。在此期间，约翰逊参议员还召集了一个由标准局局长爱德华·康登（Edward U. Condon）担任主席的独立咨询小组来研究这一问题；该咨询小组向FCC发布了一份综合报告，从九个方面对这三个系统进行了评估，但没有给出最终建议。[124]1950年，由于对听证会的主题感到不安，行业专家决定重新成立NTSC委员会，以就标准问题向委员会提供建议。但是，在国会的施压下，FCC不愿意赋予这个以行业为导向的机构在制定单色标准方面的权力；事实上，FCC对其主席沃尔特·贝克（Walter Baker，他在单色标准制定过程中也担任过NTSC的主席）持怀疑的态度。[125]

联邦通信委员会（FCC）在1950年夏天审议了听证会和康登报告中的佐证材料，并于9月发布了自己的报告，支持将CBS的提案作为标准。[126] 它拒绝了 RCA 的提案，原因是图像颜色和纹理不令人满意，电视接收机过于复杂，以及更容易受到干扰；也拒绝了 CTI 提案，原因是行蠕动（line crawl）和纹理有问题，与单色设备不能充分兼容，以及设备过于复杂。[127] 许多出席听证会的行业工程师反对 CBS 系统，因为它的分辨率（与单色电视相比）较低，并且与单色电视不兼容。[128] 作为回应，FCC 只是简单地指出，虽然修改黑白电视机以使其能够接收彩色节目的成本很高，但等待的时间越长，需要修改的黑白电视机就越多。1950 年 10 月，FCC 宣布 CBS 系统为新标准，RCA 和其他行业制造公司对此表示强烈反对。[129] 不久之后，广播电视制造商协会（Radio and Television Manufacturers Association）的成员在没有 CBS 代表参会的情况下开会，一致赞成不支持 CBS 的标准，RCA 宣布将提起诉讼以推翻 FCC 的决定。[130]RCA 一直诉至最高法院，但没有成功；1951 年 5 月，法院支持 FCC 在这一领域制定标准的权力，并驳回了认为其存有偏见和违反公共利益的指控。

由于下级法院的裁定，在最高法院对案件进行判决之前，哥伦比亚广播公司不得根据新标准进行广播；1951 年 6 月，CBS 开始播送彩色节目，并成立了一家制造彩色电视接收机的子公司。然而，它是孤独的，缺乏业内其他公司对这一标准的认可。没过几个月，由于朝鲜战争期间的物资限制，哥伦比亚广播公司无法加大彩色电视机的生产，并于 1951 年 10 月停止了彩色电视节目播送。[131] 联邦通信委员会（FCC）发布的彩色电视标准实际上已经名存实亡，这表明，对民间标准制定，甚至是在需要政府监管的这种情况下，利益相关者的共识多么重要。美国无线电公司和其他公司仅仅是通过远离市场，就能够阻止 CBS 建立其彩色电视标准的努力。

与此同时，尽管联邦通信委员会（FCC）不支持重建 NTSC 专家机构，但行业成员自己对其进行了重组，并开始制定新的彩色电视标准，这一次得到了 RCA 和其他反对 FCC 标准的行业公司的支持。[132] 其与 RCA 合作并改进了 RCA 的兼容（525 线）点序系统，最终打动了 FCC；1953 年 7 月，FCC 同意评估新提出的 NTSC 标准。经过两次大获成功的演示，以及 CBS 同意跟随行业其他公司之后，FCC 于 1953 年 12 月批准了 NTSC 标准，并为其制定了详细的规则和条例。[133] 随后不久，彩色电视节目开始以此标准进行播送。以行业为基础的 NTSC 于 1954 年 2 月解散，它不是一个持久性的自愿标准制定机构，尽管它有这些机构的组成部分，包括代表标准制造商和标准用户的工程师成员，以及多个专注于具体技术问题的技术委员会。虽然短暂，但 NTSC 将其名称（或至少其首字母缩写）镌刻在美国彩色电视标准之上，因为当这一问题进入国际舞台时，共识又变得无法达成。

彩色电视标准：寻找欧洲标准

欧洲在采用彩色电视方面落后美国大约十年。1955 年，在布鲁塞尔召开的国际无线电咨询委员会（CCIR）第 11 研究小组（电视技术委员会，瑞典人埃里克·埃斯平担任主席）临时会议上，NTSC 系统的缔造者之一查尔斯·J. 赫希（Charles J. Hirsch）向感兴趣的成员进行了一次关于该系统的演讲，在欧洲引发了热议。[134] 1956 年，该研究小组成员访问美国，观看了 NTSC 系统的演示，然后访问了几个欧洲国家，了解其对彩色电视的试验。[135] 随后的发展导致标准化过程中的三方竞争，最终未能实现单一的欧洲标准，更不用说全球标准了。正如欧洲媒体历史学家安德烈亚斯·菲克斯（Andreas Fickers）所指出的那样，"为了确定欧洲最好的彩色电视系统而在一开始所进行的科学努力，缓慢但也必然地演变成了主要利益相关者之间激烈的技术政治争论"。[136]

法国是第一个在欧洲参与竞争的国家。20 世纪 50 年代末，819 线单色系统的发明者亨利·德·法兰西研发出了 NTSC 的一种变化形式，称为连续彩色记忆（Séquentiel couleur á mémoire）或塞康制（SECAM）。那时，法国已经决定将黑白电视机从 819 线切换到 625 线，以缓解其在欧洲的转换问题，因此 SECAM 被设计为使用 625 线。[137] SECAM 按顺序逐行传输，前一行保留在存储单元中，以与新的一行一同查看。此时的法国，戴高乐主义正盛，力图建构一个独立于美国的强大冷战身份，支持 SECAM 成为国家的捍卫者。政府希望投资发展法国在这一技术领域的能力，并将标准作为非关税壁垒来培育法国的彩色电视产业。如果法国的这一系统成为一项国际标准，那么法国还将获得政治声望，并从专利许可中获取使用费。法国电视公司（Compagnie française de télévision，缩写 CFT）成立，以开发 SECAM 专利。法国政府从国家内部着手统一了对 SECAM 的支持，通过培养其他法国电视设备制造商来克服反对意见，并要求法国政府广播机构支持 SECAM。[138] 然后，法国和 CFT 开始在欧洲其他地方推广 SECAM。法国声称，SECAM 在技术上比 NTSC 标准更具优势（RCA 和其他 NTSC 的美国支持者对此提出了异议），并且与欧洲 625 线黑白电视系统兼容。此外，它还将 SECAM 作为美国 NTSC 标准的欧洲替代品，迎合了"欧洲对于过度依赖美国技术的共同恐惧心理"。[139] 但是不久，德国即开发出了另外一种欧洲替代品，上述策略很快就受到了挑战。

1962 年，德国通用电气德律风根公司（A.E.G.-Telefunken）的沃尔特·布鲁赫（Walter Bruch）博士受到 SECAM 的强烈影响，为 625 线系统研制出了 NTSC 系统的另一种变化形式，并与另一项德国专利整合在一起，称为 PAL（phase alternating line，意为"逐行倒相"）。[140] 如果这一系统被采纳作为欧洲或世界标准的话，那么会威胁到法国将 SECAM 定位为 NTSC 唯一欧洲替代方案的战略，同时还会威胁到法国从 SECAM 获得专利特许使用费的愿望。从技术上来说，NTSC、SECAM 和 PAL 之间的差异相对较小，95% 的组件是相同的。[141] 事实上，PAL 利用了 SECAM 和 NTSC 专利，只是德国通用电气德律风根公司与法国电视公司在几年后才达成协议，向法国电视公司支付相对较少的专利使用费。[142] 然而，法国捍卫 SECAM 的战略及其民族自豪感面临着严重的威胁。不幸的是，这一高风险的竞争在国际无线电咨询委员会（CCIR）的标准化过程中发生了。

1962 年末，欧洲广播联盟（European Broadcasting Union，即西欧广播公司行业协会）成立了一个特设委员会，对 NTSC、SECAM 和 PAL 三种系统进行评估，以确定欧洲所要采用的标准。该委员会向国际无线电咨询委员会（CCIR）报告了这三种技术在各种情况下的优缺点，但没有提出任何建议；单一标准比任何一种都重要得多，而且没有一种系统在所有情况下都是最好的。[143] 1964 年初，由埃里克·埃斯平领导的 CCIR 第 11 研究小组在伦敦召开会议，试图从三种标准中选择一种当作单一的欧洲标准，作为迈向更广泛的全球标准的第一步。然而，这次会议做出的唯一决定是各国继续进行研究。[144]

达成协议的下一次机会是 1965 年 3 月至 4 月在维也纳举行的国际无线电咨询委员会（CCIR）临时小组会议。鉴于德国电子工业的良好声誉，法国担心 SECAM 难以与 PAL 竞争。因此，在维也纳会议之前，法国与苏联就一项（并非十分有利的）技术科学协议进行谈判，以说服苏联（及其东欧卫星国）支持 SECAM 系统，从而加强其在 CCIR 中的地位。[145] 苏联看到了击败美国系统的政治优势。另外，由于美国系统录像设备的组件具有潜在的国防用途，美国政府推迟并限制了美国无线电公司（RCA）在苏联的 NTSC 演示，一开始还不允许在那里出售该系统。在维也纳会议前不到一周（也是在法苏之间达成协议之后），美国政府通知苏联，它将授权向该国出口整套 NTSC 系统，以换取会议上对 NTSC 标准的支持。从苏联的角度来看，这无疑为时已晚。几天之后，法国和苏联政府宣布了采用 SECAM 的合作协议。[146]

在维也纳临时研究小组会议的开幕式上，国际无线电咨询委员会（CCIR）的临时负责人莱斯利·威廉·海斯（Leslie William Hayes）敦促第 11 研究小组做出决定，指出该小组在十年前，也就是 1955 年，已经进行了关于彩色电视的问题讨论和两个研究项目,并在一年前一致同意,将于"1965 年春天在维也纳召开的第 11 研究小组"会议上做出最后的报告和最终建议。海斯总结道:"好了,先生们,到我们了。"[147] 在这番劝诫之后,他还提醒,"由于 CCIR 是一个技术组织,其建议必须主要基于技术考虑"。不幸的是,相关的技术考虑取决于各代表团最看重的评判因素,而这些因素最终是经济和政治的。在会议之前宣布的法苏协议表明,无论 CCIR 的审议结果如何,这两个国家早就已经做出了决定,这引起了相当大的不满。此外,出席会议的法国代表团由外交官和政府部长率领,这在 CCIR 研究小组会议中极为罕见,为谈判注入了更多的政治基调,挑战了技术专家的作用,并造成了进一步的不满,甚至在法国技术专家中也是如此。[148] 为了统一反对 SECAM 的意见,美国和德意志联邦共和国的代表团提议合并 NTSC 和 PAL,强调它们的共同要素,并将使用不常见要素的决定权留给各公司。结果是,无论是在两种还是三种中选,SECAM 都获得了微弱多数的支持,但肯定没有达到形成共识的地步,会议在僵局中结束。[149]CCIR 第 11 研究小组要想破解这一令人失望但又不足为奇的僵局,只有等待下一次机会,即 1966 年于奥斯陆召开的全体会议。

在奥斯陆会议之前,英国(尽管遭到英国广播公司的反对)和荷兰代表团都决定支持 PAL,因为维也纳会议的三方投票表明,在欧洲范围内,PAL 比 NTSC 更具有对 SECAM 的竞争力,至少英国认为 SECAM 是最差的选择。[150] 与此同时,苏联向法国提出了另外一种变化形式,称为 SECAM IV,它在某种程度上是 SECAM 和 PAL 之间的妥协结果。法国反对苏联支持新的（尚未研制成熟的）系统，声称这违反了其协议。经过多次辩论，法苏同意在奥斯陆会议上支持 SECAM III（法国 SECAM 的当前版本），除非 SECAM IV 能够达成共识。[151]

在奥斯陆 CCIR 全体会议召开前三个月，第 11 研究小组主席埃里克·埃斯平于美国举行的电气和电子工程师协会（IEEE）会议上，讨论了这场争论的现状和僵局。在这个冷战时代，他认为"让世界的团结，或者至少是欧洲的团结，在奥斯陆获得胜利，这符合所有参与这项工作的国家的利益"。语言总是会制造障碍，但是，"科学家和技术人员为什么不能尽最大努力为世界上的彩色电视创造一个单一的、统一的系统呢？"[152] 埃斯平专注于至少实现一个共同的欧洲彩色电视标准，对实现全球标准的可能性显然持怀疑态度。此时美国已有 550 万台彩色电视机（预计到 1967 年将翻一番），并且其他 NTSC 标准的既定用户（如日本）已经在该系统上投入了大量资金，如果 NTSC 没有被选中，其也不太可能做任何改变。尽管从技术上来讲，在欧洲趋于一致采用的 625 线标准下使用 NTSC 系统是可能的，但欧洲国家希望展示其技术能力，并为自己的制造业获取经济利益。[153] 即使是这样也不可能。

在奥斯陆，政治代表再次与技术专家混在一起，特别是在法国代表团中。[154] 埃斯平成立了一个由核心国家（主要是欧洲国家）组成的小组，试图达成妥协。该小组包括法国、意大利、荷兰、德意志联邦共和国、英国、美国、瑞士、捷克斯洛伐克、苏联和南斯拉夫。[155] 该小组首先得出结论,无法就单一的全球标准达成妥协,因为"在使用 525 线标准的国家,该系统已投入公共服务,但在其他地方,该系统普遍不被接受",所以,取消 NTSC 作为标准,并在世界范围内确保至少有两种系统。随后,该小组成员为欧洲寻求一个折中方案,特别是因为几个国家计划在 1967 年推出彩色电视服务。法国宣布,如果所有其他欧洲国家都同意将 SECAM IV 作为欧洲标准,并同意尽一切努力将其发展到商业化的程度,那么它愿意支持 SECAM IV。在这几天时间里,尽管有来自埃斯平的压力,指责其阻碍统一欧洲标准,但德意志联邦共和国和英国经与其各自政府沟通,仍坚定地支持 PAL。德意志联邦共和国和英国不愿意因为等待 SECAM IV 技术研制成熟而推迟实施 1967 年推广彩色电视的计划,并且也不愿意致力于研发不是 PAL 的系统。因此,法国撤回了对 SECAM IV 的支持,小组的努力失败了,争论再次回到了更大的研究小组中来。[156]

最终,欧洲国家在 SECAM III(法国、苏联和其他东欧国家)和 PAL(除法国以外的所有西欧国家)之间分裂,而美国、日本、加拿大和其他一些国家仍然忠于 NTSC。[157] 共识未能达成。法国保住了自己在苏联和东欧的市场,从而避免了其在 819 线单色系统中被孤立的状况再次发生,但法国未能为其产业获得西欧市场。[158] 正如埃斯平在全体会议上做报告时所总结的那样,尽管"这是 CCIR 历史上研究得最透彻的问题之一",但研究小组无法"就全世界不超过两种系统或欧洲不超过一种系统提出一项建议"。埃斯平自己"也对这种不可能感到非常遗憾"。[159]

显然，政治——尤其是法国将这一进程公开政治化的决定——成了妥协的障碍。这种政治化之所以成为可能，部分是因为 CCIR 标准机构的公私混合性质，其代表团成员是由国家政府而不是技术协会选出。在欧洲内部，法国指责德意志联邦共和国和英国阻碍了欧洲的统一，德意志联邦共和国和英国则指责法国和苏联通过联盟形式将一个技术问题转变成了政治问题。[160] 对于黑白电视技术的向下兼容性只起了很小的作用，因此，早期未能实现单一的单色标准对于上述问题的影响也就不大。[161] 奥斯陆小组最初认为不可能实现单一的全球标准，是因为单色的 525 线标准形成了 NTSC 彩色标准，使得该系统与现有的欧洲单色系统不兼容。当然，如果不是国家政治和经济问题主导了这两次关键会议及其后续行动，欧洲在 625 线标准上的统一，以及与美国、日本和其他使用 NTSC 标准国家更好的兼容性，本是可以实现的。在战后的语境中，尽管实现全球标准是一项挑战，但第六章会表明这是可能的。这一失败也凸显了许多成功，例如，集装箱的标准化有多么了不起。

国家法规和国际标准制定

集装箱和彩色电视这两个案例之间的相似性和差异性令人瞩目。相似之处包括竞争企业在美国标准化中的核心地位，以及欧洲利益的重要性，无论是冲突的还是共享的，是国家的还是地区的。此外，在这两个案例中，来自瑞典的标准制定者（斯图伦和埃斯平）都大力支持国际标准化工作。瑞典是一个高度工业化的国家，但国内市场很小，因此对与其他工业化国家进行无摩擦贸易有着非常强烈的意愿。

差异也是显著的。在集装箱案例中，基于不同标准而已经拥有重要业务的公司虽然彼此竞争，但均来自美国；如果它们能够达成一致，制定国际标准将会容易得多。相比之下，在彩色电视案例中，国家利益发挥了巨大作用。就集装箱案例而言，国家和国际标准机构都是民间和自愿的，国际标准化组织（ISO）中的国家代表团是由国家技术机构任命，而不是由政府任命的。相比之下，从一开始，立法机构和国家监管机构就参与制定电视标准，因为在许多国家，政府支持发展技术和控制广播，并且在所有国家，政府分配频谱资源，以使广播电视成为可能。尽管国际无线电咨询委员会（CCIR）以其作为一个技术机构而自豪，但国际电信联盟是一个政府间组织，因此代表团最终由政府控制，为法国实施民族主义议程开辟了道路。

彩色电视案例表明，政府和监管体系可能会阻碍国际标准的制定。虽然政府有能力阻止国际标准的制定，但其并不一定会这样做。在20世纪下半叶，监管机构经常鼓励采用国际标准。在整个20世纪80年代的一系列讲座中，奥勒·斯图伦对导致各国监管机构与推动国际标准制定的机构之间或多或少的冲突原因进行了深刻的分析。这一全球格局是由不同的国家经济发展水平、帝国历史经验以及已经实现工业化国家的内部市场规模所造成的。

斯图伦认为，发展中国家各国政府接受国际标准制定，是因为这可以使其新兴出口行业不必为不同的市场生产不同规格的产品，从而节约了成本，并且还让它们的高科技产品进口商可以从世界任何地方的供应商处购买产品。此外，国际标准促进了向新兴工业化国家转让技术。国际标准化组织（ISO）的共识过程为许多发展中国家提供了技术援助，以提高其参与标准制定的工程师的技能，并且国际标准化组织还经常承担发展中国家工程师参加技术委员会的费用。[162] 当然，部分发展中国家政府有时不赞同其研发部门对自愿性国际标准的普遍兴趣。斯图伦经常抱怨，全球南方的外交部门更愿意将货运集装箱的国际标准纳入一项具有法律约束力的条约，从而为改善本国的运输系统提供财政支持。然而，这种内部冲突并没有破坏发展中国家政府支持民间国际标准制定的普遍趋势。

与此截然相反的另一端是斯图伦所谓的"旧殖民主义"态度，这种态度在20世纪80年代的英国和法国仍然存在。其企业和政府常常认为，如果能将国家标准强加给前殖民地，那就已经足够了。鉴于发展中国家"希望通过对旧殖民地统治者的技术自由来增补它们已经获得的政治独立"[163]，以及英国和法国对整个欧洲市场日益增长的兴趣，这种情况正在发生改变。对国际标准的反对越来越少，这是斯图伦所认为的"德国式"国家政府的典型特征。德国人致力于制定自己的国家标准，他们几代人以来一直在努力制定规模最大、最完整的工业标准目录，他们推广自己的标准"与特定的商业交易无关，而是旨在为其贸易伙伴的未来市场做准备"。[164] 然而，与发展中国家的出口商一样，德国人对生产符合不同市场、不同国家标准的产品并不感兴趣，而是开始接受国际标准。

根据斯图伦的分析，"日本式"国家恰恰相反，它们是经由为不同市场生产不同商品的能力而取得蓬勃发展的。其更喜欢国际标准带来的成本节约,但没有必要试图将自己的国家标准强加给世界,也没有强烈的兴趣确保其他工业化国家不会通过将自己的标准强加给其他国家而获得优势。那些持"瑞典式"态度的国家是可以在一个"有限的产业范围内"与大型工业产品出口商竞争的,这些国家与"日本式"国家一起,是最支持国际标准化的联盟的一部分。[165]

最后,还有"美国式"国家(这类国家几乎只有美国一个),其大多数工业产品都拥有巨大的国内市场。其公司和政府监管机构对大多数领域的国际标准几乎不感兴趣,只在市场本身具有全球性的领域"为国际标准化"做贡献,"诸如飞机、计算机、货运集装箱和摄影(包括电影和胶片)"等,"竭力在国际上推动采用美国标准"。[166]

在20世纪80年代,持不同态度国家之间的政治博弈,使大多数国家接受了国际自愿标准。最终,促成这一结果的关键因素是美国和欧洲联盟内部的监管政治,因为发展中国家几乎没有能力影响这一结果,日本是欧洲的天然盟友,而随着德国和旧殖民列强都走向"瑞典式"立场,欧洲变得日益团结。此外,回顾第三章中的相关内容,与其他早期工业化国家不同的是,美国没有建立起一个完善的标准制定组织等级网络,尽管有赫伯特·胡佛和"二战"期间的国家标准制定经验,但美国并没有政府与民间标准制定者之间密切合作的传统。尽管如此,美国政府和许多美国企业一直担心,对国际标准制定持"旧殖民主义"或"德国式"态度的国家,可能会通过在国际上推广其国家标准而获得不平等的贸易优势。

从美国标准协会（ASA）许多领导人的角度来看，这个问题始于标准制定者之间的竞争。在战争期间和战争结束后不久，与国际标准化组织（ISO）正在酝酿形成的同时，ASA 试图成为一个更像德国标准化研究所（DIN）、英国标准协会（BSI）或者法国标准化协会（AFNOR）那样的机构。ASA 的领导层试图说服其成员（包括制定标准的专业协会和行业协会）通过 ASA 的流程将其标准制定为"美国标准"。领导层还要求美国政府认可此类标准的优越性，辩称他们已经修改了 ASA 章程，以承担为公共利益服务的核心角色。新的 ASA 章程保证"所有对某一特定标准感兴趣的人都将在其制定过程中拥有发言权"，并且协会的理事会将有三名成员，"以确保代表消费者利益的发言权"。[167]

这项努力只取得了部分成功，在 1966 年至 1969 年期间的第二次尝试也是如此。ASA 短暂地采用了美国标准协会的名字，然后确定为美国国家标准学会（ANSI）。美国政府的联邦贸易委员会（Federal Trade Commission）反对美国标准协会这个名字，因为它表明该组织在某种程度上比美国其他 400 多个自愿标准制定机构中的任何一个都更"官方"。事实上，政府支持许多担心失去自己独立身份和收入的标准制定机构；例如，标准销售占美国材料试验协会（ASTM）收入的 80% 以上，但不到 ANSI 收入的 30%。[168] 此外，美国自愿标准组织网络中的几乎所有组织都遵循利益相关方代表在各个标准制定委员会中都均衡的原则，但做法会有所不同。例如，ASTM 资助了一些重要的利益相关者，否则其就无法参加委员会，[169] 这是奥勒·斯图伦在

ISO 中确立的做法，以保证发展中国家也能够参与技术委员会的工作。尽管在其他工业化国家，这些努力试图形成一个主导性国家标准制定机构，但在整个冷战期间，ANSI 也只是能协调美国约四分之一的自愿性标准制定部门。[170]

建立真正集中的美国自愿标准制定体系的努力被 1982 年 5 月美国最高法院的裁决进一步扼制，这一判决要求美国机械工程师协会（ASME）对"其部分成员在参与标准制定过程的反竞争行为所造成的伤害"承担责任，指的是 ASME 委员会主席维持蒸汽锅炉标准一事。他针对 Hydrolevel 公司的不利因素故意曲解标准。该公司发明了一种新的方法来防止锅炉爆炸，但他说这种方法与标准不符。法院的裁决在美国民间标准制定机构中造成了巨大的不确定性，一些机构离开了该领域，而另一些机构则争相满足法院关于加强正当程序保障的新要求，虽然这些要求相当不明确。由于此时正处于罗纳德·里根总统放松管制鼎盛时期的开始，国会和行政部门没有介入澄清此事。[171]

即使美国政府及其大多数自愿标准制定部门都反对成立一个美国实体——一个对国际标准持"旧殖民主义"或"德国式"态度的强大的国家标准机构，但美国贸易谈判代表和美国企业也同意英国、法国或者德国标准不应管辖国际贸易。正如本章前面所讨论的，美国推动将《关税及贸易总协定标准守则》纳入 1979 年东京回合协议。根据奥勒·斯图伦的说法，《关税及贸易总协定标准守则》意味着在需要技术法规和标准以及存在相关国际标准的情况下，关贸及贸易总定成员将被要求使用它们。《关税及贸易总协定标准守则》允许例外，

但仍设置了规则。¹⁷²

在谈判《关税及贸易总协定标准守则》的同时，美国行政部门的管理和预算局（OMB）开始制定一项国家标准政策，如果拟议的守则要被接受和实施，这是必要的。管理和预算局（OMB）公告 A-119《联邦参与制定和使用自愿性标准》于 1976 年首次提出，并于 1982 年通过了最终版本。该公告鼓励并规定了美国政府在立法和政府采购要求中使用欧洲那种"参考"民间标准的规则。它还规定了美国政府机构应在何种条件下参与自愿性标准制定委员会的工作，包括标准制定主体必须有广泛的利益相关方参与。然而，政府未能明确规定标准制定机构被视作"自愿共识标准制定"组织的正当程序要求（例如，处理反对拟议标准的规则），并在最终版本中删除了这一试图进行规定的草案，因为在数百位美国民间标准制定者中有许多人反对它。¹⁷³

1992 年美国技术评估办公室的一份报告称，负责实施管理和预算局（OMB）公告 A-119 的跨部门机构效率低下，故意"掩盖问题，而不是解决问题"。该报告还指出，为根据《关税及贸易总协定标准守则》追求美国利益而成立的跨部门组织"只有在需要时才做出反应"。¹⁷⁴因此，美国既不能为行业自愿标准制定的国际化提供有效支持，也不能阻止它的国际化。

欧洲的情况则大不相同。在 20 世纪 80 年代，几乎所有的政府和企业都开始接受"瑞典式"的观点。这一变化已有多年的准备作为基础。回想一下，在 20 世纪 50 年代末 60 年代初，早在瑞典或英国加入欧盟很久之前，斯图伦就已经说服他的欧洲同事创建了一个全欧洲范围的标准机构。欧洲标准化委员会（CEN）成立于1961年，1973年加入欧洲电工标准化委员会（European Committee for Electrotechnical Standardization，缩写CENELEC），1988年加入欧洲电信标准协会（European Telecommunications Standards Institute，缩写ETSI），这些组织本可以在20世纪60年代关于彩色电视标准的争论中发挥作用。

20世纪60年代和70年代，随着欧盟成员国数量的增加，以及欧盟内部所有传统贸易壁垒的消除，政府间欧洲理事会越来越关注"非关税贸易壁垒"，如不兼容的国家标准。通过布鲁塞尔的指令或者以谈判"互认协议"的烦琐外交程序手段来取代国家标准的尝试被证明是无效的。当欧盟成员国政府对其指令置之不理时，欧洲理事会根本无法执行其指令，更不用说监督每一家欧洲企业的活动了。[175] 1985年，欧盟委员会成员求助于欧洲标准化委员会（CEN）及其合作伙伴，并宣布了所谓的"新方针"：

> 其计划很简单：监管机构确定简单的目标，即所谓的"基本要求"，而行业将制定满足这些目标要求的技术规范。这项工作将由各成员国国家标准组织的代表在欧洲层面［欧洲标准化委员会（CEN）、欧洲电工标准化委员会（CENELEC）、欧洲电信标准协会（ETSI）］完成，［全欧洲］监管机构将正式采纳以参考这些标准的方式（并且在大多数情况下是唯一可行的方式）来证明相关产品符合监管目标。[176]

最初的目标是在 1992 年之前取消所有欧盟不兼容的标准。为了尽快完成这项工作，欧洲理事会对参与这一进程的成员进行补贴，这与第二次世界大战期间各国政府所做的事情类似。

欧洲产业界的代表们欣然接受了这个管理其产品"使细节干预合法化"的机会。[177]最大的国家标准机构［德国标准化研究所（DIN）、英国标准协会（BSI）和法国标准化协会（AFNOR）］将其工作重点转移到担任欧洲（最终是全球）标准制定委员会的秘书处。一种新的国际标准制定文化在整个欧洲得以确立。

2000 年，优利公司（Unisys）的标准管理总监斯蒂芬·奥克萨拉（Stephen Oksala）指出，在 20 世纪 80 年代和 90 年代，欧洲的新方法也改变了那些通过其欧洲分支机构参与欧洲业务的美国公司的标准制定文化。这些公司开始要求通过国际标准化组织（ISO）和国际电工委员会（IEC）在最高国际水平上开展欧洲工作，以实现美国的利益。这些要求反过来又导致欧洲标准化委员会（CEN）和国际标准化组织（ISO）在 1991 年达成正式协议，并且欧洲电工标准化委员会（CENELEC）和国际电工委员会（IEC）也是如此。[178]奥克萨拉哀叹道："这一过程达到了既定目标，但结果却喜忧参半。"也就是说，"对于某些行业而言，欧洲在国际层面上的参与已经压倒了美国公司，导致人们相信这些协议是为欧洲人签订的，尽管意图是恰恰相反的"。他解释道："这是另一个意料之外的结果。"[179]奥克萨拉的总体观点是，在整个 20 世纪 80 年代和 90 年代，标准制定的国际化是政府行动的意外结果：美国推动制定的《关税及贸易总协定标准守则》和 1995

年成立世界贸易组织（WTO）协议中更强大、更具可执行性的法规，以及欧洲理事会1986—1992年间的新方针。

奥勒·斯图伦不会对这一结论感到惊讶，因为他自20世纪50年代以来就一直致力于建立促成这一结果的体制机制。尽管如此，1986年，在担任国际标准化组织（ISO）"官方"负责人的最后一年（他在2003年去世之前一直担任荣誉秘书长），他经常强调另外两个因素：一个是来自对国际标准制定持"瑞典式"态度的国家的标准制定者的（利己主义的）领导，另一个是标准化运动中工程师们的国际主义。

他在1986年1月对以色列标准协会（SII）的演讲中强调了这两个因素。斯图伦解释说，从国际标准化中获益最多的国家，因此也是最依赖和支持这一进程的国家，"无疑是初步实现工业化或工业非常发达的国家"。[180]毫无疑问，这一群体包括瑞典和以色列。国际标准化组织（ISO）的主要工作一直是创造国际市场和应对这些国家不得不关注的全球问题，因此"当20世纪50年代产生新的运输方法时……ISO成立了技术委员会，为货盘、集装箱、包装尺寸等制定国际标准"，从而"成为ISO历史上较为成功的故事之一"。同样，当环境问题在20世纪60年代末变得明显之时，"国际标准化组织（ISO）……成立了……新的空气、水质、土壤保护技术委员会"，以及"20世纪70年代的石油危机导致……成立了一个新的太阳能技术委员会"。他指出，当下讨论最为激烈的领域是"信息处理、图像技术和工业自动化，并且如果ISO在生物技术领域的作用很快被确立，那我也不会感到惊讶"。[181]斯图伦赞扬了ISO理事会在任命和重新任命技术委员会SII代表（也罕见地有一名女性）时淡化了以色列的国际孤立状况，该理事会同时也"包括几个没有与以色列建立外交关系的国家的代表"；斯图伦说道："在ISO中，功绩和其他任何东西都不起作用，或者我应该谨慎地说，到目前为止是这样，但我必须补充一点，没有任何迹象表明会发生变化。"[182]与勒·迈斯特一样，斯图伦也是一位真正的信徒，他可能夸大了标准化运动意识形态在所有参与者中的存在程度。

在几个月后他的退休庆典上，斯图伦谈到了国际主义对自愿标准化事业使命和成功的核心作用，他回忆起1886年在德累斯顿召开的第一次正式会议（参见第一章），那次会议促成了国际材料试验协会（IATM）的建立，"表明是时候开始着手研究那些只有通过国际合作才能解决或目前尚无解决方案的问题了"。然后，他诗意般地谈到了自己的信念：

> 事实上，如果在我的理想之中有一个真正的哲学成分……那就是，我相信国际主义，我坚信我们在国际标准化方面所做的工作是对这一目标的贡献，但更重要的是，通过规范和稳定技术发展，标准化有助于将技术进步引向服务总体利益。[183]

斯图伦对一位记者提出的国际标准制定是否"不可避免地会导致世界范围'1984'式管制、僵化的一致性和创造力的消失"的问题做出了类似但更平淡的回答。这位记者引用剧作家约翰·奥斯本（John Osborne）写给伦敦《泰晤士报》（Times）的一封信中的讽刺评论："当知道确实有这样一个组织实际存在，并正式被称为国际标准化组织，这是多么令人沮丧啊。"斯图伦回应道："标准解放了人类；它们不会束缚我们……世界标准的另一面是世界混乱，而这正是全世界 1 700 个 ISO 委员会所要极力避免的，它们一直努力工作，默默无闻，却几乎未曾被注意到。"[184]

下一章将更详细地考察在整个第二次浪潮中高科技领域国际标准化组织（ISO）网络内外的标准制定委员会。

第六章

第二次世界大战至 20 世纪 80 年代：美国参与国际 RFI/EMC 标准化

在第二次世界大战之后的几十年里，许多不同类型的标准制定组织在国家和国际两个层面构成了一个复杂的网络，在领域和成员方面都有较大重合，各个组织之间也存在着广泛的互动。上一章中关于集装箱标准的案例就呈现了一种最为简单的结构，美国国家机构（ASA 和之后的 ANSI）之间的互动，以及 ISO 在国际层面的互动。但是，特定工业领域中的标准通常会比这种情况更为复杂，等级秩序也更为混乱，还可能包括政府机构和混合性的标准制定组织，比如像彩色电视机那样的案例。本章将从美国国家标准制定机构和国际机构的关系入手，探讨标准化活动中的一个特定领域，这个领域最初被称作射频干扰（radio frequency interference，缩写 RFI），但从 20 世纪 60 年代起被称为电磁兼容性（electromagnetic compatibility，缩写 EMC）。它展示了第二次标准化浪潮中技术和技术应用驱使公司、政府和工程师制定国际标准的复杂性。

在这些领域之中，有许多专家同时参与相关标准制定的国家和国际委员会。他们彼此发展友谊、分享知识，领导者也因此从特定领域标准化的企业家和外交官之中产生。本章重点介绍这样一位领导者，他是美国电气工程教授拉尔夫·M.肖沃斯。在民间标准制定的广阔历史之中，肖沃斯是特定领域成百上千标准制定领导者的典范。他具有这些领导者和我们在前面章节中所讨论过的标准化企业家所共有的许多品质，特别是交际技巧、个人品质、独立思想，以及对查尔斯·勒·迈斯特标准化的热忱。在第二次以国际为中心的标准化浪潮中，这些品质对美国来说是非常有效的，因为与欧洲国家相比，当时的美国处于劣势；而欧洲国家出于地缘政治原因，一直更多地参与国际标准制定。

本章将始于介绍 RFI/EMC 这一标准化领域，以及"二战"前后在该领域出现的几个国家和国际组织。战争结束后，美国标准化机构和面向欧洲的国际标准化机构之间的紧张关系立即显现。随后我们将重点讨论美国标准制定者如何逐渐认识到国际标准的重要性，以及如何学会有效地参与其中。从 20 世纪 60 年代到 90 年代，电磁兼容性问题涉及的方面非常广泛，从家用电器、汽车、计算机设备到太空卫星传输。实现国际标准需要跨越冷战鸿沟和不同产业领域的区隔。肖沃斯和少数几位同事一起，带领美国标准化推动者将美国融入该领域的国际标准体系，他本人也成了这一领域的领导者。

20世纪60年代前欧洲和美国关于RFI的标准化

当一组电磁波干扰另一组电磁波时,就会产生射频干扰(RFI)。对许多老一代的人而言,射频干扰最常见的表现形式是由吸尘器、过路汽车和微波炉发出的电磁波(或噪声)引起的收音机和电视接收信号杂乱或中断。无线电传输也会相互干扰。RFI领域的标准化始于第二次世界大战之前,那时,各级政府、混合机构和民间组织在国际和国家层面上做了相对不那么协调的尝试;但在战争期间和战后,各个组织在这两个层面都做出了更加协调一致的努力。

两次世界大战期间RFI标准化的兴起

随着20世纪20年代无线电广播的出现,频率干扰成为各国政府和民间标准制定机构的一个问题。[1] 1922年,英国广播公司成立时,英国的电气工程师们就开始发表有关RFI的论文。无线电广播滥觞于1923年的德国,到1924年,德国电工协会(VDE)成立了一个高频委员会,来制定解决频率干扰问题的指导性方案。应德国邮电部的要求,VDE制定了一个RFI国家标准(1928年发布),用于建造和测试设备,以防止发射的无线电波干扰广播。[2] 20世纪30年代,包括英国、荷兰和波兰在内的整个欧洲的民间组织,都在政府的监管下开始自愿制定国家标准。[3]

美国的射频干扰标准化工作肇始于第一次世界大战期间的军方。陆军通信兵为了防止坦克和其他作战车辆发射的无线电波干扰军用无线电通信而制定标准。美国陆军还利用 RFI 去干扰敌方的信号传输，并研发防止敌军干扰己方信号传输的技术。[4]1931 年，美国的民间组织开始行动，爱迪生电气研究所、国家电气制造商协会和无线电制造商协会（它们分别是代表私营电力公司、电气设备制造商和无线电制造商的行业协会）共同成立了无线电接收联合协调委员会。该委员会很快发表了一份报告，提供了用以测量干扰的无线电噪声计的规范。[5]1936 年，美国标准协会（ASA）成立了无线电电气协调部门委员会，命名为 C63，无线电制造商协会是其最初的发起组织（资助和监督），但直到第二次世界大战结束后该委员会才发布第一条标准，当时 C63 的工作也就成为本章内容的核心。[6]

本着自愿原则、由公司主导的射频干扰领域国际标准制定工作在第二次世界大战之前已开始。20 世纪 20 年代，随着音乐节目数量的增加，以及扩音器和扬声器在音质方面的不断改善，射频干扰逐渐成为无线电制造商、广播公司和收听节目的公众面临的一个日益突出的问题，在欧洲尤为严重。1925 年 4 月，来自十个欧洲国家的广播公司在日内瓦举行会议，目的是协调统一无线电频率，以避免互相干扰，并成立了国际无线电联盟（International Radio Union，根据法文名缩写 UIR）。[7]1933 年，国际电工委员会（IEC）、国际无线电联盟（UIR）以及其他相关国际组织在巴黎召开了一次会议，讨论射频干扰带来的问题。出席会议的大多数组织代表同意成立一个联合委员会，名为国际无线电干扰特别委员会（CISPR）。该机构在当时成为（并且至今依然是）无线电射频干扰和电气设备国际标准化活动的核心，它与 C63 一样，也是本章要讲述的重点。此次巴黎会议与会者一致同意，将最初讨论的重点放在两个议题之中，即建立国际统一的干扰"测量方法"和制定"规避商品和服务交易中造成困难的限制性条款"。[8]

国际无线电干扰特别委员会（CISPR）的第一次正式会议于成立后的次年举行，来自国际电工委员会（IEC）的七名代表、国际无线电联盟（UIR）的两名代表以及其他几个组织每个组织各一名代表参加了会议。[9]尽管此次会议是"在 IEC 的庇护下"举办的，但由于解决无线电射频的干扰问题迫在眉睫，新委员会获得了独立于 IEC 国家机构自由运作的权利。[10] CISPR 邀请了国际电信联盟的公私混合标准化机构——国际无线电咨询委员会（CCIR）（参见第三章和第五章）参加 1933 年的会议，但 CCIR 并没有选择成为 CISPR 的成员，可能是因为这两个组织之间有明确的责任划分。CCIR 负责处理无线电服务之间的干扰，向签署国政府建议如何制定避免无线电射频干扰的国家法律；而 CISPR 则侧重于对无线电干扰测量装置进行标准化，并致力为干扰无线电接收的产业和消费装置的无线电波发射设定自愿性限制。[11]尽管职责有所不同，CCIR 和 CISPR 还是会定期派遣观察员参加对方的会议。[12]

国际无线电干扰特别委员会（CISPR）在这一时期主要是一个欧洲委员会，因为无线电射频干扰现象在穿越各国边境的欧洲非常普遍，而像美国这样的大国，比起在国际层面的无线电干扰，它面临更多的是在国内的干扰问题。从 1934 年到 1939 年，CISPR 召开了八

图 6.1　国际无线电干扰特别委员会于 1937 年在布鲁塞尔召开会议。它在这一时期的工作主要集中于制定统一的测量无线电射频干扰方法的标准。IEC 照片文件，由 IEC 提供。

次会议（图 6.1 所示为 1937 年布鲁塞尔会议的参会者），并提出了一些"建议"，正如它最初设定的标准那样（紧跟国际电工委员会和国际无线电咨询委员会在当时的标准化实践）。[13] 它在建立统一的测量方法方面取得了重大突破，但在设置干扰限制方面并没有取得什么进展。[14] 在 1939 年 7 月巴黎会议之前，CISPR 商定了一个以比利时电工技术委员会的原型设备为基础的 CISPR "计量器具"（一个旨在提供统一测量方法的装置）的标准草案，并委托比利时再制造几套；在巴黎会议上，CISPR 将这些设备分发给其他国家组织，以便它们在其他地方进行测试。[15] 彼时第二次世界大战爆发，直到 1946 年，CISPR

才再次举办了会议。

"二战"期间,大多数射频干扰标准化工作再次成为国家性的,而非国际性的。德国电工协会(VDE)发布了数项战时遏制无线电射频干扰的标准。[16] 在美国,ASA 的 C63 委员会与政府机构密切合作,这些机构包括联邦通信委员会和军方。[17] 同盟国通过战时的联合国标准协调委员会(UNSCC)协调了一些标准,但是在 1945 年 5 月,当 UNSCC 提议对无线电射频干扰采取协调措施时,ASA 理事会回应说,该领域的合作需要开展更多的研究。[18] 1946 年,C63 发布了它的第一个美国标准 C63.1,用于测量 150 kHz 至 20 MHz 范围内的无线电干扰;但它只不过是 1945 年 6 月陆军—海军联合规范 JAN-I-225 的一个翻版,是新瓶装旧酒罢了。[19] 在随后的几年中,C63 发布了众多针对频率范围逐步扩大的测量标准。

战后美国与国际 RFI 标准化机构之间的紧张关系

"二战"结束之后,制定无线电射频干扰领域的国际标准化工作重启,并且随着美国的加入,紧张局面初现端倪。国际无线电干扰特别委员会(CISPR)的专家委员会于 1946 年再次召开会议;与战前一样,国际电工委员会召集并提供了会议支持。[20] 尽管 CISPR 的主要成员仍然是来自欧洲国家,但其 1946 年的会议首次包含了美国的官方代表团以及加拿大和澳大利亚等其他非欧洲国家的代表团。[21]

将美国纳入国际无线电干扰特别委员会(CISPR)同时带来了技术和文化两个方面的挑战,这一点可以从该组织于"二战"之后举办的前两次会议提供的报告中获知。1946 年，欧洲成员国报告了它们在对 CISPR 标准进行国际比较方面取得的进展，加拿大和澳大利亚代表表示渴望合作。然而，美国代表团却表示，美国目前正采用一套与之不同的标准来测量无线电射频干扰，这套标准是由战前无线电接收联合协调委员会（C63 的前身）制定的。它们同意将这一标准与 CISPR 的标准进行比较，但表示"美国代表团不能迫使自己接受国际标准"。[22] 在 1947 年的会议上，美国代表团报告说，已有 2 000 多个无线电噪声计在美国投入使用，并且认为"为无线电噪声计制定永久性规范［标准］的时机还不成熟"，因为当时还没有进行充分的研究。其认为，无论如何，任何此类规范都不应涉及噪声计的结构，而应仅关乎其性能；CISPR 的噪声计标准不适合在美国使用，因为它的频带太窄，而且不够灵敏。美国代表团提交了一份 C63 声明，敦促 CISPR 对两个噪声计进行对比测试，并公布它们之间的相关性，通过测量方法的直接可比性，使它们朝着"通用临时标准"的方向发展，会议主席对此表示同意。[23] 直到 20 世纪 60 年代中期，测量方法一直是美国和其他 CISPR 国家代表团之间产生分歧的原因。

1946 年，代表们还讨论了国际无线电干扰特别委员会标准（CISPR）与国家法律之间的关系，在这一话题上，美国再次成了局外人。所有代表团都报告了本国关于无线电射频干扰的现行法律，以及"本国当局是否认为该事项应继续由 CISPR 处理"。[24] 一些国家已经或希望根据 CISPR 的建议制定详细的法律条例（如比利时、法国、瑞士），其他国家代表则表示任何法律条例的制定都必须具有普遍性（如加拿大、英国）。美国代表团坚持认为，根据美国标准协会（ASA）与联邦通信委员会（FCC）共同制定的标准，在美国减少无线电干扰的任何措施都完全是自愿的。考虑到CISPR与政府及私营机构关系的重要性，以国际电工委员会（IEC）秘书长身份出席会议的查尔斯·勒·迈斯特提议作为CISPR成员的IEC应包括政府代表，并与国际无线电咨询委员会（CCIR）合作，使其与CISPR建立密切的联系。[25]

其他问题的分歧较小。"二战"之后前两次会议的与会者反复强调国际无线电干扰特别委员会（CISPR）需要与国际和国家层面的、政府和非政府范畴的其他标准化机构进行协调合作。一些国际标准化组织和行业协会的代表出席了1946年和1947年的CISPR会议。会议报告还经常提到国际电信联盟的各专门委员会，包括国际电话咨询委员会（CCIF）和国际无线电咨询委员会（CCIR），并敦促与它们进行合作。[26]1947年，该组织考虑将其业务范畴扩大到新的领域和频率范围。一位比利时代表指出，扩大的"频率范围将电视纳入了标准化领域"，英国代表团则表达了汽车点火系统可能会对电视接收器产生干扰的担忧。这时，美国代表团提供了一份报告，描述了一项有关汽车点火系统干扰电视接收的标准，该标准是由汽车工程师学会和无线电制造商协会联合达成的，使用的是C63标准无线电噪声计。[27]代表团同意将频率范围扩大到将电视纳入其中，并要求国际电工委员会（IEC）理事会将其名称的最后一个词从 Radiophoniques 改为 Radioélectricques，这一更改于1948年得到了批准，并于1953年

正式生效。²⁸

国际无线电干扰特别委员会（CISPR）的内部结构和发展进程是在"二战"之后慢慢形成和演进的。1947年，CISPR成了独立的国际电工委员会特别委员会，其秘书处为英国标准协会。²⁹在20世纪50年代末，在此之前一直处于非正式状态的CISPR工作流程正式确立："1956年的布鲁塞尔会议规定了CISPR的职权范围，并制定了一个与国际无线电咨询委员会（CCIR）形式相同的建议、报告和研究问题的工作流程"，这反映了CCIR的公私混合机制对CISPR的有趣影响。³⁰此外，CISPR还采用了IEC的六个月信件投票规则制度。

政府间的国际电信联盟也同时经历了类似的机构改革过程。"二战"后，由于无线电和雷达技术的发展，国际电信联盟在战前制定的国际无线电条例需要进行大幅度调整。国际电信联盟于1947年举行了两次协调会议，以更新无线电条例。³¹这些会议确认，为了避免无线电射频干扰，国际电信联盟将分配无线电频谱并采取频率分配登记制度，成立国际频率登记委员会（International Frequency Registration Board，缩写IFRB），作为政府间组织机构来管理全球官方广播频率。³²国际电信联盟的国际无线电咨询委员会（CCIR）将"开展研究、制定建议［标准］、收集和发布有关电信事务的信息"，并设立一个专门的CCIR秘书处来组织会议。³³1948年，CCIR召开了"二战"结束后的首次会议（之后每三到四年召开一次会议）。³⁴它建立了13个研究小组（Study Groups，缩写SGs），这些小组的研究议题从无线电信号传送器和接收器（SG I 和 II）到电视（SG XI，见第五章）。

美国在 20 世纪 60 年代通过国际 RFI/EMC 标准化找到权宜之计

20 世纪 60 年代初,在国际和国家两个层面,代表不同利益的多个标准组织井然有序地运行,虽然这些组织有着截然不同的文化背景和实践方式,但它们都致力于达成共识。国际电信联盟的公私混合机构——国际无线电咨询委员会(CCIR),侧重于研究地面和空间广播信号之间的无线电射频干扰问题;国际无线电干扰特别委员会(CISPR)则是制定测量和减少来自工业和无线电使用设备对广播和电视接收产生干扰的标准;美国标准协会(ASA)的 C63 委员会主要负责在其诸多成员组织中制定并协调美国国家标准,其关注点与 CISPR 一致。在本节中,我们将探讨美国和国际标准化组织,以及人们在 20 世纪 60 年代的 RFI 工作中是如何进行互动的。同时在 C63 和 CISPR 工作过的一系列人物,包括拉尔夫·M. 肖沃斯、布鲁克斯·H. 肖特(Brooks H.Short)和弗雷德里克·鲍尔(Frederick Bauer),给我们提供了一扇窗,让我们窥见组织和共同体之间的紧张关系。在描述他们在美国和国际 RFI 标准制定者之间达成一个权宜安排的努力之前,我们首先介绍一下 20 世纪 60 年代早期 CCIR 的工作流程背景(它促使 CISPR 流程形成)和 C63 的国家标准制定情况。

CCIR 国际标准制定中的官僚文化

1959 年,在苏联发射人造卫星"斯普尼克"(Sputnik)和美国发射"探索者一号"(Explorer I)后不到两年,国际无线电咨询委员会(CCIR)在洛杉矶举行了第 9 次全体会议,将其视野扩展到了太空,并将第四研究小组(SG IV)的工作重心重新放在了"太空不同位置通信系统的技术问题"上。[35] 与此前相比,太空中的卫星使得无线电频率干扰问题成为一个愈加无法回避的国际问题。CCIR 第 10 次全体大会定于 1963 年举行;1962 年 10 月,CCIR 主任、来自瑞士的恩斯特·梅茨勒(Ernst Metzler)会同几名研究小组的组长一起记录了 1959 年洛杉矶全体会议以来 CCIR 总部和研究小组的活动情况。[36] 他们的报告呈现了 CCIR 正式的、官僚般的运作方式,包括他们如何与其他标准组织进行协调,如何记载其技术工作,以及如何达成共识(包括跨越冷战政治集团的界限)。我们可以从一名美国代表的记录中深入了解该代表团在这个国际机构中的工作情况。

首先,国际无线电咨询委员会(CCIR)积极且正式地与民间国际标准化机构,特别是国际电工委员会(IEC)和国际无线电干扰特别委员会(CISPR)进行协调沟通。例如,为了这一领域"两个组织的标准能够统一",CCIR 秘书处的一名成员加入了 IEC 的一个特别工作组,以更新 IEC 测试无线电信号发送器的规范。[37] 同样,IEC 也与 CCIR 和其他国际电信联盟咨询委员会保持联络,"以便知道可以在哪些方面提供帮助,以及了解到各政府规定或期望的限制界限"。[38] 1962 年,CCIR 和 IEC 的美国分部还任命了国家级的联络单位。[39] 研究小组内部也开展了协调合作。第一研究小组的组长向其研究小组成员发放了数份有关信号发送器的 CISPR 文件,并建议评估 CISPR 最终确定的测量方法是否应被 CCIR 采用。负责研究信号接收器的第二研究小组主席提到了与 CISPR 的合作以及与 IEC 就电视接收器方面的联络。[40] 一份 CCIR 文件（转载于 CISPR 的一份文件）建议 CCIR 暂时接受 CISPR 的测量方法和仪器。[41]

国际无线电咨询委员会（CCIR）运作的第二个特点就是出版了大量的文件，这也反映了其官僚作风。秘书处为 1959 年全体会议编制了五卷文件，每卷用三种语言编写，为 13 个研究小组的临时会议各编制了 14～100 份文件，而且数量还在增加。[42] CCIR 的瑞士主管梅茨勒始终坚持正确的程序，他在瑞士的政府电报、电话和无线电管理部门工作了 30 年，同时也是国际无线电联盟（UIR）和国际电信联盟的代表。[43] 在提交给 1959 年大会的报告中，他详细阐述了 CCIR 标准化过程的文件结构，这为国际无线电干扰特别委员会（CISPR）的工作方法流程提供了一个参考模型。几个彼此相关且具有顺序性的文件类型构成了 CCIR 的流程，指引研究小组朝着制定推荐规范的道路前进。[44] 整个流程始于全体大会一致提出的一个问题，然后是描述针对此问题进行研究的计划，并详细阐述研究小组为解决这个问题所需开展的工作。一份由研究小组成员或外部人员进行的研究报告往往会对问题进行部分回答。建议或标准是"当一个问题全部或部分得到解决时发表的声明。问题通常终结于建议的提出"。[45] 最后，在极少数的情况中，如果委员会希望就非技术性问题发表意见的话，该组织将采用决议的方式来终结这个问题。每四年一次的全体会议代表亲自到场进行投票表决［不像国际电工委员会（IEC）或 CISPR 那样经常通过邮件投票〕批准新的建议。文件会在会议举办前六个月完成编制和分发,以便在各代表团内部和各代表团之间进行讨论。

尽管被广泛用于其他语境中的报告形式各异,但国际无线电咨询委员会(CCIR)的问题、研究计划、建议和决议的类型都采用了相似的结构,都是为了强调技术理性主义,且都以国际联盟时代之前发展的政府间会议的做法为范本,并在联合国体系中继续沿用,国际电信联盟和CCIR都是这一系统的一部分。[46] 1963年CCIR起草委员会的一份文件对每一项格式都进行了示意性说明。[47] 尽管列表中的项目数量各不相同,但提出的建议均采用统一的标准形式,如下所示:

The C.C.I.R.,

考虑因素

(a)……

(b)……

建议

1.……

2.……

"考虑因素"可以包括对首要原则、背景、报告和现有建议的参考。问题、研究计划和罕见的决议也遵循类似的格式,以"考虑因素"开始,然后是"决定应研究以下问题"或"决定应进行以下研究"或"解决方案"。[48] 这种标准化特定体裁的通用格式表明,遵循

"考虑因素"在逻辑上和技术上都是十分必要的，这就从修辞上强化了 CCIR 以技术（而非政治）作为导向的信念。[49]

国际无线电咨询委员会运作（CCIR）的第三个特点是其达成共识的过程。与国际电工委员会和国际无线电干扰特别委员会不同的是，CCIR 代表团是由各国政府批准，而非它的技术和标准机构，这一因素可能会导致代表团之间更难形成共识，如同我们在第五章中所看到的，彩色电视标准化的尝试惨遭滑铁卢。然而，冷战双方成员国的技术贡献有时会形成毫无争议的一致性建议。[50] 但在另外一些情况下，双方往往无法达成共识，尽管研究小组的负责人很少明确指出那些显而易见的矛盾之处。[51]

我们可以从记录在案的罕见冲突事件中得知，当美国代表团没有遵循国际无线电咨询委员会（CCIR）严格的官僚程序时，局势一下子就紧张了起来。一位美国代表在临时会议期间（而非流程中要求的提前几个月）向第二研究小组发放了一份建议草案，这显然违反了 CCIR 的章程和规范。这份文件提出了一些评估信号接收器系统灵敏度的新参数。第二研究小组的组长向 CCIR 成员分发了这份美国草案，并发表声明称，这一变化"完全改变了现有建议的精神和实用价值"。[52] 美国不尊重 CCIR 流程的行为，显然是此次冲突被记录下来的原因，这也使美国的建议被拒绝。

美国国家 CCIR 组织（负责美国代表团）的审议意见进一步阐明了美国与国际无线电咨询委员会的关系。由于美国没有电信部，所以它派往参加 CCIR 的代表团包括了私人公司和政府机构的专家；然而，与国际电工委员会和国际无线电干扰特别委员会不同的是，美国国务院保留了对该代表团的监督权和否决权。[53] 美国国家 CCIR 组织由一个执行委员会组成，负责"在 CCIR 活动范围内制定和实施国家政策"以及与 CCIR 相应研究小组的事务。任何与其有利益关联的公司均可以加入，但执行委员会往往难以保障它们的行业利益和代表性的地位。[54] 1961 年 8 月至 1963 年 1 月，执行委员会每隔几个月会举行一次会议，其中绝大多数与会者都代表政府机构（例如，国务院、国防部以及联邦通信委员会），这部分是由于举行会议的国务院总部距离这些机构比较近，而距离相关私营公司的总部较远。[55] 然而，当该组织需要资金来举办两个研究小组的 CCIR 临时会议时，执行委员会将目光转向了产业界，强调"政府不经营电信业务，按照传统，不能为上述活动提供大量资金"，因此需要企业来负责。[56]

鉴于政府的主导性地位，美国执行委员会除了关注技术优势外，还关注国家利益，这一点并不让人感到意外。例如，1961 年，当一个 CCIR 研究小组的美国副组长成为负责人时，他提议美国在决定支持谁作为继任者时，应把"其利益与美国利益相一致"纳入考虑范围。[57] 有时"美国利益"受到冷战的影响。另一位美国人抱怨说，CCIR 让一些政府管制较少的自由企业陷入尴尬的境地，当这些自由企业要求获得无线电信号接收器的详细信息时，苏联提供了，而美国却予以拒绝，因为"美国公司不愿意提供保密的、具有竞争力的信息"。[58] 在其他一些时候，美国利益受到严格的商业条款的约束。例如，美国执行委员会讨论过一些美国制造商的投诉，该投诉称国际电信联盟赞助的东京研讨会被日本制造商变成了一场销售活动；美国执行委员会还决定让美国驻日内瓦代表与来自美国的国际电信联盟秘书长杰拉尔德·C.格罗斯（Gerald C. Gross）进行了非正式会谈，以杜绝此类问题的再次出现。[59]

更令人感到惊讶的是，在整个20世纪60年代，美国和其他国家代表团跨越冷战边界分享了技术信息，甚至包括第四研究小组所涉及的备受瞩目的太空领域。格罗斯秘书长认定，太空无线电通信是国际合作的一个关键领域；因此，他在1961年要求苏联和美国各自向日内瓦秘书处派遣一名该领域的专家，共同研究与太空有关的问题。[60]在这些早期的对太空的研究中，美国的一份报告"如实陈述了关于通信卫星领域7个通信系统的运行状况"；一份苏联的文件则提供了其代表团关于太空频率分配的建议表；此外，不止一份英国文件报告了对1962年7月10日发射的电信通信卫星（Telstar satellite）的实际实验，该卫星使用的是贡希利·唐斯（Goonhilly Downs）圆盘式卫星天线。[61]因此，无论是CCIR的官僚作风、国际电信联盟的政府间性质，还是政府主导的国家CCIR组织对于冷战的芥蒂，都没有完全压倒标准制定者所持有的技术问题应凌驾于政治之上的信仰，尽管它们的确限制了技术交流的范围。

C63中的美国标准的制定和协商

接下来，我们转向通过C63进行的美国国家RFI领域标准制定工作。正如国际标准化领域有多个利益不同的组织需要协调一样，混乱的美国体系（见第三章）也包括许多在 RFI 领域工作的不同标准化机构。因此，美国国家标准的制定需要协调与发展，而宾夕法尼亚大学电气工程教授拉尔夫·M.肖沃斯是带领该委员会开创这一战略历程的重要人物。

与奥勒·斯图伦一样，肖沃斯也是在第一次世界大战结束后出生的，并且同样是在一个大城市的郊区度过他的成长岁月，只是这个城市是费城而不是斯德哥尔摩；不过他夏天会和他的大家族一起住在彭克里克，这是宾夕法尼亚州中部一个被农场包围的小镇。1935 年，肖沃斯从宾夕法尼亚州哈弗敦市（Havertown）的高中毕业。高中毕业纪念册上写道："拉尔夫是一个非常讨人喜欢的家伙。他态度坚定，并且可以依靠自己的努力做到最好。同时，他又是一个以行动而不是言语著称的沉默寡言的人。"他荣获附近的宾夕法尼亚大学的奖学金，在那里他获得了学士学位（1939 年）、硕士学位（1941 年）和博士学位（1950 年）。与斯图伦不同，肖沃斯本身就是一位杰出的工程师。第二次世界大战直接或间接地将他引入无线电射频干扰领域。在通用电气公司短暂工作一段时间后，1941 年，肖沃斯被紧急召回至宾夕法尼亚大学顶尖的摩尔电气工程学院（首批计算机之一 ENIAC 很快就在那里被研发出来）担任研究助理和讲师，来接替一名从预备役被征召入伍至现役的人。肖沃斯在宾夕法尼亚大学的研究被认为对战争"至关重要"，为此他服兵役的时间被选择性地向后延迟了。这项研究成为他对射频干扰技术产生毕生兴趣的开始；他研究噪声测量、武器系统通信以及所有通过控制电气干扰改善通信的问题。从 1945 年作为助理教授，到 1989 年成为荣休教授，宾夕法尼亚大学一直是肖沃斯职业生涯的中心。第二次世界大战之后，在与美国海军、陆军及美国国家航空航天局（NASA）签订的研究合同下，他继续在无线电射频干扰、仪器仪表和测量领域工作，在当时，军方为此类研究工作提供了丰厚的资金支持。直到职业生涯后期，他都保持着与军方的合作。1948 年，通过担任 C63 委员会中无线电工程师协会（IRE）的代表，肖沃斯开始自愿承担标准制定工作。与此同时，奥勒·斯图伦在几个月前刚刚接受了他的第一份标准化工作，而这两人全身心投入标准制定工作，以及他们开始在国际标准化组织中发挥重要作用的历史进程即发端于几年之后，也就是 20 世纪 50 年代中期。[62]

1958 年，在从事国家标准化工作十年后，肖沃斯出席了他的第一次国际无线电干扰特别委员会（CISPR）会议，当时他率领美国代表团参加在海牙召开的第六届 CISPR 全体大会（如图 6.2 所示，肖沃斯是美国代表团的成员[63]）。这是他的第一次海外旅行，他在给妻子的信中写道："会议目前进行得很顺利，因为美国的意见被纳入了考虑范围，在英国提出的重组建议下，我们基本上达成了目标，但我仍然对其无法完全信任。"虽然他也说自己喜欢与英国代表们交往。高中毕业纪念册中所记录的个人品质令他与其他标准制定者建立了富有成效的关系，并成功地跨越了不同个性、文化和标准环境所带来的鸿沟。这些会议显然也让他意识到，美国参与 CISPR 的程度并没有达到预期目标，他在随后举行的 CISPR 全体大会上发表评论说，"美国有很多工作需要做，我希望这些工作能够在未来三年内做到"。他间

图 6.2　拉尔夫·M. 肖沃斯（美国代表团的右侧）在国际无线电干扰特别委员会会议期间的工作照，应该是其 1958 年首次参加在海牙举办的会议。由肖沃斯家人提供。

接地保证，"根据主席的建议，我初步提议下次会议在费城举办"，届时一些工作也会得以完成，这也让美国和 C63 承担起组织这一会议的责任。[64] 从那时起，肖沃斯就在国家和国际两个层面积极参与 RFI 的标准化工作。1958 年的会议是肖沃斯在接下来 53 年里参加的无数次国际标准化工作海外旅行中的第一次。他去过六大洲的几十个国家，有时（和斯图伦情况一样）也会在妻子的陪同下前往。虽然这些旅行开始会让人感到筋疲力尽，但也会产生非凡的意义，并且鼓舞人心。最重要的是，肖沃斯也从中获得了一种成就感。

民间自愿组织 C63 是肖沃斯从事这项工作的国家性基础，它的成员主要是由专业协会、贸易协会以及政府部门的人士，而非个人或公司代表所组成。1960 年该组织的成员构成是这样的：专业机构，如美国电气工程师学会（AIEE）和无线电工程师协会（IRE）；行业协会，如国家电气制造商协会（NEMA，它是20世纪60年代C63的赞助方）；政府部门，包括国家标准局和联邦通信委员会；只有两家企业成员——西联电报公司和航空无线电公司，它们分别主导着美国电报行业和商业航空无线电通信行业。[65] 最后，两名自由成员（一名教授和一名咨询工程师）的加入丰富了C63的会员成分。C63指导委员会所制定的会员政策偏向于吸纳协会，而不是企业；例如，在1960年，其拒绝了一家制造无线电噪声计的公司的会员申请，转而建议"应向所有已知的无线电噪声和磁场强度测量仪器制造商发送一封公开信函，建议这些制造商成立一个组织，从而获得它们在C63委员会中的利益代表地位"。[66] 当C63主要关注于噪声的标准化测量而不是制造噪声计时，ASA认为C63是一个科学委员会，并放弃将其成员严格按照生产者、消费者或一般利益相关方进行划分的原则。[67]

无论代表哪个组织，C63的许多成员在1960年都隶属于无线电工程师协会的射频干扰专业小组，包括C63在20世纪60年代的两位主席。[68] 第一位是威廉·帕卡拉，他是西屋电气公司一位才华横溢但年事已高的电气工程师，在肖沃斯还在小学时就一直活跃在美国电气工程师学会中。[69] 帕卡拉从1955年至1968年担任C63的主席，以国家电气制造商协会（NEMA）代表的身份参加了该委员会。他的继任者是肖沃斯，一开始是代表无线电工程师协会（IRE），而后代表电气和电子工程师协会（IEEE）。[70] 肖沃斯在1960年至1961年间担任美国无线电工程师协会射频干扰专业小组的负责人。

1962 年至 1963 年，无线电工程师协会（IRE）和美国电气工程师学会（AIEE）经过一次复杂的合并，成立了电气和电子工程师协会（IEEE），这一过程包括将 AIEE 面向标准的技术委员会与 IRE 面向教育的专业团体进行合并。[71] 同时，该专业领域的电气工程师还将其领域的名称从射频干扰更改为电磁兼容性（EMC），表明其涉猎领域范围的扩大，不仅包括了无线电频率的发射，如来自汽车或微波炉的辐射，而且还包括了对无线电频率的抗干扰，保护无线电或其他设备免受外来辐射的能力程度。到 1963 年 6 月，新合并成立的 IEEE 电磁兼容性专业技术小组由此诞生。肖沃斯带领这个新组织的一个委员会向标准化方向发展，他主办了一个只能通过邀请才可以参加的标准研讨会，并提议修改该组织的章程和细则，"以适应'标准的产生'"是该组织业务范围的一部分。[72] 1963 年，合并后的 IEEE 成立了一个正式的标准机构，即 IEEE 标准委员会，到 1964 年，肖沃斯设法让 EMC 小组获得了在 IEEE 标准委员会中的代表权。[73] 在 20 世纪 60 年代后期，IEEE 的 EMC 小组（最终成为 IEEE 的 EMC 学会）加入由 C63 协调标准制定的混合国家组织之中。EMC 小组也成了以肖沃斯为中心的美国电气工程师群体的专业基地；与此同时，在 20 世纪余下的时间里，肖沃斯也参与了 C63 和其他国家标准化机构，以及诸如国际无线电干扰特别委员会（CISPR）、国际电工委员会（IEC）、国际无线电咨询委员会（CCIR）等国际机构。[74]

在 20 世纪 60 年代早期，C63 制定了一些重要且基础的美国 EMC 标准。到 1964 年，除了照搬军方标准的 C63.1 之外，该委员会还制定了三个不同频率下对噪声进行测量的国家标准（分别命名为 C63.2、C63.3 和 C63.4）。[75] 为在标准上达成共识，针对特定技术领域而成立的任务小组开展了研究、讨论、投票和协商等一系列工作。C63 没有使用国际无线电咨询委员会那种正式、具有官僚性质的文件类型（正如 CISPR 当时所做的那样），但它定期分发信函，包括报告、标准修订建议和提案投票，此外还每年举行两次指导委员会会议。它还遵循适当的程序规则，将每一张反对票或对选票的评论制成表格并给出答复，而这通常会引发更多的通信往来和额外的投票表决环节。经过漫长的研究和批准过程，C63 终于在 1964 年发布了上述所有三个标准。

从这一时期到 1968 年，标准制定工作或多或少处于原地踏步的状态。随着这三个标准的发布，显然可以看出，帕卡拉将注意力转移到了国际层面，担任 C63 国家标准制定小组委员会主席的哈罗德·高珀也不再参加 C63 指导委员会的大多数会议。[76] 指导委员会的其他成员偶尔提出重新启动标准制定的必要性，但直到 1968 年，在更年轻、更有活力的肖沃斯接替帕卡拉成为 C63 主席之前，什么都没有改变。在 1968 年的最后一次会议上，肖沃斯解释道，他和高珀通过电话，探讨了几个需要注意的领域，包括重组小组委员会的一些工作组。高珀出席了 1969 年 7 月的会议，并报告说，他的小组委员会自 1965 年以来首次召开会议，并计划投票重新确认 C63.2、C63.3 和 C63.4 标准，因为更名的美国标准协会（1966 年接替了 ASA）要求所有的美国标准每五年进行一次修订、重申或废除。在接下来的一次会议上（当时的美国国家标准机构已更名为 ANSI），高珀报告称三个现有标准已经成功通过了重新审核，新一轮的标准化活动也随之开启。[77]

标准制定只是 C63 在美国 EMC 标准化工作中的一部分。鉴于美国体系的复杂性，其他机构的相关标准也希望得到协调改进，包括建议将由成员组织制定的标准纳入美国国家标准范畴。[78] 1968 年，标准制定活动重回正轨，在肖沃斯的领导下，标准的协调改进工作不断发展。他在 C63 会议中增加了其成员组织开展标准制定相关活动的汇报环节，这些成员组织包括国家电气制造商协会（NEMA）、电气和电子工程师协会（IEEE）、联邦通信委员会（FCC）（报告立法而非自愿性标准制定工作），以及美国陆军和汽车工程师学会（SAE）。[79] 在 1968 年的最后一次会议上，他发放了一份各成员组织之前活动的摘要汇编，随后又分发了一份增补资料，其中列出更多组织的活动情况。IEEE 提供了最详细、最广泛的活动清单，包括来自 5 个不同委员会或专业兴趣小组的标准，以及 IEEE 的 EMC 小组活动情况，而肖沃斯是其中的活跃分子。

在国际舞台上应对 CISPR 和 C63 之间的紧张关系

C63 尽管负责制定并协调改进美国标准，但它在国际范畴内的标准化活动，特别是美国与国际无线电干扰特别委员会（CISPR）的关系，是其 20 世纪 60 年代会议的主题。IEC 的美国国家委员会（USNC）对 CISPR 代表团有监督权，而 USNC 的大多数代表都是 C63 成员。在 C63 组织内部，帕卡拉首先推动美国参与 CISPR，其次是肖沃斯，这是因为 CISPR 的决策对日益国际化的贸易活动有潜在的影响。由于许多欧洲国家将 CISPR 的标准纳入国家法律，所以针对那些国家市场的美国产品（如汽车、计算机设备）就得符合 CISPR 在无线电发射和抗干扰性方面的标准，这种忧虑在 20 世纪 70 年代的美国产业界变得愈加强烈。因此，在 CISPR 中获得话语权和影响力至关重要，但这不是轻易就能做到的。战后美国首次加入该组织时所产生的摩擦一直持续到 20 世纪 60 年代，反映出了美国的不定期参与、技术的差异性、难以相处的性格以及不同的标准化文化等一系列问题。

为了参加通常在欧洲举办的会议，美国代表需要耗费更多的时间和金钱漂洋过海，并克服海外旅行的不便。1958 年，拉尔夫·肖沃斯率领他的第一个国际无线电干扰特别委员会（CISPR）代表团参加在海牙召开的会议，他不仅参加了持续一个多星期的会议，还参观了一些欧洲实验室。在写给留在家中陪伴孩子的妻子的长信中，他谈到了这项工作的艰辛，"到目前为止，我没有哪一天是在凌晨 1 点之前上床睡觉的——周一，我们 7:30 有一个会议，而我和我的室友写报告'写到第二天凌晨 3:45'"。我们也读到他在会议结束时给予的评价，认为会议"进展顺利"，并试探性地提议 1961 年在美国费城召开 CISPR 全体大会。[80] 这仅仅是肖沃斯与 CISPR 保持长期关系的开始。

美国对国际无线电干扰特别委员会（CISPR）工作组会议的参与往往处于一个不稳定的状态，这在一定程度上反映出，其前往欧洲在制订旅行计划、花费时间和资金方面比欧洲人在欧洲内部旅行要费时费力。例如，C63 抱怨，美国的工作组成员很晚才获悉 1960 年将在伦敦举行工作组会议的消息，这导致他们无法及时安排足够的代表参加，他们称这种情况之前经常发生。作为 CISPR 的 IEC 美国国家委员会（USNC）技术顾问，帕卡拉迅速组织了一些可以在短时间内出发的美国成员，并安排他们参加所有的工作组会议。[81] 随后，CISPR 的所有工作组都任命了美国候补代表，为参与此后会议的美国代表提供更多机会。对于美国代表来说，资金也是一个问题，因为这些代表并非受雇于那些愿意出钱让他们参加会议的企业。

在 C63 的帮助下，美国国家委员会（USNC）于 1961 年在费城主办了国际无线电干扰特别委员会（CISPR）全体会议，这是在美国首次举办的 CISPR 会议，如同肖沃斯 1958 年参加的那次会议，美国代表团为筹备这次会议做了大量精心的准备。为了支持 USNC，在肖沃斯的主持安排下，C63 成立了许多委员会来为会议筹集资金，并精心组织会议与考察活动等。[82] 会议开始前一年，帕卡拉就提醒所有参加 CISPR 工作组的美国代表，"美国参与这项国际活动并获得认可的最佳途径之一是为即将召开的大会提供美国文件"。[83] 他敦促代表们收集所有涉及 CISPR 研究问题的文件，并在 CISPR 大会召开、发布文件之前六个月提交给 IEC。随后，他要求传阅关于提交文件的详细说明，首先要提交给 USNC 进行审批，然后将 250 份英文副本和 150 份法文副本提交 IEC 中心办事处，在那里，这些文件将被一一分配 CISPR 编号，之后再进行分发。主办费城大会的筹备工作耗费了 C63 大量的时间和精力；事实上，C63 从会议前几个月一直到会议后 18 个月都没有开过会。[84] 但是，C63领导层认为这一切都是值得的，因为美国参与CISPR的程度不断提升，这是双方关系取得进展的一个标志。

除了参与度的问题，技术问题和人员个性也可能给美国及C63与国际无线电干扰特别委员会（CISPR）之间的关系造成困难。测量无线电射频干扰的方法是"二战"之后产生的问题与矛盾的根源，并且一直持续到20世纪60年代。1958年，美国国家委员会（USNC）向CISPR第4工作组（WG4，研究点火系统的干扰）提交了一份标准草案，其中采用了美国标准噪声计中使用的峰值测量方法，而不是CISPR官方所使用的准峰值方法。[85] 在C63中代表美国汽车工程师学会（SAE）的布鲁克斯·肖特为德科雷米（Delco Remy，是通用汽车公司制造起动机和交流发电机的部门，也是无线电信号发射的重要来源）工作，同时也在CISPR第4工作组中代表美国。事实证明，选择他当美国代表是一个错误，因为他是一个易怒、不能或不愿适应国际标准制定工作的人。1960年，在一次第4工作组的临时会议后，他向C63报告说："美国代表"（指他自己）不同意其他代表关于CISPR测量装置是否适合测量汽车无线电发射情况的观点，并认为美国所使用的真实峰值测量设备更加优越。[86]

在几个月后的下一次工作组会议上，他还是与工作组格格不入。他公布了一份他请汽车工程师学会撰写的声明，声称已经确定真实峰值测量比准峰值测量与观测到的干扰更相关，并且"强烈建议任何涉及点火干扰测量的规范必须基于真实峰值，而不是准峰值的读数"。[87] 他欣喜地向C63报告，"这份文件在会议中投下了一枚炸弹，因为所有欧洲国家都在使用或正在考虑使用准峰值测量系统"。然而，这枚炸弹没有引起预期的变化。工作组决定，由于国际无线电干扰特别委员会（CISPR）没有测量峰值的标准，WG4 只能使用准峰值测量。他们只同意他们"将会要求 CISPR 的'测量仪器'小组委员会 B 提供一个涵盖峰值读数仪器的规范"。有了这项规范之后，他们"将认真考虑我们基于真实峰值读数的规范要求"。[88] 肖特对此并不满意，他说服 C63 的其他成员，认为 CISPR 对所有工作组使用 CISPR 整套测量方法进行所有测量的指令式要求"对美国来说是无法接受的"。帕卡拉［作为 CISPR 的美国国家委员会（USNC）顾问］写了一封信将这一问题上报至 CISPR 总秘书处，"要求"修改指令，纳入其他类型的测量设备。[89]

为什么肖特对升级冲突如此感兴趣，而不是试图解决技术方面的问题呢？他似乎是一个在工程技术方面受过挫折的张扬的人。1946 年，他说服德科雷米和联邦通信委员会（FCC）支持他的计划，通过使用无线电波让汽车相互发出速度和方向的信号来提高道路行车安全。这一想法预示了如今自动驾驶汽车的各个方面。然而不幸的是，在 1946 年，这在技术上是不可行的，肖特在全国和地方对这一想法进行大举宣传，但最终都显得有些愚蠢。[90] 尽管如此，肖特仍继续定期在他的家乡印第安纳州安德森市的报纸上刊登他的事迹，其中一家报纸以"唯一的美国代表"的标题报道了他参与 1960 年国际无线电干扰特别委员会会议的情况，并指出他将"为安德森带来独一无二的名声，下周"他将作为唯一一位参加"特别会议的美国人……"，

"讨论车辆无线电干扰的问题"。[91]也许在某种程度上，肖特让这场冲突升级，是为了取悦其家乡的读者。

与此同时，针对美国1958年提交的技术提案，英国电气工程师学会于1961年发表了一篇论文，反驳了肖特和汽车工程师学会对国际无线电干扰特别委员会准峰值测量方法的怀疑。这项研究描述了1959年至1960年在印第安纳州安德森郊外的德科雷米测试实验室对英国、美国和德国测量装置所做的测试，"参加测试的有来自美国汽车和点火设备制造商、测量装置制造商和联邦通信委员会的代表，以及来自德国的三名代表和来自英国的本研究的作者"，但很显然，肖特没有参加此次测试。[92]作者们称："安德森试验最重要的结果是验证了美国、德国和英国三国标准之间的一致性和紧密性。"此外，他们声称，"这些试验完全驳斥了"所谓准峰值测量不如峰值测量一致和可靠的说法。并且，他们在两种测量方法之间建立了一个转换系数，让使用任何一种测量方法的人都可以得出相同的测量结果。[93]肖特肯定知道这些测试，因为他在德科雷米工作，那些试验就是在那里进行的，而且该论文的作者之一沃尔特·尼德尔克（Walter Nethercot）是肖特报告中提到的出席CISPR的WG4工作组会议的英国代表之一，但肖特从未向C63提及过这些。[94]在关于1963年WG4工作组会议的报告（这是肖特退出C63和CISPR前的最后一份报告）中，脾气暴躁的肖特声称WG4的其他成员无视他的存在，因此他建议C63彻底退出该工作组。[95]好在C63没有采纳他的建议，而是任命了一位美国代表（福特汽车公司的弗雷德里克·鲍尔，下文将讨论到）加入WG4。

然而根据 C63 的会议纪要，对于肖特的抱怨，帕卡拉在 1964 年国际无线电干扰特别委员会（CISPR）大会召开之前讨论过"CISPR 的运作方式以及增进美国参与和技术贡献的可能方法"。[96] 这次讨论的重点是 C63 和 CISPR 之间标准化文化的差异，以及美国代表学习参与 CISPR 的必要性。委员会成员指出，来自其他国家的 CISPR 代表经常代表该国政府，可能并不认为自愿行业标准与他们的本国法律或 CISPR 和国际无线电咨询委员会（CCIR）标准一样重要。他们在会上讨论说，"欧洲似乎不太注意'晚到的东西'。提案和观点必须在会议开始前被传阅，并被很好地'推销'出去"。这种对正式文件系统的强调也反映了 CCIR 和国际电工委员会庞大的影响力。因此，通常美国代表在最后一刻提出的提案是无法获得支持的（正如前面讨论的美国向 CCIR 提交的提案一样）。在委员会会议上当场所做的决策也有所不同：虽然美国委员会通常以投票方式结束争议性议题的讨论，但"在 CISPR 中，委员会主席简单地反思讨论期间表达出的所有意见，并毫无异议地宣布这或那是该小组的意愿，这种情况并不罕见"。他们建议"在美国与 CISPR 的关系中，应避免以下情况：缺少能够稳定持续出席会议的代表，不稳定的出席率，对研究问题有限的贡献或没有做出贡献，以及超时向国外提交文件"。本次讨论以一个重要的认识结束："处理 CISPR 活动的美国利益集团必须'学会'参与其中。"

以此次讨论作为契机，C63 采用不同的方式参与 1964 年在斯德哥尔摩举行的国际无线电干扰特别委员会（CISPR）会议，并成功地建立起一种可行的运作方式，以使美国更好地参与会议。帕卡拉设立了一个特别委员会，包括所有参加 CISPR 工作组的美国代表，为 1964 年 CISPR 会议收集和编制美国的材料（报告、研究问题）和确立立场。[97] 此外，"美国倾向于使用峰值检测器。1964 年 6 月，为了确定车辆点火系统干扰测量的峰值和准峰值检测器方法之间的相关因素，美国进行了一系列试验"。[98] 其在会议开始很早之前就向 CISPR 提交了一份报告，报告了相关结果，这似乎给尼德尔克和他同事五年前就已经开展的研究工作画上了一个圆满的句号，这份报告强化了两种方法之间的相关性，如此美国可以使用峰值检测器，而其他诸多国家亦可继续使用 CISPR 的准峰值检测器。

当帕卡拉后来向 C63 报告 1964 年国际无线电干扰特别委员会（CISPR）全体会议的结果时，他指出，"在 1964 年的会议上，美国汽车工业完美实现了它的主要目标，CISPR 关于点火干扰的记载文件也体现了这一成就"。[99] 这一结果很大程度上归功于鲍尔，他接替肖特成了 WG4 的美国代表。鲍尔是 C63 委员会中汽车制造商组织的代表，他似乎拥有更适合从事国际标准化工作的气质，享受（并擅长）国际标准化中交流和技术方面的工作。[100] 在这次 CISPR 会议上，鲍尔首次遇见了肖沃斯，他在当时和未来的 CISPR 会议上都是鲍尔的指导者。[101]

1964 年的国际无线电干扰特别委员会（CISPR）会议结束之后，C63 重申并表示将加倍努力来加强美国在该国际机构的参与度。在会议报告中，帕卡拉建议继续"积极参与组织活动，以防 CISPR 的建议对美国国际贸易产生不利影响"，他同时指出，许多国家"出于监管目的"采纳了 CISPR 的建议。[102] 他还提及"美国对 CISPR 在无线电干扰领域的活动越来越感兴趣"。

尽管情况有所好转，但美国全面参与国际标准化活动的障碍依然存在。例如，很难让美国工业界保持对 CISPR 活动的了解，原因很"简单，向所有 C63 可能涉及的利益集团复制和分发如此众多且不同的 CISPR 文件需要耗费大量经济成本"。[103] 为了增加现有少量可用 CISPR 文件副本的流通量，C63 成立了 8 个新的任务小组（对应 CISPR 的 8 个工作组），由各工作组的美国代表担任负责人，任务小组也包括非 C63 成员。每位任务小组的负责人将在小组内分发一份 CISPR 相关文件。意识到美国在广播、电视和电气领域没有很好的代表性，各小组负责人就从这些领域中挑选了一些人出席 1966 年在布拉格召开的 CISPR 工作组会议。[104]

冷战时期的政治原本可能会是一个给美国参与国际无线电干扰特别委员会（CISPR）带来问题的问题，但事实证明并非如此。美国的标准化工作者在 CISPR 中与苏联阵营的代表进行了卓有成效的合作，甚至比在国际无线电咨询委员会中的合作还要多。来自苏联、南斯拉夫和捷克斯洛伐克以及许多其他西方国家和日本的代表参加了 CISPR 在 1964 年以及此后召开的全体会议和工作组会议。[105] 在 1966 年于布拉格举行的 CISPR 第 4 工作组会议的报告中，鲍尔赞扬了新派代表加入第 4 工作组的苏联和南斯拉夫的立场和参与。在某一个问题上，他评论道："值得注意的是，我们立场最坚定的支持者是来自捷克斯洛伐克和苏联的代表。"并且，他还表示，"苏联的无线电干扰测量技术与美国的实践有着惊人的相似之处，特别是与汽车工程师学会拟议规范中使用的 CISPR 技术存有高度的一致性"。[106] 在总结部分，他说道："我在捷克斯洛伐克受到了非常热情的接待。我可以自由活动，摄影也完全不受限制。"在他的要求下，该小组访问了斯柯达汽车厂，他曾报告说该公司生产汽车的速度非常慢，并且只有在获得政府允许的情况下才能购买。最后，他称赞了会议"彻底实施民主"（thoroughly democratic）的方式，这大概是 CISPR 的一贯做法。[107]

美国和 C63 继续努力与国际无线电干扰特别委员会（CISPR）接触，同第 4 工作组的关系也有所改善。在 1967 年奥斯陆 CISPR 第 4 工作组会议的报告中，鲍尔指出美国取得的一些进展。[108] 首先，经过"激烈而漫长的讨论"，美国成功推动第 4 工作组按照美国制造商协会和汽车工程师学会的建议，将目前 CISPR 对第 18/1 号建议的限制范围扩大到 UHF（特高频）电视和地面移动服务。此外，"CISPR 为美国汽车工程师学会（SAE）的使用做了一些缓和性的修改"，包括同意"在技术原因需要的情况下，可以重新讨论整个规范"。他还指出，CISPR 对美国的进展越来越感兴趣，证据是 CISPR 要求提交"最近通过未知渠道引起 CISPR 注意的"两份报告：一份是鲍尔本人在 SAE 发表的关于汽车点火抑制的论文，另一份是联邦通信委员会工作组关于地面移动无线电服务的论文。

他对跨越冷战鸿沟的积极合作再次进行了评论："一个令人感到惊讶的进展是，共产主义阵营国家，特别是捷克斯洛伐克，承担了大量的技术工作。"他补充说道，捷克斯洛伐克已经对"第 4 工作组会议上几乎每一个讨论点都进行了研究，并就一些讨论点提供了大量数据"。[109] 他总结说："苏联和捷克斯洛伐克的工业发展已经产生了与我们类似的移动无线电问题。这些国家是美国提交的技术提案最坚定的支持者。"他指出，事实上这些国家的新提案比美国的还要多。[110] 显然，冷战双方的工程师都认为，标准化应该超越政治竞争。[111]

尽管美国与第 4 工作组的关系有所改善，但仍存在一些矛盾。鲍尔心存不满地注意到，在大多数国际无线电干扰特别委员会（CISPR）的国家代表团中，政府代表占了大多数，而不是行业代表。[112] 这种政府代表权倾向来自查尔斯·勒·迈斯特在 1948 年的建议，为了改善 CISPR 和国际无线电咨询委员会（CCIR），以及政府间国际电信联盟部分之间的互动关系，他提议将政府代表纳入 CISPR 国家代表团。然而，这一建议使 CISPR 本身成为一个介于民间国际电工委员会和公私混合 CCIR 之间的混合体，但美国希望完全由民间机构按照自愿性原则来制定标准。此外，鲍尔认为，"在'一人一票'原则中存在一个非常明显的问题，即在汽车制造业中没有公平权益的小国，与制造和支持其产品的较大工业国家有着同样大的发言权"。[113] 例如，第 4 工作组就需要测试的车辆数量是否符合 CISPR 标准进行了辩论。德国、美国和法国反对现行的要求，认为目前对每个"生产系列"测试六辆汽车的要求过高；英国（代表该委员会的是"邮政人员，当然，他们不负责进行测试"）主张维持测试六辆汽车的要求；而荷兰，一个小型"非汽车制造商"，却主张对每一辆生产出来的汽车都进行测试，这让鲍尔感到非常沮丧。[114]

鲍尔以一种积极的态度结束了他在奥斯陆会议的报告，他说："这个小组似乎非常愿意根据良好的技术信息采取行动，并且渴望获得这些信息。虽然存在民族主义方面的分歧，但在许多非正式的讨论中都表现出了相对合作的精神。"最后，他强调了工作组长期工作的重要性，因为"只有在积累了大量关于其他代表和正在讨论的问题的知识背景后，才能富有成效地参与第 4 工作组的那些会议"，他声称，"这需要两到三年的经验积累"。[115]

尽管此时美国代表团（主要是 C63 成员）已经与国际无线电干扰特别委员会（CISPR）建立了工作关系，但让美国充分有效融入 CISPR 的挑战仍然存在。奥斯陆会议之后几个月，C63 的一个委员会召开会议，准备对 CISPR 为 1967 年在意大利斯特雷萨举行的全体会议分发的材料做出回应。[116] 在由肖沃斯主持的筹备会议上，该小组审议了 CISPR 秘书处分发的 47 份文件，并就每份文件的美国回应达成一致，回应方式从无到提交答复不等。美国代表团关于斯特雷萨全体会议的报告（由肖沃斯和其他三名代表撰写）得出的结论是，会议结果总体上是好的，在制定国际标准方面表现出了真诚的兴趣和"良好的合作精神"。事实上，"美国在帮助建立'国际'地位方面的贡献是卓有成效的，而且在大多数情况下，所采取的最终行动都直接或间接地获得了认可"。尽管如此，他们认为美国仍然可以更加积极地参与其中，提供更多的美国技术和统计数据，向 CISPR 提交其技术方案，将它们与那些被讨论的技术进行比较，并试图在 CISPR 工作的基础上"在美国建立类似或相关的标准,而这些标准目前在美国国内尚不存在"。[117] 在讨论本报告时,C63 建议美国应该更加积极参与 CISPR 标准化过程的所有阶段,并通过一名 IEC 美国国家委员会技术顾问和其他机制正式参与 CISPR 的活动。[118] 这一技术顾问的职位于 1969 年确立,肖沃斯从 1969 年到 1971 年担任助理技术顾问,从 1971 年至临终前两年,他一直担任技术顾问。[119]

20 世纪 70 年代至 80 年代,美国 EMC 学会参与 CISPR

在 20 世纪 70 年代至 80 年代,C63 委员会继续在美国国内不断发挥作用,并领导美国在国际上融入国际无线电干扰特别委员会(CISPR)。拉尔夫·肖沃斯于 1968 年成为 C63 的主席,在他低调但充满活力的领导下,C63 的标准制定工作者更加重视协调美国标准,而不仅仅是制定。更为重要的是,肖沃斯带领美国的标准制定工作者离 CISPR 更近了一步,他本人最终在 1979 年至 1985 年成为该组织历史上第一位来自美国的主席,从而完成了美国标准制定工作者"学会参与"这个最初完全由欧洲人组成的国际机构的过程。

C63:结构和重点的改变

1969 年,当美国标准机构更改为现在的名称时,C63 成了美国国家标准学会(ANSI)的一个委员会。1978 年,C63 的赞助者从国家电气制造商协会（NEMA）转移到了电气和电子工程师协会（IEEE）；自 1963 年成立以来，IEEE 标准委员会就基于自愿协商一致原则制定了电气工程领域的标准，许多 C63 成员是通过 IEEE 的 EMC 小组参与标准制定工作。[120] 图 6.3 展示了该小组（标记为 G-EMC）在 1971 年进入国家和国际自愿标准化体系的情况。1982 年，为了回应泵控制器的反垄断决定和管理和预算局（OMB）公告 A-119（见第五章），ANSI 进行了重组，并从制定标准的机构转变为只批准标准的机构。[121] C63 随后成为一个在 IEEE 标准委员会监督下的 ANSI 认证机构，而不是 ANSI 的委员会。

在此期间，C63 的会员资格和政策也发生了变化。在 20 世纪 60 年代，来自企业的工程师通常只作为行业或专业协会的成员代表参与，有时也会作为观察员来参加，只是这种情况很少。到 20 世纪 70 年代末，随着委员会越来越多地为制造业产品的无线电波发射（或易受干扰程度）制定标准，越来越多的企业（如汉密尔顿标准公司、国际收割机公司、施乐公司、IBM 公司）派出观察员参会，其没有 C63 会员的投票权，但可以担任小组委员会成员。[122] 到 20 世纪 90 年代中期，这些企业和更多企业的代表被纳入会员的范畴，而不仅仅是充当来宾。[123] 为了响应新的 ANSI 政策和 C63 不断变化的工作重点和会员结构，其指导委员会在 1990 年要求将会员划分为六类：专业协会、贸易组织、制造商、政府、测试实验室和一般利益集团，"以此来平衡委员会信件投票的公平性"。[124] 过去美国标准协会（ASA）将 C63 指定为科学委员会的规定不再成立，传统的平衡规则也随之建立起来。

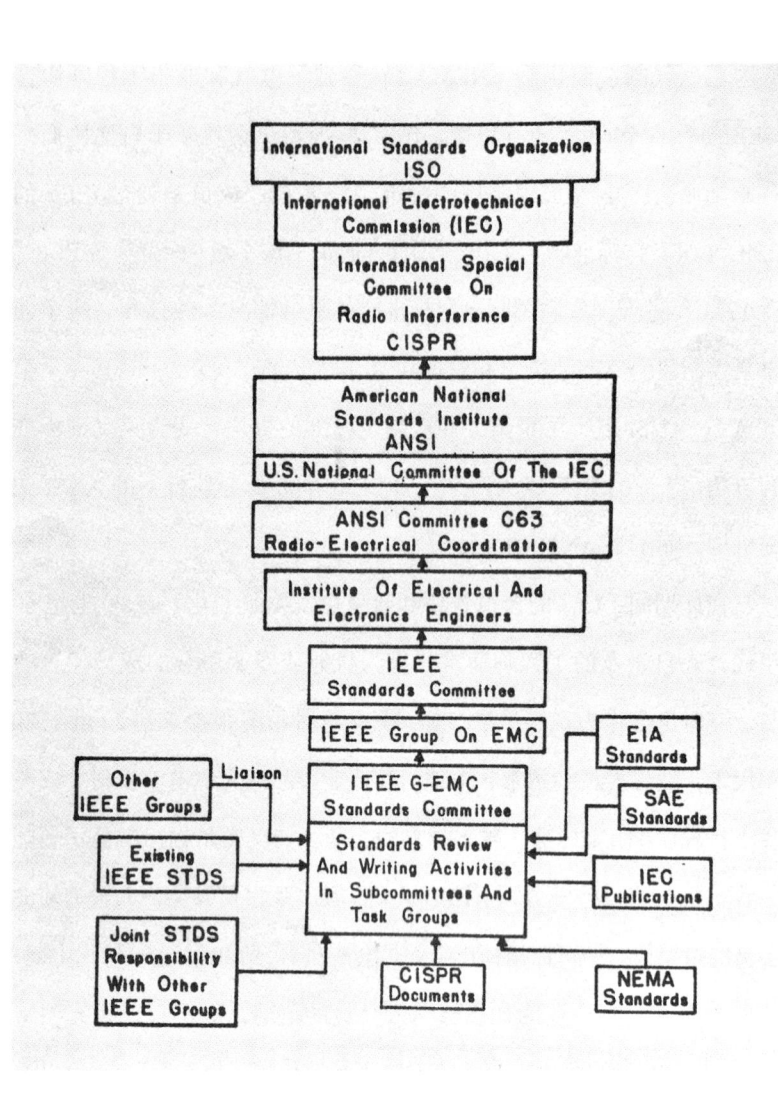

图 6.3 1971 年的图显示了电气和电子工程师协会（IEEE）的 EMC 标准委员会如何将自己纳入国际标准化体系，同时显示了国家和国际标准制定小组在底部提供标准输入，然后这些标准进入一个国际电工委员会和国际标准化组织居于顶层的等级体系。摘自 J. E. 布里奇斯、L. W. 托马斯和 W. E. 克里《G-EMC 标准制定活动的进度报告》，IEEE 的 EMC 管理委员会会议记录附件 D，1971 年 7 月 12 日，费城，托马斯的论文。

在 20 世纪 70 年代末，外部和内部的挑战促使 C63 将工作重点从编写自己的标准转移至协调在混乱美国体系中大量激增的 EMC 标准活动。随着越来越多电气和电子技术的诞生和使用，这些技术之间的电磁兼容性问题也越来越显著。1979 年，肖沃斯主持召开了一次 C63 特别会议，以响应联邦通信委员会（FCC）的调查通知，该通知要求各方识别出 EMC 以及工程、消费者、设备制造和经济方面的问题，并强调要为这一领域的自愿标准制定工作付出努力。很显然，肖沃斯担心 FCC 可能会行使它在这一领域的监管权力，因此建议 C63 对这些问题加以讨论，并精心设计一项应对措施。这种来自外部的威胁直接印证了肖沃斯和他的标准制定工作同伴所认为的美国自愿标准制定的一个目的："如果（努力制定自愿标准的）目标是为了避免政府监管，那么我们必须说服政府，制定自愿性标准将会解决这个问题。"[125]

这捕捉到了企业坚定参与和支持自愿性标准制定活动的一个自利动机，标准企业家和领导者通常不会直截了当地表达出来，特别是在美国。美国的企业普遍不信任政府监管，它们更喜欢自己参与制定民间标准。正如第五章彩色电视机案例中美国所表明的那样，许多制造商并不认为联邦通信委员会（FCC）的监管可以很好地替代美国的民间标准制定工作，一方面是因为政府缺乏必备的技术专业知识，另一方面是因为其流程并不能确保制造商符合强制性标准。肖沃斯的看法无疑也反映在 2011 年美国国家标准学会（ANSI）伊莱休·汤姆森电工奖章颁奖词中对他"长期致力于自愿性标准制定过程所做出的杰出贡献"的描述。[126] 因此，在他的领导下，C63 决定必须向联邦通信委员会的议事日程提交意见，并就这一回应与其成员组织进行沟通协调，其中许多成员组织还制定了相关标准。

后来的事实表明，这种对 C63 标准制定活动的明显外部威胁并不是非常严重，因为实际上，联邦通信委员会并不想用自己的监管来取代自愿性标准。20 世纪 80 年代初，美国国会通过立法，明确授权联邦通信委员会监管电子设备的抗干扰性，但联邦通信委员会的一位代表在 1983 年的 C63 会议上这样表明其立场：尽管有监管电视和录像机的压力，联邦通信委员会还是倾向于参考像 C63 那样的自愿性标准。[127] 在同一次会议上，C63 通过了自己的抗干扰性标准政策。考虑到市场力量和联邦监管在决定制造商是否将抗干扰设计到其生产的设备上时所存在的紧张关系，这项政策对该问题采取了谨慎的态度。该政策建议 C63 在其自身的标准 C63.12 中开展一项计划，制定辐射量和抗干扰指南，并通过与其他组织合作来协调特定问题领域的标准，这一方法显然满足了联邦通信委员会的要求。[128]

肖沃斯本人强烈要求 C63 加强对标准制定的协调工作。在 1979 年晚些时候举行的一次定期会议上，C63 启动了一项新的业务项目：努力协调自愿性标准制定工作。与会者讨论了肖沃斯之前撰写的一篇论文，该文强调了许多制定 EMC 相关标准的组织，以及 C63 在协调这些标准中所发挥的重要作用。[129] 在文中，他列举了在 EMC 领域制定标准的机构，包括 3 个国际组织（国际无线电干扰特别委员会、国际无线电咨询委员会和国际电工委员会）和 12 个美国组织（如 C63、电气和电子工程师协会、联邦通信委员会、军方和贸易协会等），回顾了第三章中提到的野餐区溢出垃圾桶的情景。美国组织，其中大多数是 C63 的成员，都为与电磁辐射及抗干扰相关的仪器、技术和范围制定了自愿性标准。这次讨论促使与会者重新将 C63 的工作重点放在更好地协调这些标准上："C63 委员会可以通过将在类似领域工作的人员聚集在一起，并确保最终标准文件与其他 EMC 相关文件的协调性和兼容性，来为众多标准制定组织提供服务。"[130]

新的工作重点在一年之后激发了一次雄心勃勃的尝试，但最终以失败告终，这一努力是试图在国家层面协调和统一所有的 EMC 标准。1980 年，由 C63 中汽车工程师学会的代表赫伯特·默特尔（Herbert K. Mertel）领导的 EMC 标准制定者工作组在华盛顿特区召开会议，讨论制定一个单一的、统一的国家 EMC 标准；该小组为拟议的国家 EMC 标准起草了一份全面的核心文件大纲［该文件将与国际无线电干扰特别委员会（CISPR）第 16 号出版物保持一致，并借鉴了 C63.2、C63.4 和 C63.12］，并以具体应用领域的材料作为补充。其目的是"通过为仪器、测量方法、辐射程度和抗干扰水平等领域提供一个协调性的方法，来实现电子电气设备和系统的电磁兼容性"。[131] 在接下来的 C63 会议上，采纳这种协调统一 EMC 标准和核心文件大纲做法的想法获得了与会者的广泛认可，此外还有人建议在文件中加入对肖沃斯论文中提到的所有美国机构标准的引用。

到 1981 年 8 月，工作组已经起草了一份长达 200 页的大篇幅草案，声称涵盖了 80% 的国家 EMC 标准，但它永远不会完成。[132] 在

C63 的讨论中,"肖沃斯博士回顾了他关于国家 EMC 标准的概念,创建国家 EMC 标准的目的不是取代其他组织制定的现有标准,而是通过引用将它们纳入国家 EMC 标准之中",这是一种可以缩减草案篇幅的方法。肖沃斯重申了他的设想:"C63 委员会的主要职能是协调标准,而不是制定标准。"然而,到了 20 世纪 80 年代中期,工作组雄心勃勃地试图创建一个全面的美国 EMC 标准的计划失败了,一部分原因是缺乏愿意做这项耗时工作的人(这个问题从那时起变得更糟),还有一部分原因是,创建一个全面、已发布的 EMC 指南是不可行的,因为需要在指南中及时反映各种标准的更新情况。[133] 尽管如此,肖沃斯将协调 EMC 标准作为 C63 工作重点的愿景,仍然是其未来发展方向的核心。

在 C63 中管理共识过程

委员会继续制定、协调和更新现有的标准,拉尔夫·肖沃斯为了在 C63 中能达成共识,花费大量时间与成员进行冗长而艰苦的通信。这个过程可以在 C63.4 标准的修订版中看到,在肖沃斯自己的文件中也有所提及。回想一下,ASA 在 1963 年批准了最初的 C63.4 标准,并在 1964 年发布了该标准,而短暂存在的 ASA 在 1969 年重申了该标准。在 20 世纪 70 年代,肖沃斯通过修订这一标准,最终发布了 ANSI C63.4—1981,到 1983 年和 1984 年,委员会再次修订该标准,在试验区添加了一些新材料。[134] 1987 年,C63 及其监督机构电气和电子工程师协会收到了对新修订部分的投诉,并就此和另一段落的

信息进行了大量的信件沟通，最终发布了一个新的版本，即 C63.4—1988。¹³⁵

C63 随即又开始了新一轮的修订，这一次纳入了与信息技术设备相关的材料。¹³⁶ 到 1990 年，C63 大概已经通过了 10 个草案，肖沃斯组织对 ANSI C63.4—1988 修订版长达 60 页的第 11 号草案进行了投票；该草案获得了 26 张赞成票、5 张反对票和 1 张弃权票。¹³⁷ 由肖沃斯和他两位同事组成的特别编辑委员会对 5 张反对票以及赞成票中提出的建议进行了整理和回应，并再次进行修改和新一轮的投票。第 11 号草案又经历了四个版本（D［raft］11.1-D［raft］11.4），每个版本都在接下来的几个月内进行了投票。¹³⁸ 在对草案 11.3 的投票中，联邦通信委员会（FCC）的阿特·沃尔（Art Wall）将该组织的表决态度从反对改为赞成，并表示"我个人感谢并祝贺您和委员会在发展该学科标准方面所做的努力"。FCC 作为成员参与其中，很高兴 C63 为达成共识做了艰苦的工作。正如肖沃斯在 C63 和 ANSI 的总结报告中所述，对草案 11.4 的按时投票结果全是赞成，尽管在截止日期后出现了两张反对票。¹³⁹ 他解释说，其中一张在电话沟通后被撤回，另一张由于提交时间过晚，"可以考虑作为未来的文件修订意见"。7 月，肖沃斯将该标准提交给 ANSI，进入公共评论期，并对新提交的评论做出回应。¹⁴⁰ 尽管就一项反对意见进行了持续的信件沟通，但在公共评论期结束时，肖沃斯建议公布的 ANSI C63.4—1988 修订版的第 11.4 号草案，只做了一些编辑上的修改。1990 年 11 月，他将其提交给 ANSI 进行最终批准；1991 年 1 月，该草案以

ANSI C63.4—1991 为名获批。[141] 当然，很快，新一轮程序也将启动。

就 C63.4 这样经历长时段、涉及多领域最终达成共识并更新一项标准的过程可能会耗费漫长的时间，并且异常艰难。上述例子突出了自愿协商一致标准制定过程及文件的一个方面，这在国际无线电咨询委员会成员文件中并不明显（因为该机构的最终投票表决是在面对面的全体会议上进行的，而不是通过信件），但所有 ANSI 认可的标准制定委员会都要求：投票和对投票进行回应。这些额外的工作步骤构成了 ANSI 认证标准委员会所需的正当程序。一次又一次地清点每一张选票、处理每一个问题或关切，需要耐心、毅力和勤勉细致，这些表明了标准委员会成员，特别是像肖沃斯这样的主席，为达成共识、取得结果投入了持续不断的时间和努力。在他高中毕业纪念册中提到的坚持不懈的性格对他从事这项工作帮助良多。

管理好这一过程需要一个专门从事这项工作的人。肖沃斯的一个女儿在她父亲去世后是这样回忆往事的："我在童年时期对于父亲的记忆主要是，他总是在工作……在每天工作 24 小时、每周工作 7 天（24/7）这一概念出现之前，他就已经这样工作了。但他热爱他所从事的工作。"另一个女儿说道："他对具有挑战性的工作十分有耐心。无论是专业工作、日常琐事还是业余爱好，任务越有挑战性，他似乎越是乐在其中。"他甚至在家中的乡间小屋里，在劈柴和做其他家务期间都会抽出时间来编写标准文件。他的第三个女儿回忆起他生命的最后一年："许多医生问他想如何度过余生。他总是回答：'做我的工作，以及劈柴。'"[142] 在 2013 年肖沃斯去世之后，从联邦通信委员会退休的阿特·沃尔将他的这位朋友描述为"一个有能力、性情温和,致力于支持控制无线电干扰自愿性标准开发和使用的人"。[143] 他的耐心、奉献和顽强精神,以及对技术领域的深入了解,对国家标准化工作做出了巨大的贡献。或许,这些品质对任何一位有所成就的标准制定工作领导者都很重要。

美国融入 CISPR 国际标准化

肖沃斯也在他的国际标准化工作中展现出了类似的品质。在国际无线电干扰特别委员会中,他稳步加深美国的参与度,使各方建立起对美国的尊重,并将自己和美国融入跨国标准制定共同体。

20 世纪 70 年代初,随着在消费电子领域优势地位的丧失,美国电子产业开始意识到它必须在国际上更具竞争力,这种意识在这一时期不断增强。[144] 美国电子产业还发现其可以通过参与国际标准制定活动来提高竞争力。1971 年,作为 C63 贸易协会成员的电子工业协会(Electronic Industries Association)发表了《美国工业在国际标准制定中的利益》一文,总结了其国际标准委员会在最近一次会议上所表达的观点。[145] 该文章强调了其成员杰克·伊斯肯（Jack R. Isken,代表 TRW Electronics Group）的观点,认为美国以前的技术领先地位在最近有所下降,"其他国家与美国之间的差距已大幅缩小";因此他声称,"别的国家愿意接受我们所制定标准的心理发生了一个非常大的转变"。其他国家不再盲目地接受美国标准,这是一个"在国际标准环境下"尚未得到广泛认可的变化。特别是,伊斯肯担心欧洲国家在国际电工委员会（IEC）（可能还有附属的国际无线电干扰特别委员会）中的主导地位，并强调"美国努力使 IEC 的整个工作成为真正的国际性工作，而不是简单地扩展和覆盖欧洲国家之间达成的协议"的重要性。电子工业协会本身作为 IEC 26 个技术委员会和小组委员会的美国赞助组织，支持了这一努力。

C63 讨论这篇文章时指出，国际电工委员会（IEC）拟议变更的投票政策将要求不打算采纳建议的国家"投否决票时必须给出理由"，原先的规则表明，"国家标准面临着与 IEC 达成一致的压力，如果不同意一致的标准，则需要证明存在差异是合理的"。[146] 1973 年 12 月，IEC 的美国国家委员会（USNC）针对这一压力发布了一项美国投票政策，表示当 IEC 文件被分发用于投票时，如果这些文件与美国标准一致或很容易与美国标准一致，那么 USNC 就应该投票支持这些文件，但如果这些文件与现有国家标准冲突，就应该投票反对这些文件。该政策还规定，"USNC 应在其投票文件中包含针对 IEC 文件和现有美国标准之间关系情况的所有意见，并在文件起始部分对基本差异做简要描述"。[147] 美国标准界对这一领域的国际标准制定活动越来越重视。

在此期间，电子技术的日益复杂和广泛普及也让国际电工委员会（IEC）扩大了其自身在 EMC 方面的活动。它将业务范围扩大到无线电广播之外，包括低频发射和所有电工产品的抗干扰性，成立了处理电磁兼容性问题的 IEC 技术委员会 77（TC77）。[148] 肖沃斯是 IEC 的 EMC 标准执行委员会的成员，TC77 就是在该委员会的建议下成立的；

从 20 世纪 70 年代中期一直到 2011 年，也即肖沃斯去世前两年，他都在为这一组织而工作；并担任 IEC 的 EMC 咨询委员会主席和成员，该咨询委员会帮助 IEC 协调国际无线电干扰特别委员会（CISPR）、TC77 和其他处理无线电射频干扰问题的 IEC 委员会在 EMC 方面的事务。[149]

在此期间，欧洲电工标准化委员会（CENELEC）也进入了 EMC 标准化领域，尽管其受到 C63 成员的关注程度不如国际无线电干扰特别委员会（CISPR）和国际电工委员会（IEC），尤其是 CENELEC 参照了 IEC（包括 CISPR）的许多标准。然而，在 20 世纪 70 年代中期，CENELEC 采用 CISPR 的标准测量仪器，促使 C63 和其他美国标准化机构进行了调整，以维持欧洲市场。[150] 1989 年，欧洲联盟发布了一项 EMC 指令，"这是第一次对商业产品施加抗干扰性要求"。这迫使美国公司调整其产品，也迫使 C63 调整其标准。[151]

尽管存在这些新进入国际 EMC 标准化的成员，C63 成员继续将国际无线电干扰特别委员会（CISPR）作为最相关的国际标准机构，其美国代表（其中大多数都是 C63 的成员）在肖沃斯的领导下，于这段时间逐渐融入这个组织。到 20 世纪 70 年代初，肖沃斯担任国际电工委员会（IEC）的美国国家委员会（USNC）在 CISPR（以及 IEC TC77 和从事术语业务的 TC1）的技术顾问、美国代表团团长和 C63 主席，很好地连接了 CISPR 和 C63。[152] 他的工作需要大量的国际旅行，出差往往持续数周，因为不同的组织、技术委员会和工作组经常安排连续性的会议，以便参加其中几次会议的人都能出席。作为一名学者，而不是对正在制定标准感兴趣的企业员工，他自费承担了所有与标准制定活动相关的旅行支出，这是他愿意支付的一笔数量非常可观的费用，以换取他在这一领域的标准制定工作以及他在所参与组织中的重要地位而获得的个人满足感。[153]

他想念他的妻子比阿特丽斯，并在20世纪60年代的旅行中满怀思乡之情，但到了70年代初，他们的孩子已经长大了，比阿特丽斯开始满怀热情地陪他一起旅行、观光、参观艺术博物馆、参加国际无线电干扰特别委员会（CISPR）的会议活动，并帮他提着装满纸质文件的公文包。[154]尽管他在会议期间仍然保持长时间工作，但其妻子的参与使旅行变得更加轻松愉快，她与其他代表及其妻子的社交活动（在混合社交活动以及女士项目中）巩固了许多长期的商业合作和个人友谊。尽管CISPR委员会的成员在这一时期仍然都是男性，但这些成员的妻子，包括比阿特丽斯·肖沃斯（以及第五章中的诺尔·斯图伦）在内，也不失为标准制定工作共同体中一种重要的黏合剂。

国际无线电干扰特别委员会（CISPR）于1973年6月在美国新泽西州的西朗布兰奇（West Long Branch）举行会议，拉尔夫·肖沃斯担任会议指导委员会主席。这是比阿特丽斯·肖沃斯第三次出席CISPR全体会议或工作组会议，她与弗雷德里克·鲍尔的妻子（图6.4）一起负责1973年会议的女士招待委员会（Ladies Hospitality Committee）会议。[155]会议本身主要聚焦于重组CISPR，这一举措显然是为了使其更符合国际电工委员会（IEC）的程序（而不是CISPR的程序）。[156]之前编号的工作组更名为小组委员会A至F（与当时

图 6.4 拉尔夫·肖沃斯的妻子比阿特丽斯（后排中间）负责 1973 年在新泽西州举行的国际无线电干扰特别委员会（CISPR）会议的女士活动；在这里，她和委员会成员之一弗雷德里克·鲍尔的妻子（最右）与来自德国、加拿大、瑞典和挪威的 CISPR 代表的妻子一起参观蒙茅斯学院（Monmouth College）校园。照片由肖沃斯家人提供。

IEC 所用的命名一致），小组委员会主席将在其中指定工作组。肖沃斯当选为小组委员会 A 的主席，主管"测量方法、测量仪器、统计方法"，这是他的专长，同时美国是秘书处。此外，CISPR 还任命肖沃斯为 CISPR 三位新副主席之一，进一步提升了美国在该组织中的作用。[157]

国际无线电干扰特别委员会（CISPR）达成共识的过程并不比 C63 和国际无线电咨询委员会（CCIR）容易；它现在的流程更像国

际电工委员会（IEC）而不是CCIR，尽管两个组织的文件类型和流程原理都保留了下来。从最初的想法转变为国际标准涉及多个步骤：投票接受一个新的工作项目（IEC类型）或采纳一个研究问题（CCIR类型），然后分发报告（IEC和CCIR都使用），将标准草案分发给CISPR委员会征求意见，最后，根据IEC的六个月规则，在CISPR内就是否将国际标准草案转变为一个国际标准（这是IEC当前的使用术语，取代了先前的"建议"）以信件方式进行投票。[158]在对国际标准草案进行投票时，小组委员会秘书处组织开展多次书面投票，按国家将答复制成表格，并对每项评论做出回应。投票结果最初以相对非正式的方式报告至CISPR中央办公室，但到了20世纪90年代，开始以IEC的方式进行报告，需要提交的文件包括每个国家的立场（参与者或观察员）、它的投票、提供的任何评论、秘书处对投票的评议，以及投赞成票、反对票、弃权票的成员国数量和百分比，还有总体结果（赞成或不赞成）。[159]所有评论和建议，以及秘书处对每项评论和建议的回应，都会在小组委员会内分发，并附在发送给中央办公室的表格中。[160]文件的每一部分，每项评论均按国家列出，同时有秘书处对如何回应的建议（例如，建议对文本进行编辑）。由此可见，在CISPR（如C63）中，达成共识的过程是艰难而耗时的。

在国际上，国际无线电干扰特别委员会（CISPR）始终是C63的关注目标，肖沃斯在其中以及在其他IEC委员会中发挥着越来越重要的作用。[161]1977年秋天在杜布罗夫尼克（Dubrovnik）举行的CISPR临时会议上，C63报告包含了一项重要的声明，即计划于1979年在海牙举行的下一次 CISPR 全体会议上,"来自美国的拉尔夫·M. 肖沃斯博士预计当选为主席"。[162] CISPR 最初完全是一个欧洲委员会,连续九位主席都是欧洲人,但在 1979 年,第一位美国主席产生了。以拉尔夫·肖沃斯之名,美国终于在 CISPR 中找到了自己的位置。从 1979 年到 1985 年,他一直担任这一职务,其间还主持了 1984 年在巴黎召开的 CISPR 50 周年纪念会议。在那次会议上,他以主席的身份,收到了苏联国家委员会发来的贺电,该贺电赞扬了 CISPR 对"和平与创造事业"的贡献。[163] 尽管在 50 周年纪念会议上,一位美国人成了领导角色,勒·迈斯特时代的礼帽也被西装和领带所取代(见图 6.5),但 CISPR 仍然完全是由男性工程师组成。[164] 五十年来,CISPR 中的性别比例没有任何变化,不过国家间的平衡已经悄然发生

图 6.5 1984 年,在巴黎举行的 CISPR 50 周年纪念会议招待会上的 CISPR 主席拉尔夫·肖沃斯(中间,拿着酒杯)。由肖沃斯家人提供。

改变，这在很大程度上归功于拉尔夫·肖沃斯的努力，他将美国纳入其中，并鼓励其他非欧洲国家积极参与。[165]

从 1985 年卸任主席后一直到 21 世纪，肖沃斯始终深度参与国际无线电干扰特别委员会（CISPR）以及国际电工委员会（IEC）的活动，并在他 93 岁那一年（2011 年）参加了在墨尔本举行的 IEC 会议和在首尔举行的 CISPR 会议，这是他最后的重要国际旅行（这次他的妻子比阿特丽斯没有一同前往，她病得太重，无法陪同）。两年后，他去世了。[166] 自 1989 年从宾夕法尼亚大学退休后，肖沃斯继续积极参与国际和国家标准制定活动，使其获得了"'劲量电池兔'（the energizer bunny）的称号，因为他的活跃期如此之长"。这是他去世后，他的一位同事在网上发表的评论。[167] 他获得了美国国内和国际颁给标准制定者的所有最高奖项，但他的最大成就也许就是将美国完全纳入国际 EMC 标准化体系。

本章重点介绍了从第二次世界大战至 20 世纪 80 年代，在一个模糊但重要的工业领域运作的标准制定共同体和组织网络，展现了在第二次标准化浪潮中标准制定工作从国家层面向国际层面的转变。尽管这些标准看上去并不起眼，但它们过去是，现在依然是无处不在的，而且对我们的日常生活至关重要。如果没有这些标准制定工作者的不懈努力，我们可能不仅会担心微波和汽车会干扰收音机和电视，还会担心今天的手机之间会相互干扰以及与周边的其他电子设备发生干扰。如果没有这些标准，卫星信号和飞机信号将会与地面上从电话到计算机的其他技术设施互相干扰。我们的现代技术深刻依赖于这些标准。

这个案例说明，在电子时代，国际标准而非国家标准变得愈加重要。本章阐述了美国标准制定工作者如何克服他们在这一时期专注于国家层面而排斥国际层面的倾向，并在拉尔夫·肖沃斯的领导下逐渐学会参与国际标准制定活动。

从电气和电子工程师协会的 EMC 委员会到 C63，再到国际无线电干扰特别委员会和国际电工委员会，肖沃斯走出了一条标准化职业道路。[168] 在他去世后，一位同事称他是"国家和国际级别的'EMC 标准先生'"。[169] 另一位同事称他为"学术理性之声"以及"EMC 世界中最好的技术和管理巨匠"。[170] 还有一位同事则详细描述了使他在标准界如此有影响力并受人尊敬的品质：

> 他是一位非常谦逊的人，从不追求众人的追捧，尽管他渊博的知识和丰富的经验就足以引人注目了……从拉尔夫那里，我学到了，你不必用最响亮的声音或霸道的态度来完成事情，你只需要有一个合理的理由，并让别人相信这个理由是正确的，并且不要因为一开始的失败，就放弃努力。人们会非常想念他，因为他总能剔除糠秕，露出麦子，无论麦子是好是坏。

1998 年，肖沃斯荣获 IEC 开尔文勋爵奖（Lord Kelvin Award），这是为了表彰他对全球电工标准化做出的杰出贡献，弗雷德里克·鲍尔在祝贺他获得该奖时赞叹道："你就是那个能在不动声色之中腾挪乾坤之人！"[171]他与早期的标准化企业家，如查尔斯·勒·迈斯特、查尔斯·达德利和奥勒·斯图伦拥有共同的品质，但肖沃斯做了其他数百人可能在不同特定领域做过的事情：他维持并帮助改进了那些负责标准化实际工作的委员会，帮助其制定议程和流程，通过这些流程指导孕育形成具体的标准，帮助协调各个组织，并在日益国际化的标准制定共同体中培养和招募新成员。

第三部分

第三次浪潮

到20世纪80年代，第二次浪潮中所形成的国际和国家自愿标准制定组织关系网络已经建立起来了，并且相当稳固。然而，在20世纪80年代末，计算机网络出现，传统标准制定组织对计算机技术快速发展带来的变革显得无能为力，这给当时的标准制定机构带来了挑战。形成不同类型标准制定组织的第三次浪潮率先兴起于数字领域。这些组织在一开始时国际化程度并不高（它们没有国家的代表权或投票权），但最终比第二次浪潮中的标准化组织更加全球化，并为日益全球化的高科技部门制定标准，然后从技术领域扩展到社会领域。

第七章将重点关注20世纪80年代末和90年代，从不受约束的因特网工程任务组（IETF）的形成开始讲述；之后介绍一种新的组织形式，这种标准联盟比传统的标准组织更进一步，主要或完全是由少数志同道合的公司组成；最后阐述万维网联盟（W3C），这个组织融合了第二次浪潮中的组织和IETF、W3C标准联盟的特征。第八章提供了一个W3C标准化的案例研究，重点强调了这一特性在实际中的结合情况，并展示了它与早期民间自愿标准制定模式的相似和不同之处。在第九章中，我们将目光从高科技领域转向新的领域，观察第三次标准化浪潮如何将多方利益相关者共识模式纳入质量管理体系，进而整合到环境和社会责任标准之中。

第七章

20世纪80年代至21世纪初：计算机网络开创标准制定新纪元

诚如第六章所述，国际和国家自愿标准制定组织的关系网络十分复杂，许多组织彼此重合、相互作用，但到了20世纪80年代，这一网络业已建立，并且相当稳定。计算机和计算机网络给20世纪80年代末初具雏形的自愿性标准制定特征和步伐带来了挑战。起初，既有和新的自愿标准制定组织试图以第一次和第二次标准化浪潮中形成的传统模式为基础，来为新技术建立标准，但它们的努力无法满足新技术快速发展而不断提高的速度需求。互联网协议标准之战中的事实胜利者使一个由美国软件工程师组成的非正式小团体——因特网工程任务组（IETF）从默默无闻的小机构变成了为日益重要且全球化的互联网制定标准的主要机构。与此同时，另一种新的标准制定组织形式也诞生了，即由相似跨国公司联合起来、更快达成自愿性标准的联盟（consortia），省去了多方利益相关者协商一致、达成共识的过程。为了避免在新的技术领域失去原有的地位，第一次和第二次标准化浪潮中产生的国际标准制定组织——国际电工委员会和国际标准化组织，必须找到与这些联盟合作的方法。最后，在20世纪90年代，软件工程师蒂姆·伯纳斯-李引入了万维网的基础概念，并成立了万维网联盟（W3C），来为其制定标准。W3C将早期标准制定组织的特点与IETF和联盟的特点结合在了一起。

本章主要讲述这些新的组织机构是如何产生并引发新一轮民间标准制定组织化浪潮的，这些组织既不是国家的，也不是国际的，而是渴求成为全球的。它们的工作对全球经济和人们日常生活的影响不亚于ISO组织下国际标准制定机构网络所创立的标准。

为互联网制定标准

回顾第五章，1960年，时任瑞典标准协会主席的奥勒·斯图伦说服国际标准化组织（ISO）成立了负责计算机和信息处理标准事务的第97技术委员会（TC97）。1961年，在该委员会的第一次会议上，美国的国家机构（1969年改名为美国国家标准学会）被任命为其秘书处，并将秘书处的职责委托给新成立的X3部门委员会。[1]1987年，ISO第97技术委员会与国际电工委员会（IEC）负责信息技术设备的第83技术委员会（成立于1980年）合并，成为ISO/IEC信息技术第1联合技术委员会（JTC1），它是负责制定当今计算机硬件方面标准的主要传统自愿标准制定机构。[2] 1968年，国际电信联盟的国际电话电报咨询委员会（International Telephone and Telegraph Consultative Committee，缩写 CCITT，本书第三章及其他章节提到的电话和电报标准委员会合并之后的组织）成立了一个新数据网络联合工作组，制定数字计算机网络的标准。[3] 与此同时，一些较新的、面向计算机的技术协会也走上一条相对传统的标准化道路。创立于 1947 年的美国计算机协会率先成立了标准委员会，并在 20 世纪 60 年代初与美国无线电工程师协会等其他工程协会合作，制定了有关计算机的标准术语。[4] 在 1959 年首次召开的信息处理国际大会的基础上，国际信息处理联合会（International Federation for Information Processing，缩写 IFIP）于 1960 年正式成立。这个新的信息技术协会国际组织立即成立了一个术语和符号标准化委员会，由一位计算机科学家担任主席，他曾积极参与英国标准协会在计算机术语方面的工作，因此对传统的标准制定过程非常熟悉。[5] 然而，更大的改变尚未到来。

在本节中，我们将考察 20 世纪 80 年代围绕计算机网络在主要国际标准化组织内部和外部展开的标准之争，这对标准化世界产生了深远的影响。从这场冲突中兴起了一种事实上的标准，进而为一个新的、不同类型的全球自愿标准制定机构——因特网工程任务组（IETF）开辟了道路。

互联网标准之争

随着 20 世纪 70 年代和 80 年代计算机连接或网络互联的发展，标准之争中产生了对传统国际标准制定模式的第一次挑战。美国、法国和英国当时都在追求互联异构计算机网络的目标，美国通过国防部高级研究计划局开发自己的计算机网络，法国通过其国家研究实验室的 Cyclades 项目进行研究，英国则通过国家物理实验室（NPL）的实验来进行研发活动。这些参与者出于善意，试图通过传统标准制定组织（如国际电信联盟的 CCITT 和 ISO）努力实现国际标准化，但以失败告终；与此同时，一项新的事实标准 TCP/IP 协议（传输控制协议/网际协议）出现了，并使因特网工程任务组（IETF）突然成了一个主要的网络标准化机构，虽然这个机构与此前的组织具有一些共同的特点，但还是存在非常大的差异。[6]

美国国防部高级研究计划局（ARPA）资助了计算机科学的基础研究，并在几所美国大学建立了计算机研究中心。在 20 世纪 60 年代后期，为了允许跨站点共享计算机，它创建了新的阿帕网项目（ARPANET project）来连接这些计算机，交由高级研究计划局信息处理技术办公室（IPTO）的劳伦斯·罗伯茨（Lawrence Roberts）进行管理。连接计算机需要创建一个系统将数据从一个地方传输到另一个地方。一种方法是采用在电话通话中使用的线路交换，其配有一个专用的通道或线路，所有数据通过该通道或线路一次性传输过去。但是，劳伦斯意识到还有另一种更为强大的替代方案，即分组交换，这种方法是将通信分解为更小的数据块，并以寻址分组的方式将数据包分别送达目的地。这一方案是由美国兰德公司的保罗·巴朗（Paul Baran）和英国国家物理实验室（NPL）的唐纳德·戴维斯（Donald Davies）各自研发出来的。[7] 分组交换成了阿帕网的一项关键技术组件。为了协调 ARPA 研究网络内的计算机联网工作，一群来自不同地方的研究人员和研究生开始定期开会，他们以网络工作组（Network Working Group，缩写 NWG）进行工作，由加州大学洛杉矶分校的研究生史蒂夫·克罗克（Steve Crocker）进行协调。资深的研究人员致力于硬件开发，而将当时被认为不那么有声望的软件开发工作主要留给研究生来做。1969 年，对于 NWG 的内部决策，克罗克建议使用非官方且名称低调的"征求意见稿"（RFC）来征求反馈意见，并就标准协议和其他问题寻求共识。由于 NWG 成员都在 ARPA 资助的项目中工作，他们没有关心或依赖诸如 ANSI 的 X3 委员会或 IEC 等标准制定机构所建立的标准化类型模式。克罗克发布了第一份"征求意见稿"（RFC）后，他在 NWG 的研究生同学乔恩·普鲁斯特（Jon Postel）开始将这些文件编辑成 NWG 的 RFC 系列（最初是纸质的，但在 20 世纪 70 年代早期阿帕网上线后就变成了电子版），这种方式很快就成为阿帕网的准官方标准制定工具。[8]

与此同时，阿帕网 1972 年的一次现场演示使得在华盛顿召开的首届国际计算机通信会议熠熠生辉。三组研究人员是参会主力：由信息处理技术办公室（IPTO）主任罗伯特·卡恩（Robert Kahn）领导的阿帕网小组，包括分组交换开发者唐纳德·戴维斯在内的英国国家物理实验室（NPL）的一个团队，以及由法国国家研究实验室的路易斯·普赞（Louis Pouzin）领导的法国 Cyclades 分组交换网络项目组。在这次会议上，他们成立了国际网络工作组（International Network Working Group，缩写 INWG），以推进分组交换网络方面的工作。

INWG 最初是一个按照 NWG 的方式构想的非正式机构，其主席文顿·瑟夫（Vinton Cerf）是阿帕网的研究人员，刚刚从加州大学洛杉矶分校获得博士学位，并开始在斯坦福大学任教。[9]

尽管网络工作组（NWG）是在阿帕网研发群体内工作，可能会忽视更大范围的标准世界，但国际网络工作组（INWG）却面临着截然不同的状况，它对制定适用于多个国家公共和私人网络的协议和标准很感兴趣。尤其是，INWG 的成员对国际电信联盟的国际电话电报咨询委员会（CCITT）为数据网络制定国际标准的努力感到担忧。CCITT 是一个公私混合的标准制定委员会，与第六章中所讨论的国际无线电咨询委员会一样，其成员几乎完全来自邮政、电报和电话机构（PTT）。他们关注的是连接网络的电话线，而不是节点上的计算机，因此他们试图利用虚拟回路来控制线路。到 1972 年，CCITT 的联合工作组（现已正式成为 CCITT 第 7 研究组，即"新型数据传输网络"小组）批准了其关于连接公共和私人数据网络的第一批建议，并且还创建了一个研究项目，研究问题几乎都集中在虚拟线路联网上，这些问题计划在 1976 年的下一次全体会议召开之前解决。[10]

国际网络工作组（INWG）的成员将允许节点内无连接控制的数据包视为计算机网络的未来，他们认为应该尝试重新引导国际电话电报咨询委员会（CCITT）的工作。他们决定通过国际信息处理联合会（IFIP）来达成目标，普赞就是 IFIP 的成员之一。将 INWG 建成为一个 IFIP 工作组很容易；此外，正如 Cyclades 的合作者休伯特·齐默尔曼（Hubert Zimmerman）后来指出的那样，IFIP 是"科学界的聚会场所"。[11]尽管这一定位使 IFIP 成为 INWG 的适宜主办单位,但它与更官僚的 CCITT 完全不同,CCITT 是由邮政、电报和电话机构(PTT)官员,而非计算机科学家或者代表企业的工程师来发挥职能。作为 IFIP 的一个工作组,INWG 认为其作用是为 CCITT 和 ISO 的 TC97 提供数据包材料。

在接下来的几年里,国际网络工作组(INWG)试图在国际标准制定中发挥影响力,但这种努力并未取得成效。尽管 INWG 的所有成员都支持以数据包形式进行国际联网,但这一全新领域的研究仍在进行之中,尚未就使用何种确切方法达成一致。与此同时,到 20 世纪 70 年代中期,美国国防部高级研究计划局(ARPA)正试图将其国内的阿帕网(连接了美国的大型计算机)连接到另外两个使用无线电和卫星进行连接的实验网络。1973 年,卡恩和瑟夫(当时为 ARPA 工作)开始致力于利用 ARPA"互联网"来连接这些不同的系统,这就是我们现在所说的互联网的核心。研究人员决定使用新设计、尚未完全开发的传输控制协议(TCP)来连接这些系统。虽然直到 1983 年初,ARPANET 的广域网才切换到 TCP/IP(1978 年,TCP 被分为两部分:TCP 和 IP),但在 1975 年之前,那些试图连接现有网络的 ARPA 研究人员已经在开发这种新方法了,而 INWG 的其他成员仍在努力寻找一种大家都能认同的数据包方法。[12]对于传统的自愿性标准制定而言,这一技术领域还不够成熟,传统的自愿性标准制定依赖现有的、经过测试的技术。

1976 年,在国际电话电报咨询委员会(CCITT)全体大会召开前不久，国际网络工作组（INWG）的一个四人小组委员会（包括瑟夫）敲定了一个折中方案，该方案在 INWG 内并未得到广泛的认同。但是，因为他们等了太久，提案很晚才提交给 CCITT 审议［我们在第六章中看到了 CCITT 的兄弟组织国际电信联盟的国际无线电咨询委员会（CCIR）是如何拒绝一项迟交的提案的］，并且没有在国际信息处理联合会（IFIP）工作组的投票中获得批准。[13] 在 1976 年的全体会议上，CCITT 完全忽略了数据包方法，批准了其基于虚拟线路的 X.25 标准，该标准将功能置于网络中，从而将控制权掌握在邮政、电报和电话机构（PTT）手中。[14] 更让 INWG 失望的是，即使在 INWG/IFIP 投票之后，Cyclades、NPL 和欧洲信息学网络同意变换成其甄选的妥协性系统，ARPA 也没有效仿。[15]

与此同时，国际标准化组织也在开展与互联网络相关的国际标准制定工作，但其关注点不是邮政、电报和电话机构，而是计算机制造商和用户，以及连接它们的方式。此时，一些公司已经建立了专有网络系统，如 IBM 的系统网络体系结构（SNA）和数字设备公司的 DECnet，但它们都不允许在专有系统之间进行互联。1978 年，ISO 接受了这个挑战，试图在 TC97 中研发开放系统互连（OSI）协议。国际电话电报咨询委员会（CCITT）的 X.25 标准在匆忙中完成，对于许多问题（如数据包）欠考虑，未能留有余地；相比之下，ISO 的 OSI 标准花费了很长的时间，留下了太多可以选择的空间。

1977 年，英国标准协会计算机标准委员会的几位计算机科学家和工程师，包括国际网络工作组的一些成员，要求 ISO 成立一个新的 TC97 小组委员会，来制定开放系统的网络标准，并以此绕过邮政、电报和电话机构主导的 CCITT 标准和 IBM 主导的专有系统，这两种系统有可能会形成垄断性力量。作为回应，ISO 成立了名为"开放系统互连"的第 16 小组委员会（SC16），美国（特别是 ANSI 的 X3 委员会）担任秘书处，霍尼韦尔（Honeywell）的查尔斯·巴赫曼（Charles Bachman）担任主席。在其他 X3 标准制定的尝试中，巴赫曼已经领教过 IBM 拖延、阻碍达成共识的力量。在 1978 年 SC16 的第一次会议之前，巴赫曼和 X3 提出了一个开放系统互连的七层参考模型，该模型策略性地扩展了 IBM 的系统网络体系结构（SNA）五层模型，在某种程度上给 IBM 带来了一些问题，但同时也与霍尼韦尔的专有网络系统相适应。[16] 毫无疑问，X3 和 ISO 的 SC16 有很多成员乐于对抗 IBM 的潜在垄断，巴赫曼努力推动就该模型达成共识，试图在邮政、电报和电话机构或 IBM 过度干预之前形成一个协议框架，并将其作为标准加以采用。[17]

尽管许多利益相关者以及 IBM 和其他公司有所拖延，参考模型还是经历了 ISO 的标准化过程，从 1979 年的工作草案，到 1980 年的提案草案，到 1982 年的国际标准草案，再到 1983 年通过的国际标准 ISO7498——开放系统互连的基本参考模型，即被广为人知的开放系统互连（OSI）。最终的模型有七个协议层，从下至上依次为物理层、数据链路层、网络层、传输层、会话层、表示层和应用层，如图 7.1 所示。[18] 对于这样一个涉及多方利益、范围广泛标准而言，从提案到最终标准的形成，五年时间并不算很长。但是，基本参考模型只是

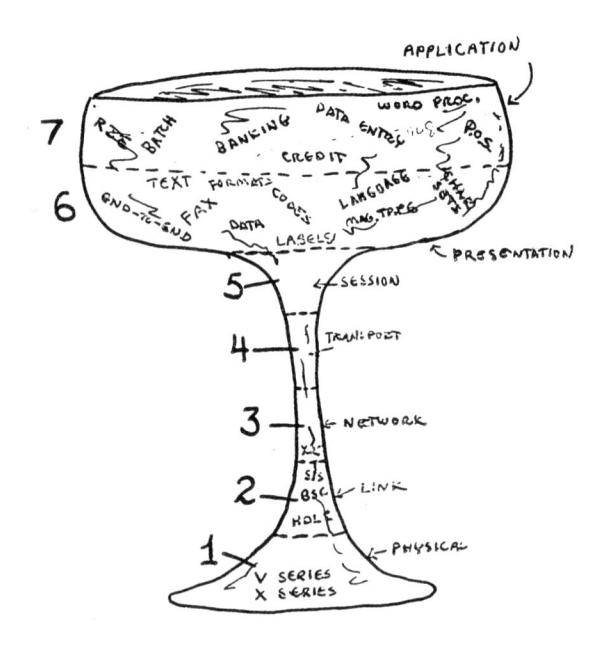

图 7.1　开放系统互连的七层参考模型在 1990 年委员会为 ANSI X3.T2 数据交换所做的说明被绘制成了一个玻璃杯。经哈弗福德学院档案馆许可使用。

一个框架。经过五年的努力，委员会只是刚刚开始用具体标准填充概念层，并在市场上得到采纳和实施。

相较于 ISO 的标准，开放系统互连（OSI）在一个非常重要的方面是不同寻常的。通常来说，ISO 和其他传统的民间标准制定组织要等到产品或技术相当成熟之后，已有的、经过测试的方法被提议作为标准之后才开始进入流程。相比之下，SC16 是正在制定新技术的标准，而不是对现有的技术进行标准化。在 OSI 标准从 ISO TC97、SC16 到 1989 年的 ISO/IEC JTC1 的监督下，到 20 世纪 90 年代初，还没有产品实施七层体系，每一层都还在继续添加具体的标准。OSI 将诸多具体标准纳入模型不同层的可接受标准中［例如，国际电话电报咨询委员会（CCITT）的 X.25 标准中的虚拟线路交换服务被纳入 OSI 的传输层］，以吸引更多利益相关者参与；委员会甚至试图将阿帕网的 TCP/IP 协议纳入 OSI，将 TCP 类和 IP 类程序作为 OSI 的标准，但互联网工程师将 OSI 视为敌人，他们强烈反对与 OSI 达成任何妥协。[19] 国家政府和机构，包括曾资助阿帕网使用其（不兼容的）TCP/IP 协议的美国国防部，签署支持 OSI（或可称作政府 OSI 配置文件的特殊版本，缩写 GOSIP），但鉴于每一层都有许多替代方案，以及缺乏广泛的实施，这种承诺在实践中意味着什么？

虽然开放系统互连（OSI）参考模型一直在概念层面占据主导地位，但它的实施在 20 世纪 90 年代初陷入完全停滞的状态。卡尔·嘉吉（Carl F. Cargill）是计算机标准化领域的一位知名专家，长期担任太阳微系统公司（Sun Microsystems, Inc.）的标准主任，后来担任奥多比系统（Adobe Systems）的标准负责人，他认为问题出在 OSI 使用其所定义的"预期标准"（anticipatory standards）："预期标准是指在某种特定技术以可行商业形式提供产品之前对该技术进行标准化的标准。"由于 OSI 不存在"潜在可接受的实施方案（甚至是清晰的市场定义）"，"标准制定工作努力将其范围扩大到几乎涵盖所有可能的情况"。最终，这种方法引发了混乱："由于该标准提供的选项数量众多，OSI 系统供应商既可以遵守 OSI 标准，也可以完全不与另一个符合标准的系统协同操作。"[20]

开放系统互连项目的命运可以从一个 ANSI 委员会的记录中得到说明，该委员会是负责数据交换的 X3T2，其业务属于 OSI 一层中的一部分，这份记录是由 1986 年加入该委员会并长期担任秘书、贝尔实验室的默里·弗里曼（Murray Freeman）保管。起初，来自各大计算机和电信公司以及许多政府部门的成员参加会议，彼此互换了大量纸质文件（1990 年，100 多份文件的副本邮寄给了 100 多人）。弗里曼不断敦促会员弃用纸质邮件，改用电子邮件，但直到 20 世纪 90 年代中期，效果甚微。随着时间的推移，参与者的数量下降，留下来的人越来越难以从雇主那里得到支持。到 1995 年，出席现场会议的成员太少了，所以"议案准备好……并在全体会议闭幕前通过电子邮件和传真发送给缺席的成员，要求他们出席闭幕会或者'缺席'投票"。弗里曼所保存的记录里最后一次会议是在 1998 年举行，当时只有少数几个人参加；在那一年，JTC1 发布了一个有委员会参与而频繁更新的 OSI 标准 ISO/IEC 8824:1998，信息技术—抽象语法标记。[21]

当弗里曼正在处理努力建立预期标准所遭遇的挫折之时，国防部在阿帕网上实施了 TCP/IP 标准，并于 1983 年开始从军方剥离至民用互联网；事实上，TCP/IP 成为最可行和最流行的网络互联协议。具有讽刺意味的是，一份在 X3T2 创始时期一次会议上分发的题为《一种几乎完全独立的数据传输方法》的文件提出（至少在理论上）建立这样一个通用标准的可能性。[22] TCP/IP 赢得了与 ISO 的开放系统互连和国际电话电报咨询委员会（CCITT）的 X.25 的标准战，为这个从阿帕网的网络工作组（NWG）演变而来的非正式机构成为一个重要的新的标准化机构奠定了基础。

因特网和 IETF 作为自愿标准制定的新模式

阿帕网在 20 世纪 70 年代初建立并运行后不久，最初的网络工作组（NWG）就停止了运作，但是随后出现了稍微正式一些的技术监督小组来管理阿帕网，并沿用一些由 NWG 发明的非正式流程，包括将征求意见稿作为标准化协议的主要文件系列（现为电子版）。在整个 20 世纪 70 年代，瑟夫和卡恩都在持续发展的协议创建过程中占据主导地位。为了推动工作进展，他们最初成立了一个名为互联网配置控制委员会（Internet Configuration Control Board）的小组，由麻省理工学院的教员戴维·克拉克（David Clark）担任主席。20 世纪 80 年代初，一个业务范围更广泛的机构 IAB（最初是互联网咨询委员会，后来是互联网活动委员会，最终是互联网架构委员会）接管了这一角色，该机构仍由克拉克担任主席；尽管它比最初的咨询小组规模更大，但仍然主要由阿帕网研究群体中的成员组成；这些成员来自国防部机构，来自博尔特、贝雷克和纽曼（Bolt，Beranek and Newman）公司等政府承包商，以及来自麻省理工学院等国防部资助的大学。即使在私人互联网和不久后日益商业化的互联网脱离阿帕网之后，IAB 仍然由一小部分计算机科学专家主导［"长老理事会"（council of elders）］。IAB 进一步将协议开发和标准化活动拆分给一个新机构，即因特网工程任务组（IETF），该工作组于 1986 年 1 月首次召开会议。[23] 尽管第一次会议是邀请制（主要面向政府资助的研究人员），但 IETF 很快向任何想参加的人开放，包括希望对互联网进行商业化的企业代表。该组织仍在为互联网制定标准，它摆脱了在国防部内部管理阿帕网更为专断的方式，而迅速向更加民主的治理模式迈进。

互联网标准制定的新模式在 1992 年的"宪法危机"（constitutional crisis）中得到了完善。这个故事在其他地方已被很好地述及，但这里值得做一个简要的总结。[24] 它是由互联网架构委员会（IAB）决定采用开放系统互连的无连接网络协议（ConnectionLess Network Protocol）取代 IP（TCP/IP 的第二部分）以解决未来可能出现的网络地址短缺问题而引起的。在一个月后 IETF 的一次会议上，大多数与会成员对这一决定提出了强烈抗议，并向互联网协会（Internet Society）投诉。互联网协会是一个新成立的非营利组织，旨在代替国防部监督 IAB 和 IETF。IAB 及其主要参与者文顿·瑟夫和戴维·克拉克最终在抗议面前做出了让步。在演讲中，瑟夫脱掉夹克、马甲和衬衫，露出一件印有"一切皆 IP"（IP on Everything）字样的 T 恤，他因此成了一名英雄。更为重要的是，克拉克针对互联网标准化发表了一次充满激情的演讲，总结并赞扬了 IETF 所采用的这种方法，即"我们拒绝：国王、总统和投票。我们信仰：大致共识和运行代码"。

该宣言将这一过程定义为自下而上的和民主的，因为其拒斥国王、总统、ISO 委员会主席以及投票。[25] 因特网工程任务组（IETF）自从举办第一次会议以来就没有正式成员。它对确定成员的拒绝被载入其工作流程和文化准则《IETF 之道：因特网工程任务组新参与者指南》(*The Tao of IETF: A Guide for New Attendees of the Internet Engineering Task Force*,以下缩写《IETF 之道》),该指南在 1993 年首次以征求意见稿(RFC)形式出版,并从那时起定期进行更新和维护。[26]《IETF 之道》阐明:"IETF 中没有会员。任何人都可以注册并参加会议。最接近成为 IETF 成员的方式就是加入 IETF 或其工作组邮件列表中。"[27] IETF 同样摒弃正式投票。《IETF 之道》解释说,自 2001 年以来,"工作组让许多人感到困惑的另一点是没有正式的投票环节。对于有争议的议题,工作组的一般规则是,必须达成'大致共识',也就是说,关心这些议题的大多数人必须同意"。[28] 不同的工作组使用不同的(非投票)方式来确定大致共识,包括诸如,让不同意见的拥护者哼唱,判断哪一组声音更大。[29] 克拉克在宣言中提到的"大致共识"表明,IETF 拒绝参会者认同 ISO、CCITT 和其他更加传统的标准制定组织那种官僚式的投票规则。最后,"运行代码"指的是 IETF 拒绝接受像开放系统互连这样的预期标准,而是坚持新的协议或代码在成为标准之前必须已在多个系统上实现运行。

因特网工程任务组的流程在某些方面与传统的自愿标准制定组织有相似之处。它依靠的志愿者绝大多数是技术专家(通常是计算机科学家和软件工程师)。它同样是基于共识来制定标准,尽管与传统标准组织相比,它对共识的定义更为宽松,并且不需要对每一个否定观点都采取正式的回应程序。与传统组织一样,IETF 遵循既定步骤制定标准(拟定标准、标准草案和互联网标准)。它认可对这一过程进行监督和协调的必要性,所以成立了互联网工程指导小组(Internet

Engineering Steering Group，缩写 IESG），该小组由 IETF 主席、区域主任以及自愿参加 IETF 的参与者组成，然后通过精心设计的（但不是通过投票）过程进行挑选。[30]

尽管有这些相似之处，但因特网工程任务组（IETF）标准与传统标准仍在几个方面存有差异。IETF 标准是在互联网上免费提供的，而不是像许多传统标准制定组织那样以纸质形式出售来给机构提供支持。毋庸置疑，IETF 也会在会议间隔期采用电子方式开展工作，这要比传统标准制定组织这样做早得多。事实上，在 20 世纪 90 年代，IETF 使用其电子征求意见稿（RFC）流程（以网络工作组中更早的电子征求意见稿为模型）和工作组电子邮件列表在会议间隔期进行工作的同时，ISO 中与开放系统互连相关（OSI）的委员会要么主要使用互联网来协调会议，要么完全抵制以电子方式进行沟通（回想一下，直到 1995 年，默里·弗里曼的 X3T2 委员会才将电子邮件视作一种正常的交流方式）。与其他标准组织相比，IETF 在会议间隔期使用电子邮件列表和电子征求意见稿无疑加快了工作进度。国际电信联盟的国际电话电报咨询委员会（CCITT）以四年为一个周期召开全体会议，在全体会议上，标准可能获得批准（或者再被推迟四年），而 OSI 的参考模型从开始提出到成为 ISO 的国际标准花费了五年时间。当然，这些传统标准制定的工作流程可能会延续更长的时间，有时甚至无法制定出相应的标准。1992 年至 2000 年，IETF 的工作速度明显放缓，但至少在其初始阶段进展迅速。[31] 对 IETF 进展缓慢的抱怨在 21 世纪变得极为普遍，一名 IETF 参与者在 2015 年将这种现状称作"IETF

流程中的僵化点"（the points of ossification in the IETF process），并认为 IETF 是一种"又老又慢、非常关心后代的模式"。[32] 2011 年，可能是为了加快工作进程，标准草案阶段被取消。[33] 最近，许多标准仍然停留在拟议标准的层面，但实际却已经被视作互联网标准。[34]

当然，因特网工程任务组（IETF）不同于传统的标准制定组织的互动基调，或许体现了 20 世纪 90 年代和 21 世纪初的计算机专家文化、对电子通信的大量使用，以及早期参与者的年轻化。第六章中提到了纸质标准制定文件在语气上是中立、客观、专业的（没有任何现存会议记录能够说明这些面对面的会议的不同之处），而 IETF 电子邮件列表则显示出了一种更具战斗性、个人化和不羁的辩论风格，偶尔还会有一些"火药味"，这种特征也被认为具有性别意义。[35] 当然，如一些个人描述，1992 年 7 月的 IETF 会议也有不受拘束的面对面交流。参加 IETF 会议时的着装与 1926 年在纽约举行的 IEC 会议上的礼帽（见图 3.1）以及 1984 年在国际无线电干扰特别委员会（CISPR）50 周年纪念大会上的西装（见图 6.5）截然不同；《IETF 之道》强调了参加 IETF 会议时着装的非正式性：

> 与会者要佩戴姓名标签，他们必须穿衬衫。强烈建议穿休闲裤或裙子。不过，说真的，许多新参会者在周一早上身着西装出现时，发现其他人都穿着 T 恤、牛仔裤（如果天气允许，还可以穿短裤）和凉鞋，这经常让他们感到尴尬。[36]

第七章 20 世纪 80 年代至 21 世纪初：计算机网络开创标准制定新纪元

图 7.2　这幅因特网工程任务组会议（IETF）场面的漫画出自一段名为《参加 IETF 会议时所需知晓的最要紧事宜》的教学视频。经互联网协会及 IETF 许可复制。

因特网工程任务组（IETF）和互联网标准化挑战了前几代标准制定工作者所遵从的礼节和礼仪。尽管 IETF 的标准制定活动仍以男性为主（咄咄逼人的辩论风格无疑阻止了许多女性参与），但其大多数成员都会拒绝任何"绅士风度"的自诩。图 7.2 出自为人们首次参加 IETF 会议准备的优兔（YouTube）视频，显示了会议着装的随意性和休闲般的气氛。

与传统组织在国家层面制定标准时的原则相比，最显著的差异可能是对于平衡性要求的缺乏。任何人都可以加入工作组电子邮件列表，注册并参加会议。一方面，公开参与意味着所有的利益相关团体中的个人在理论上都可以参与互联网标准的制定，这是因特网工程任务组（IETF）声称其民主性质的基础。当然，一小部分愿意做这项工作的专家通常占据主导地位。然而，IETF 的开放性加上其缺乏明确的成员资格或平衡规则，意味着一家商业公司如果愿意，就可以派遣许多软件工程师来参加一个工作组，以处理对其特别重要的问题，这样会使得标准制定工作被延迟或失控，甚至有可能在整个过程中仓促选择其首选方案。当被问及在没有平衡要求的情况下，企业是否有可能操纵这个体系时，IETF 的新任主席鲁斯·休斯利（Russ Housley）说，"如果企业想，[这]很容易造成耽搁，但我认为其代表很难完全破坏这个"标准化过程。他还指出，尽管有时很难从所有其希望代表的部门中招募成员，但"我们尽力消除障碍，鼓励那些我们认为水平较低的地方的人参与"。尽管如此，"我们不考虑行业、政府、学术界这种模式，而电气和电子工程师协会（IEEE）——遵循第一次浪潮中标准制定组织传统的平衡共识过程——"在评估投票时会频繁使用这种模式"。[37]

当然，即使在遵从平衡规则的传统标准制定组织中，公司也会找到拖延和阻碍达成共识的方法。此外，IBM 等大型跨国公司可能会在参与 ISO 国际标准化工作中滥用权力，它会令其员工加入多个不同国家的代表团，从而使其联合起来阻挠和拖延标准的制定。[38]尽管如此，因特网工程任务组（IETF）对于平衡规则的缺乏仍严重背离了自愿标准制定委员会在历史演变进程中所形成的规范准则，可能会导致某一个体或者群体参与者发挥更大的影响力。[39]并且,IETF 的"大致共识"概念允许它在限定的情况下忽略分歧，而不是回应并试图解决每一个否定性评论。正如休斯利所说，"不一定要达成一致，有时我们会告诉人们他们处于大致之中,这种大致共识的大致部分也与高尔夫中的术语一致"。[40]也就是说,他们没有达成共识,也没有追索权。

因特网工程任务组(IETF)只是新标准制定组织演变的开端。尽管它在一些方面不同于旧的标准制定组织,但至少还是在一个技术专家治国的框架之内,分享着许多原始的民主价值观念和原则。而大量涌现的标准制定联盟,则形成了愈加背离前几章所述标准化原则的局面。

标准联盟的兴起

安德鲁·厄普德格罗夫(Andrew Updegrove)是波士顿的一名律师,据他所述,由他创立的标准联盟比其他任何律师都多,他将标准联盟崛起的动力描述如下:

> 无论正确与否,20世纪80年代末出现了一种看法,即标准制定组织(SDO)的行动太过缓慢,无法为快节奏的技术世界提供有用的标准。而且,其致力于允许各方参与标准制定,所以一些希望根据标准开发产品的公司认为自己的需求没有得到充分直接的满足。
>
> 其结果就是,大约从1987年开始,涌现了大量非官方的企业团体,每一个团体通常都是为了制定一个标准以满足一项商业需求而成立的。[41]

此类联盟通常由一组在开发可互操作产品方面具有一致利益的销售商组成，其聚集在一起创建标准，而无须经历那种涉及多方利益的传统标准制定的耗时过程，也避免了昂贵而费时的标准战争。[42] 除了制定标准，这些联盟有时还承担一些其他方面的职能，从技术研发、产品实施到市场营销。由于各标准联盟采取不同的法律形式和不同的运作方式，因此对于它们的精确定义变得困难，标准学者坦尼克·埃杰迪使用"联盟"这个术语来"指称这种以会员费进行资助的公司和组织结盟团体，其目的包括制定公开、可共多方使用的行业标准或技术规范"。[43] 此类联盟的会员费可能相当高，因此有时也会被他们自己称作"付费游戏"。[44]

尽管早期这样的团体还很少，厄普德格罗夫还是把1988年称为"联盟之年"。[45] 如上所述，他认为大量联盟成立的促成因素是传统标准制定组织的缓慢进度和公司对于更多标准制定控制权力的渴望。卡尔·嘉吉是一位标准制定者，他撰写了大量关于标准世界的文章，曾在许多标准联盟的董事会任职，就标准问题向国会做证，并担任技术评估办公室和总会计师事务所的标准化专家，他认为关键的一年是1989年。[46] 他指出刺激联盟形成的其他因素：ANSI认证的X3委员会和ISO/IEC JTC1在美国和国际上的地位下降。罗纳德·里根总统领导下的美国商务部质疑过美国国家标准学会，将其称作标准化组织中的"同侪之首"，并提议在美国成立一个新的机构——美国标准委员会，以监督包括美国国家标准学会在内的所有美国标准化机构；美国国家标准学会最终拒绝了这一提议，但为了让美国国家标准学会认可的组织支持这一努力，它对这些组织做出了一些让步，从而削弱了自身作为国家机构的权力。与此同时，嘉吉认为，ISO 在美国公司中的形象也在下降，原因是开放系统互连的崩解、许多美国公司看不上的 ISO9000 的出现（见第九章）以及 JTC1 后来长期的不成功。[47] 从政治经济学的角度而非标准政治的角度来看，历史学家安德鲁·拉塞尔最近指出，美国的政策变化是另一个因素：为了提高美国的竞争力，1984 年的《国家合作研究法案》（National Cooperative Research Act）允许在不违背反垄断法、不发生价格操纵或其他串通行为的情况下制定合作标准，这为美国高科技公司参与标准联盟开辟了道路。[48]

可能出于所有这些原因，在 20 世纪 80 年代末，美国和其他地方的大型信息技术公司都放弃了基于多方共识的标准制定组织，转向满足它们彼此之间的标准化需求，尤其是在许多领域试图建立开放而非专有的系统。联盟还有其他优势；最值得注意的是，除了制定规范外，这种联盟还可以支持在其产品中实施，ISO 等就未能带来如此具体的结果。[49] 因此，一些企业在建立此类合作以实现商业目标方面就更具战略性。[50]

随着形势的变化，早期联盟的目标也发生了变化。1984 年，欧洲计算机公司好利获得（Olivetti）、布尔（Bull）、ICL（国际计算机有限公司）、西门子、利多富（Nixdorf）成立了 X/Open，以建立一个开放的计算机环境，允许各种与 UNIX 相关的应用程序在系统之间转移，来对抗 IBM 的系统网络体系结构（SNA）的发展。到 1990 年，X/Open 的股东人数从 5 人增加到 21 人，这一组织现在还包括 IBM、

AT&T、太阳微系统公司和其他美国公司。所谓的股东，是指那些在 X/Open 创建通用应用程序环境中付费最多且最具影响力的公司，但最终其他公司可以通过付费成为一个用户理事会、两个供应商理事会的成员和其他较低级别的会员类别。[51]1996 年，X/Open 与开放软件基金会（Open Software Foundation）合并，该基金会是由 7 家重要公司（数字设备公司、惠普、IBM、阿波罗、布尔、利多富和西门子）在 1988 年创立，为的是创造一个与 UNIX 操作系统（当时被 AT&T 和太阳微系统公司掌控）竞争的操作系统。[52] 合并后的开放组织联盟在 2017 年仍然存在，并将自己描绘成"引领开放、供应商中立 IT 标准和认证的发展"。[53]

同 X/Open 一样，联盟通常拥有不同类型的成员，例如第二组用户公司，支付较低的费用，在制定标准方面没有发言权，但有助于标准的采用（联盟制定的标准通常是免费的，即便在某些情况下实施这些标准可能需要向专利持有者支付专利使用费，因为成员希望尽可能多的公司采用这些标准）。通常，引领标准制定的企业共享其成立或加入联盟所确立的利益。正如嘉吉所解释的，联盟拥有"标准制定组织（SDO）不具有的先决条件——联盟的成员基本都有相同的想法，通常希望采取行动、付诸实施"。[54] 这种普遍的条件必然使得其所制定的任何标准都不是一组平衡的利益相关者的共识，而是一种有意的不平衡。它们通常由技术生产商控制——至少在标准制定的初始阶段是这样——尽管用户通常是在实施过程中加入其中。

标准联盟也与行业协会有一些共同的特点。厄普德格罗夫认为，在高科技领域，行业协会和标准制定组织正在逐步融合。他指出："贸易协会已经存在了 100 多年，服务于某个行业的一般需求，给参与者提供一个分享知识、计划推广活动、分担游说费用以及以其他方式促进其集体利益的平台。"然而，在今天的技术行业，"标准的一致成为推动这些新兴行业发展和促进集体利益的必要战略的一部分"。[55]回顾一下，在整个 20 世纪，贸易协会通常包括在英国、德国、美国和其他国家的国家标准制定机构中发挥作用的标准委员会（见第三章和第六章）。然而，与诸多现代联盟相比，这些贸易协会通常覆盖更加广泛的行业参与者，而现代联盟最初通常只是由一小部分公司组成。

举个例子来证明行业协会和联盟的融合。成立于 1961 年的欧洲计算机制造商协会（European Computer Manufacturers Association，缩写 ECMA）是一个完全专注于制定标准的欧洲贸易协会。[56]虽然这一组织的发起者有三家公司（分别是布尔公司、IBM 世界贸易欧洲公司、国际计算机与制表机有限公司），但它们还是邀请了所有知名的欧洲计算机设备制造商来参加会议，成立一个新的贸易组织，专注于制定标准。其确立了清晰的成员资格标准，包括"在欧洲开发、制造和销售数据处理机器的公司，或为了商业、科学或其他类似目的而使用处理数字信息机器的团体"。[57]共有 20 家公司成了初始会员，交纳会费。由于 ECMA 从一开始就以制定标准为目的，因此它立即与 ISO 和 IEC 就计算机标准制定进行了讨论，并从 1987 年联合委员会成立之初起成了 JTC1 的联络成员。

20世纪90年代,随着联盟从传统标准组织手中夺取业务,它们的价值也引发了激烈的争论。例如,在欧盟标准的背景下,"人们普遍认为标准联盟的工作效率更高,但它们有限制性的成员规则,而且不民主"。[58]这种感觉解释了美国管理和预算局(OMB)公告A-119和欧盟新方法(见第六章)在自愿协商一致的标准组织(使用美国的术语)和其他标准制定机构之间的区别,特别是因为这些监管行为所处理的标准是在法律中被援引的。尽管如此,欧洲标准化学者埃杰迪认为,"主流言论低估了大多数行业联盟的开放性,高估了正式标准委员会的民主过程"。[59]这一结论是基于对两个联盟的研究得出的:欧洲计算机制造商协会(ECMA)和万维网联盟(W3C)(将在下一节介绍)。与20世纪80年代和20世纪90年代成立的许多联盟相比,这两个联盟在成员资格方面更加开放,且与传统自愿标准组织的联系也更加紧密。厄普德格罗夫也认为,随着时间的推移,"联盟也开始采用大多数(但不是全部)在传统标准制定领域已成为规范的原则"。[60]这些原则,比如开放的过程,使它们具有合法性,进而鼓励标准的实施。他指出,联盟没有遵守对所有反对票进行回应的传统要求以及对决定提出上诉的能力,因此加快了标准制定进程,但简化了正当程序。

传统的自愿性标准组织必须适应更加快速的标准化需求和标准制定联盟的激增局面。例如,ISO/IEC的JTC1在早期就采用了新流程,以面对这两个问题。JTC1中的一项标准通常以一份新的工作项目提案开始,然后成为工作草案,在委员会达成共识后成为提案草案；在它成为一项国际标准草案后，才再由 JTC1 的所有国家成员进行投票表决，如果获得批准，它将成为一项国际标准。[61]1989 年发布的 JTC1 指令的第一个版本包括了一个用以应对信息技术界对更快速标准化需求的流程；允许 JTC1 的参与国成员（如 ANSI）和拥有联络身份的组［包括欧洲计算机制造商协会（ECMA）和国际电信联盟的国际电话电报咨询委员会（CCITT）在内的一小部分合作非常密切且相互信任的标准机构］向 JTC1 提交一份它们或其他标准机构已经发布的标准，作为国际标准草案进行表决。这种加速过程缩减了常规 JTC1 标准化过程的几个阶段，使 ECMA 标准，比如说在 6 个月内，被批准为国际标准并在之后不久发布成为可能。[62] JTC1 的特定小组委员会也可以将联络身份授予其他可信赖的标准制定机构，如电气和电子工程师协会（IEEE）。[63]

从 1994 年开始，JTC1 通过创建新的公共可用规范（publicly available specification，缩写 PAS）流程来应对标准联盟的激增。一篇当代的报道描述了这种变化及其背后的原因：

> JTC1 的传统范式出于几个原因而受到批评。其中包括对动态市场压力的缓慢反应、对制定预期标准的无效努力、在"足够好"可以容忍的情况下固执地追求完美解决方案，以及花费大笔金额参与联盟组织以获取额外的利益。
>
> 该机构以前所未有的行动回应了这一批评。在 1994 年 10 月于日内瓦举行的会议上，它批准了将公共可用规范转换为国际标

准的新程序。这种新的标准制定模式被称为 PAS，可在 1997 年 1 月结束的试用期内使用。[64]

JTC1 的 PAS 流程旨在快速将联盟的公共可用规范转化为标准，要求规范的发起人与"授权的 PAS 提交人"（向 JTC1 申请成为 PAS 提交人身份需要三个月的流程，比成为联络人容易得多）合作或成为"授权的 PAS 提交人"提交规范和其他要求的材料。像 X/Open 和 W3C 这样的联盟都成了 JTC1 的 PAS 提交人。[65] 如果公共可用规范与任何现有的 JTC1 标准没有冲突，则这些材料将作为国际标准草案分发给 JTC1 的国家参与成员，进入为期六个月的投票阶段，如同在快速通道程序中一样。如果获得批准，该规范将作为国际标准发布。该过程与在 JTC1 之外为 ISO 和 IEC 发展的 PAS 过程有所不同；1989 年以来发布的统一 ISO/IEC 指令最初并未将遵循这种简化过程的规范称为标准，而只是将其指定为公共可用规范，定义为"一种不满足标准要求的文件"。[66] 由于担心这将使其与信息技术领域的标准化无关，JTC1 进一步将其指定为标准。

我们可以将联盟与民间标准制定体系的整合视为经济学家法雷尔和塞隆纳关于最经济高效世界（the most economically efficient world）概念的一个版本，在由民间委员会参与制定标准的世界中，强大的行动者（本例中是建立联盟的企业）可以跳过流程，制定其他许多人可能会遵循的标准。[67]

W3C：一种新型的联合体

W3C 作为网络核心技术领域的主要标准制定组织，已成为最引人注目和最具影响力的新型标准组织之一。按照埃杰迪的界定，它在名义上是一个联盟。但是在许多方面，W3C 与更加传统的标准制定组织类似；而在其他方面，它既不像联盟，也不是传统模式。本节将探讨 W3C 的起源与性质，第八章则将提供一个 W3C 委员会标准制定的案例，以加深对其与旧模式的相似性和差异性的理解。

虽然大多数联盟是由公司为满足其业务需求而组建的，但 W3C 是由个人与一些研究型大学联合成立的，其目标截然不同。20 世纪 80 年代末和 90 年代初，位于日内瓦的欧洲核子研究组织（CERN）的英国软件工程师蒂姆·伯纳斯-李为使科学家之间能够更好地进行信息共享，开发了一种新的超文本浏览系统。在欧洲核子研究中心建立这个系统的过程中，他研发出通用资源标识符［后来在因特网工程任务组（IETF）中被标准化为统一资源定位器，即 URL）、超文本标记语言（HTML）和超文本传输协议（HTTP）］，它们是万维网的关键组成部分。[68] 为了让这一创新被广泛使用并得到进一步发展，他在 1993 年说服欧洲核子研究组织（CERN）向公众发布网络代码，虽然该机构未提供资源并以自身作为基础来支持网络的发展。伯纳斯-李担心这种分散管理的体系可能会导致巴尔干化（分裂、碎片化的状况），为了确保这项技术的成长和可用性，他觉得他必须继续参与其中。伯纳斯-李考虑并放弃建立一个创业企业的选择，因为

图 7.3 万维网的发明者和万维网联盟的创始人蒂姆·伯纳斯-李在 2011 年毕尔巴鄂网络峰会上向观众致辞。这张照片由科拉莉·梅西尔（Coralie Mercier）拍摄，经她同意出版。

他认为这不会阻止他所担心的巴尔干化。相反，他走的是安德鲁·拉塞尔称之为"网络组织创业"（dot-org entrepreneurship）的道路——"一种基于互联网的、非专有的努力，主要以社会合作而非市场竞争作为导向"，这是对我们所称的"标准化企业家精神"的一种狭义的理解形式。[69] 显然，网络协议经常需要标准化，但伯纳斯-李认为，他在参与 IETF 对原始协议进行标准化的过程中花费了太长时间，并且还要求对网络的期待做出大量让步妥协。相反，伯纳斯-李（见图 7.3）搬到了麻省理工学院，在麻省理工学院计算机科学实验室主任迈克尔·德图佐斯（Michael Dertouzos）的建议下，决定建立他自己的标准联盟。

1994 年，W3C 正式成立，学术界和科学界的机构支持为其提供了合法性，公司和组织成员为其提供了资金。麻省理工学院提供了最初的机构支持，然后是法国计算机科学组织法国国家信息与自动化研究所（Institut national de recherche en informatique et en automatique，缩写INRIA），1995年成为其欧洲主办机构。1996年，东京庆应义塾大学成为W3C的亚洲主办机构，强化了它在全球智识和机构层面的信誉。[70]为实现财务稳定，它与交纳会费的企业和组织成员进行签约。然而从一开始，伯纳斯-李就使用W3C的会费模式来广泛征集成员。W3C最初向年收入至少为5 000万美元的公司收取5万美元的年费，并向所有其他机构（较小的公司和非营利组织）收取该金额的十分之一。早期成员包括AT&T、德国电信、富士通和甲骨文等大型公司，以及瑞典计算机科学研究所、荷兰数学与计算机科学中心等小型非营利组织。[71]从那时起，考虑到收入、营利/非营利状态、成员所在国家（按收入分类），变化收费区间表变得更加精细。[72]此外，所有成员组织，无论它们交纳多少会费，都拥有同等的投票权，这意味着参与过程中相对而言的开放性和平等性（尽管负担不起最低费用的个人和小型组织不能成为投票成员）。这种会员模式将W3C与IETF区分开来，它的收费方式也将其与传统的民间标准化组织区分开来，其投票权和费用结构将其与更加典型的标准联盟区分开来。

在这个过程中，W3C与传统的标准制定组织有许多共同特点。例如，它的标准是经过诸多不同层面的协商达成共识的，这些过程为成员和更广泛的网络社群提供了表达意见的机会，这些意见都得到了充分的考虑。然而，尽管 W3C 在流程和成员资格方面相对开放，其创始人也公开宣称赞赏"大致共识和运行代码"，但伯纳斯-李并没有拒绝权威；事实上，W3C 的规则赋予了他作为董事的最终权力。例如，组建任何新的工作组必须经过他的同意，这赋予了他对万维网可能演进方向的控制权。他因权力过大而受到互联网圈和其他人的批评。[73]1998 年，他在接受麻省理工学院《技术评论》(Technology Review)的任命时承认："包括我在内的很多人，内心都信奉'没有国王'的格言，我们试图寻求办法，让组织运转良好，并以及时、开放的方式实现目标。"为了调和这一信念，他解释道："明智的国王会尽快建立议会和行政部门，然后脱离这个圈子。"[74]伯纳斯-李似乎就是这么做的，尽管他保留了在他想要进行干预时的正式权力。

在 20 世纪末和 21 世纪初的 W3C 中，与专利政策有关的商业价值和开源价值两种不同观念之间的张力开始浮现。在此之前，W3C 的建议（如它所称的标准）没有涉及专利或收费的问题。[75]伯纳斯-李将开放标准视作万维网增长的源泉，互联网圈和不断增长的开放源代码程序员群体当然也同意这一观点。但到了 1999 年，在 1998 年美国最高法院对道富银行信托有限公司诉签名金融集团的商业流程（和软件）可以申请专利的判决之后，以及在互联网泡沫期间，一些 W3C 建议的专利申请延缓了上述进程，联盟的一些公司成员对现有或潜在的专利侵权问题发出了抱怨。[76]因此，W3C 特许成立了一个专利政策工作组。经过两年的工作，该工作组发布了一份工作草案，提出了一项新的 W3C 专利政策，试图平衡开源和商业价值：

> 在为 W3C 活动制定新的专利政策时，我们的目标是确认万维网圈长期以来在免版税（RF）基础上制定建议的偏好。如果无法做到这一点，新政策将提供一个框架，以确保在合理和不歧视性（RAND）许可条款的基础上尽可能实现最大限度的开放。[77]

这种平衡两组价值观的尝试，通过在 RAND 条款下（标准联盟的一种常见政策）对专利的认可，在评议期间引发来自开源社区的爆炸性负面回应，与上面所讨论的 IETF 的反抗不相上下。一个扩大的工作组（增加了开源价值倡导者）开会考虑了所有的评议，但未能达成共识。工作组与 W3C 咨询委员会进行沟通，委员会建议其制定一个替代性的免版税政策与当前草案一起考虑。四个月后，经过一系列进一步的会议和讨论，该小组发布了一项新的专利政策建议，这次是基于免版税原则。2003 年 5 月发布的最终版本只允许在特殊情况下包含收取版税的技术，但在其他情况下，W3C 承诺仍遵守免版税政策，这让开源社区感到满意。

W3C 接纳免版税政策，践行了为公共利益而非仅基于其成员利益进行运营的承诺，令其与许多标准联盟区分开来。这一事件也揭示了伯纳斯-李如何选择在组织中行使（或不行使）他的权力。在第一份专利政策草案发布征求意见后，伯纳斯-李积极避免卷入公共争论，只是在评论列表上发声，解释他为什么选择不参与争论，尽管"有几次让我打破沉默、发表个人意见的强烈呼吁"。他评论道："当然，许多人已经知道我对这一点的看法，正如我在不同媒体和不同时间大声疾呼的那样。"然而,他依据他在组织中的更大作用如此回应:"我之所以选择沉默,是因为我重视 W3C 的共识建立过程。我不是(与一些权威人士的建议可能相反!)一个地位性的或本质上的独裁者,因此更愿意等待,让共同关心这一议题的大家来解决问题。"[78] 为了保持合法性,伯纳斯-李不在公开场合表态,但他很可能私下向委员会成员表达了观点,如果不是这样的话,他众所周知的个人观点也就不可能直接影响到结果。

W3C 在其网站上声明的使命是"通过制定协议和指导方针确保万维网的长期发展,从而充分发挥其潜力"。[79] 该网站进一步声明了两项设计原则:(1)"万维网为所有人服务"(Web for All),致力于让所有人能够使用万维网,"无论其硬件、软件、网络基础设施、母语、文化、地理位置、身体或心理状态如何";以及(2)"万维网立足一切"(Web on Everything),致力于让万维网在范围广泛的设备上都可以使用。

自 2012 年以来,W3C 还表示将坚持开放标准原则。在那一年,五个参与标准制定的互联网相关组织(无论是直接还是间接的)——IEEE、IAB(互联网"长老理事会")、IETF、互联网协会(组织 IETF 并出版其期刊)和 W3C——联合成立了一个名为"开放标准"(OpenStand)的联盟。该联盟支持所谓的"现代标准范式",并将其特征确立如下:

- 标准组织之间的合作;

- 在标准制定过程中遵循适当程序、广泛共识、透明性、平衡性和开放性；
- 致力于技术优势、互用性、竞争、创新和造福人类；
- 向所有人提供标准；
- 自愿采用。[80]

无独有偶，在同一时间，一些国家提出将国际电信联盟关于互联网的电信（前 CCITT）建议纳入国际电信联盟电信条约，从而使签署国必须遵守这些建议。[81] 开放标准联盟宣布了自愿、多方利益相关者和基于共识的标准制定原则对社会的价值，这些原则与国际电信联盟的政府间和可能具有强制性的做法形成了鲜明对比。

虽然开放标准联盟将其原则认定为标准制定的现代范式，但这些原则中的很大一部分反映并重申了 20 世纪初以来发展起来的民间自愿标准制定原则，如前文所述，包括自愿采用、坚守技术优势、开展标准组织之间的合作、正当程序、广泛共识和平衡原则。IEEE 和 W3C 都寻求广泛共识，并遵循适当的程序来考虑所有相反的意见；而 IETF 支持大致共识，并且它的规则是不那么尊重少数人的意见。只有更加古老的 IEEE 有着明确的平衡规则。[82] IETF 和 W3C 支持开放标准联盟中的平衡原则，但两者都缺乏确保平衡性的明确规则。开放性和透明度似乎是在 20 世纪大部分时间里没有被明确表达的新规则，当时的工业标准制定机构只接受来自成熟企业和组织的技术专家。[83] 尽管 IETF 和 W3C 与早期组织一样，在实践中仍然具有技术专家治国性质，但其文档、电子邮件列表和其他电子资源通常（但并非总是）公开接受公众审查。[84] 所有人都能（免费）获得标准是第三次标准化浪潮中互联网相关组织更加突出的特征，因为传统标准组织通常是通过销售（纸质版）标准来获取支持的。最后，如前几章所示，造福人类历来是标准化运动的一个要素。

W3C 采纳了许多自愿标准制定的传统原则。尽管 W3C 标准目前不符合美国政府的采购要求［这表明它并不是官方认可的管理和预算局（OMB）公告 A-119 所定义的"自愿共识标准制定组织"］，但它在 ISO 中已通过 PAS 流程的验证，借助这一加速过程，W3C 向 ISO 提交了多个规范，并通过投票表决将其批准规范化为国际标准，从而保证不再被修改。[85] 在很大程度上，W3C 是现代标准制定领域的重要组成部分，但也具有传统和独特之处。下一章将详细介绍其流程。

新型组织和标准制定的全球化问题

在 20 世纪的最后几十年，标准制定的创新源于数字计算机的网络化。在第三次浪潮中，标准化的边界也在向全球转移，尽管速度有所不同。由美国国防部孵化出的因特网工程任务组（IETF）虽然在全球参与方面进展缓慢，但负责处理如今全球化的互联网标准。由于 IETF 不设会员资格，也没有参与限制，因此它可以自称非国家、非国际，甚至是全球性的组织，尽管参会者仍然主要是美国人和男性。[86] 自 1986 年以来，IETF 每年举行三到四次面对面会议，2017 年底，IETF 举行了第 100 次面对面会议。在这 100 次会议中，有 71 次是在美国或加拿大举办的。IETF 于 1993 年首次在欧洲召开会议，并于 2002 年在亚洲开会。[87] 直到 2010 年左右，它在美国境外举办会议的次数才超过在美国境内的开会次数。W3C 从一开始就更加全球化，该机构的基地在美国、法国和日本。尽管第一届 W3C 会议是在伯纳斯-李麻省理工学院的新基地举办的，从 2001 年至 2012 年的 W3C 年度技术大会是在美国和法国轮流召开，亚洲也于 2013 年加入了这一轮值行列。[88] 即使是标准化联盟，也通常是由大型全球公司组成。第三次浪潮中的第一批标准制定机构既不像第一次浪潮中的国家机构，也不像第二次浪潮中国际标准化组织（ISO）那样是严格意义上的国际（国家间）机构，尽管它们带有偏向美国的色彩，但至少目标是全球的。

参与这些机构的标准制定者肯定会预想到其工作将会变得真正的全球化。蒂姆·伯纳斯-李以满怀通过开放获取信息而使世界愈加美好的希望而闻名。这也解释了为什么他在 2012 年伦敦奥运会开幕式的高潮时刻扮演了一个重要角色。在描绘了英国工业革命的混乱和贪婪、世界大战的毁灭性灾难和战后福利国家的允诺之后，伯纳斯-李出现在 20 世纪 90 年代的一台电脑前，打出了一句标语："这是给所有人的"（This is for everyone），并让它在整个体育场的巨型显示屏上闪烁。伦敦奥运会的组织者选择了向这位软件工程师致敬，因为他令万维网可以为全世界所有人免费使用，组织者将他视作奥林匹克精神的最佳体现。[89] 伯纳斯-李解释道：

但愿[万维网]能让全人类在许多方面更加有效地工作。我们已经看到了它对于商业和学习的加速推进。最大的问题是，我们能用它来促进和平吗？如果你刚刚和某人或某人的父母谈论过一些共同的兴趣，无论是观赏鸟儿还是全球变暖议题，你就不太可能去枪击。[90]

早期的标准企业家将标准化视为和平的力量，他将万维网视为和平力量，而标准化是万维网的基本要素，这是一个有趣的转折。

第三次浪潮中不那么出名的标准制定者明确表示，要实现其愿景，真正的全球化标准制定是十分必要的。2009年，时任甲骨文系统标准战略和政策总监的特隆·阿恩·恩德海姆（Trond Arne Undheim）写道，他和他的高科技行业同事希望，在2020年的标准化世界中，"全球标准化进程是唯一的选项……ISO要么被重新激活，要么被解散"。特别是，他希望ISO放弃"联合国式"的要求，即制定标准需要国家机构达成共识。他希望世界各地的中小企业都能"在会议桌上占有一席之地"。[91]

恩德海姆和伯纳斯-李对全球主义的看法与其他组成开放标准联盟的标准化组织相同。他们所在的标准制定委员会都因占据绝对优势的美国人和男性特征而饱受批评。尽管如此，这些组织的领导者对全球主义的坚持，说明他们不会仅仅在口头上支持扩大高科技领域标准化者群体并使其多样化的目标。例如，互联网协会资助了一个项目，让代表性不足的工程师参加因特网工程任务组（IETF）

图 7.4 互联网协会的"下一代领导人计划"向来自新兴国家具有技术资质的工程师和决策者提供资助,让他们参加因特网工程任务组会议;这组成员参加了 2016 年 7 月在柏林举行的 IETF 会议。所有成员身份都在 https://www.internetsociety.org/leadership/fellowship-to-ietf/fellows/96/,于 2018 年 8 月 25 日查阅。照片由穆萨·斯蒂芬·霍伦(前排中间)和互联网协会提供。

会议。图 7.4 为 2016 年的一张照片,与 1911 年标准化运动领导人的照片形成鲜明对比(见图 2.3)。然而,可以说,IETF 需要这样一个项目,因为与传统的国际标准化组织 ISO 和 IEC 不同,IETF 没有确保将许多国家的意见纳入考虑的程序。无论第三次浪潮中的标准化组织将如何发展,标准制定无疑将变得越来越全球化,因为工业世界正在逐渐跨越欧洲和北美的范围,趋于全球化。

第八章

2012年至2017年：W3C网络加密API标准的制定

第七章以第三次浪潮中标准化组织之一万维网联盟（W3C）的形成作为结尾。本章将通过考察一个从2012年至2017年运作的单一标准委员会——网络加密工作组（WebCrypto WG），来更加详细地了解W3C的标准制定过程；该委员会为万维网开发者开发了一个应用程序编程接口（API），用于创建安全的万维网应用。[1]该委员会的工作对于网络商业至关重要，它触及互联网和万维网上极具争议的安全问题。本章的案例研究比第六章的更加微观。这一章的重点不在于几十年来发展起来的全行业领导者和各组织之间的合作，而是描绘了一个工作组在几年之内制定一项单一标准的情景。在此过程中，该小组努力解决20世纪末第二次标准化浪潮在组织中已经出现的问题，以及在民间自愿标准制定领域具有第三次浪潮创新特征的新问题。

网络加密工作组的任务是"制定一个定义API的推荐跟踪文档，允许开发人员通过从浏览器公开可信任的加密基元，在万维网应用程序级别实现安全应用协议，包括消息保密性和身份验证服务"。[2] 简单地说，网络加密工作组是为加密工具包制定一个标准（这就是 W3C 的"推荐跟踪"的意思），该工具包为开发人员提供创建安全网络应用程序的模块（例如，为商业应用程序创建支付模块）。API 的最终目标是"将安全性提至更高的等级，使网络应用程序开发人员不再需要为加密基元［已建立的低层级加密算法］自己创建或使用不受信任的第三方库"。[3] 这一标准应该（甚至可以）在多大程度上保证网络应用程序的实际安全，成为工作组争论的一个关键问题。2013 年 5 月，爱德华·斯诺登（Edward Snowden）披露美国国家安全局（National Security Agency）对互联网进行全球监控，该事件进一步加剧了这一争论。

下面，我们首先讨论网络加密工作组启动时，W3C 在推荐跟踪规范方面担任的角色和采取的流程。然后，我们将考察其工作的早期阶段，包括一项决定其方向和时间线的关键性决策，在不同时期阻碍团队进程的动态情况，以及与该委员会互动的其他标准组织网络。最后，我们会讨论诸多第一次和第二次标准化浪潮中形成的标准制定组织在 20 世纪末所面临的挑战，即难以获得足够的参与度，以及激励当今 W3C 标准制定者的因素。我们发现，参与者的动机发生了转变，从对标准化价值的信仰转向对标准化技术价值的信仰，在这一案例中，万维网和互联网是其基础。

W3C 的角色和阶段

拥有各种既定角色的人通过标准化过程孕育出规范，这些角色在这个过程中是一个重要的面向。W3C 工作组至少有三类关键角色：主席、W3C 工作联系人员和编辑。当一个工作组成立后，W3C 的负责人蒂姆·伯纳斯-李（或其代表）指定一名或多名主席来协调工作组的工作。[4] 主席安排并主持电话会议和偶尔的面对面会议，监督和鼓励（或干预）工作组在电子邮件列表中进行在线讨论，并推动这一进程不断向前发展。委员会主席在早期自愿标准制定机构中也是关键角色。由 W3C 指定的工作人员与工作组和主席进行联系、开展工作，提醒他们截止日期、流程和规则，协助他们按计划取得预期成果。例如，在第六章中，我们没有在 ANSI 认证的 C63 委员会中看到这类指定工作人员的角色，但在那种情况下，通常是由委员会主席和秘书与 ANSI 总部的工作人员进行协调。

第三类角色是编辑，这类角色在第三次浪潮涉及软件议题的标准制定组织中似乎很常见，但在前述的早期组织中并不常见（这一职能通常由主席和秘书负责）。主席从工作组的参与者中指定一名或多名编辑，负责相应的推荐跟踪规范或其他公布作品。在规范草案向建议方向的发展过程中，编辑可能会改变工作组的命运，他负责创建和更新规范草案的版本，在 W3C 的标准制定过程中扮演着核心角色。与许多其他软件标准化工作组相比，W3C 拥有强大的编辑工作机制。[5] 尽管工作组必须对工作草案和为每个阶段所准备规范的新版本进行投票才能批准公布，但 W3C 的编辑（而不是主席）控制着所谓编辑草案的所有更改权。这个角色的工作量非常大，但也赋予编辑对规范极大的控制权（正如一位网络加密工作组成员所说，"做这项工作就能得到你想要的"[6]）。担任这类角色的人可能会随着时间的推移而发生变化（例如，当现有的编辑精疲力竭或由于自己所在公司的事务繁忙而无法继续工作时），一个规范也可能会出现共同编辑。

通过 W3C 流程文档中列举的一系列时间进度或成熟度等级，扮演这些角色的个人将推荐跟踪规范引向标准。[7]尽管 W3C 是第三次浪潮中的组织，但这些时间进度（如下文所述）与早期标准制定机构中的阶段类似。

- 首份公开工作草案（FPWD）：工作组首先在组内起草一份编辑草案，但 FPWD 是第一份正式发布供其他工作组和公众审阅的草案；它的发布同时也触发对其成员公司的倡议，要求它们宣布任何应排除在免版税专利承诺之外的知识产权声明（如果参与者不排除专利，则默认其同意 W3C 的免版税承诺）。在 FPWD 之后，每三个月需要发布一份工作草案的"心跳版本"（heartbeat publication）来呈现工作进展，这是 W3C 用以推进工作进程的诸多激励机制之一。
- 工作草案最终征求意见稿（Last Call Working Draft）：在网络加密工作组特许成立时（2012 年），最终征求意见稿是作为一个单独的步骤进行的（尽管自 2015 年以来，它已与下一个阶段合并)。⁸ 当工作组认为草案已经可以进入下一个阶段——候选推荐标准(CR)时,会投票决定发布最后一次公开征求意见,截止日期设为征求意见稿公布后至少四周。为了让草案进入下一个阶段,工作组必须表明它已经解决了在最终征求意见稿中收集的所有问题,并且记录该规范符合工作组的所有要求及已被广泛评议。

- 候选推荐标准(CR):当一个规范进入这一阶段时,W3C 负责人会向其他 W3C 工作组和公众宣布其状态。在 CR 阶段,规范将会非常稳定,工作组的工作重点是在浏览器中实现它。只有在 CR 中标记为"有风险"的功能才能在之后的阶段删除,而不会触发 CR 的返工。此外,工作组必须创造一套测试方法(一组测试),以确保跨浏览器互操作性的实现;五种浏览器(谷歌浏览器、火狐浏览器、微软 IE 浏览器、欧朋浏览器和苹果浏览器)中至少有两种实现互操作的功能才能进入下一个阶段。

- 提案推荐标准(PR):对于进入这一阶段的规范,它必须"被 W3C 负责人或其指定人员接受,具有足够的质量成为 W3C 推荐标准"。咨询委员会也必须在此阶段对其进行审查。

- W3C 推荐标准:这是整个过程产出的最终标准。"一项 W3C 推荐标准是在广泛达成共识后,得到 W3C 成员和负责人认可的一套规范、指南或要求。W3C 建议将其推荐标准广泛运用为网络标准。"

理想情况下，W3C 希望一个工作组能在一到三年内制定、改进其草案，直至形成推荐标准，就像工作组章程中所规定的那样。最初的网络加密工作组章程是允许两年时间，从 2012 年 3 月到 2014 年 3 月交付网络加密 API。[9]

到目前为止，我们已经按照预期勾勒出了 W3C 的角色和工作流程。现在让我们来看看其是如何随着时间的推移在网络加密工作组中具体开展工作的。

网络加密工作组：参与者、流程和时间表

虽然网络加密工作组最初的章程在 2012 年 3 月就已创建，但在两个月后，也就是 2012 年 5 月初的一次公开电话会议上，为了鼓励人们加入，网络加密工作组才正式启动。这次会议讨论了如何在短时间内完成所有工作阶段；FPWD 原定于 6 月底发布，距离本次启动会议不到两个月时间，而该规范原计划于 2014 年 3 月底成为推荐标准，距离当时 5 月的启动会不到两年。[10]一些与会成员从一开始就质疑时间计划的可行性，到 2017 年 1 月，当网络加密 API 的规范最终达到推荐标准状态时，章程总共延长了五次。很明显，W3C 从一开始就是一个使用快速电子通信方式进行工作的新型标准制定组织，尽管它试图通过施加频繁和严格的截止日期来鼓励更快的标准制定速度，但仍然不能保证比早期标准化组织更为快速地制定出基于共识的标

准。[11] 基于共识的过程需要时间，争议越大，所需时间就越长。

下面，我们将描述这一项目的早期阶段，包括对一条具有争议的技术路线的选择，以及一位支持该路线的志愿者编辑的出现；二者都导致后续时间线的延长。在文本中，根据与被观察和访谈对象达成的协议，我们将以他们的名来称呼这些小组成员。[12] 这一约定也体现了 W3C 参与成员的非正式性。T 恤、凉鞋或运动鞋以及随意的演讲都是他们的典型特征，20 世纪 20 年代电气工程师的礼帽和正式演讲，甚至 20 世纪 60 年代至 80 年代 EMC 会议上的西服和敬语，都与此形成了鲜明的对比。

早期事件和决定

维尔日妮（Virginie）从一开始就是工作组主席。她是法国人，在法国的一家数字安全企业工作，这使她成为这个工作组中的非典型代表，该工作组大多数为男性，且大多数都拥有美国公民身份和居住权。[13] 她参与过其他几个行业和标准制定机构，包括欧洲电信标准协会和一个标准联盟，但直到最近，当她的公司在 2012 年网络加密流程启动的 18 个月前成为 W3C 的成员时，她才参与其中。她喜欢她所看到的 W3C 成员的开放思想和遵循的民主程序，并很高兴被任命为网络加密 API 的主席。她将自己视为一名过程导向型（process-oriented）的主席，其职责是"确保在协商一致的基础上做出公正合理的决定"。她不具备这一特定领域的专业知识来推动任务的技术部分，但她认为这是编辑的职责。[14] 图 8.1 所示为维尔日妮于 2014 年 9

图8.1 2014年9月，网络加密工作组主席维尔日妮在一次会议上讨论了网络加密API的下一个可能版本（发布在会议最终报告中）。经温迪·萨尔茨（Wendy Seltzer）许可复制使用该照片。

月在W3C关于W3C网络加密未来研讨会上的发言情景。

新工作组的目标和业务范围是在2011年5月的一次活动——"W3C浏览器身份研讨会"中确立的，最初的编辑草稿是基于摩斯拉（Mozilla）的DomCrypt，这是一种公开可用的JavaScript加密API。[15]在2012年5月的公开发布会上，工作组已经列出了代表三家不同浏览器公司的四位编辑（尽管只有戴维一位在工作组中发挥了作用），以及一份最初的编辑草稿，被称为"草编草稿"（rough draft straw man）。[16]温迪（Wendy）和哈里（Harry）作为工作组的联系人参加了此次公开发布会。

在第一次公开会议上，与会者讨论和辩论了哪些功能在其业务范围之内，为什么某些功能被指定为主要功能，而其他功能被指定为次要的，以及应该在何时处理次要功能。[17] 5月发布在WG列表上的信息，以及该月的三次WG电话会议记录，揭示了对这些议题存在的深刻分歧，并将持续存在（例如，尽管带有嵌入式微处理器的智能卡很早就被宣布不在其业务范围之内，但在第一年，该问题仍反复不断被提及，又无任何结果）。除此之外，工作组成员还提出了其他一些有争议的问题，这些问题在之后的几年中总会定期出现在讨论之中。（例如，为了符合规范，算法应该是可选的还是强制性的？在各种算法的安全性方面，规范应该在多大程度上给开发人员提供指导？）

最初几个月争论的核心之处在于，是创建一个所谓高层级但对灵活性有限制的API，让开发人员更容易、更安全地使用，还是创建一个在灵活性和与旧系统兼容性方面层级比较低的API，但其中包括一些可能会被不当使用而削弱安全性的因素。在5月14日第一次工作组电话会议之前，工作组的原始编辑兼首份高层级编辑草稿的合著者戴维（代表其中一个浏览器）在一封列表电子邮件中报告说，他和另一位来自不同浏览器组织的编辑，以及该编辑的同事瑞安，在电话中讨论了编辑草稿的初稿，探讨了"对一组并行低层级接口的潜在需求"。戴维的观点是，"我们应该避免这种潜在的'坑'（sinkhole）。我最初的愿望是提供一个'易于使用且安全'的接口，我认为这是API的重点"。尽管如此，戴维承认，"一个并行的低层级接口也是有必要的"。[18] 这是关于是要编写限制开发人员使用"安全"加密技术的高级API，还是允许开发人员选择适合其特定应用程序的加密方法的低层级API以作为其工具箱的第一次讨论。

对于戴维的想法，瑞安更详细地描述了他所说的高层级、中层级和低层级 API（从一个黑箱 API 到直接与算法一起工作的 API）："我认为我列举了会在达成共识和实施（高层级）中引起的争议的可能所有情况。"在讨论应该支持哪些高层级和中层级功能时，他认为："这变成了一个观点和潜在的加密政策问题。并且，当我们谈论'使用安全'或'容易'时，它们很难被量化，反映的是观点而不是事实。因此，想要达成共识可能会很困难。"他这样阐述自己的立场：

> （作为个人）我认为，对一般效用而言，我们最好通过提供用于构建应用程序的低层级 API 来提供服务。我相信，对此类中层级、高层级 API，关于其最佳的方案最好由整个万维网圈来做决策，并且将是一个基于反馈不断发展和调整的过程，也可能出现多个框架以提供不同的替代方案。[19]

戴维回复瑞安，感谢他为讨论提供了清晰的定义，并指出这些定义和瑞安的论点是如何改变他的想法的，使他认为至少在一开始就有必要使用低层级 API。[20] 关于层级（以及如何使用每个层级）的对话继续出现在随后的电子邮件和接下来的几次电话会议中。这一决定颇具争议，甚至同一家浏览器公司的两名代表之间也存在分歧。在第三次工作组电话会议期间，戴维分享了他提议发放给工作组成员的一份调查草案，该草案是询问他们计划如何使用网络加密 API，并在最后问道："你们是想要一个高层级、防误操作的 API 还是一个低层级的

API？"²¹ 这一调查在 6 月初陆续收到回复，他在一次电话会议上分享了原始的调查数据。²² 少数人倾向于使用低层级 API。根据数据和讨论，主席提出了以下建议，并经过小组投票赞成："解决方案为：从低层级 API 开始，然后专注于高层级 API。"²³

这一决定是工作组早期历史上的一个关键节点，决定了此后产生的标准的性质，并为瑞安成为工作组中的主导性力量铺平了道路。6 月中旬，瑞安发布了一份"针对低层级 API 的说明提案"，在 7 月的一次电话会议上，戴维宣布，瑞安的提案比原先的高层级草案更适合一个低层级的 API。²⁴ 因此，瑞安的新提案取代了原始草案而成为网络加密 API 的基础。在 2012 年 7 月 24 日举行的第一次面对面会议上，工作组确认将优先考虑低层级 API，并将高层级 API 的发布推迟到未来的某个时候——一个从未实现的未来。工作组还将瑞安增加为规范的编辑，并删减了一位没有时间为网络加密工作组工作的初始编辑。²⁵ 很快，其他初始编辑的名字从编辑草案和网络加密工作组的主页上消失了，而瑞安成为初始规范仅有的一位编辑，2014 年底加入了第二共同编辑（马克，下文会讨论），直至 2016 年 1 月；在这四年间，瑞安塑造了 API 和关于它的讨论。²⁶ 在所有重大决策做出之后，共同编辑马克在最后一年成了唯一的编辑。

实际的时间进度比最初工作组章程中所设想的两年要长得多。图 8.2 展示了从工作组成立到 2017 年 1 月规范成为推荐标准时，每月的电子邮件帖子数量（左纵轴）和参与者数量（右纵轴）；它还反映了该工作组中的一些关键性事件，包括瑞安在 2012 年 7 月被委任为

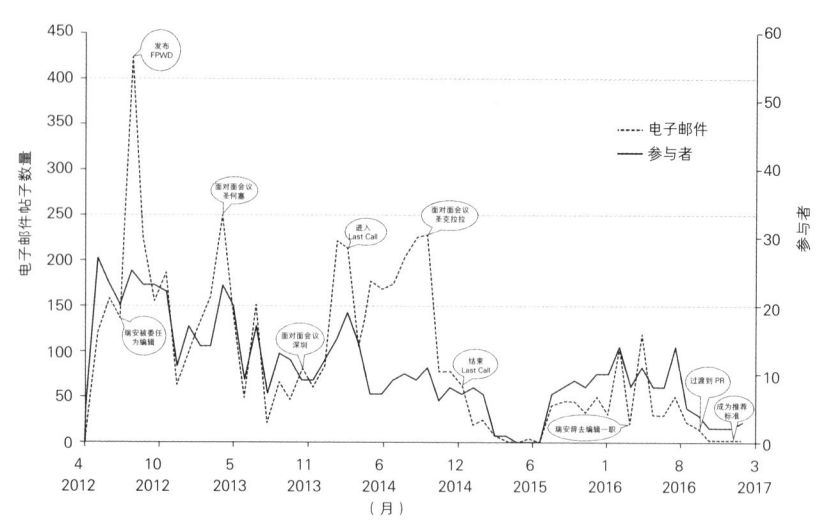

图 8.2 该图显示了每月发布在工作组列表上的邮件帖子数量（左纵轴）和发布这些帖子的人数（右纵轴）是不同的，反映了工作组制定标准和其他事件的各个阶段，但这两组数据总体上都是随着时间的推移在下降。

编辑以及他在 2016 年 1 月辞去编辑一职。[27] 该工作组于 2012 年夏末达成首份公开工作草案（FPWD）标准（稍落后于原计划），但直到 2014 年春才进入下一个阶段，即工作草案最终征求意见稿阶段，并且在 2014 年底才结束这一过程进入候选推荐标准（CR）阶段。该规范随后在候选推荐标准（CR）阶段维持了一年多，于 2016 年秋过渡到提案推荐标准（PR）阶段，并于 2017 年 1 月成为 W3C 推荐标准。

下一节将探讨导致工作组延缓进度和延长进程的一些因素。

网络加密 API 推荐标准制定过程中的阻力和动力

影响网络加密工作组工作进程的原因有很多，包括创建低层级 API 这样一个有争议的决定。与层级相关的问题反复出现，主要由工作组之外的个人提出，也有工作组内部的人员提出。例如，当与因特网工程任务组（IETF）相关的加密论坛研究小组（Crypto Forum Research Group）回应工作组成员关于首份公开工作草案（FPWD）反馈的请求时，提到草案使用了几种存有"众所周知严重弱点"的传统加密算法。[28] 虽然研究小组建议将这些算法从标准中删除，但考虑到与现有系统的互操作性，表示勉强同意在规范文本中增加一部分内容，来描述算法的弱点，并指出更加安全的算法选择。在回应工作组成员转发这一意见时，瑞安评论道："我关心的是，我不认为这个草案应该成为一个针对每种算法实现而涉及其特定安全问题的普遍性全面文件。"他指出，那些对这方面感兴趣的人可以寻求与加密论坛研究小组的合作。在发出"毫无疑问，这肯定会断章取义"的警告之后，他阐述了自己关于网络加密 API 的理念："我想尝试提供尽可能是'价值中立'的 API，并将关于各种算法价值和优点的讨论留给各个协议和应用程序。"[29] 最终，瑞安甚至拒绝将建议的注释包含在规范中，因为他希望规范是"干净"的。他也回应了一位非工作组成员对一种已知加密性薄弱的特定算法的抱怨，指出在任何特定的设置中，低层级 API 本身就包含了一些与安全使用情形同样的、可以在不安全情形下使用的元素："在寻求提供一个低层级 API 的过程中，我们最终也获得了足以绞死自己的绳索，并且肯定还会在桌面上留下一些子弹上膛的枪。"他争辩道："到目前为止，我们是希望开发人员能够利用这些基元，将它们运用到适当的安全协议和接口中。"[30] 在未来两年里，这些保护开发人员免遭不安全加密困扰的问题被一次又一次地提出。³¹ 在一个高度关注安全议题的时代（2013 年 5 月的斯诺登披露事件加剧了这一问题），提供一个"价值中立"工具包（而不是保护本身）的低层级 API 有时很难推销出去，关于这个问题的反复争论占据了大量时间，减缓了工作组向前推进的步伐。

W3C 中强大的编辑角色，以及瑞安自己作为编辑，也是会影响工作组进度的因素，尽管在不同的节点对工作进度的影响有所不同。最初，瑞安愿意投入大量时间来编写规范并回应工作组在邮件列表中的所有讨论，这被认为是非常有价值的贡献，戴维早先对其首份草拟提案的赞扬以及工作组成员在访谈中的评论都表明了这一点。他在规范方面的快速工作无疑加快了工作组在早期阶段的步伐，虽然方向发生了变化，但帮助实现首份公开工作草案（FPWD）接近原定的进度。但是，他也对邮件组列表中最具实质性的评议进行了广泛深入的回应，经常与其他成员就技术性的（有时不是那么技术性的）问题进行长时间、激烈的交流，从而延缓了进程。由于他对自己想要的规范有一个清晰的愿景（一个价值中立的低层级 API），以及自身拥有广泛的技术知识，所以他坚决反对那些试图提出与他相左意见的尝试。最终在具体问题上，许多工作组的其他成员要么相信他是对的，要么干脆停止争论，导致他在 2012 年 6 月至 2016 年 1 月期间主导了整个过程，尤其是在网上开展工作的过程之中。在这三年多的每个月里，除了其中一个月外，他在工作组邮件列表上所写的信息占比都是两位数，程度高达 33%。³² 这种高水平的参与不仅强化了瑞安作为编辑的巨大权力，但也耗费时间，并且可能会阻碍其他成员的参与。

当被问及网络加密工作组是否比其所服务的其他工作组（在W3C或其他标准组织中）有更多或更少的争议时，大多数接受访谈的成员认为它是属于存有较多争议的光谱末端，但未必是最多的。理查德是另一位活跃的工作组成员，他代表一家政府承包商，他表示，虽然网络加密工作组在主题上的争议并不比他所服务的一至两个IETF的工作组更大，但"似乎更尖锐"，并特别指出瑞安是"最尖锐的一部分"。事实上，瑞安严厉驳斥了任何他不同意的帖子的观点。[33]他在网络上咄咄逼人的表现，以及他让别人看起来技术不太过硬的能力，可能会抑制工作组成员的参与积极性，削弱了一些成员的反对声音，甚至是参与意愿，也就会慢慢地延缓进程。例如，一位成员私下说，他"愤怒地退出"了工作组，因为当他指出一个使用网络加密API允许的算法在现实世界中不安全的加密案例时，瑞安不以为然。图8.2呈现了从首份公开工作草案（FPWD）阶段到2014年底进入候选推荐标准（CR）阶段帖子数量和参与者数量的整体下降情况，而这种参与度下降的情况通常是在流程进入调试和实施阶段才会到来。瑞安显然缺乏像查尔斯·勒·迈斯特等重要的标准化企业家或像拉尔夫·肖沃斯这种特定领域领导者的策略手段。

2012年11月发生的一件事，充分说明像瑞安这样强势且易怒的W3C编辑的权力和局限性，以及他对整个工作组进度的影响。马克是工作组一位活跃的成员，他在为一家与此标准有密切关系的大型应用程序开发公司工作；马克和他的公司非常希望在该标准中加入一项功能，而瑞安一直拒绝。最后，为了回避瑞安的反对意见，马克在一次电话会议上主动提出自愿编辑一份单独的关键发现（Key Discovery，这项功能后来的命名）工作草案，这样工作组就可以在主要的网络加密 API 规范基础上沿着推荐标准的方向继续前进。[34] 瑞安同意了这个计划，但他还建议从主要规范中删除另一个功能，而这一功能是未来允许关键发现功能与网络加密 API 结合在一起使用所必需的。马克坚持认为瑞安不应取消这一关键性的支持功能，会议记录没有反映瑞安的回应。

然而第二天，瑞安从编辑草案中取消了这一支持功能，这引发了一场激烈的关于编辑权力的在线争论。马克强烈反对："这绝对不是进行标准化过程的方法，如果单方面取消这一功能，将会成为前进道路上一个严重的问题。"[35] 工作组的另一位成员，他也是 IETF 相关工作组的主席，支持马克的观点，认为没有就删除此功能达成一致意见，并进一步表示："作为（IETF 规范的）一名编辑，我很清楚，编辑的工作是落实工作组的一致意见，而不是实现自己的个人观点。我认为这在 W3C 中也是一样的。要让这个过程能够正常推进，必须这样。"瑞安回复说，W3C 和 IETF 有着不同的流程，在 W3C 的指导方针中，"规范的作者和编辑拥有更大的灵活性"，其中包括"编辑不需要首先将所有内容都纳入列表"。他辩称，由于支持功能和马克正在编辑制定的附加关键发现规范均未达成正式的共识，他作为编辑有权删除该功能，直到达成共识。马克只是简单地回应，"如果 FPWD 中的这一功能被删除，我们将不会同意心跳版本的发布"，并表示他和他的公司将正式反对在 12 月要求的三个月心跳期发布的下一个工作草案。此时,"在我们进入攻击性电子邮件的危险区域之前",维尔日妮出面制止了日益激烈的在线讨论。她的介入使得讨论停滞了好几天。虽然马克通过使用 W3C 的正当程序规则赢得了胜利(支持功能暂时得以保留),但瑞安是这场战争的最终赢家,这一点将在后文说明。

相较于面对面或者是特别电话会议,瑞安倾向于在电子邮件列表中讨论问题并做出决定,这也可能会延缓工作进程,并让瑞安拥有了更多的控制权。在工作组成立之初,瑞安建议在电子邮件列表中而不是在会议上做出决定:"我们可否只通过邮件列表来达成共识,然后通过电话会议来制定细节、回答问题、评议规范?"我们观察到一点,一些工作组成员也在非正式场合提到过,瑞安的攻击性在电话和面对面会议上不如在邮件列表中那么明显;也许他对在线交流的偏好反映了,与电话或面对面交谈相比,他可以通过在邮件列表中的尖锐回应产生更大的影响力,因为在电话或面对面的交谈中,他似乎更易受到礼节规范的约束。他公开辩称,一些为了达成共识而进行的问题讨论"因为不同的参与者无法参加电话或面对面会议,最终经由几通电话而终止了",他们应该使用邮件列表来达成共识。[36]

W3C 的联络工作人员哈里回应说,"一般而言,共识是在 W3C 的会议上达成的,而不是像 IETF 那样在邮件列表中",因为"考虑到邮件列表上的人数众多,'不投票'是弃权还是没看电子邮件是不清楚的"。[37] 他接着解释了 W3C 的最佳实践:"一般来说,最好的方式是至少提前一周向邮件列表发送相对完整且经过深思熟虑的提案,在列表中进行讨论，然后在电话会议上做出决定。"在 2013 年 11 月于中国深圳举行的面对面会议上，瑞安再次主张在邮件列表中达成共识，这一次他把自己的要求与工作组难以找到适合工作组亚洲成员与美国和欧洲成员的电话会议时间联系起来，这是一个反复出现的问题。时间问题和语言上的障碍使得工作组的四名韩国成员被边缘化。[38]会议结束后，瑞安成功地让维尔日妮和工作组将一项新的在线决策流程制度化，电话会议上进行的任何投票都需要在邮件列表中宣布，并于两周内在列表中反馈，这进一步延缓了流程。[39]

  网络加密工作组长期依赖一位编辑从事主要规范工作也会因该编辑有其他优先处理的工作而延迟。2013 年末，在深圳会议结束时，瑞安表示他很忙，会议上做出的决定需要很多改变；因此，他不愿意承诺一个具体的时间，使他们能够在章程规定的时间进入最终征求意见稿阶段。[40]工作组的成员马克尽管经常与瑞安在规范上发生冲突，但他还是提供了帮助；维尔日妮说，在两周后的下一次电话会议上，他们将讨论修改和进入最终征求意见稿的时间表。然而，瑞安没有参加那次电话会议，他发电子邮件说他超负荷工作了。W3C 的联络工作人员哈里指出，"'超负荷'通常意味着需要一名共同编辑"。[41]哈里问马克是否愿意担任共同编辑，马克同意了，如果瑞安愿意的话。事实证明，问题不仅在于瑞安已经筋疲力尽了，他同时也是一个即将经历最终征求意见成为 IETF 征求意见稿的规范（相当于 W3C 中的推荐标准）的编辑，与此同时 W3C 的网络加密 API 即将进入最终征求意见稿阶段，而且瑞安说，"我们在 IETF 中展开了一场更加激烈的辩论"。⁴² 因此,他对于网络加密工作组的参与程度也取决于他在其他方面对于时间和注意力的要求(包括其他标准化要求)。

马克和瑞安从 2014 年底开始联合担任编辑,这件事本身就很奇怪。因为马克主要是代表应用程序开发者,而瑞安代表的是浏览器开发者,他们的优先级甚至编码方式都非常不同。⁴³ 事实上,他们在接下来的一年里从未真正合作过。相反,正如马克所说的,"时间错开了",每当瑞安看起来很忙的时候,马克就会介入,然后瑞安有时间的时候就会重新接手。马克声称自己的动机"只是不想让这种情况永远持续下去"。据推测,他的公司也急于完成规范。无论如何,他愿意承担一些更加耗时的细节更改工作,瑞安对能够得到这样的帮助也很高兴。⁴⁴

另一个导致规范进度延迟的因素是对于互操作性的调试与测试。由于 API 是在标准化过程中开发的,因此在成为推荐标准之前,需要对其进行全面的调试,并使其至少能够跨越两种浏览器进行互操作;否则,这将是一个(不可接受的)预期标准。从一开始,维尔日妮就强调工作组需要创建一套测试方法来检查其互操作性,除非它的各方面至少可以在两个浏览器上实现可互操作,否则这一规范不能从候选推荐标准(CR)变成提案推荐标准(PR)。⁴⁵ 此外,实施阶段出现得较早;在进入最终征求意见稿(2014 年 3 月 25 日)并结束 CR(2014 年 12 月 10 日)阶段之间的几个月调试期,至少有三个浏览器实施了网络加密 API,尽管理论上 CR 仍处于实施阶段。⁴⁶ 维尔日妮还多次呼吁进行测试,W3C 的联络工作人员哈里提供了 W3C 测试方面的培训。⁴⁷ 但是，尽管有这种鼓励，并且每个浏览器公司都有特定浏览器的测试，却没有人站出来建立一个 W3C 测试套件，甚至没有人将特定浏览器的测试转换为更加通用的测试。如果没有确认可互操作性的测试，规范就无法进入 PR。事实上，在 2014 年春进入 CR 阶段后，工作组在 2015 年的大部分时间里几乎都处于休眠状态。

从 2015 年 9 月开始，哈里对进入 PR 阶段进行施压，要求工作组确定哪些算法被包含在至少两个浏览器实施之中。此时，出于不完全清楚的原因，瑞安拒绝进入 PR，指出许多（虽然大多是小问题）问题仍然阻碍着浏览器之间完全可互操作性的实现。⁴⁸ 2016 年 1 月，瑞安称自己没有时间，辞去编辑一职，共同编辑马克成了唯一的规范编辑，僵局才得以打破，工作有了推进。⁴⁹ 此后，维尔日妮招募了几家浏览器制造商的新代表来进行测试，他们为整个流程带来了新的活力。⁵⁰ 与此同时，马克比瑞安更愿意协商和妥协，他继续解决剩余的漏洞，必要时删除不可互操作的算法，并完成其他需要收尾的编辑任务。这一重新启动的推动力和新的妥协精神使得该工作组要求在 2016 年 10 月之前进入 PR 阶段。⁵¹ 此时，工作组的工作已经完全结束，尽管在 2017 年 1 月成为推荐标准之前，该规范仍然需要经过 W3C 最高级别的评议。

仔细检视 W3C 网络加密工作组的时间进度便会发现，它的延迟与更传统的自愿共识标准制定机构中的委员会一样，部分是因为需要很长时间才能达成共识。如前所述，W3C 现在已经取消了两个阶段，并进一步简化了流程，缩短了从制定章程到推荐标准的时间。此外，它还创建了预备准则，以帮助确定何时开始标准跟踪工作，从而缩短整个流程开始阶段的时间。尽管如此，W3C 工作组仍然面临着挑战，如何在利益相关者之间就复杂的新软件标准达成共识，以及如何确保人们愿意在完成原始编码之后完成测试。在以软件为导向的现代标准制定机构中，时间问题也不是 W3C 独有的；一个相关的 IETF 工作组（将在下一节中讨论），也就是 JavaScript 对象签名和加密（JOSE）工作组，从 2011 年 9 月到 2016 年 8 月，致力于其标准化任务，活跃了约 5 年。所以，尽管 IETF 与 W3C 在标准化模式方面存有差异，但在处理诸如安全性等有争议的问题时，两者都可能要面临漫长的过程。

影响网络加密工作组活动和进程的因素

在本节中，我们将介绍 W3C 网络加密工作组的其他方面以及对其产生影响的相关标准制定活动。与第六章讨论的美国和国际 EMC 标准化委员会的情况一样，W3C 和网络加密工作组身处一个标准化机构网络和一个标准制定群体之中。而且，浏览器制造商在万维网圈中发挥了独特的作用，塑造了标准。最后，我们回到曾在第二次标准化组织浪潮中出现，在万维网（和互联网）标准化中以一种奇特扭曲形式再度出现的问题：参与度下降，特别是在软件标准化的后期阶段。

网络、共同体和浏览器制造商

W3C，特别是网络加密工作组，都存在于互联网相关组织的网络中，建立在由软件工程师形成的一个共同体之上。从一开始，网络加密工作组的章程就与其他三个 W3C 工作组和两个外部工作组 [因特网工程任务组（IETF）的 JavaScript 对象签名和加密（JOSE）工作组和欧洲计算机制造商协会（ECMA）技术委员会 39] 存在依赖关系。[52]JOSE 工作组和网络加密工作组使用的 JavaScript 编程语言最初遵守的是 ECMA 标准，这表明了公开的依赖性，但网络加密工作组不需要直接与 ECMA 接触。[53] 可是，章程要求与 IETF 的 JOSE 工作组保持联络，这个小组是网络加密工作组在业务上与之重合度最高和互动最多的外部小组。此外，章程中未提及的一个新的非正式机构对网络加密工作组产生了间接但重要的影响：网页超文本应用技术工作小组（Web Hypertext Application Technology Working Group，缩写 WHATWG）。IETF 的 JOSE 工作组和 WHATWG 这两个外部组织对网络加密工作组的组织网络而言至关重要。

网络加密工作组的章程解释说，网络加密依赖 IETF，因为它定义了"互联网功能的强大和安全协议"，这是"确保万维网加密元素的安全和成功"所必需的。特别是，它要求网络加密与 IETF 的 JOSE 工作组建立正式联系，后者"正在制作与网络加密工作组相关的格式"。[54] 虽然只强制要求设置一名与 JOSE 工作组进行联系的正式联络人员，但网络加密工作组的几名成员都积极参与其中，包括 JOSE 的共同主席和主要编辑。[55]

在网络加密工作组决定创建一个低层级 API 之后，成员们详细讨论了它与 JOSE 的关系。一些成员认为网络加密应该以 JOSE 的工作为基础，但编辑瑞安不想将网络加密与 JOSE 联系起来。瑞安态度坚决地表明了他的立场："我提议应当确切说明目前的低层级 API 与 IETF 的 JOSE 工作'没有'特定或特殊的关系"。[56] 他解释说，网络加密不应要求使用与 JOSE 相同的加密算法和标识符，因为网络加密 API"代表一个通用的 API"。而且，JOSE 工作组的产品"并不代表是这一 API 的唯一消费者，因此我认为把这项工作当作主要是为 JOSE 进行设计或者与 JOSE 工作组紧密结合起来是没有意义的"。在随后的讨论中，当 W3C 的联络工作人员哈里提醒他们的章程要求他们与 JOSE 联系时，瑞安认为，与 JOSE 的联系是基于网络加密工作组要创造一个高层级 API（他认为这种情况下密切的联系是合适的），而不是低层级 API。[57] 少数人对此表示赞同，但 JOSE 的主要编辑和实际联络人麦克（Mike）仍然看到了未来协调合作的一些可能性。[58] 瑞安建议用最省事的方法来解决这个问题，将一个明确的 JOSE 使用案例加到工作组也必须创建的使用案例文件中，从而使"工作组至少与 JOSE 保持一些关系，如章程中所要求的那样"。[59] 麦克接受了瑞安的提议，其他人对此也没有表示反对，共识便达成了。

　　六个月后，在讨论是否可能在规范本身之外建立一个算法注册表时，这个问题再次出现。这时，同时也参与 JOSE 的 WG 工作组成员之一理查德建议，"解决这一问题的另一种方法是将算法 ID 规范交给 JOSE"，因为他认为"一般而言，让两个工作组使用相同的算法标识符是一个好主意"。[60] 瑞安对此做出了迅速而激烈的反应："我认为所有这些问题都已经讨论过了，并且一致同意不采用 JOSE 的方法。"在回应理查德的一个具体建议时，他说："这个，我接受不了。"理查德反驳道："JOSE 不是一成不变的。和网络加密规范一样，它是一个工作草案。我们能不能至少试着合作一下？"两人在网上的争论持续了一周，但最终平息下来，并没有明显改变此前已做出的不与 JOSE 密切合作的决定。几个月后，理查德在一次采访中表示，他仍然认为如果能够紧密协调两个规范会更好，两个规范的编辑（代表网络加密的瑞安和代表 JOSE 的麦克）都对彼此的规范有所误判，瑞安认为 JOSE 的规范级别太高而对其不感兴趣，麦克则认为网络加密的规范太琐碎或者级别低到无法关联。[61] 然而，此后围绕 JOSE 的问题只是偶尔出现，比如麦克发现 JOSE 的一种算法发生了一些变化，他说："我相信这些变化可以共同解决网络加密直接使用 JWK（连接到 JOSE 的一个加密密钥）的任何问题。"[62] 所以，两组人员之间仍然有一定程度的协作，但考虑到在这两个组工作的人员有很大的重叠，相对来说就算很少了。

与网络加密工作组（以及更广泛的 W3C）成员有重叠的另一个小组是网页超文本应用技术工作小组（WHATWG）。WHATWG 是一个不寻常且特别不正式的标准制定小组，是由隶属三个浏览器制造商（苹果、摩斯拉基金会和欧朋软件）的个人在 2004 年成立的；在那一年的 W3C 研讨会上，他们认为 W3C 正在朝着 XHTML（可扩展超文本标记语言）的方向发展，而不是 HTML 这一许多实施人员和开发人员仍然依赖的旧的网络语言。WHATWG 在其网站上把自己定义为"一个致力于通过标准和测试促使网络演进的共同体"，而不是一个组织。[63] W3C 的首席执行官（CEO）杰夫·贾菲将它的出现归因于当时 W3C 未能听取关键实施者（主要是浏览器制造商）的意见。[64] 当 WHATWG 开始研究 HTML5 时，W3C 认为两条分离的路线对于万维网的发展不利，因此与 WHATWG 形成了一种不稳定的合作关系来共同制定新标准，开发出两个类似但不完全相同的 HTML5 标准版本。这种有点不稳定的合作关系一直持续到现在，W3C 负责记录存档与 WHATWG 的讨论，而 WHATWG 则作为 W3C 的一个共同体小组运作，这是 W3C 内部用于在特定领域标准化前讨论的一种机制。

WHATWG 采用了与 W3C 和其他类型民间标准组织完全不同的标准化模式。该小组将它的规范称作"活标准"（living standards），因为需要持续不断地对它们进行更新，而不是偶尔更新："我们没有忽视浏览器的功能，而是通过修改规范来使其与浏览器的功能匹配。"[65] 浏览器制造商是 WHATWG 的核心。理查德积极参与网络加密工作组和 IETF，但没有参与 WHATWG，他解释说，"至少在我的理解中，WHATWG 只是……浏览器厂商"，并且"我认为它虽然在理论上是对外开放的，但实际上就是浏览器厂商们聚集在一个编写所有规范的人周围"。[66] 起初，来自浏览器公司的一位编辑伊恩·希克森（Ian Hickson）从更广泛的共同体中得到反馈，决定采用"终极强大的编辑体系"来进行决策。事实上，该工作组在最初的网站上明确指出,"这不是一种基于共识的方法,不能保证每个人都会满意!也没有投票"。[67]WHATWG 的创始人拒绝了 W3C 和民间自愿标准制定组织遵循的共识过程,他们认为这并不能充分反映浏览器厂商在任何与网络相关事务中的核心作用。

尽管 WHATWG 关注的是浏览器厂商的需求,但其成员不是来自一个浏览器组织,而是为浏览器厂商工作的个人(在这方面,WHATWG 更像 IETF,而不是 W3C 或某个标准联盟)。此外,五大浏览器厂商中至少有一家——微软,明确表示在此期间不参与,甚至是不间接参与 WHATWG。电话会议记录记载,来自该公司的网络加密工作组成员说微软不喜欢执行非 W3C 规范;来自微软的个人在各种论坛上都公开表示,由于 W3C 有明确的专利政策,他们更愿意坚持使用 W3C 的标准。[68]

作为网络标准化的另一条道路,WHATWG 有时会给网络加密工作组的流程造成影响。例如,在 2013 年初一次有争议的交流中,来自不同浏览器厂商的两名网络加密工作组成员隐晦地建议,如果 W3C 无法提供其认为需要的东西,或许其应该求助于 WHATWG。当哈里建议在工作组完成其工作并解散后,创建一个注册表来支持非强制性算法的未来发展时,同为 WHATWG 成员的瑞安认为,重要的不是"没有什么注册表,而是在实施它的过程中达成行业共识","如果我们完全相信标准,那我们就应该尝试将事物标准化"。他接着说道:"在那种模式下,要么有一个对事物进行标准化的小组〔无论是这个工作组、(W3C)网络应用工作组,或者 W3C 之外能够完成此事的实施者，比如 WHATWG］，要么没有。"[69] 来自浏览器厂商的网络加密工作组成员阿伦（Arun）与 WHATWG 也有联系，他建议："除了注册表，我们能不能开展一些类似于计算机程序漏洞讨论的活动，并保持＊公开讨论［公共网络加密、工作组邮件列表］的活跃度呢？"他指出，有一个持续活跃的小组来不断制造变化"是使 WHATWG 极具魅力的原因，但我知道，专利方面的考虑可能会限制仅仅转移到那里的优点"。[70] 因此，在 WHATWG 而非 W3C 中从事标准工作的内在或外在威胁使得浏览器厂商在网络加密工作组（以及更具普遍意义上的 W3C）中发挥了作用。

WHATWG 与 W3C 和网络加密工作组的关系也反映了一个更加广泛的问题，即浏览器厂商在 W3C 中的特殊作用。正如一位不代表浏览器厂商的参与者所解释的，"W3C 中的另一重活力……是那里有浏览器厂商，同时还有其他所有人"。[71] 由于要实施什么是由五家浏览器厂商决定的，因此其在标准制定方面拥有更大的权力，尽管并不总是像其想拥有的那样大，WHATWG 的形成正反映了这一点。瑞安解释说："WHATWG 的存在主要是为了让浏览器厂商站在同一条战线上，我认为在很大程度上，重要的不是跟踪流程的文件，而是浏览器厂商要实现什么，愿意实现什么，以及认为应该实现什么。"[72] 他认为 W3C "基于共识的方法并不完全有用"，因为收费结构和流程允许"非［浏览器厂商］拥有更强大的影响力和权力，进而对规范产生影响，并使其在一定程度上可以践踏［浏览器厂商］所关心的问题。凌驾于［浏览器厂商］关注点之上的后果就是，［浏览器厂商］

只好忽视规范"。在他看来，浏览器厂商在 W3C 中拥有的权力比实际的更大，尽管其可以通过不实施来进行否决的事实权力是众所周知的。相比之下，W3C 认为网络是为数十亿用户，而不主要是为浏览器厂商而存在的，它支持的开放标准原则所包括的平衡性和正当程序，是要减少浏览器厂商对于标准的控制。[73]

马克关于关键发现功能的提议与网络加密 API 并行不悖，但都遭遇浏览器厂商事实上的否决权。这一规范最终脱离推荐标准的制定轨道，作为工作组的一项说明发布，因为它没有在两个浏览器上实现可互操作性。[74] 这个例子也突出反映了强大的应用程序开发人员和更强大的浏览器厂商之间的紧张关系。马克是关键发现功能的编辑，从 2014 年底开始担任网络加密 API 的共同编辑，并在瑞安 2016 年初辞职后最终成为唯一编辑，他代表了一位主要的应用程序开发人员。马克拥有与公司需求密切相关的具体目标，例如关键发现功能，但瑞安经常反对马克想要的（瑞安的许多延伸性交流都是与马克进行的），即便如此，正如马克指出的那样，"网站作者的在［W3C］中的优先级应该比浏览器实施者更高"。[75] 马克比瑞安更愿意妥协，但他坚持追求公司的目标。因此，在前文引述的案例中，马克能够使用过程规则，允许关键发现功能沿着平行的轨道开发；但是，他最终还是没能迫使浏览器厂商实现这一功能。这样，尽管 W3C 渴望平衡，浏览器厂商还是在 W3C 中发挥了强大的把关作用。在这种情况下，浏览器厂商似乎比早期工业标准化中的厂商发挥了更大的力量，因为一项功能只有在浏览器中实现后才能使用，而依赖浏览器提供服务的应用程序开发者几乎没有与浏览器相抗衡的经济力量。

参与度下降的挑战

最后，这一案例研究突显了一个同样也出现在 20 世纪末更为传统的标准制定组织中的问题：工程师对标准制定的参与度和热情越来越低。网络加密工作组承担了一项艰巨的大型技术任务，拥有 50 多名成员，但实际上只有小部分人真正做了这项工作（在更传统的自愿标准制定组织中也逐渐如此）。2013 年，工作组有 55 名正式成员，2017 年初，工作组的正式成员增加到 70 人。[76] 然而，从图 8.2 中可以看出，一开始参与人数最多，但也只有 27 个人在线上贡献力量。参加电话会议的人数也很少，早期会议的人数偶尔会有 20 多位，但从 2013 年底开始，参与人数通常都是个位数。[77] 网络加密 API 在 2014 年底进入候选推荐标准（CR）阶段后，主要规范的制定才结束。找人检查规范中的漏洞并测试其互操作性，这是非常耗时且毫无回报的技术任务，这也导致了工作组在 2015 年几乎处于休眠状态。为了在 2016 年通过测试，维尔日妮和 W3C 的联络工作人员努力恢复工作组的工作，并通过引入新的成员代表来完成这一过程。一位工作组成员，他同时也是 IETF 的 JOSE 工作组的共同主席（他的发言主要基于 IETF 的经验），观察到了这一阶段：

> 让人们去开发一些东西比让他们去评议其他一些东西要容易得多。因此，全部问题就在于如何获得充分的评议——我认为存

在一种曲线,让很多人感兴趣,然后最后是要写 i 上面那点和画 t 上的一横,有时会有一条长长的尾巴,因为这不是每个人都想做的有趣工作。在一个基于自愿共识的过程中,你如何获得资源来做到这一点?[78]

尽管主要编辑咄咄逼人的态度可能是早期参与度下降的原因,但在瑞安辞去编辑职务后的最后一年,参与人员并没有增加多少。民间标准化体系有赖于人们愿意贡献他们的时间去参与高要求的技术工作,并且企业愿意支持他们从事这项工作。然而,特别是在测试和评议的后期阶段,缺乏愿意从事这项工作的人员给自愿标准制定带来了挑战。

征集能够积极参与标准制定人员的困难似乎反映了一种长期趋势,对于这种趋势,第六章快结束时探讨电磁兼容性标准化的段落也曾简要提及。对标准化运动的信念在 20 世纪早期推动了自愿标准制定,战后的国际标准化产生了新的活力,这在拉尔夫·肖沃斯身上体现得淋漓尽致。但到了 20 世纪末和 21 世纪初,许多工程师不再将标准化视作一项让人感到自豪的重要工作,肖沃斯的继任者无法找到一位美国工程师当他的继任者。[79] 在 W3C 中,一位网络加密工作组成员解释说,他从未全职从事标准制定工作,因为"我认为这种做法恰好会遭到产品研发人员的蔑视"。[80] 软件工程师认为传统的标准组织特别古板,但有些人会认为第三次标准化浪潮中的组织(如 IETF 和 W3C)更受欢迎。正如一位网络加密工作组成员曾经描绘的那样,一些 ANSI 认可的标准委员会"更像是一群老前辈,一群头发花白的人,十几个头发花白的人围坐在标准委员会烟雾弥漫的房间里"。然而,他认为:"IETF 和 W3C……与其说是民主的,倒不如说它只是在形式上更自由一点,更直言不讳一点,例如,它更加强调允许分布式参与,认为这是一种不错的方式。"[81] 虽然这位成员没有用民主这个词来形容该组织,但工作组的主席维尔日妮更愿意用这个词,并为 W3C 的民主和透明而感到自豪,在 W3C 中,"任何人都能畅所欲言,都能够被倾听",在参与其他标准制定机构的一些经历中,她都没有发现这种情况。[82] 在面对面会议和电话会议中,她坚持要求与会人员象征性地举手(召开会议时在互联网上的聊天窗口中键入并发送"q")来进行确认,而不仅仅是确保每个人都能听到,她还尽可能避免私下沟通,倾向于通过邮件列表和所有成员进行公开交流,以保持流程的透明度。

尽管在 20 世纪早期,网络加密工作组对标准化本身表现出的热情并不明显,但一种不同形式的运动热情激发了一些最活跃的参与者。这些成员表示,他们参与这项活动不仅是出于商业原因(代表雇主的需求)或职业目标(声誉和更漂亮的履历),还因为他们相信互联网或万维网的重要性。一位同样也参与 IETF 标准化的网络加密工作组成员笑着说,他的工作是"为了互联网和我获得更大的荣耀"。他接着说:"我从中得到了乐趣,比如,让互联网成为一个更好的地方,并创造新的东西。"[83] 另一位工作组成员这样说:"我认为,如果你在科技领域工作,你必须得有点类似于无私奉献的理想主义者的精神。我认为我们所有人都有一点这种想法——我们正在让世界变得更好。"[84] 如同我们此前所看到的，正是这种对网络及其潜力的热情和信念促使蒂姆·伯纳斯-李首先创立了 W3C。参与 IETF 的人对互联网也有类似的感觉；正如 IETF 的一位前主席在被问及为什么继续从事标准工作的问题时回答的那样，"这是因为互联网真的是一个很棒的东西。它给很多人的生活带来了巨大的变化，我很高兴成为其中一员"。[85] 因此，在某种程度上，我们在第三次浪潮下的标准制定机构（如 W3C 和 IETF）中看到了标准化运动的热情，它似乎更关注被标准化的技术，而不是标准化本身的价值。

围绕网络加密 API 开展的标准制定工作揭示了第二次和第三次标准化浪潮之间的连续性和不连续性。尽管像 W3C 这样的新型组织与"古板"的传统组织之间存在着明显差异，但它们的流程在许多方面非常相似。与更早期的组织一样，W3C 遵循从概念到最终标准的一系列阶段，在各个不同的节点都需要达成共识。这些阶段和所需的共识也使得，即使运用电子沟通手段，这个过程本身也不是一个快速过程。这些新的标准组织与早期的标准组织一样，也是吸纳利用经常在多个标准化机构技术委员会中服务的工程师群体（在本例中是软件工程师）。到 20 世纪末，这两个群体都缺少积极参与标准制定的人。

然而，第三次浪潮和前两次浪潮中标准制定机构的差异在于，其基调和风格的转变，从礼帽到 T 恤，这在一定程度上反映了与计算机网络同时兴起的新的开源代码和黑客文化。这意味着早期那种自命不凡的绅士文化已然消失，但不幸的是，改变并未朝向性别平等的方向，比如，瑞安粗鲁的态度会在某些时候如同火焰一般，除了维尔日妮（作为主席，她通常负责流程，而不是内容），工作组中为数不多的女性很少参与交流，无论是在线会议还是电话会议。对标准化运动热情的改变，即从相信标准化本身为世界创造价值，到相信被标准化的技术为世界创造价值，也具有重大意义。当然，在早期和最新的案例中，公司的动机仍然非常明显，比如马克的工作也是为了公司的利益。尽管如此，对整个过程及其结果影响最大的是那些在项目中花费最多时间、具有重要技术技能的委员会成员。

最后，关于网络加密 API 是应该竭力确保网络安全，还是仅仅为开发人员提供公认的工具来让他们自行构建安全的争论，提醒我们反思标准制定中所涉及的利害关系。在互联网和网络安全问题非常突出的今天，包括网络加密 API 在内的相关标准是全球经济基础设施的关键组成部分。

第九章

20 世纪 80 年代以来：质量管理和社会责任自愿标准

2017 年，民间标准制定者计划庆祝多个百年纪念日，包括诸多早期国家标准制定机构的成立，以及一个世纪以来普遍使用的标准，如 A2 和 A4 大小的纸张（始于 1917 年的德国标准）。[1]在过去的一个世纪里，制定民间标准的组织网络已经从第一次世界大战结束时的国际电工委员会和少数几个国家机构发展为广泛的国家组织网络，并在第二次世界大战开始时首次尝试建立一般性的国际机构；从"二战"之后国际标准化组织的成立到 20 世纪 80 年代在国际标准化组织下聚集的数百个嵌入国际体系内外的组织；自 20 世纪 80 年代末以来，增加了围绕信息技术而产生的新的全球标准机构。在各种标准制定委员会任职的工程师群体已从数百人发展到数十万人，与在整个联合国系统工作的专业人员群体一样庞大。[2]尽管近几十年来，该群体中的许多人失去了如同一个世纪前工程标准制定者那种社会运动般的热情，但那些聚集在因特网工程任务组（IETF）和万维网联盟（W3C）会议上的工程师至少对开放、全球化的互联网和万维网有着同样的热切投入，他们认为自愿性标准是实现这一目标的必要条件。

然而，最近的标准化浪潮不仅仅是关于信息技术的。它还包括一些基本可以说是全新的、一个世纪以前几乎无法想象的东西。在前两次标准化浪潮中建立起来的传统标准组织网络转向了表面上看起来与传统行业标准制定无关的新项目。新的标准制定活动包括促进环境和社会可持续发展，改善各类组织中工人的条件，以及在企业社会责任（corporate social responsibility，缩写CSR）标题下考虑的大多数其他议题。随着这些议题在20世纪90年代和21世纪初的兴起，标准制定群体逐步发展壮大到包括数千名利益相关者在内的代表，但他们并不是主导传统标准制定机构的工程师。这一群体的新成员远远超出了在20世纪中叶被纳入标准制定委员会的终端消费用户的代表。在21世纪，有来自工会、非政府倡议团体和政府间组织的代表，还有许多来自跨国公司公共关系、人力资源和战略规划部门的代表。

本章将会解释这些变化是如何发生的，以及它们带来的一些后果。我们从ISO质量管理标准的创建开始，即ISO9000系列（于20世纪80年代末推出，彼时信息技术领域新兴组织不断涌现），这从根本上将国家标准制定机构的注意力从产品标准转移至流程标准。ISO9000标准对整个标准制定组织网络产生了深远的影响。最重要的是，这些标准在商业上取得的成功，以及对其执行情况的监督和对监督者的认证，几乎消除了自大萧条以来周期性困扰标准制定机构的财务问题。与此同时，对ISO9000"业务"的竞争使整个网络变得更加复杂，不那么连贯，并且更为讽刺的是，对社会利益也不太关注了。

本章接着谈及ISO9000体系可能产生的第二个更深远的影响：它成为解决有些人所担心的经济全球化引发环境、劳工、人权等方面"竞次"（race to the bottom）问题的模板。从20世纪90年代末开始，许多政治企业家，包括联合国秘书长科菲·安南、社会投资先驱艾丽斯·泰珀·马林以及达沃斯世界经济论坛（WEF）创始人克劳斯·施瓦布，提出了一些基于流程标准的新的治理方案，来控制日益全球化的经济对社会和环境的潜在危害。国际标准化组织本身也加入了这一潮流，并创建了自己的社会和环境标准。

国际标准化组织在推广环境和社会标准方面的相对成功，刺激了国家机构进入这一领域，还获得了进步政治家和活动团体的支持。同信息和通信技术的标准化一样，在新的社会和环境领域中制定标准的竞争变得十分激烈，所涉及的组织网络也日益复杂。

ISO9000：转变标准制定体系

理论上，ISO9000系列标准的目的是帮助公司生产和提供最高质量的产品和服务。它起源于20世纪中后期的跨国质量运动，最初以美国和日本为中心，通过多种不同的方法来实现质量要求（例如，当发现有任何缺陷或者在公司可量化流程图中寻找统计差异时，任何一名工人都可以停止装配线）。ISO9000 标准强调设定目标，记录公司试图实现这些目标的过程，并让独立的第三方来监督公司的整个质量管理体系，确保存有记录文件。ISO9000 标准不涉及检查公司提供的产品或服务，也不直接参与评估这些产品或服务的质量。

ISO9000 的起源

关于 ISO9000 的起源有很多种说法。军事历史学家回忆起必要的战时工艺创新（例如，防止炸弹在出厂前爆炸的设计）并将其起源追溯至第二次世界大战中的英国和美国军队。[3] 德国国家标准组织认为 ISO9000 的起源与 ISO 成立技术委员会协商制定国际标准有关。这一行动是为了应对 1977 年德国标准化研究所（DIN）提出的要求，即对世界各地采购部门施加给供应商的许多不同质量标准进行合理化。[4] 英国首相玛格丽特·撒切尔的拥护者说，是撒切尔促成了英国标准协会（BSI）的标准的成功，这为国际标准化组织（ISO）最终于 1987 年采用 BSI 的标准提供了基础；她支持标准以市场为导向，推动英国企业生产出可以在全球市场赢得竞争的高质量产品。撒切尔夫人的拥护者说，如果说还有谁值得称赞的话，那就是日本企业率先生产出了这么多高质量的产品！[5]

一位在相关技术委员会任职多年的瑞典专家表示，真正的起因是世界上最大的客户群体：考虑购买全新武器系统的国防部、考虑建造核电站的电力公司，"或者是一家想［在北海］进行钻探的挪威石油公司"。通用质量标准的想法不是由"普通"客户推动的，而是由"总是对供应商提出要求的大客户的兴趣所引发的。所以，这一切都是从这些要求开始的"。⁶ ISO 当时的负责人奥勒·斯图伦认为，这个故事要从 1964 年说起，那是他第一次见到其中的一位客户，即加拿大武装部队总司令拉尔夫·亨尼西（Ralph Hennessy）上将。⁷1972 年，已经成为斯图伦密友的亨尼西被任命为加拿大标准委员会（Standards Council of Canada）的执行主任，这是一家新成立的公私合营企业，目的是协调加拿大的自愿标准制定活动，并作为该国在 ISO 的代表。1976 年，亨尼西调任 ISO 担任副主席，同时兼任该组织的议程制定技术委员会主席，这一管理委员会响应德国标准化研究所（DIN）的请求成立了"质量管理和质量保证"技术委员会（TC176），并聘请加拿大作为该委员会的秘书处。⁸

斯图伦对于 ISO9000 源起的叙述已经具有半官方化的性质。1999 年，他的美国继任者、ISO 秘书长劳伦斯·艾彻（Lawrence Eicher）对北美的一位听众说，关于 ISO9000 历史的"派别"争论其实并不重要，因为"无论 ISO9000 源于何处，我们都知道它已经成为企业与企业进行交易中对于质量要求的国际参考"。⁹不出所料，2006 年，ISO 主席田中正躬（Masami Tanaka）在渥太华召开的第 29 届 ISO 大会上以加拿大版本的故事开场："加拿大为 ISO 做出了诸多贡献，其中之一是为 ISO 的技术委员提供了秘书处的职能服务"，并负责了"ISO 中最著名的标准系列——ISO9000 和 ISO14000［环境标准］"。田中正躬继续说，这些标准"在很大程度上起到传播和推广 ISO 的作用……从而引起国际商界和政府的广泛关注，并持续不断地引发公众的关注",这一群体远远超出"我们几十年来一直试图为其提出解决方案的管理人员和工程师"。[10]

对于 ISO 标准自身的影响,田中正躬当然是正确的,但要理解更大的背景,并对 ISO 在成功实现"质量"方面必须提出的问题有一定的认识,还得回顾 ISO 之前质量管理体系的历史。在 20 世纪初,许多公司尝试利用信息改善业务的新方法。[11] 1924 年,一位供职于西屋电气公司的统计学家沃尔特·休哈特(Walter Shewhart)开发了一套链接图表,来记录不同生产阶段零件的质量。休哈特的同事 W.爱德华兹·戴明(W. Edwards Deming)在第二次世界大战期间将这些想法提交给了美国政府,并在战争快结束时鼓励成立了一个新的质量工程师专业组织——美国质量学会(American Society for Quality,缩写 ASQ)。作为美国战后占领日本期间的顾问,戴明也发挥了重要作用。许多日本经理采纳了戴明的理念,为日本创造了生产高质量产品的全球声誉。最终,随着西方对日本竞争的恐惧加剧,戴明开始被西欧、美国、加拿大、澳大利亚和新西兰的许多商人和政府官员视作一位被遗忘的先知。[12]

当亨尼西说服 ISO 和他的加拿大同事跟进 DIN 在 1977 年提出的研究质量管理标准的要求时,他明白撒切尔夫人对与日本竞争的担忧,也了解她希望确保武器制造"零缺陷"的愿望。事实上,如果一个政府或企业正在试运行一座核电站或购买了一个浮油井架在附近的沿海海域进行钻探,那么它可能也会有类似的担忧。亨尼西也明白,为什么任何大买家,无论是一家跨国公司还是一个富裕的中等强国政府，它们都会担心被骗而购买大量劣质日常用品，如铅笔或卫生纸。他也理解 DIN 和世界各地许多小型制造商提出的问题，即大型采购商为了避免质量问题而强加数百种不同的质量标准，这既低效，又可能不公平。

ISO 的第一个质量管理标准是 ISO9000：1987，质量管理和质量保证；直接更新这一核心标准的标准被称为"9001"，而一整套独立的、相关的标准在 9000 的基础上被赋予了更高的数字。核心标准假设"质量"的操作性定义因产品或服务的差异而有所不同。尽管如此，该标准指出，任何质量管理输出所需的组织流程都涉及三个可以在任何管理体系中明确规定的要素。第一，采用该标准的人必须将"以客户为导向"作为自身质量定义的核心部分。第二，采纳者需要记录其在生产和管理过程中所做的一切，这样就能够提高满足客户需求的能力。第三，采纳者必须承诺不断改进他们的产品或服务的质量，以及生产这些产品和服务的过程（包括越来越多地与获得 ISO9000 认证的供应商合作，这是影响标准传播的一个因素）。采纳以客户为导向的理念是为了触发组织文化的转变。正如 ISO 的一份销售报告所言，ISO9000 "质量管理体系……并未规定与'质量'或'满足客户需求'相关的具体目标，但要求组织自行定义这些目标，并通过不断改进其流程来实现这些目标"。[13] 质量管理体系（QMS）只是一个记录和评估组织流程的标准，与 ISO 在 ISO9000 之前制定的大部分产品标准有很大的不同。产品标准规定了特定的结果，标准产品必须以特定的方式产生。"管理体系"标准则侧重于组织的流程和文化。

ISO9000 认证和审核

虽然目前尚不清楚自 1987 年以来采用该标准的数十万家企业中，ISO9000 所允诺的文化转型是否真的发生了，但 ISO 及其诸多成员国机构内部肯定发生了文化变革，尽管也带来了一些意想不到的后果。它们大多数都采用了 ISO9000 标准，并且现在使用 ISO9000 的修辞来描述它们的所作所为。ISO 临时秘书长克里斯蒂安·法夫尔（Christian J. Favre）在 2002 年的一次演讲中表达了对这一变化的感受。他谈到 ISO 如何"承诺满足客户……使我们能够保持对会员的服务质量，包括在［劳伦斯·艾彻意外去世后的］过渡期内"。他接着说。"让客户满意是我们通过 ISO9001: 2000 认证的必要条件，但我很高兴能够报告这一点，该认证已经投入实施了。"[14] 这与奥勒·斯图伦在 20 世纪 60 年代至 80 年代使用的语言截然不同。斯图伦认为，ISO 应该关注全球公民的包容性社区，而不是关注一群因购买 ISO 标准而自行定义的客户群体。区分公民和客户是有意义的。这一新的关注点不仅导致一些 ISO 的批评者开始使用"雇佣军"等词汇来描述 ISO 及其成员机构，[15] 而且也颠覆了 ISO 的传统理念，即 ISO 及其国家成员制定的标准是过程的结果，从某种程度上来说，这一过程甚至优于民主政府的流程；这就是标准化为所有公民服务的方式（见第三章）。一开始是一场进步的社会运动，现在却有可能变成另一场商业活动。

向仅以客户作为新导向的快速转变在很大程度上是因为管理体系标准迅速成为 ISO 及其成员工作的中心。新的标准给这些组织带来了公众关注和资金。ISO 主席田中正躬在 2006 年提出的观点是正确的，他认为，在 ISO9000 标准的引领下，质量管理体系（QMS）的蓬勃发展让这个标准制定机构获得了全球公众的广泛关注。因为这些标准，世界各地的普通民众第一次听说了 ISO，这对许多标准制定者来说无疑是一个可喜可贺的进步。此外，这一繁荣不仅促进了 ISO9000 和许多为特定行业或个别国家设计的后续标准的销售；这些质量管理体系标准还极大地扩展了两个利润丰厚且与标准相关的业务：认证（certification）和认可（accreditation）。ISO9000 及相关标准被设计为可由公司外部的专家进行审核。因此，需要其他公司来认证标准的符合性，比如像美国保险商实验室（Underwriters Laboratories）这样的少数新公司，它们可提供认证其产品是否符合安全或健康标准的服务。由此，在不同国家中，类似对这种实验室进行认证的监管机构（公共或私人）的组织需要对执行质量管理体系审核和认可的公司进行认证。国家标准机构可以在质量管理体系领域扮演两个额外的角色，并借此获得经济收入。

虽然人们很快就清楚地认识到，为了避免利益冲突，制定标准、对标准遵守情况进行认证和对认证机构进行认可的任务必须由一些不同的组织来完成，但创建这个新的组织网络的过程极大地改变了后来被称为"生意"的标准化活动。到 1990 年，也就是 ISO9000 首次发布三年后，澳大利亚标准协会成立了一个部门（后来成为一家独立的公司），提供 ISO9000 的培训和认证。澳大利亚分部与加拿大标准协会（Canadian Standards Association，缩写 CSA）的类似部分、英国标准协会（BSI）（违反其反对成为测试机构的创始原则，参见第二章）、美国保险商实验室，以及日本和新西兰国家标准机构签订了相互承认协议。这些协议保证了在一个国家实施的 ISO9000 认证会被其他国家接受。[16] 在接下来的十年中，CSA 和 BSI 都采取了收购参与认证标准（产品标准和质量管理体系标准）外国公司的商业战略，从而将它们自己转变成了全球性的商业企业。BSI、CSA 和澳大利亚标准协会不再将其名称视作"标准"或"标准化"和特定国家的首字母缩写词；它们的首字母缩写词正式成为新的全球公司——BSI 集团、CSA 集团和 SAI Global——名称的一部分。[17]

随着国家标准机构开始转向认证业务，国际标准化组织（ISO）、美国国家标准学会（ANSI）和美国质量学会（ASQ）开始着手对许多希望提供认证服务的组织进行认可。1986 年，甚至在 ISO9000 第一版发布之前，ISO 和国际电工委员会（IEC）联合发布了《供应商质量体系第三方评估和注册指南》（指南 48）。ANSI 和 ASQ 随后参与进来，因为美国担心与欧洲扩大和深化经济合作可能会导致欧洲利用其质量管理体系（QMS）将美国公司排除在欧洲市场之外。这两个组织创建了一个美国认可机构，即美国国家标准协会-美国质量学会认证机构认可委员会（ANAB），用来确保有美国认证机构向美国公司提供 ISO9000 的认证印章。具有讽刺意味的是，在 20 世纪 90 年代初迅速全球化的经济浪潮中，ANAB 迅速成为 ASQ 自己的、日益国际化的质量认证业务的美国分部。为了消除 ASQ 内部潜在的利益冲突，并建立一个适合全球经济的认可体系，ANAB 和其他国家的认可委员会在1993年成立了一个新的组织——国际认可论坛（International Accreditation Forum，缩写IAF）。它很快成了一个全球性的协会，IAF国家成员认可的所有审核和认证机构都相互承认，这是一个与ISO（全球标准制定组织）平行的全球认可组织。2012年，ISO和IEC发布了一项新标准《产品、过程和服务认证机构合格评定要求》（ISO/IEC 17065），IAF成员在认可组织提供ISO9000审核和认证时使用该标准。[18]

与标准制定或认可机构相比，这些认证组织变得更加大型化和多样化。2017年，ANAB列出了其在美国认可的76家ISO9000系列认证机构，包括以色列、牙买加和西班牙的国家标准机构、美国石油协会和密歇根州特洛伊市的佩里·约翰逊注册机构［自称"北美地区（ISO9000认证）的第一注册机构"］。加拿大认可组织、加拿大标准委员会，列出了22个其已认可的ISO9000认证机构，包括爱尔兰国家标准局和魁北克省标准机构，以及BSI集团美国公司（由BSI发展而来的全球公司的美国分部）、普华永道会计师事务所（全球"四大"会计师事务所中的第二大会计师事务所）和UL LLC（该公司曾被称为加拿大保险商实验室，是久负盛名的美国安全标准组织的加拿大分公司）。[19]随着ISO9000标准的出现，与以工业产品为重点的传统自愿标准制定机构相联系的全球组织网络变得更加错综复杂，表面上也变得不那么理性。国家认可机构支持外国公司从事ISO9000标准认证的盈利业务。其中一些外国公司甚至是其他国家的官方标准制定机构。所有的认证机构都在世界各地运作。例如，ANAB报告说，以色列标准协会在"中国、以色列、日本、罗马尼亚、塞尔维亚和美国"提供了ISO9000认证。[20]

对ISO9000/9001核心标准认证的巨大需求所带来的一系列后果之一，就是与标准制定相关的全球组织网络的日趋混乱。从2007年到2015年，每年约有100万个组织（主要是商业公司）寻求从事此类认证或再认证（通常每三年进行一次）业务。采用ISO9000/9001的公司支付了所有相关费用。每项ISO9001认证的外部顾问和审核费用估计通常都是从数万美元起步。因此，全球范围内认证遵守这一标准的业务确实变得非常庞大。[21]

从一开始到现在，这项业务的地理位置也发生了变化。1993年，第一次全球认证调查确定了当年获得ISO9000/9001认证的约4.5万个组织。这些组织中有60%以上在英国，这也证明了一个假设，即该标准的最初成功是由玛格丽特·撒切尔推动英国公司提高质量而保证的。尽管如此，ISO9001认证的地理中心迅速转移到更大的地区，这些地区的商业成功越来越依赖于全球市场。2015年，虽然40%的认证仍在欧洲，但另有40%在东亚，其中中国占四分之三以上，约占所有符合ISO9001的组织的30%。[22]

随着时间的推移，越来越多不同类型的组织开始寻求ISO9001认证，范围远远超过了工业企业。2006年，一位评论员惊叹道："二十年前，谁会想到金融机构、学校、血库、监狱系统、佛教寺庙、游轮公司或零售连锁店会实施ISO9001？"主要国际救援组织寻求ISO9001认证，个别咨询占星家也是如此。[23]但是，使用该标准最频繁的是较为普通的组织：建筑公司和金属、电气设备和机械制造商。[24]

ISO9001 的迅速普及，以及对其有效性的普遍怀疑，引发了大量关于其对采纳它的组织的影响的研究。对私营公司的调查显示，采纳该标准会带来更好的运营状况，但不一定会提高经营业绩；也就是说，采纳者比不采纳者实现了更多的生产、质量和成本目标，但这并没有转化为持续增长的利润。然而，在使用 ISO9000 之前，以持续改进为导向的采纳者在大多数衡量指标方面都表现得更好，包括利润。也许这是因为这些公司实现高质量的早期方法侧重于结果，即高质量的产品或服务，以及对管理体系标准的遵守，只是强化了对具体目标的实现。或者也可能是因为这些公司倾向于选择更谨慎、信誉更高的审核师，而这些审核师对公司的运营提供了具有深刻见地的反馈。不太成功的采纳者倾向于选择只会僵硬刻板遵从规则的认证者，这种刻板遵守对改善运营几乎没有什么作用。[25] 对这些不太成功的采纳者的调查结果表明，针对 ISO9000 持悲观态度的观点是有道理的，1995 年的《呆伯特》(*Dilbert*)漫画就反映了这一点。

那么，为什么这么多公司，尤其是那些雇用信誉较差审核机构的公司，要做这么没有意义的事情呢？因为，撇开《呆伯特》不谈，这并不是毫无意义的：它帮助企业满足新老客户的需求。许多公司寻求认证是因为其最大的客户，通常是政府或大型跨国公司，它们要求认证。这些客户希望以此来控制用于监督供应商的成本，同时将供应商向它们提供劣质商品或服务的风险降至最低。对于那些希望吸引这些大买家的公司来说，ISO9000 认证提供了一个信号，即"你可

图 9.1 博托大学（Botho University）庆祝 2013 年 6 月获得博茨瓦纳标准局的 ISO9001 认证。经博托大学许可复制，https://bothouniversity.com。

能从未听说过我们，但我们和那些与你长期合作的公司一样有质量保证"。因此，中国制造商和建筑公司希望在其信笺、名片，以及办公室和工厂外悬挂的旗帜上展示 ISO9000 认证标识，释放这一信号。ISO9000 认证对试图进入全球市场的公司非常重要，这也解释了为什么在出口行业刚刚起步的国家，如爱尔兰、以色列、牙买加和西班牙，以及亚洲及非洲其他快速工业化国家的标准制定机构都非常乐意进入认证行业并提供标识。图 9.1 所示为第一所获得博茨瓦纳标准局认证的私立大学，并展示了这样一面认证旗帜。

ISO9000 认证对那些已经在国际上享有高质量声誉的公司，或者对享有高质量声誉出口国（如日本或德国）的制造企业没有太大帮助。

尽管如此，许多日本公司也寻求 ISO9000 认证，这并不是因为它们遵守该标准会提高其产品质量，而是因为越来越多的公司决定以这种方式向客户做出承诺，这已经成为必要的经营成本。[26]

ISO9000 的成功也促使 ISO 制定了一系列其他可审核的管理体系标准，这些标准同样也是企业展示给所有人看的。2017 年，一家号称"网络上最全 ISO 旗帜精选"的公司——标准旗帜公司——提供了两个 ISO9000 最新版本（ISO9001:2008 和 ISO9001:2015）的认证旗帜。此外，其还提供了下列标准的旗帜：

- ISO13485 医疗器械质量管理体系（1996 年首次发布）
- ISO14000 环境管理（也于 1996 年发布，将在后续章节中讨论）
- ISO16949 汽车行业质量管理体系（1999 年首次发布，与国际汽车工作组、全球制造商贸易协会共同创建）
- ISO22000 食品安全管理（自 2005 年起）
- ISO/IEC27001 信息安全管理体系（自 2005 年起）
- ISO50001 能源管理系统（自 2011 年起）

标准旗帜公司还提供非 ISO 质量管理体系的旗帜，如 AS9100 航空航天质量体系（1999 年由行业协会为行业创建的类似标准）和 OHSAS18001 职业健康和安全管理体系（1999 年首次制定并在国际范围应用的 BSI 标准）。[27]

除了所有这些可供审核的标准之外，ISO 还发布了一些没有任何标识的相关标准。它们只是为了提供指导，而不是提供一个确定具体、可以审核的流程。例如，根据一份市场文件，ISO9004《组织持续成功管理》帮助用户思考如何"不仅让组织的客户满意，也让所有相关方满意，包括员工、所有者、股东和投资者、供应商和合作伙伴，以及整个社会"。[28]

标准制定成为一项全球性业务

新管理体系标准的激增进一步对国家标准组织产生了影响。ISO9000 的初步成功，几乎神奇地解决了一直困扰标准组织的财务问题。澳大利亚标准史学家温顿·希金斯解释说，对于这个典型的早期国家标准机构来说，老旧的财务问题突然得到解决多少让人感到有点祸福相依。这当然是一件好事，因为"旧的澳大利亚标准协会"曾处于"勉强糊口的生存状态"。它的领导者不愿意乞求政府或行业的支持，也不愿意效仿其他资金短缺的国家机构所采取的一些有失妥当的做法，"例如，在一个项目开始之前就要求利益相关方支付预付款"或者"向技术委员会成员收取费用"，这些做法从一开始就破坏了管理自愿标准制定活动的规范。[29] 然而，在以质量管理体系为主导的新世界中，"无论该组织如何明确地将其商业活动与国家利益之下的标准制定活动区分开来……负面的看法都难以动摇"。澳大利亚标准协会看起来就像是"一个吸收大量专家却不花钱的非营利组织"，来经营"一个商业上成功的企业"。[30] 2003

年，澳大利亚标准协会做了许多其他民间国家标准机构会做的事情。它将其标准发布、咨询和认证活动出售给了一家新成立的私营公司，持有该新公司的大部分股权作为收入来源，并授予新公司一份为期 15 年的发布澳大利亚标准的合同，该公司将会为此支付高昂的版税。"这一安排也使得澳大利亚标准协会只保留了其原始核心业务，即标准制定。"[31]

虽然大多数国家标准机构可以找到类似的方法来保护其传统工作不受新的商业活动的影响，但对于 ANSI 来说，这个问题并不简单，因为它在美国标准制定者的竞争网络中处于领先地位。还有许多标准机构对管理体系业务感兴趣，并希望制定和认证国际标准。ISO 的新商业文化让这一目标的实现成为可能。

1999 年，规模最大、历史最悠久、与美国国家标准学会（ANSI）"平起平坐"的组织——美国材料试验协会（ASTM）提出了新的 ISO/ASTM 标准，该标准将由 ISO 的技术委员会批准，但由 ASTM 制定和维护。ASTM 主席詹姆斯·托马斯（James A. Thomas）宣称："我们正在提议创建有史以来最强大的国际标准……［提供］一个具有前所未有商业力量的国际标准。"新的 ISO/ASTM 混合标准将"增加在美国和世界各地使用 ISO 标准的数量……这是另一种国际选择，是一个有吸引力、在商业上实用的替代方案。"[32] 时任 ISO 技术管理副总裁的澳大利亚标准协会商业负责人罗斯·赖特（Ross Wraight）支持这一想法，他认为 ISO 的正式成员除了国家通用标准组织之外，还应加入基于行业的标准化组织。2001 年，为了巩固其作为全球材料行业标准制定者的形象，ASTM 将其名称中的"American"一词去除，成了国际材料试验协会（ASTM International）。[33] ASTM 与 ISO 之间的实质性合作试错过很多次，但在 2013 年，这两个组织发布了第一个关于增材制造（additive manufacturing）的联合标准，更为大家所熟悉的提法是用于产品制造或建筑施工的计算机 3D 打印。[34] ISO 与 ASTM 的合作为其他全球标准制定合作项目提供了一个模式，将 ISO 与诸如皮革鞣制、不同电子媒体文件格式等领域的特定行业标准组织联系起来。[35]

这些合作标志着曾经被 ISO 推崇的国际、区域和国家标准机构所组成的嵌套结构的进一步解体。许多标准用户乐于看到这种发展。回顾一下第七章，甲骨文的特隆·阿恩·恩德海姆在 2009 年表示，他希望到 2020 年实现一个全球标准化的世界，而不是像"联合国式"要求各个国家机构达成共识来制定标准。将一个以行业为基础的标准机构（如 ASTM）转变为一个全球性实体，然后通过合作关系将其纳入 ISO，这是朝着这一方向迈出的一步，那些赞同恩德海姆观点的人对此表示欢迎。然而，他担心，推动"标准世界的混乱全球化"的各种力量之间的冲突可能会过于激烈，以至于他的这种高期望无法在十年内实现。[36]

ISO14000、SA8000和全球契约：20世纪90年代的新社会标准

有些不协调的是，在民间标准化既促进经济全球化又变得更加全球化的同时，关注全球化对环境、工人、人权问题影响的社会活动家开始将ISO在管理体系标准方面的经验视作一种模式，用来防止一场全球化导致的"竞次"。对于活动家来说，ISO9000为关心社会和环境可持续发展的组织提供了一种治理模式，以实现在经济全球化背景下对这些问题的持续改进。这一模式的相关特征也帮助ISO9000认证成为一项如此成功的业务：作为标准所要求的"持续改进"的一部分，ISO9000认证的公司越来越多地从同样具有质量管理体系的公司购买其供应品。对这一原则的坚持有助于标准的推广。[37] 英国历史学家德博拉·凯德伯里（Deborah Cadbury）指出，19世纪英美贵格会制造商取得的不同寻常的成功为这种更高标准的迅速传播提供了一个先例。其在自己的企业遵循当时最高的社会标准，同时要求分销商和全球供应商也要达到类似的标准，也受活跃的大众媒体的监督，大众媒体急于指出这些"朴素上帝之人"的伪善之处，而他们恰恰是影响"工业革命进程和［撒切尔时代之前］商业世界的人"。[38]

但是，在20世纪末，为什么社会活动家不得不去担心一场潜在的、政府明明可以阻止的竞次呢？毕竟，政治学家约翰·鲁杰（John Ruggie）在1982年一篇颇具影响力的文章中指出，工业化国家的政府在"二战"后就已经采取了这样的措施；富裕的资本主义国家在

其生产的工业产品中建立了一个自由贸易体系，但它们的政府合作将自由贸易"嵌入"一套更大的社会规范，这些社会规范是为了保护工人、妇女以及在战争中获益的少数群体。[39] 最初，许多分析人士认为，将这些做法推广到全球化经济当中不会引起争议，也相对简单。早在1970年，主流经济学家们就提议通过监管跨国公司及其全球供应链来实施鲁杰称之为"内嵌的自由主义"的普世体系。[40] 1973年，在西欧和发展中国家的压力下，联合国成立了跨国公司中心（UNCTC），它设计了一部涵盖劳工权利、反腐败措施和累进税的全球性法律法规，[41] 但主要由于美国的反对，联合国成员国对该法规草案辩论了近二十年，毫无结果。

在联合国就规范新的全球制造业经济的漫长辩论中，杰拉尔德·福特、罗纳德·里根和乔治·布什等率领的美国共和党政府反对任何对经济全球化的监管，这是强大的美国保守派团体饱受诟病的一点，以吉米·卡特和比尔·克林顿为代表的民主党政府至少还有其他优先考虑的事项。在2000年《芝加哥国际法期刊》（*Chicago Journal of International Law*）的一篇文章中，约翰·博尔顿（John Bolton）解释了共和党的理由：由于大多数联合国成员国都是不民主的政府，联合国跨国公司中心（UNCTC）缺乏建立此类监管措施的合法性。他认为，国际劳工组织也好不到哪里去，因为它通过平衡工人、雇主和政府代表建立委员会来制定国际劳工标准，而这是一种令人反感的、墨索里尼所认为的"法西斯主义中最重要组成部分"的"法团主义"形式。此外，欧盟中全球主义者的动机也令人怀疑，博尔顿认为他们是 UNCTC 准则的主要支持者,他们"不满足于将自己的国家主权移交给布鲁塞尔……实际上,我们还决定将我们[美国]的一些制度和规范推广到全世界"。[42] 在博尔顿看来,政府从未同意通过监管将全球经济"重新嵌入"更大社会规范中的原因是美国主义者成功阻止了欧洲全球主义者的利己主义超民族主义战略。事实上,乔治·布什在 1992 年 1 月竭力让布特罗斯·布特罗斯-加利(Boutros Boutros-Ghali)成为联合国秘书长,而作为布什最喜欢的新秘书长,他结束了长达 20 年关于具有法律约束力的企业责任全球准则辩论,将 UNCTC 边缘化,并解雇了其负责人彼得·汉森(Peter Hansen),后者是一位激怒过许多美国保守派的丹麦社会民主党人。[43]

然而,联合国未能为跨国公司制定具有法律约束力的准则,这不仅仅代表了美国共和党人战胜了欧洲全球主义者。从 20 世纪 70 年代到 90 年代,许多全球商界领袖的共同观点仍然是荷兰皇家壳牌公司总裁 1974 年在联合国早期关于这一准则的听证会上所表达的观点:他认为,"这个世界仍然是由国家或地方组织起来的",除非壳牌不得不面对全球工会,否则在此之前考虑从这个层面来监管企业是没有意义的。联合国粮食及农业组织的产业合作项目英国负责人休杰(J. A. C. Hugill)补充说,由于任何被认为具有"约束力"的法典都必须由各国政府来制定,因此国际谈判的法典可能最终会成为各国法律中最小的公分母,只是另一种竞次的方式。休杰认为,更好的做法是建立一套民间自愿标准,以鼓励公司进入最佳表现者名单,"公司应该以能名列其中而感到光荣和自豪"。[44] 这些成为 20 世纪 90 年代激发民间社会责任标准制定的主要论点。

回顾本书前三章,这些论点与最初的标准化运动一样古老。休杰重申,政府(及其政府间组织)通常不愿意制定非自愿性标准,是因为已经遵循其他标准的人或机构会反对标准转换所带来的成本。同样的逻辑表明,任何通过法律程序(在本例中为制定条约)建立社会或环境标准的尝试,在最初阶段可能会导致对于最小公分母的法律界定。然而,代表不同利益相关者的专家可能会就级别更高的民间标准达成一致意见,至少一些公司会像19世纪的贵格会制造商那样采用这些标准,以展现其社会责任。

基于 ISO9000 的环境标准:ISO14000 系列

就这样,在 1992 年,正值联合国地球峰会,英国标准协会(BSI)发布了第一个主要的民间环境标准 BS7750《环境管理体系规范》,该标准以 ISO9000/9001 和早期的 BSI 质量管理标准为蓝本。随后,ISO 迅速成立了一个技术委员会,将英国标准作为 1996 年发布的第一个 ISO14000 系列环境管理体系标准的模板。该系列标准要求企业确定环境目标和指标,建立实现这些目标的程序和过程,检查和记录实施这些过程的结果,并制定持续改进的体系。与 ISO9000/9001 一样,这个组织可以寻求经过认可的第三方机构来定期审核,以认证其符合标准。因此,该标准为公司提供了一种途径,既可以改善其在环境方面的表现,又可以向客户、政府、环保活动家和可能会在未来加入的员工传达其在环境方面的承诺。[45]

事实证明，环境标准受到了热烈欢迎，尽管还不如ISO9000/9001那么流行。巧合的是，1999年，也即收集数据进行统计的第一年，大约有1.4万个组织被认证符合核心的ISO14001标准。2007年，超过15万个组织获得认证。并且，与2007年至2008年金融危机之后ISO9001的年度认证稳定在100万个左右不同，ISO14001的年度认证数量一直持续上涨，2015年超过30万。[46]尽管如此，这仍然不到ISO9001年度认证数量的三分之一，这或许反映了强制要求持续改善环境问题的传播性效果较弱。大多数组织在需要对其供应商实施ISO14001要求之前，可能已经能够进行许多内部环境的改进了。

ISO14001的成功引发了与ISO9000/9001成功之后同样产生的广泛研究。在ISO14001所依据的原始BSI标准发布10~15年之后，对BSI和ISO标准的一些研究表明，采纳这些标准的机构所产生的污染比过去少，也比不采纳这些标准的机构少。采纳者也倾向于更加遵守国家和地方环境法规。大多数采纳者这样做，向客户、政府监管机构和其他人展示ISO14001标识，至少有一部分原因是为了表明其对环境保护的承诺。

然而，对9家加拿大企业的详细案例研究表明，采纳该标准导致了"旨在表面上证明被认证组织符合标准的仪式性行为"，而"对环境管理实践和绩效所产生的影响并不明确"。ISO14001的采纳者后来倾向于从ISO14000标准家族中最终形成的35个标准中选用额外的标准。这些标准分为四类，分别为每类中有7个标准的（1）温室气体排放监测和报告、（2）环境标识、（3）环境绩效评估，以及

(4)生命周期评估(谨慎使用资源和循环利用)中的 10 个标准。[47] 最后,研究表明,最初对该标准只会在西方发达国家流行的担忧是没有根据的。与 ISO9001 一样,欧洲(东西方)和东亚广泛采纳了环境标准,中国的采用组织约占所有采纳者的三分之一。[48]

ISO 之外的全球社会标准:SA8000

在 ISO14001 首次实施的同时,大约有 1 000 家公司的行为准则也陆续颁布。这些准则包括1991 年的《美体小铺的贸易非援助倡议》、1997 年的《全球服装生产责任劳动法规》,以及 1998 年的《企业大赦国际人权指南》。大多数都是单一公司针对企业要担负社会责任这种不断增长的利基市场所做的努力,而这一状况是由于经济全球化、撒切尔和里根时代的放松管制以及对世界范围日益增长的反全球化运动担忧而产生的。[49] 到 20 世纪 90 年代末,许多国家都存在使用社会和环境审核的企业。例如,巴西的道德机构(Instituto Ethos)建立了一个模范公司社会责任惯例数据库,并且与一个自我评估工具相关联,用来帮助组织评估自己的做法,找到最佳模型进行模仿。该机构还帮助巴西技术标准协会(ABNT)起草了企业社会责任标准,该协会在 20 世纪 90 年代开始运行。[50]

20 世纪 90 年代第一个真正全球性的非 ISO 方案是 1997 年的 SA8000 劳工标准,2012 年《纽约时报》的调查报告称该标准为"业内最负盛名的标准"。[51] 它直接效仿 ISO 的管理体系标准,旨在减少数百条新的民间劳动法规所造成的混乱。SA8000 的创始人、美国劳工经济学家艾丽斯·泰珀·马林解释说，到 1995 年，"成百上千的公司为其供应商制定了行为准则，但这些准则大相径庭"。客户对哪些法规是强有力的、哪些只是粉饰门面的会感到困惑。此外，对于通常为多个品牌进行生产的工厂来说，这一成本是高昂的。"通常，公司应该遵守七种不同的法规。你甚至听说过一些公司每年要进行 80 或 100 次审核，每一次审核都遵循不同的行为准则。"[52]

泰珀·马林认为自己对这种混乱局面负有部分责任。要理解这一点需要回到她职业生涯的开始。她是华尔街首批女性分析师之一。1968 年，她的公司要求她为一家重要的宗教客户提供"和平投资组合"（peace portfolio）。这件事促使她创建了一个非营利组织——经济优先权委员会（Council on Economic Priorities），进而助推了 20 世纪 70 年代的社会责任投资运动。从 20 世纪 80 年代开始，该委员会为关心社会和环境的消费者发布了一系列手册。20 世纪 80 年代末，当该委员会开始为美国学生编写一份专门的消费者指南时，泰珀·马林面临的是评估发展中国家的工厂对社会和环境影响的问题，这些工厂制造了学生购买的服装和电子产品。她从少数几家已经要求海外供应商达到高标准的美国公司那里学到了经验，比如服装品牌公司李维·斯特劳斯（Levi Strauss）。随着对全球形势的新认识，该委员会开始指导其他公司如何追随这些领导者，导致 20 世纪 90 年代初基于公司的劳动标准出现爆炸式增长。从委员会衍生而来的社会责任国际（SAI）及其 SA8000 可审核全球劳工标准是泰珀·马林对随后发生的混乱状况的回应。[53]

SA8000 遵循 ISO 模式的可认证管理体系标准，由一个组织［即社会责任国际（SAI）］支持，对从事审核和授予认证的公司进行认可。大多数经 SAI 认可的认证机构已经拥有 ISO9000 和 ISO14000 的认证经验。SAI 还从 ISO 的模式中学习到如何设置和维护标准。SAI 成立了委员会，由其所认为的在利益相关者中具有平衡性的代表构成，并且以协商一致的方式运作。尽管如此，无论是 SAI 标准本身，还是确立和维护利益相关者的过程，都与它所效仿的 ISO 标准和过程有根本的不同。

也许最重要的是，SAI 标准关注的是结果，而不仅仅是管理过程的文件。SAI 认证的雇主必须提供生活工资、体面的工作条件（包括厕所、饮用水和工作事故时的医疗护理），以及国际劳工组织（一个政府间条约组织，缩写 ILO）的许多公约和建议中规定的一系列保护措施。许多政府从未接受过这些规则，更不用说执行了。此外，与制定劳工标准相关的利益相关者不仅包括生产和购买商品的公司（发展中国家的服装厂和向最终消费者销售商品的商标品牌公司），还包括工会、人权组织、发展机构的代表，以及儿童福利倡导者。泰珀·马林（图 9.2 所示是她正在参访一家土耳其的工厂）认识到，这些人大部分"以前没有在一起工作过"；充其量也不过是，他们及其对手坐在同一张桌子旁。他们当然不像工程专业所提供的那种共同的语言和文化，而正是那种共同的语言和文化促进了自愿标准制定的第一个世纪。因此，她对 ISO 召开会议的规范进行了补充（例如，在礼貌和尊重的前提下），制定了更为明确的基本规则，这是她在"寻找共同

图 9.2　2005 年，社会标准化企业家艾丽斯·泰珀·马林正在参观一家符合 SA8000 标准的土耳其工厂。经社会责任国际（SAI）许可复制。

点"的实践中发现的，这是一个解决冲突的非政府组织，于 20 世纪 90 年代初在非洲、东欧和中东等军事冲突地区开展工作。[54]

1998 年，也即 SA8000 首次发布之后的那一年，审核师为符合标准的 8 家公司颁发了首批证书。2008 年，认证数量增加到约 2 000 个，2017 年增加到约 4 000 个。虽然到 2017 年，该标准已应用于雇用超过 100 万人的工作场所，但采用 SA8000 的组织数量还不足采用 ISO14000 环境标准系列组织数量的 2%。[55] SA8000 并没有阻止新的民间劳工标准的泛滥。尽管如此，该标准被那些执行过劳工标准的公司广泛采用，而不仅仅是用来粉饰门面，并且该标准及其认证体系的精心设计立即激发了对如何进行最有意义的评估的学术研究，尽管完成的比较研究很少。[56] 曾对 ISO 管理体系标准提出过严厉批评的耶鲁大学建筑与全球化研究教授凯勒·伊斯特林（Keller Easterling）强调了 SAI 模式的潜在颠覆性。她认为，这个全球活动组织"反映了 ISO9000 协议的形式，这一次正是为了采用大量组织中业已存在的体系和惯习"。事实上，她声称，"ISO 为其提供了一个相对保守组织的伪装"，因为它面临劳工、环境与人权问题。此外，SAI 是全球性的，而不是国际性的（如 ISO 或 ILO），SA8000 不受国家法规的约束。"因此，比如说，虽然美国可能还没有正式批准［国际劳工组织］关于劳工保护的原则，但社会国际责任（SAI）可以单独接触美国公司，并试图获得承诺。"[57]

全球契约：大致基于工程师模式的雄心勃勃的标准

1997 年，大约是在 SA8000 发布的时候，接替布特罗斯·布特罗斯-加利担任联合国秘书长的科菲·安南，试图在自愿共识标准化的基础上建立他自己的企业社会倡议。安南非常清楚当代民间为监管迅速全球化的经济所做的各种努力，并对此表示赞赏。20 世纪 50 年代末，他在加纳库马西理工学院读本科时就开始了解工程标准的制定，此后他在美国学习经济学，并于 1962 年加入联合国。1972 年，安南在麻省理工学院斯隆管理学院获得其最后一个学位管理学职业中期硕士学位之后，开始与民间机构接触。在回到联合国之后，安南在秘书处上层步步高升，与全球商界领袖建立了联系。他定期出席世界经济论坛达沃斯会议，该论坛自 20 世纪 70 年代初以来吸引了全球的经济和政治精英。[58]安南在1999年1月的达沃斯会议上,用他招募来担任联合国战略规划主任的约翰·鲁杰的"内嵌的自由主义"论点向私营部门领导者提出挑战。这位秘书长警告说:"市场的扩张速度超过了社会及其政治制度的适应能力,更不要说去指导市场的发展了。历史告诉我们,经济、社会和政治世界之间的这种不平衡不会持续很长时间。"[59]安南建议跨国公司与联合国签署一项协议,"将全球市场嵌入由9项共同原则组成的网络之中,让全球化为全世界人民服务",这9项原则出自《世界人权宣言》《国际劳工组织关于工作中基本原则和权利宣言》,以及1992年地球峰会的《环境与发展宣言》。一份由高级职员撰写的关于安南倡议的早期报告称,"新闻界和众多商界领袖的热情回应表明这次演讲是成功的。外交部长和首席执行官们纷纷致函联合国,敦促秘书长继续推动这项工作"。[60]

安南和鲁杰在这一次以及后来联合国促进自愿性社会与环境标准的努力中结成伙伴关系。鲁杰曾在哥伦比亚大学公共与国际事务学院获得晋升,而与其相随的科菲·安南则升任至联合国秘书处的最高职位。当安南成为秘书长时,他想按照惯例任命一位美国人作为他的亲密顾问,而鲁杰是最佳人选。[61]在安南1999年达沃斯演讲后的一年中,鲁杰与安南一起与很多首席执行官、国际自由工会联合会主席以及一小部分非政府组织(包括人权观察、人权律师委员会、国际特赦组织、世界自然基金会、世界自然保护联盟、世界资源研究所、国际环境与发展研究所、救助儿童会、环形网络和透明国际)的负责人进行了讨论。然后,在 2000 年 7 月,他们正式启动了"全球契约"(Global Compact)。[62]

该契约要求公司采纳一个非常简短的标准,即用三个长句表述的最初 9 项原则:

> 企业应当[1]支持并尊重对国际公认的人权的保护;[2]确保其不是侵犯人权的同谋。企业应维护[3]结社自由并承认集体谈判权;[4]消除一切形式的强迫和强制劳动;[5]废除童工;[6]消除就业和职业方面的歧视。企业应支持[7]对环境问题形成挑战的预防办法;[8]采取措施,以促进更大的环境责任;[9]鼓励开发和推广环保技术。[63]

2004 年 6 月,一个作为安南顾问的多方利益相关者委员会增加了第 10 条原则:"企业应打击一切形式的腐败,包括勒索和贿赂。"[64]

这一标准旨在为采纳它的公司提供指导;其并不提供监督和认证系统,甚至不会按照 ISO9000 和 ISO14000 标准的要求监督公司自身的管理实践文字记录。相反,签约的公司被要求提交年度报告,提供其在内化这些原则方面取得进展的例子,同时(为了履行其在契约中的职责),联合国各机构将开始举办学习论坛,邀请顶尖管理学院的教授在论坛中介绍和评论在此方面有进展公司的案例研究。联合国还鼓励签署国之间就诸如在军事冲突地区经营社会责任公司等议题进行政策对话。秘书长的全球契约办公室鼓励开展公私合作项目，从而将政府机构、非政府组织和契约公司联系起来，包括针对非洲一些公司员工的人类免疫缺陷病毒/艾滋病宣传项目。[65] 此外，该办公室随即着手努力"逐渐融合"最具影响力的"自愿行为准则"，即它所称的"八大标准"，除《全球契约》外，还包括泰珀·马林的 SA8000、ISO14000 系列、《国际劳工组织公约》、《审计确认标准 1000》、《全球报告倡议》、《全球沙利文原则》，以及《经济合作与发展组织（OECD）跨国公司指南》。[66]

然而，八大标准中的大多数实际上并不是像 SA8000 和 ISO14000 这样的自愿性标准。《全球报告倡议》是其中仅有的另外一个自愿性标准，它是总部设在波士顿的两个非政府环境组织和联合国环境规划署在 1997 年努力的一项成果；借鉴 ISO14000 和 SA8000 标准，设立了一个广泛涉及多个利益相关方的指导委员会，以建立和维护一个关于环境和社会问题年度公开报告的标准，这份报告一般作为上市公司所需财务报告的补充。其他五个标准与自愿性标准在多个方面都存有不同之处。《国际劳工组织公约》在其政府签署和批准的国家是强制性的，而非自愿性的。《审计确认标准 1000》不是一个具体的行为准则，而是一项标准，用于指导公司如何从与公司可能指定的任何主题相关的各种利益相关者那里获得信息。《经济合作与发展组织（OECD）跨国公司指南》最初是由西方工业化国家于 1976 年颁布的，以作为联合国跨国公司中心（UNCTC）法规草案一个较弱的替代版本。《全球沙利文原则》是在南非经营的外国公司于 1999 年通过的对 1977 年行为准则的概括，这些公司希望在不撤回投资的情况下反对种族隔离；1999 年，安南及该准则的作者、美国民权运动领袖利昂·沙利文将这些原则作为争取《全球契约》获得签署运动的一部分而重新提出。[67]

泰珀·马林和八大标准的其他一些领导人最初对安南的《全球契约》持怀疑态度，因为它看起来像是试图排挤有时设计得更好的类似的倡议。泰珀·马林认为，毕竟，"全球契约中没有实施措施"，而且，与 SA8000、ISO 标准或《全球报告倡议》不同，《全球契约》是通过法令建立的，并没有通过一个平衡多方利益相关者参与的共识过程。[68] 2002 年宣布成立的多方利益相关者委员会向联合国全球契约办公室提供咨询服务，这进一步为这种质疑提供了理由。该委员会包括 10 位代表商界的全球企业领导人，以高盛集团副主席为首，其他三个团体（劳工、公民社会和学术界）的代表加起来只有 7 位。两位劳工代表来自富裕的工业化国家，学术界的一位代表是约翰·鲁杰，他在担任安南的得力助手四年后进入哈佛大学肯尼迪学院。[69]

尽管（或许部分原因是）联合国未能说服八大标准进行合并，泰珀·马林还是将全球契约办公室和社会责任国际（SAI）视作"相互支持"的伙伴，因为那些签署了全球契约并真正致力于其原则的公司往往会求助于其办公室："那么，现在我们该如何着手去实施它？"办公室将向这些公司推荐"其他自愿的、基于共识的、多利益相关方参与的、严格且一致的标准"，包括 SA8000。与此同时，"我们（SAI）经常发现，全球契约也发现了这一点，比如说，公司实施了 SA8000 之后便会发现全球契约并注册加入"。[70]

然而，即便是以签署"雇佣军"标准的公司数量来进行评判，这项契约也算不上成功。该契约始于 2000 年，当时只有几百家公司签署了协议。2017 年，全世界有 9 000 多家公司签署了该协议，是当年获得 SA8000 认证的公司数量的两倍多，[71] 但这一差异可能反映了这样一个事实，即签署契约的成本确实很低。许多公司这样做可能是为了打出"我们支持全球契约"的旗帜，而不是为了遵守 SA8000 的审核绩效标准而承担高得多的成本。尽管如此，签署公司的数量还是大大少于使用 ISO14000 标准的公司数量。2014 年，一份关于该契约重要性的研究报告得出结论，该契约对企业社会和环境实践几乎没有独立影响，该报告作者认为，这是导致安南的项目"失去公众信任"的原因。该契约"在很大程度上依赖于企业部门为了自己的生存"。[72]

许多发展中国家的政府和安南招募加入全球契约的倡导组织，自始便对企业主导该倡议的态度心存忧虑。2002 年，为了应对这些团体的压力，联合国人权委员会的一个委员会着手制定一项条约，将该契约转变为具有强制约束力的政府间规则。[73] 2005 年，在安南担任秘书长的倒数第二年，他将鲁杰带回联合国，评估委员会条约草案的优点。在对全球公司进行了广泛的民意调查后，鲁杰发现没有人支持委员会的工作，他发表了一份悲观的报告。这些公司认为，"条约的制定可能会非常缓慢，而商业和人权的挑战是紧迫的"。此外，这些公司认为"条约的制定过程现在有可能会破坏旨在提高企业人权标准的有效短期措施"。最后，即使政府对公司施加条约规定的义务，

"如何实施条约仍然面临许多挑战"。[74]

在鲁杰看来，这些公司回到了原来的观点：在这些领域，政府制定的标准不如民间制定自愿标准的努力有效。然而，代表世界上最大雇主群体组织的详细答复表明，许多公司也断然拒绝承担任何人权责任，包括其雇员的人权。国际商会和国际雇主组织联合致函解释说，只有"国家"有义务维护人权，而包括公司在内的"个人"没有义务。此外，很多商业协会认为，委员会草案（或者，就此而言，在国际劳工组织公约、全球契约和 SA8000）中所讨论的问题并不是真正的标准。"当一个人对小贩说，'给我一千克虾'，千克是一个'标准'"，但"一个'适当的生活水平'不是一个'标准'"。雇主团体争论说，这是因为，"千克"有一个具体的、一致同意的含义，人们可以据此判断小贩的行为是否恰当……但"适当的生活水平"是一个模糊的抽象概念，并不包含能够进行客观评估的标准。[75] 当然，有很多说明如何制定和达到这类有意义的标准的例子，但这不是真正的问题。这些商业团体只是反对要求雇主承担此类责任。

ISO26000 和 ISEAL：21 世纪的社会标准

不足为奇的是，由于人们对政府执行社会和环境标准的强烈反对，所以在 21 世纪开始的几十年里民间组织对全球经济的监管仍然占据主导地位。其中两项更重要的民间举措是 ISO 标准制定过程所带来的 ISO26000《社会责任》(2010 年)的发布，以及国际社会与环境认可和标签联盟（ISEAL）制定三项准则的工作：《良好实践规范设置》(2004 年)、《评估影响》(2010 年)、《确保遵守社会和环境标准》(2012 年)。ISO 利用一个空前庞大且包容各方（尽管受到广泛批评）的利益相关者团体创建了 ISO26000，并将其作为一个全面的社会责任标准（虽然它不能被认证），可以说它是全球契约的一个完整扩展版本。而 ISEAL 的准则为那些制定具体的环境和社会标准的人提供相关指导，以便这些标准的实践得到有效的监督。

扩大 ISO 利益相关者达成共识的过程：ISO26000

2001 年 4 月，部分是为了响应 SA8000 和全球契约的颁布，ISO 的管理委员会成立了一个咨询小组，讨论创建一个基于 ISO 管理体系标准经验的企业社会责任标准。2004 年，经过辩论之后，咨询小组放弃了创建管理体系标准的想法，开始集中精力制定一项不需要新的审核体系的全面指导标准。来自发展中国家中小型企业（SMEs）的小组成员表示，其根本负担不起此类审核，而一些对企业社会责任不感兴趣的大型全球公司最多只会接受一项指导标准。此外，一些劳工团体和国际劳工组织担心，大公司会用信誉较差的审核师的认证来粉饰自己，此举比履行现有法律和合同义务的成本要低得多。正如咨询小组的瑞典秘书克里斯蒂娜·桑德伯格（Kristina Sandberg）在此之后所做的解释那样，"ISO 试图寻求共识，并保持工作流程的向前推进；因此，拒绝标准的'第三方认证'是一个好办法"。[76]

2005年1月，ISO成员正式批准了一项工作计划，为所有组织（不仅仅是商业公司）起草广泛适用的社会责任标准。该标准将涵盖人权、劳工权利、环境、反腐败措施以及透明度和公开报告问题。该工作计划列出了14个可以效仿的现有ISO或国家标准，以及政府间组织、国家政府、私营非政府机构甚至个别公司的80个其他"标准或倡议"。[77] ISO没有成立技术委员会，而是成立了一个工作组，其秘书处由来自高度工业化国家的主要标准机构——瑞典标准协会（SIS）和巴西技术标准协会（ABNT）共同组成。ISO希望参与委员会工作的国家成员任命一个代表团来代表全球利益，其中至少包括来自六类利益相关者中的一人：工业界、政府、劳工、消费者、非政府组织和其他人（通常是学术界）。此外，秘书处还需努力平衡其他方面，包括性别、种族、语言、发达国家与发展中国家的比例，以及不同规模的组织（从全球公司到中小型企业）。

工作组的委员会和小组委员会在5年多的时间里一共举办了8次类似于传统的面对面会议，并几乎不间断地在网上进行交流，委员会成员、小组委员会主席以及标准编辑发布了超过2.5万条关于标准草案的书面意见。到上次会议召开之时，官方参与者的数量已增至450多。[78] 比起传统的ISO技术委员会会议，整个会议过程更像是大型且有时难以控制的因特网工程任务组（IETF）会议。工作组维护着一个开放的网站，该网站已发展至含有数万个网页的规模。也许是为了吸引研究人员和其他标准制定者研究这一异常复杂但又被证明是极为成功的过程，ISO持续维护该网站多年。这当然是SIS工作组前负责人克里斯蒂娜·桑德伯格和斯塔凡·索德伯格兰（Staffan Söderberg）的目标之一，他们创建了 ISO26000.info 网站来传播有关标准的信息，利用了他们作为瑞典工程师协会 2016 年环境奖获奖者所得资金，这笔奖金是为了表彰他们在管理如此复杂和包容的过程中做出的杰出工作。[79]

在此之前的 5~10 年，当工作组还在开会时，很难意识到这一过程会得到如此高度的赞扬。一系列重要的面对面会议（2005 年巴西、2006 年泰国和葡萄牙、2007 年澳大利亚和奥地利、2008 年智利、2009 年加拿大和 2010 年丹麦）的迅速召开，使得工人和小企业的观点似乎不太可能被充分代表。然后是 ISO 的"联合国式"特征（即有国家代表团），在另一种背景下惹恼了高科技行业的标准使用者。ISO 的成员标准制定机构充当把关人的角色。如果一家公司、一个社会运动组织，甚至是另一个参与全球标准制定的团体想要参与这一过程，就必须加入成为该国代表团的一部分，但包括美国国家标准学会（ANSI）在内的一些核心国家标准机构不愿意把门开得太大。此外，许多国家代表团的运作规则是，除了代表团团长外，任何人不得代表代表团发言，必须先在国家代表团内部达成共识。艾丽斯·泰珀·马林回忆说，"几乎所有的[国家]标准机构"都是"由行业主导的"，因此，一些非政府组织的代表就不能表达自己的观点。与此同时，国家标准机构的代表和社会责任企业的行业代表表示，他们感到无话可说，因为政治决策不追求他们中大多数人想要的可认证标准。最后，还有来自政府的压力。在 2008 年于智利圣地亚哥召开的会议上，中国、白俄罗斯和美国政府主张,应当推迟对于该标准的最终批准,直到将所有可能的影响都考虑到;这些政府担心ISO标准会成为官方法规的一部分,特别是通过世界贸易组织使用"相关国际标准"作为任何可能影响国际贸易法规基础的原则。[80] 这些政府未能阻止标准草案在2010年获得批准和发布。

尽管人们对该标准的产生过程有各种各样的担忧,但它还是很受欢迎的。发布一年后,"ISO26000的销量优于ISO14001,位列ISO9001和ISO31000(风险管理)之后,排名第三"。[81] 该标准在中国和其他新兴制造业地区以及世界各地的中小企业中广受欢迎,也许是因为这些地区的许多公司和各地的中小企业认为,该标准及其发起者ISO比其他团体颁布的社会和环境标准更可取,因为其他团体甚至都不能有效参与标准制定过程。一份2008年对中小企业的全球调查表明,该标准的"ISO品牌"增加了社会责任议程的合法性。许多中小企业及相关组织对ISO有一定的了解和尊重。正如印度商会的一位受访者所说,"如果ISO在这些方面发布标准,我们将不得不更加认真地对待"。[82]

此外,与ISO9000和ISO14000的情形一样,社会责任标准很快促使ISO产生了其他的相关活动,尽管尚未形成一个26000系列。2012年,ISO发布了其第一个可认证的社会责任管理体系标准《可持续性活动》(ISO20121);2016年,又跟进发布了《反贿赂管理体系》(ISO37001)。2013年,巴西技术标准协会(ABNT)和法国标准化协会(AFNOR)联合秘书处下属的一个委员会制定了一项可持续采购指导标准 ISO20400。2016 年，应瑞典标准协会（SIS）的要求，ISO 发起了一项国际研讨会协议，以创建一个培训组织，使其配合各种管理体系标准使用 ISO26000 的系统。[83] 所有这些努力都使 ISO26000 项目更接近，甚至成为基于 ISO9000 模式的社会责任组织通用治理体系。事实上，社会责任国际（SAI）标准及影响高级主管罗谢尔·扎伊德在 ISO26000 首次发布前几个月提出过类似的期望："他们将要做的是发布一份指导性文件……我相信他们正在想的是……下一次当他们重做这个标准时……这是一个五年的时间段，它将成为一个成熟的认证标准。"此外，她希望国家标准机构能够想出在这一领域进行认证的方法："其将形成一个完整的模式，并……将变成一个在每个国家都可以进行认证的标准。"[84] 在此背景下，扎伊德和泰珀·马林失望地发现，ISO26000 和此前的《全球契约》一样，没有明确提及"不仅是 SA8000，还包括其他重要、非常好的［并且已经得到认证的］企业社会责任标准，也包括像国际社会与环境认可和标签联盟（ISEAL）成员［那样的］标准"，尽管它与 ISO14000 和 ISO9000 有许多明确的联系。[85]

ISEAL：作为 ISO 替代方案的社会标准

国际社会与环境认可和标签联盟（ISEAL）与 ISO26000 同时启动，是社会和环境自愿性标准的非 ISO 替代体系。它显然是全球性的，而不是国际性的，规避了不同国家机构之间达成共识的要求，并侧重于维持和改进 ISO 成员机构在 20 世纪发展起来的共识过程。

2002年，泰珀·马林的社会责任国际（SAI）与其他7个标准制定和认证组织一起，成立了国际社会与环境认可和标签联盟；响应当时的流行风尚，它很快就放弃了全称，只使用ISEAL这个缩写。最初的小组包括维护可持续林业和渔业以及有机和公平贸易农业标准的组织。

ISEAL首先制定了一项2004年标准制定准则，该准则界定了某个特定标准主题领域所涉及的全部利益相关者，不仅包括可能采用标准的公司和这些公司的客户，还包括了可能会受到该标准影响的所有人。与ISO和作为其成员的国家标准机构一样，ISEAL准则寻求各利益相关方之间的平衡。泰珀·马林认为，新规范"非常重要，因为它是ISO的替代方案……ISEAL的所有成员都已承诺，在一段时间后，他们必须证明遵守了该准则"。她认为它不仅是ISO26000的替代品，而且是一个更好的选择，因为"它不但借鉴了ISO，还增加了许多东西"，包括如何更加有效和具有包容性地打造这一多方利益相关者联盟。[86]

显然，泰珀·马林和她的副手扎伊德认为，最初的ISEAL成员比ISO的领导层更了解弱势利益相关者的需求。例如，扎伊德解释说，在ISO26000的谈判中，ISEAL成员是"真正支持中小企业观点团体"的一部分，而ISO领导人对小企业甚至在参与标准制定过程中所面临的困难也只是口头上说说而已。[87]ISEAL成员认为，他们从一开始就有效地将全部利益相关方囊括在内，从而避免类似的错误。虽然ISEAL准则的最早版本做了一个广泛的承诺来平衡全部利益相关方在任何标准制定委员会中的代表性,但关于"合理均衡利益相关者"的确切定义仅出现在 2014 年准则的第五次修订草案中;并且是在一个脚注中:"无法确保利益相关方的利益平衡,但标准制定组织应努力让所有确定的利益相关者群体参与进来。"[88]

事实上,ISEAL 最重要的创新可能不是其对平衡标准制定利益相关者的激励性承诺,而是其坚持不懈甚至有些固执的做法,它明确尝试改进其标准制定的包容性规则,以及第二套遵从监督的规则,甚至还有第三套关于评估成员在社会和环境可持续性方面工作实效的规则。在这样做的过程中,ISEAL 从可认证的社会和环境标准的一刀切版本转变为更关注具体情况的版本。2014 年,一家支持 ISEAL 的社会活动组织——国际可持续发展研究所(International Institute for Sustainable Development,缩写 IISD),解释了就这种方法感受到的好处,即可以更好地将"可持续发展成果"最大化,将"可持续消费与可持续生产"连接起来,并帮助"一个标准体系更准确地将可持续生产的成本内部化"。[89]

除了提供一系列非竞争性、针对具体情况、可认证的社会和环境标准外,ISEAL 还试图打破 ISO 在合格评定和认可业务中的主导地位。ISEAL 成员认为,他们的标准制定、合格评定和资格认可准则高于 ISO 通过其标准制定规范、评定标准(ISO/IEC 17065 合格评定),以及其与国际认可论坛(IAF)联盟所支持的准则。

截至 2017 年,ISEAL 对 ISO 的挑战并没有成功。ISEAL 没有统一和升级自 20 世纪 90 年代以来颁布的数百项非 ISO 民间社会和环境标准。在数百个民间社会和环境标准提供机构中，ISEAL 只有 23 名正式成员。国际可持续发展研究所（IISD）在 2014 年调查了大约 400 个民间环境标准制定者中最有效的一小部分（就实际结果而言），其中只有大约一半致力于遵守 ISEAL 的规范，75% 的被调查者使用 ISO 标准进行合规性评估。IISD 强调 ISEAL 和 ISO 都遵循相同的治理模式。ISO9000 模式强调监督、承诺持续改进，并要求所有组织的供应商最终进行类似的改进。[90]

2017 年，ISO26000 及其衍生标准本身比所有非 ISO 社会和环境标准得到了更广泛的采纳和公众认可。在某种程度上，这可能是因为 ISEAL 成员面临着实现全球包容性的问题。但是，它与第七章中所讨论的开放标准组织所面临的情况不同。尽管 ISEAL 成员合理地宣称，他们有更好的方式确保比 ISO 更多的利益相关者参与其标准制定过程，但整个发展中国家、政府、企业、社会运动组织都倾向认为 ISO 标准更具合法性，因为它起源于一个具有（至少是）国际包容性历史的组织网络，而 ISEAL 的组织要新得多，几乎都是从北半球的慈善组织项目发展而来的。[91] 当然，我们根本不清楚 ISO26000 的采用是否促成了更具社会责任感的行为，因为它对监督管理过程没有要求，更不用说结果了。尽管这为 ISO 及其成员机构创造了一个有利可图的业务，但很多努力可能仅仅是停留在一个公关问题上。

应对全球金融危机的利益相关者标准制定倡议

在 2007 年至 2008 年全球金融危机之后的几年里，蓬勃发展的 ISO9000 标准产业稳定在一个非常高的水平，但原本规模要小得多的环境和社会标准产业则在快速增长。仅仅是努力跟上所有新倡议这一工作本身，就成了一个重要的商业机会。2009 年，伦理公司研究所（Ethical Corporation Institute）出版了《为公司选择合适的多方利益相关者倡议指南》，标价为每份 1 000 美元。[92] 公司对此类出版物感兴趣是有实际原因的。约翰·鲁杰指出，自联合国早期就跨国公司行为准则进行辩论以来，情况已经发生了显著变化。四十年后，公众对企业的期望发生了改变，即使没有出现新的关于监管跨国公司的政府间协定，从理论上来说，对于个人而言（包括公司领导者），都有可能因严重违反国际人权准则而被国际刑事法院追究责任。因此，公司本身也愈加要求企业社会责任标准的一致性，以及更为清晰的验证合规性的方法。[93] 然而，鲁杰担心，几乎没有证据表明，民间标准本身会为此带来多大的变化，特别在面对全球供应链中工人的状况方面。因此，在担任秘书长顾问期间，他呼吁企业和联合国努力协调社会标准，并寻找更有效的报告方法来改善现状，尽管他并没有要求各国政府来实施这些标准。[94]

仅仅依赖社会活动人士所认为的最好的民间标准，也存在不足，这从全球多个供应链上的工厂所发生的一系列可怕事故中得以窥见，其中包括 2012 年在卡拉奇一家工厂发生的火灾，最终导致

262人死亡。仅在此三周之前，它刚通过 SA8000 标准的认证。当然，SA8000 标准不是一项消防准则，但它希望公司遵循这一规则，并且该标准本身很快得到修订，对具体所需的事项进行了更加明确的规定。即便如此，这场悲剧也深刻揭示了困扰认证和认可业务的责任问题，而这些问题并不好处理。该工厂从巴基斯坦政府获得补贴，聘请一家意大利公司进行认证审核，但获得补贴的前提是工厂必须得到认证。尽管艾丽斯·泰珀·马林在听到这一规定时警告不要接受有条件的政府补贴，但这家意大利公司已经获得了 SAI 的认可。此外，该公司在"中东会议或电话会议"之后，在没有向卡拉奇派遣任何工作人员的情况下，就出具了 SA8000 认证。另外，在火灾发生前的两年内，一家欧洲服装制造商雇用一名当地的检查员对工厂进行过三次视察。《纽约时报》的一项调查报告称："每次都发现一个锁着的火灾出口，这就像 1911 年纽约三角衬衫厂发生的致命火灾一样，同时还发现该工厂存在违反最低工资标准和其他严重违规问题。"[95]

灾难发生后不久，民间社会和环境标准制定方面的顶尖学者哈立德·纳德维（Khalid Nadvi）提议用政府与行业和国际劳工组织协商制定的体系来替代 SA8000 和其他自愿性标准，但对这一提议，巴基斯坦政府和巴基斯坦商界领袖都没有表示出任何兴趣。正如美国国家标准学会负责政策和政府事务的副主席斯科特·库珀（Scott Cooper）严厉指出的那样，即使是最坚定、最敬业的左翼工会领袖和立法者也开始认识到，在 21 世纪初的全球化背景下，自愿性标准可能是解决全球经济中巨大监管缺口唯一"切实可行的方案"。2015年，库珀与美国劳工和民权运动偶像、佐治亚州众议员约翰·刘易斯（John Lewis）合作，在国会山举办了一系列关于工人安全、透明度、玩具安全等ISO倡议的活动，希望国会支持这些活动，以"解决全球公共产品中一些备受瞩目的空白问题"。[96]

与约翰·鲁杰不同，库珀质疑联合国能否填补行业和国家政府留下的空白。库珀认为，这令人难过，尽管国际劳工组织有三方利益结构，但它未找到一种方式来代表世界上绝大多数非工会工人的利益，甚至是少数真正对社会负责的公司的利益，这些公司希望每个人都能达到其所采纳的标准。ISO远非十全十美，但从它在协商和实施ISO9000之后一系列管理体系标准方面所获得的经验中知晓，新的、可认证的ISO45001工人安全标准草案在获得批准后，可能比政府和行业都忽视的国际劳工组织的任何一大套大标准都更有效。[97]

在全球金融危机之后的几年里，当鲁杰开始寻找方法，试图让联合国系统在由他协助发起的联合国与民间部门合作中发挥更核心作用时，科菲·安南的其他密切合作者在这一领域推动了一种比《全球契约》或库珀倡导的ISO方法更注重民间部门的全球标准制定方法。2009年，世界经济论坛的克劳斯·施瓦布聘请马克·马洛赫·布朗（Mark Malloch Brown）共同领导一个为期两年、广泛涉及多方利益、旨在重新设计的全球治理进程。马洛赫·布朗曾在安南手下担任联合国副秘书长，并于金融危机最严重时在英国首相戈登·布朗的短命内阁中任职。施瓦布将该项目称为"全球治理再设计动议"。它的目的不仅是避免未来的经济危机，还确保环境的可持续性、遏制暴力冲突和确保人类发展。

施瓦布是一位经济学家，同时也是一位工程师，20世纪70年代初，作为日内瓦大学的一名年轻教员，他开始主持每年1月在瑞士达沃斯举办的世界经济和政治精英会议，安南于1999年在达沃斯会议上提出了《全球契约》。尽管施瓦布对多利益相关方决策始终持以公司为中心、自上而下的观点，但他长期以来一直相信自愿性标准和多利益相关方决策方案。在他1971年出版的一本由德国机械工程工业协会赞助的重要专著中，他和他的合著者海因·克罗斯（Hein Kroos）认为，公司必须作为所有利益相关方的受托人来行动，包括"股东（所有者）、债权人、客户、国民经济、政府和社会、供应商和合作者"。[98] 1971年，施瓦布重点关注私营公司，将它们视作其利益相关者名单上的最终决策者和受托人。可以说，在担任世界经济论坛主席的多年里，他一直把重点放在这个问题上。

世界经济论坛的"全球治理再设计动议"涉及ISO26000规模的民间"多利益相关方论坛"中数百名公共和私营部门的领导人，其成员主要来自施瓦布主持召开的达沃斯年会的参会者。[99] 这些论坛的成员不同于更具广泛代表性的ISO26000工作组，且成果文件的起草也大不相同。一个由十几位顶尖学者组成的小组分工合作（通常是两人一组）编写了一本600页的书，该书描述了拟议中的未来全球治理体系。他们说，他们这样做是基于他们从以共识为导向的、以民间机构为主导的多利益相关方论坛获得的意见。但是，他们不受共识意见的约束，也没有任何适当的程序规则来确保所有观点都能被听取。

毫不奇怪，作者们提出的是一个全球治理体系，其基础是由新的共识导向、民间机构主导的多利益相关方委员会制定的标准。它们将包括一个全球系统性金融风险监管机构，以及一个"识别并鼓励各国复制模范国家劳动力转移政策的结构化公私流程"。[100]哈里斯·格莱克曼（Harris Gleckman）是一位退休的联合国官员，四十年来他一直深入参与政府间监管全球化的工作，他认为，虽然"全球治理再设计动议"是在二十多年来社会和环境自愿标准制定的基础上建立的，特别是一些国际社会与环境认可和标签联盟（ISEAL）成员的工作基础上，但该倡议"将治理权留给自选和潜在自利的精英团体"，这是不切实际的。[101]

施瓦布的项目可能是将自愿标准制定的一些规范扩展到全球社会和环境问题治理中的一次雄心勃勃的尝试，但它也可能只是民间标准制定漫长历史中一个微不足道的注脚。2017年，谷歌学术报告了少数几篇引用世界经济论坛签署的600页报告的研究，而引用ISO26000的研究约有1.8万篇，谷歌只报告了大约1 000个含有报告标题的网页，而引用ISO标准的网页大约有50万个。

新标准及其影响

质量保证、环境保护和社会责任自愿性标准的兴起无疑使本已混乱的标准化世界更加复杂,但这也强化了我们在民间自愿标准制定历史上所看到的许多趋势。和新的信息和通信标准一样,一股社会运动般的热情推动了质量管理、环境和社会责任标准的产生,这里指的是质量工程师、环保主义者和人权活动家的热情,而不是互联网和万维网爱好者的热情。某种程度上,这些新领域中的任何工作都是重要的,这是由那些致力于平衡多利益相关方过程的社会活动家所做的工作。在这方面,ISEAL 联盟的成员组织与 IETF 和 W3C 非常相似,新成员致力于改进传统民间标准制定组织长期使用的流程,而全球契约和全球治理再设计动议缺乏对真正平衡、协商一致过程的承诺。ISO9000、ISO14000 和 ISO26000 以及紧随其后开展的认证和审核表明,较老的标准制定机构也在共识过程中产生了一些创新。理所当然,它们将自己扩展到新的、更加社会化的领域,并在这个过程中,吸引更多的群体,但它们仍然偏向于商业,推崇国际主义而不是全球主义,致力于在 ISO 的国家成员机构之间获得共识。

2000 年,全球商业监管的两位重要分析师约翰·布雷斯韦特(John Braithwaite)和彼得·德拉霍斯(Peter Drahos)将 ISO 在这些领域的工作贬斥为"雇佣军"。在他们看来,该组织似乎只关心"通过在全球颁布监管模式来创造收入"。也就是说,ISO 和传统的标准制定组织只是将其进入社会和环境领域这一行为视为一项新的业务,一种可以销售更多标准的办法。布雷斯韦特和德拉霍斯认为，这种"模板贩子"形式与科菲·安南和艾丽斯·泰珀·马林等忠诚于社会的男女"传教士"活动不同，这些"传教士"主张将工程师的标准化方法扩展到社会和环境监管领域，但他们自己并没有从中获得任何物质利益。[102]

然而，推广这种新标准的"传教士"没有哪一个像ISO那样成功，至少从采用标准的公司数量方面来看是如此。2017年，只有不到4 000家公司采用了泰珀·马林的SA8000全球劳工标准，尽管（或许是因为）这一标准受到了全球劳工活动者的高度重视，而安南的全球契约和施瓦布的全球治理再设计动议仍陷于争议之中。与之截然不同的是，从一开始，ISO的社会和环境标准就受到大公司的欢迎，也被许多环境组织、工会和活动家视作合法的标准，尤其是在发展中国家。尽管如此，就新标准应该监管的实际问题所产生的影响而言，传教士或雇佣军所造成的差异究竟有多大仍不清楚。

ISO对这些新领域的介入与品牌推广和业务安全密切相关；与推动民间标准制定第一次浪潮或者"二战"之后特别是奥勒·斯图伦时代推动民间标准制定国际化时那种社会运动般改变世界的使命关系并不大。艾丽斯·泰珀·马林是斯图伦、查尔斯·勒·迈斯特或蒂姆·伯纳斯–李模式传教士般的标准企业家，但在其帮助下创建的组织能否像这三位人物创建的组织继续对世界各地人民的日常生活产生影响，似乎让人有所怀疑。例如，即使是最具社会责任感的消费者，也很难在家中找到许多受SA8000或其他ISEAL标准影响的物品，可能是几件衣服，用印度尼西亚可持续采伐木材制成的几个碗，或者从某个特定的大型葡萄酒商那里找到一个特殊的意大利瓶子。然而，同样是这些人，他们每时每刻都能看到或者摸到与勒·迈斯特、斯图伦、伯纳斯-李相关的组织所影响的东西——所有的电气产品都是受国际电工委员会（IEC）影响的产物，在过去四十年中，几乎所有在美国以外制造的物品（包括美国家庭中的大多数物品）都与至少一项ISO标准有关。当然，每当我们使用手机、计算机、智能音箱和许多我们几乎无法理解其内部工作原理的新设备时，我们都进入了由伯纳斯-李的W3C等组织创建的世界。

如果说是泰珀·马林将制定标准传教士般的热情带到了社会和环境领域，尽管（到目前为止）效果有限，那么安南、鲁杰、施瓦布、马洛赫·布朗不应当被视为传教士，而应该被视为厌世的理想主义者，他们认识到政府不可能采取有效行动来应对全球化对环境和社会造成的负面影响，但是他们对工程师们在20世纪建立的民间标准制定模式可能有助于将新的全球经济嵌入一套更高的道德价值观抱有一丝希望。ISO和诸多国家标准制定机构都有不少这两种类型的人在参与制定新的标准。

然而，大多数参与制定这些新标准的人，无论是在旧有的组织网络中工作还是与其一起工作的人，并没有以这种方式来看待产品质量、环境可持续性或社会正义的标准。对他们来说，这些标准是一门生意。如果有时业务不顺畅，标准承诺的内容与交付的内容脱节，那也不是特别重要。甚至，当涉及真正的利益相关者是彼此利益冲突严重的双方——工人和雇主、环保人士和依赖污染工业地区生存的公民、长期享有特权的全球北方公司和正在崛起的南方公司——参与其中的技术专家（大多是同一专业的工程师）之间达成共识的旧过程被痛苦地尝试（或完全放弃）时，这一点甚至都无关紧要。更重要的是，由于这项新业务，旧的组织仍在蓬勃发展。这种观点不一定就是唯利是图，但肯定会让第一次和第二次标准化浪潮中的领导者，以及第三次浪潮中的互联网标准制定者感到不舒服。

然而，在世界上所有最强大的政府承诺规范经济全球化的危害之前，不管是好是坏，ISO 和 ISEAL 联盟中的民间全球标准制定组织在这些问题上所做的工作可能是最有效的选择。[103]

结论

自 19 世纪 80 年代以来，基于共识的民间标准制定已经成为全球生活中的一个重要组成部分。这种标准制定的方式起源于工业化之后的工程专业化，并在前文讨论过的三次制度创新浪潮中得到了发展。如今，它似乎正处于一个新的转折点——或许是第三次浪潮的顶峰，或许是更为重要的事情。一些人，如全球治理再设计动议的领导者，将制定基于共识的民间标准视为解决世界上最紧迫问题的主要途径。与此同时，另外一些人，包括全球治理再设计动议最大的批评者，则将其视作一种潜在的独裁威胁。或许这两种想法都不正确。它只是一个相对较新、有影响力、未经充分研究、时常被误解的社会领域，如果将其视为一个完全由市场逻辑支配的领域或者简单看作一场权力斗争，就无法理解它。这一领域的制度与许多其他领域一样目前面临着诸多挑战——人口老龄化、性别歧视、欧洲中心主义的遗留问题，以及标准化方面一些特有的问题，即人们对其能创造一个更美好世界能力的信心降低了。

标准化运动的故事及其相关人士的生活为20世纪的全球历史提供了出人意料的洞见,虽然是从一个独特的角度。历史学家马克·马佐尔认为标准制定者的早期历史体现了19世纪晚期那种命运多舛却又惹人喜爱的信仰,即科学始终是人类进步的"统一力量"。[1]或许我们还不应该如此轻易地抛弃那些一开始激发标准化运动的思想。对普通人来说,标准化是一件好事;瑞典标准协会一本毫不起眼的小册子中写道,现代标准化"帮助世界更好地运转"[2],而在制定相对有效的标准方面,传统的民间标准制定组织比市场或政府要成功得多。

当然,事实证明,自愿协商一致过程并不是其最活跃的支持者所想象的灵丹妙药。最新的环境、劳工和人权自愿性标准只能说是部分成功,而且是与强有力的政府监管并行的情况下,它们的作用似乎才得以最大化。此外,即使是在其最初的工业标准制定领域,它也未能阻止两次世界大战的发生,也没能结束大萧条。在这一过程中,我们大多数人想要的一些标准也没有被制定出来。少数参观日内瓦总部的游客,可以看到国际电工委员会(IEC)对这一事实的调侃:在有标识的IEC雨伞和IEC桌面旗帜旁边,可以买到带有IEC标识的通用的电源适配器。毕竟,世界上几十种互不兼容的插头和插座组合是国际电气标准化中最常见的失败案例(当国际组织开始努力时,国家标准的结果已经落地生根,每个国家都已广泛安装了本地嵌入式基座)。一些观察家认为,在技术变革如此迅速的领域,达成共识所需的漫长时间根本无法满足要求,这一过程的失败也正在成为常态。

另一些人将民间标准制定视作对民主秩序甚至可能是对人类发展的威胁。严肃认真的理论家提出了重要且普遍存在的问题,由技术官僚组成不被他人所知的委员会这种方式可能会通过制定标准来行使社会权力。[3] 例如,世界经济论坛提议用以共识为导向的专家机构取代目前全球治理体系的大部分方式,但这些专家机构直接代表的总是大企业,而非其他利益相关者,这当然很难不让人怀疑该提议将会为哪些利益集团服务。然而,根据我们对当今政府、市场和标准制定之间关系的了解,很明显,在现有体系中不会产生像论坛提案那样雄心勃勃的东西。民间自愿标准制定会影响其他社会领域,但并不能控制它们。电磁兼容性标准制定者或万维网联盟网络加密工作组努力通过多重和力量制衡的漫长过程表明,标准制定过程中的压力不仅仅来自经济利益(例如,当同一浏览器制造商的不同员工支持不同的标准化路径时,正如我们在网络加密工作组的早期阶段所观察到的),个人的性格也会对该过程产生影响[例如,当弗雷德里克·鲍尔取代布鲁克斯·肖特成为处理电磁兼容性问题 IEC 特别委员会——国际无线电干扰特别委员会(CISPR)的美国代表时产生的变化,或是马克取代瑞安担任网络加密工作组编辑时产生的变化]。只有那些密切关注过程(如 CISPR 的拉尔夫·肖沃斯、网络加密工作组的维尔日妮)或结果(如网络加密工作组的马克、CISPR 的肖沃斯)或这二者的人的坚持,才能为推动多年的标准化进程提供能量。在仔细检视这一进程时,我们看到了善意,也看到了愤世嫉俗的行动。

基于共识的标准制定既不是灵丹妙药,也不是威胁,它仍然可以引导技术发展走上一条特定的道路,就像因特网工程任务组和万维网联盟对互联网和万维网所做的那样。在其他情况下,技术委员会能协助各国政府的工作,甚至通过快速制定政府能在法规和条约中引用的有效标准而使这项工作成为可能。许多早期的工业安全标准都服务于这一目的,而国际标准化组织(ISO)最近在测量二氧化碳排放量方面的工作也很可能在应对气候变化的法规中服务于同样的目的。最后,这一过程可以提供或保留来自传统民主机构认可的源于专家共识的合法性。

在我们完成这本书时,我们相信这个领域正在经历一些无法避免的变化。第三次制度创新浪潮似乎已经达到顶峰,给我们留下了一个日益复杂的组织网络和一个更大、更不统一的标准制定共同体。第二次浪潮中围绕国际标准化组织(ISO)所形成的组织网络从理论上来讲是有等级秩序的,以 ISO(和 IEC)为顶峰。第三次浪潮给我们带来了一套围绕互联网和万维网而形成的新标准制定机构,它们在理论上说是全球性的,但实际上并非完全如此。此外,传统的自愿协商一致的方法进入流程标准,然后被引入社会和环境领域,而在这些领域,如果有工程师参与的话,也是少数。民间标准制定系统将何去何从?

首先,这种标准制定类型在传统而非新兴工业领域会发生什么变化?唐·赫尔曼(继拉尔夫·肖沃斯之后,他先后担任 ANSI 的 C63 委员会主席和 CISPR 主席)和丹·霍利汉(现任 C63 主席)想知道是否会有下一代甘于献身奉献的标准制定者。霍利汉哀叹缺少"年轻的女工程师",而赫尔曼则从个人角度出发考虑说:"最重要的是找到一个愿意接替我位置的人。没人有这个想法。"[4] 现在那些想要参与标准化的人在其组织中的地位往往比早期浪潮中的人更低,在那个时候,西门子家族参与了 IEC 的组建和日常工作,在关键时刻担任海陆联运公司工程师和执行官的基思·坦特林格后来参与了 ANSI 和 ISO 的集装箱标准化工作。虽然在 IETF、W3C 和 ISEAL 联盟等第三次浪潮的组织中,我们能够看到信仰互联网和万维网技术或社会公正而迸发出的能量,但在较老的和不那么时髦的领域,如电磁兼容性等,很难让人们对标准制定产生兴趣。不止一位有影响力的标准制定者表示,只有在中国,年轻的工程师才会参与标准制定工作,如果这一趋势属实,那可能会对美国和欧洲残留的制造业产生巨大的潜在影响。[5] 然而,中国著名的标准化专家王平认为,中国的情况也是一样的。王平是一名工程师,1989 年开始与中国当前国家标准机构的前身合作;20 世纪 90 年代,他参与了中国和国际标准化组织(ISO)计算机辅助设计和工程数据交换的标准化工作。2000 年之后,他帮助中国国家标准机构与其他主要国家标准机构建立良好关系,特别是美国、德国、英国、法国、加拿大和澳大利亚的国家标准机构。与此同时,他开始研究并发表标准化史方面的论著,提出了自 2000 年以来中国标准化体系的许多重大变革,并通过他的著作向读者介绍了标准化领域的主要学者。王平认为,所有的国家无一例外,旧的技术领域的标准制定者往往年龄较大,而年轻人则被尖端科技行业的标准制定所吸引。此外,他认为,至少在信息技术领域,中国公司的领导者可能会参与进来，因为考虑到该领域"互操作性标准的特点"以及"标准必要专利的出现，这些标准已经成为战略措施"。它们是"产业竞争力的关键要素"。[6]

对第三次浪潮中的新组织来说，问题有些不同。在因特网工程任务组（IETF）中，虽然以技术为中心、迸发出能量的标准化运动是围绕互联网而不是标准化本身的，但该组织的领导层仍然是由"西方国家男性"占据主导地位，这引发了很多关于在一个以民主为荣的组织中需要多样化的参与者和领导者的讨论。[7]这并非易事，因为IETF会议和电子交流中那种直接、有时咄咄逼人的风格可能会使来自交流风格不那么直接或讲究集体主义的国家的个人难以参与。同样，即使是来自美国或欧洲的多数女性，也可能会对这种风格产生反感。因此，随着老一代IETF标准化人员的退休，扩大该组织的参与度将是一项重要而艰巨的挑战。采用泰珀·马林的社会责任国际（SAI）和其他国际社会与环境认可和标签联盟（ISEAL）成员所使用的倾听和回应他人的明确规则将有助于解决这个问题，但这需要一场巨大的文化变革。并且，虽然ISO和IEC有国家代表，鼓励更多的国家参与，但IETF没有这样的机制。尽管如此，正如我们所看到的，IETF（与互联网协会合作）拥有为数不多的资金充足的项目，致力于将女性、年轻的工程师和来自发展中国家的人纳入标准化进程。W3C拥有来自世界各国的成员公司和组织，但我们发现时差以及语言和文化差异，使网络加密工作组的几名韩国成员难以及时参加电话会议。从长远来看，随着软件工作从发达国家转移到发展中国家，出于正当性和实际现实的考虑，这些基于新技术的标准机构需要找到办法，以吸收来自世界各地的更多参与者。

有人认为，随着中国在全球标准化领域发挥主导作用，这一切可能会发生变化，但王平警告人们不要期待快速或颠覆性的变革。毕竟，直到20世纪70年代末中国开始改革开放并加入ISO，中国的标准化体系才开始依赖代表各利益相关方的技术委员会，并且中国的标准化组织也只是在最近才开始进入快速发展阶段。[8]是的，中国将"在未来与美国、欧盟国家、日本和韩国一起，成为标准化领域的主要参与者之一"，但ISO和IEC仍将是传统行业的主要参与者，可能在新的环境和社会领域中也会如此；ISO和IEC（以及国际电信联盟的混合标准化委员会）也将在新行业中发挥作用，但IETF、W3C等将更为重要。"没有这些标准化组织，中国就无法制定标准。"[9]

无论是在传统工业领域、高新技术领域，还是在社会和环境领域，国家标准化的重要性都在减弱，而如何为日益全球化的世界制定合法标准的问题仍然有待解决，即使如王平所说的那样，最重要的参与者群体有限（即来自美国、欧盟、中国、日本和韩国的公司和政府机构；可能还会加上巴西、印度和其他一些经济大国）。一方面，美国标准制定者抱怨欧盟在ISO中的投票现象："欧盟有20多个国家，每个国家都有1票……欧盟的国内生产总值与美国相当接近。它们共25票，我们只有1票。"[10]我们还听到了一些抱怨，许多发展中国家投票反对发达国家，它们将自己制造的产品作为标准。另一方面，ISO和IEC的一国一票制是这些机构在工业化程度较低的国家具有非比寻常的合法性的一个重要原因。[11]毫无疑问，如何在各种层面平衡利益相关方仍是标准化领域讨论的一个问题，没有一个适用于所有情况的简单答案。

同样重要但较少讨论的是，不同利益相关方在标准制定过程本身之外的权力问题。由于每个在网络上工作的人都必须使用几种浏览器中的一种，所以浏览器制造商总是比其他参与网络标准制定委员会的人更加平等；由于每一家跨国公司都希望进入美国、中国和欧洲市场，因此即使美国、中国及欧盟委员会不坐在谈判桌上，它们的观点依然会在标准制定中占据一席之地。标准制定可能改善了几乎所有人的生活，通过为全球化提供支持，甚至可能有助于减轻一个世纪或更早以前存在的全球经济不平等问题，但标准制定者共同体及其组织网络将与现代全球经济中的其他强大机构一起工作；它们不会取代它们。[12]

资料来源说明

本节对该研究中所使用的原始资料来源做一些解释说明。关于二手资料来源的评论详见相关注释或脚注。

用以说明民间标准化过程是如何在实践中运作的详细档案材料出人意料很难找。ANSI 和 ISO 等标准制定组织一开始就告诉我们,它们只有中央办公室的行政记录——实际制定标准活动的任何记录由在某一标准化工作中担任秘书处的组织保存。如果 ANSI 担任某个 ISO 委员会的秘书处,ANSI 则反过来要求其成员组织之一(如 IEEE)担任秘书处。IEEE 可能会求助其内部的一个特定组织(例如,IEEE 的 EMC 或 ANSI 的 C63 委员会)来担任此角色。这些团体也没有保留记录。因此,复杂的组织网络意味着记录通常不是以集中的方式保存的,而是必须从各技术委员会的主席那里进行追踪。我们试图将通过这种方式找到的记录导入数据库中,使它们在将来更容易被访问。

对"二战"之前的时期,我们严重依赖会议记录,如 ASTM 的会议记录；以及主要标准制定机构出版的一系列工程期刊，如《电气评论》和《法国土木工程师学会公告》，以及其他当代出版物。此外，一些工程机构和标准机构已经创建了扫描原始文档的在线数据库，可直接从其网站进行访问。IEC 在成立 100 周年之际收集了一些关键文件，并将它们发布在其网站的"IEC 历史"中，详见 http://www.iec.ch/about/history/。我们还能够在其日内瓦总部查阅它的核心纸质记录。IEC 还保存了 CISPR 的一些历史记录。国际电信联盟在其"国际电信联盟历史门户网站"（http://www.itu.int/en/history/Pages/Home.aspx）中有一个详细的时间线，并收集了许多具有开创性的文件，以及比日内瓦更加全面的档案。位于伯尔尼的瑞士联邦档案馆里有一些关于两次大战之间 ISA 秘书长的资料，日内瓦的国际标准化组织核心记录中也有一些，并且还包括第二次世界大战盟国机构和创立国际标准化组织的会议记录。对于国家标准组织，尽管 ANSI 并没有保存任何档案，但我们能够在纽约的 ANSI 总部找到 AESC、ASA 和 ANSI 管理委员会的会议记录。英国国家机构的一些早期文件保存在 ICE 位于伦敦的档案馆。虽然我们无法找到查尔斯·勒·迈斯特的论文，但是他的一些信件保存在美国费城哲学学会伊莱休·汤姆森的文件中，也出现在格拉斯哥大学子爵威廉·道格拉斯·韦尔的论文中。

从"二战"之后到 20 世纪 80 年代末这一时期，我们找到了各种各样的原始资料，其中有许多来自非比寻常的渠道。工程和标准化出版物再次发挥了作用。尽管 ISO 没有存档，但它有一小部分早期文件集。关于奥勒·斯图伦与 ISO 的工作材料是直接从他的两个儿子拉尔斯（Lars）和洛洛·斯图伦（Lolo Sturén）那里获得的，他们计划将这些材料存放在瑞典标准协会。第六章中有关射频干扰和电磁兼容性标准化的材料主要来自一系列个人，他们有兴趣保存 EMC 领域的历史，因为 EMC 的老一代已经逝去。拉尔夫·肖沃斯一家最先让我们直接接触到肖沃斯的论文，现存放在哈格利博物馆和图书馆。同样，托马斯的论文最初来自他的一位家庭成员，是通过丹·霍利汉转交而来，现存放在哈格利博物馆和图书馆。CISPR 和 C63 的前任主席唐·赫尔曼扫描了他的许多记录并已保存；我们直接从他那里获得了扫描件，这些记录现在可以在普渡大学卡恩斯（Karnes）档案及特别收藏的唐·赫尔曼论文的 MSA291 中找到。最后，斯坦福大学图书馆特别收藏和大学档案部的唐纳德·麦克奎维的论文提供了一套完整而有用的文件，这些文件来自国际电信联盟 20 世纪 60 年代的 CCIR 标准化。我们通过访问霍利汉和赫尔曼补充了这些文件集，现存放在哈格利博物馆和图书馆。在本书修订的后期，拉尔夫·肖沃斯的女儿珍妮特·肖沃斯·帕特森扫描并寄给我们一些额外的家庭文件。

从 20 世纪 80 年代末一直到最近的许多资料都可以在网上获得。IETF 和 W3C 的电子消息列表以及大多数标准化工作会议纪要可以通过它们的网站（https://www.ietf.org/ 和 https://www.w3.org/）公开获取。我们还采访了这两个组织的领导者以及万维网联盟加密工作组的个别成员作为补充。同样，ISO 在相关技术委员会的网站上保留了有关其流程标准（ISO9000、ISO14000 等）的大量信息。国际社会与环境认可和标签联盟（ISEAL）在 https://www.isealalliance.org/onlinecommunity/resources 上保存了大量的历史记录，其中一些是参与 ISEAL 工作的人员才能访问。通过 http://iso26000.info 提供的档案访问入口，可以获取 ISO26000 标准制定过程中的大部分电子记录。我们还通过访问诸多参与协商、维护第九章所讨论标准的负责人来补充这些内容。

致谢

我们在十多年前就开始了关于自愿性标准制定的研究,并从2012年开始集中精力写作此书,在此之前我们出版过一本关于国际标准化组织(ISO)的小书,乔安妮也完成了一项为期五年的行政工作。在这些年里,我们得到了诸多机构和人士的帮助,包括我们的资助者、为我们提供信息的人、我们的研究助手,以及那些对我们不断向前推进的工作给予反馈的人。

我们非常感谢斯坦福大学行为科学高级研究中心(CASBS)在2012—2013学年为乔安妮作为研究员和克雷格作为访问学者所提供的大力支持。克雷格还要感谢在哈佛大学拉德克利夫高级研究所(Radcliffe Institute for Advanced Study)颇有成效的一年(2008—2009),作为一名研究员,他在那里致力于关于ISO的书和这本书的研究工作。我们两位都很感谢各自所属机构——麻省理工学院的斯隆管理学院和韦尔斯利学院(Wellesley College)——对我们所做研究的支持。

如果没有诸多人士的慷慨相助,本书是不可能完成的,他们让我们接触到并且帮助我们理解此项研究中所依赖的诸多材料。行为科学高级研究中心图书馆的翠西亚·索托(Tricia Soto)和阿曼达·托马斯(Amanda Thomas)帮助我们通过斯坦福大学的图书馆确定并获得了19世纪和20世纪早期出版的资料。比阿特丽斯·弗赖(Béatrice Frey)慷慨地为我们提供了ISO及其前身的早期档案和秘书长办公室的文件。斯泰西·莱斯特纳(Stacy Leistner)提供了类似的关于美国国家标准学会(ANSI)及其前身的档案资料。国际电工委员会(IEC)的诸多人士,加芙列拉·埃尔利希(Gabriela Ehrlich)、吉兰·富尔内(Guillaine Fournet),特别是克莱尔·马钱德(Claire Marchand),协助我们获取了国际电工委员会的档案。国际电工委员会的皮埃尔·塞贝林(Pierre Sebellin)帮助我们获取了国际电工委员会下辖的国际无线电干扰特别委员会(CISPR)的资料。国际电信联盟档案馆的希瑟·海伍德(Heather Heywood)为我们提供了专家级的帮助。中国标准化研究院的王平提供了有关中国极为有用的资料。德国标准化研究所的档案管理员彼得·安东尼和社会责任国际(SAI)组织的艾丽斯·泰珀·马林不遗余力地帮助我们寻找文件和照片。

我们之所以能够对战后全球标准制定体系的发展以及特定标准制定委员会的工作进行深入而详细的考察,是因为我们在获取个人标准制定者的档案文件方面得到了特别的帮助。我们非常感谢拉尔斯和洛洛·斯图伦允许我们使用他们父亲的论文。哈弗福德学院的图书管理员特里·斯奈德（Terry Snyder）提醒我们默里·弗里曼论文的存在，并帮助我们提前获取。

我们所获得的用于撰写第六章的电磁兼容性（EMC）标准化的素材首先源于谢尔登·霍赫海瑟尔（Sheldon Hochheiser），然后在电气和电子工程师协会（IEEE）的历史中心，他给我们介绍了电磁兼容性（EMC）领域的专家丹·霍利汉和唐·赫尔曼，他们那时正在编纂电气和电子工程师协会（IEEE）电磁兼容性（EMC）的历史文献。没有唐和丹，我们不可能写出这一案例研究。丹在扫描了关于 IEEE 的 EMC 历史研究项目的一些文件后，将他在伦纳德·托马斯去世后从其家人那里获得的论文寄给了乔安妮。他还介绍我们认识了拉尔夫·肖沃斯，虽然在他去世之前我们未能采访到他，但他的两个女儿珍妮特·肖沃斯·帕特森和弗吉尼亚·肖沃斯·怀特慷慨地赐予我们肖沃斯存放于高级生活中心公寓和家中阁楼及地下室里的论文，并找到他用于插图的照片。在本书的修改阶段，珍妮特提供了大量帮助，分享了她的私人家庭文件，展现了她父亲的更为丰满的面貌。唐·赫尔曼提前授予了乔安妮他在普渡大学档案馆扫描的赫尔曼论文的电子权限。在行为科学高级研究中心（CASBS）的同事莱斯利·柏林（Leslie Berlin）和她的同事亨利·罗沃德（Henry Lowood），为我们在斯坦福大学特别收藏（Stanford University Special Collections）中找到麦克奎维的论文指明了方向。我们还要感谢哈格利博物馆和图书馆的埃里克·劳（Erik Rau）为肖沃斯和托马斯的论文提供了一个藏身之所。

对于第七章和第八章，我们非常感激万维网联盟（W3C）的首席执行官（CEO）杰夫·贾菲赋予乔安妮进入网络加密工作组的机会。在 2012 年的夏天，他同意了乔安妮的请求，让她作为受邀专家进入这一新近成立的工作组。他还阅读了部分章节的草稿，并提出了宝贵的修改意见和评论。当然，任何残留的错误都是由于我们自己的疏忽而造成的。我们也感谢工作组主席维尔日妮·加林多对乔安妮加入小组的欢迎，以及万维网联盟（W3C）的工作人员协助联系哈里·哈尔平（Harry Halpin）和温迪·萨尔茨，在整个项目中向她解释技术和流程问题，温迪还在书稿撰写和准备的最后阶段提供了帮助，包括允许我们使用她给维尔日妮拍的照片。我们感谢工作组的所有成员，他们接受了乔安妮的访谈，并慷慨地应允可以引用这些访谈资料。万维网联盟（W3C）的玛丽亚·奥代（Maria Auday）还帮助我们获得了蒂姆·伯纳斯-李的一张照片。

除了致谢那些对第六章、第七章和第八章做出贡献的人士，我们还要感谢在整个研究过程中遇到的诸多其他制定标准者，他们慷慨地花费大量时间给我们提供解释并协助我们进行各种联系活动，他们包括：来自美国国家标准学会（ANSI）的斯科特·库珀、来自甲骨文的特隆·阿恩·恩德海姆、来自诺基亚的佩卡·伊索松皮（Pekka Isosomppi），来自因特网工程任务组（IETF）的鲁斯·休斯利以及建立过许多标准联盟的律师厄普德格罗夫。此外，从事标准研究的学者也给予这一研究项目很大的支持和鼓励；乔安妮特别感激马克·莱文森解答了她关于集装箱标准化方面诸多具体问题，而这些细节信息未曾在他《箱子》一书中详加说明。

我们还要感谢我们的研究助理在这些年里的辛勤工作：尤利娅·波尔托拉克（Yulia Poltorak）阅读并总结归纳了有关标准化的论文，维罗妮卡·贾顿（Veronica Jardon）参与了彩色电视机案例的研究工作，希拉里·罗宾逊（Hilary Robinson）研究了国际电信联盟的档案并采访了其领导人，他们都来自麻省理工学院；纳·阿马-塔戈（Naa Ammah-Tagoe）协助我们处理了法语资料，霍诺尔·麦吉参与了社会责任案例，他们二位都在拉德克利夫学院；韦尔斯利学院的玛丽亚·内森（Maria Nassén）用瑞典语开展了访谈工作，并协助我们处理了瑞典语的相关资源。最后，我们非常感谢麻省理工学院的迈克尔·瓦伦（Michael Wahlen）在 2017 年夏天与我们共同准备提交这本书的完整手稿。

我们曾将这一研究工作中的论文提交给不同的读者阅读，并从他们那里收获到许多宝贵的意见，这些意见帮助我们进一步深入思考。我们在研究的早期阶段向行为科学高级研究中心（CASBS）参与跨学科研究的同事展示了这项工作，并得到了鼓励和反馈。此外，我们在行为科学高级研究中心（CASBS）的同事黛博拉·坦嫩（Deborah Tannen）建议我们使用多年的研究标题："标准持有者"（Standards Bearers）。我们还要感谢以下会议和研讨班上的听众朋友：拉德克利夫学院的系列研讨会，美国政治科学学会，商业史会议，欧洲商业史学会，埃默里大学（Emory University）社会学系，哈佛商学院的商业史研讨会，国际研究学会，韦尔斯利学院政治学系，马萨诸塞大学波士顿分校的组织与变革讨论会，麻省理工学院斯隆管理学院的组织学研讨会和技术创新、创业与战略研讨会，沃顿商学院的组织与工业发展研讨会，伦敦经济学院的会计系，加州大学戴维斯分校的关于定性研究的戴维斯会议，丹麦皇家学院（Royal Danish Institute）就国际问题通过标准进行治理的会议，南加州大学的国际研究中心，加州大学尔湾分校（Irvine），斯坦福大学的工作、技术与组织研讨会，以及欧洲标准化学会。

我们要感谢约翰·霍普金斯大学出版社的罗伯特·布鲁格（Robert J. Brugger）在这一项目初期的热情和鼓励，感谢马特·麦克亚当（Matt McAdam）见证了它在出版社完成，还要感谢丛书编辑理查德·约翰（Richard R. John）的仔细阅读和改进建议。我们还要感谢嘉莉·沃特森（Carrie Watterson）的精心编辑和合作方式。我们对黛博拉·菲茨杰拉德（Deborah Fitzgerald）在该项目最后阶段和截止日期即将来临之际愿意阅读全部初稿并给我们提供非常有用的意见表示深深的谢意。我们感谢两位匿名评审人对全部初稿提出的非常有见地的评论和建议，这对于我们修改完善进而形成最终的书稿给予了很大的帮助。我们还要感谢许多同事阅读和评论了一些具体章节并对相关问题做出了回应，包括梅格·格雷厄姆（Meg Graham）、安德鲁·罗素、安德鲁·厄普德格罗夫、马克·莱文森。我们感谢我们的朋友和同事曾和我们一起就标准化问题所进行的无数对话。特别感谢斯坦福大学的弗雷德·特纳（Fred Turner）、韦尔斯利学院的克里斯托弗·坎德兰（Christopher Candland）和贝丝·德松布尔（Beth

DeSombre）、马萨诸塞大学波士顿分校的姜晋永（Kang Jinyoung），以及麻省理工学院的黛博拉·菲茨杰拉德和哈里特·里特沃（Harriet Ritvo）。

  我们还要感谢我们的大家庭在这一研究和写作过程中所给予的支持。我们感谢我们的两只猫，马克斯（Max）和米妮是谁（Minnie-the-Who），它们一直和我们生活在一起，倾其一生支持（当然有时也会妨碍）我们在这一项目中所开展的各项工作。遗憾的是，它们没能活着看到最终的成果。最后，我们感谢对方给予各自这个难得的学术合作机会，我们很高兴地说，与一些人的预期相反，我们的婚姻似乎挺过来了！

缩写词

缩写词	全称	译名
ABNT	Brazilian Association of Technical Standards	巴西技术标准协会
AESC	American Engineering Standards Committee	美国工程标准委员会
AFNOR	Association française de normalisation (French Standards Association)	法国标准化协会
AIEE	American Institute of Electrical Engineers	美国电气工程师学会
AIME	American Institute of Mining Engineers	美国矿业工程师协会
ANAB	ANSI-ASQ National Accreditation Board	美国国家标准学会-美国质量学会认证机构认可委员会
ANSI	American National Standards Institute	美国国家标准学会
API	application programming interface	应用程序编程接口
AREMWA	American Railroad Engineering and Maintenance of Way Association	美国铁路工程和道路维护协会
ARPA	US Defense Department's Advanced Research Projects Agency	美国国防部高级研究计划局
ASA	American Standards Association	美国标准协会
ASCE	American Society of Civil Engineers	美国土木工程师学会
ASCII	American Standard Code for Information Interchange	美国信息交换标准代码
ASME	American Society of Mechanical Engineers	美国机械工程师协会
ASQ	American Society for Quality	美国质量学会

缩写词	全称	译名
ASTM	American Society for Testing Materials	美国材料试验协会
BBC	British Broadcasting Corporation	英国广播公司
BESA	British Engineering Standards Association	英国工程标准协会
BSI	British Standards Institution	英国标准协会
BITA	British Iron Trades Association	英国钢铁行业协会
CBS	Columbia Broadcasting System	哥伦比亚广播公司
CCIF	International Long-Distance Telephone Consultative Committee	国际电话咨询委员会
CCIR	International Radiocommunication Consultative Committee	国际无线电咨询委员会
CCIT	International Telegraph Consultative Committee	国际电报咨询委员会
CCITT	International Telephone and Telegraph Consultative Committee	国际电话电报咨询委员会
CEN	European Committee for Standardization	欧洲标准化委员会
CENELEC	European Committee for Electrotechnical Standardization	欧洲电工标准化委员会
CERN	European Organization for Nuclear Research	欧洲核子研究组织
CFT	French Television Company	法国电视公司
CISPR	International Special Committee on Radio Interference	国际无线电干扰特别委员会
CR	candidate recommendation	候选推荐标准
CSA	Canadian Standards Association	加拿大标准协会
CSR	corporate social responsibility	企业社会责任
CTI	Color Television Incorporated	彩色电视公司
DIN	Deutsches Institut für Normung (German Institute for Standardization)	德国标准化研究所
ECMA	European Computer Manufacturers Association	欧洲计算机制造商协会
EEC	European Economic Community	欧洲经济共同体
EMC	electromagnetic compatibility	电磁兼容性
ESC	Engineering Standards Committee	工程标准委员会
ETSI	European Telecommunications Standards Institute	欧洲电信标准协会
ETVs	German regional electrotechnical societies	德国地区电工协会
EU	European Union	欧洲联盟，简称欧盟
FCC	Federal Communication Commission	联邦通信委员会

缩写词	全称	译名
FPWD	first public working draft	首份公开工作草案
GATT	General Agreement on Tariffs and Trade	关税及贸易总协定
HTML	hypertext markup language	超文本标记语言
IAB	Internet Architecture Board	互联网架构委员会
IAF	International Accreditation Forum	国际认可论坛
IATM	International Association for Testing Materials	国际材料试验协会
ICC	Interstate Commerce Commission	州际商业委员会
ICE	Institution of Civil Engineers	土木工程师学会
IEC	International Electrotechnical Commission	国际电工委员会
IEE	Institution of Electrical Engineers	电气工程师学会
IEEE	Institute of Electrical and Electronics Engineers	电气和电子工程师协会
IETF	Internet Engineering Task Force	因特网工程任务组
IFIP	International Federation for Information Processing	国际信息处理联合会
IFRB	International Frequency Registration Board	国际频率登记委员会
IISD	International Institute for Sustainable Development	国际可持续发展研究所
ILO	International Labor Organization	国际劳工组织
IMechE	Institution of Mechanical Engineers	机械工程师协会
INWG	International Network Working Group	国际网络工作组
IPTO	Information Processing Techniques Office	信息处理技术办公室
IRE	Institute of Radio Engineers	无线电工程师协会
ISA	International Federation of the National Standardizing Associations	国家标准化协会国际联合会
ISEAL	International Social and Environmental Accreditation and Labeling	国际社会与环境认可和标签联盟
ISO	International Organization for Standardization	国际标准化组织
ITU	International Telecommunication Union	国际电报联盟；1932年，ITU 与 RTU 合并为国际电信联盟
JOSE	JavaScript object signing and encryption	JavaScript 对象签名和加密
JTC1	ISO/IEC Joint Technical Committee 1	ISO/IEC 信息技术第 1 联合技术委员会
Marad	US Maritime Administration	美国海事局
MIT	Massachusetts Institute of Technology	麻省理工学院

缩写词	全称	译名
NEDCO	Netherlands' statement concerning ISO liaisons and activities	荷兰关于ISO联络和活动的声明
NEMA	National Electrical Manufacturers Association	国家电气制造商协会
NPL	National Physics Laboratory	国家物理实验室
NTSC	National Television System Committee	国家电视系统委员会
NWG	Network Working Group	网络工作组
OECD	Organisation for Economic Co-operation and Development	经济合作与发展组织
OMB	Office of Management and Budget	管理和预算局
OSI	open systems interconnection	开放系统互连
PAL	phase alternating line	逐行倒相制式
PAS	publicly available specification	公共可用规范
PR	proposed recommendation	提案推荐标准
PTT	postal, telegraph, and telephone agencies	邮政、电报和电话机构
QMS	quality management system	质量管理体系
RAND	reasonable and nondiscriminatory	合理和不歧视性
RCA	Radio Corporation of America	美国无线电公司
RFC	request for comment	征求意见稿
RFI	radio frequency interference	射频干扰
RKW	Reich Board for Economic Efficiency	德国经济效率委员会
RTU	Radiotelegraph Union	无线电报联盟
SAE	Society of Automotive Engineers	汽车工程师学会
SAI	Social Accountability International	社会责任国际
SECAM	sequential color with memory	塞康制
SG	study group	研究小组
SIS	Swedish Standards Institute	瑞典标准协会
SNA	System Network Architecture	系统网络体系结构
TC	technical committee	技术委员会
TCP/IP	transmission control protocol / internet protocol	传输控制协议/网际协议
UIR	International Radio Union	国际无线电联盟
UHF	ultrahigh frequency	特高频
UNCTC	United Nations Centre on Transnational Corporations	联合国跨国公司中心

缩写词	全称	译名
UNESCO	United Nations Educational, Scientific, and Cultural Organization	联合国教科文组织
UNSCC	United Nations Standards Coordinating Committee	联合国标准协调委员会
URL	universal resource locators	统一资源定位器
USNC	US National Committee	美国国家委员会
VDE	Verband Deutscher Elektrotechniker	德国电工协会
VDI	Verein Deutscher Ingenieure (Association of German Engineers)	德国工程师协会
VHF	very high frequency	甚高频
W3C	World Wide Web Consortium	万维网联盟
WEF	World Economic Forum	世界经济论坛
WG	working group	工作组
WHATWG	Web Hypertext Application Technology Working Group	网页超文本应用技术工作小组
WHO	World Health Organization	世界卫生组织

注释

前言

1. 国际标准化组织在 2017 年使用的定义，见 "We're ISO: We Develop and Publish International Standards," https://www.iso.org/standards.html, accessed January 3, 2017。
2. Robert Tavernor, *Smoot's Ear: The Measure of Humanity* (New Haven, CT: Yale University Press, 2007), 56, 60, 106, 119, 引自第 131 页。
3. 美国公制协会对该法案的历史做过一个很好的总结，见 "History of the United States Metric Board," http://www.us-metric.org/history-of-the-united-states-metric-board/, accessed January 2, 2017。
4. Hendrick Spruyt, "The Supply and Demand of Governance in Standard-Setting: Insights from the Past," *Journal of European Public Policy* 8, no. 3 (2001): 371.
5. Joseph Farrell and Garth Saloner, "Coordination through Committees and Markets," RAND *Journal of Economics* 19, no. 2 (1988): 235–52.
6. 参见 Michael A. Cusumano, Yiorgos Mylonadis, and Richard S. Rosenbloom, "Strategic Maneuvering and Mass-Market Dynamics: The Triumph of VHS over Beta," *Business History Review* 66, no. 1 (1992): 51–94。
7. Jean-Christope Graz, "Hybrids and Regulation in the Global Economy," *Competition and Change* 10, no. 2 (2006): 230–45.
8. Sidney Webb and Beatrice Webb, *A Constitution for a Socialist Commonwealth of Great Britain* (London: Longmans, Green, 1920), 56; Mary Parker Follett, *The New State: Group Organization and the Solution to Popular Governmen*t (London:

Longmans, Green, 1918), 344–60, 以及参见第三章。

9 参见第九章。

10 Mark Mazower, *Governing the World: The Rise and Fall of an Idea 1815 to the Present* (New York: Penguin Books, 2012), 102.

11 根据 ISO 的网站，"因为'国际标准化组织'在不同的语言中有不同的首字母缩写（在英语中是 IOS，法语中是 OIN），所以我们的创始成员决定采用 ISO 这个缩写名称。ISO 来自希腊语中的 isos，意思是'平等'。不管在哪个国家，用哪种语言，我们都是 ISO"。("About ISO," ISO, accessed July 3, 2017, https://www.iso.org/about-us.html)。然而，在 1997 年英国伦敦召开的纪念国际标准化组织成立大会上，瑞士代表表示："最近我听说，之所以选择'ISO'，是因为'iso–'在希腊语中是'平等'的意思。在伦敦可没提过这事！"参见 Willy Kuert, "The Founding of ISO," in *Friendship Among Equals: Recollections from ISO's First Fifty Years*, ed. Jack Latimer (Geneva: ISO, 1997), 20。

12 Joseph Schumpeter, *Theory of Economic Development* (New York: Oxford University Press, 1934); JoAnne Yates and Craig N. Murphy, "Charles le Maistre: Entrepreneur in International Standardization," *Entreprise et Histoires* 51 (2008): 10–27. Andrew L. Russell introduced a similar concept for a much more recent era in "Dot-org Entrepreneurship: Weaving a Web of Trust," *Entreprise et Histoires* 51 (2008): 44–56.

13 Olle Sturén, "Collaboration in International Standardization between Industrialized and Developing Countries"（1981 年 11 月在德国标准化研究所的演讲），第 4 页。斯图伦的论文。

14 例如，Steven W. Usselman, *Regulating Railroad Innovation: Business, Technology, and Politics in America, 1840–1920* (Cambridge: Cambridge University Press, 2002)；关于信息和通信技术的最新著作，见 Andrew L. Russell, *Open Standards and the Digital Age: History, Ideology, and Networks* (Cambridge: Cambridge University Press, 2014)。

15 例如 Alain Durand, AFNOR: *80 Années d'Histoire* (Paris: AFNOR Éditions, 2008)，以及 Winton Higgins, *Engine of Change: Standards Australia Since 1922* (Blackheath, AU: Brandl & Schlesinger, 2005), 二者都是官方历史。也可以参见笔者对 ISO 的（非官方）历史研究：Craig N. Murphy and JoAnne Yates, *The International Organization for Standardization: Global Governance through Voluntary Consensus* (London: Routledge Press, 2009)。

16 例如 Christopher Spencer and Paul Temple, "Standards, Learning, and Growth in Britain: 1901–2009," *Economic History Review* 69, no. 2 (2015): 627–652；

17. Tineke Egyedi and Jaroslav Spirco, "Standards in Transitions: Catalyzing Infrastructure Change," *Futures* 43, no. 9 (2011): 947–60；Philip Scranton and Patrick Fridenson, *Reimagining Business History* (Baltimore: Johns Hopkins University Press, 2013) 也值得一提。

17. 例如 Aseem Prakash and Matthew Potoski, *The Voluntary Environmentalists: Green Clubs, ISO14001, and Voluntary Environmental Regulations* (Cambridge: Cambridge University Press, 2006)；Richard M. Locke, *The Promise and Limits of Private Power: Promoting Labor Standards in the Global Economy* (Cambridge: Cambridge University Press, 2013)；关于全球市场的研究可以参见 Tim Büthe and Walter Mattli, *The New Global Rulers: The Privatization of Regulation in the World Economy* (Princeton, NJ: Princeton University Press, 2013)。

18. Lawrence Busch, *Standards: Recipes for Reality* (Cambridge, MA: MIT Press, 2011); Martha Lampland and Susan Leigh Starr, eds., *Standards and Their Stories: How Quantifying, Classifying, and Formalizing Practices Shape Everyday Life* (Ithaca, NY: Cornell University Press, 2008); and David Singh Grewal, *Network Power: The Social Dynamics of Globalization* (New Haven, CT: Yale University Press, 2008).

19. Thomas G. Weiss and Rorden Wilkinson, "Global Governance to the Rescue: Saving International Relations?", *Global Governance* 20, no. 1 (2014): 19–36.

20. Russell, "Dot-org Entrepreneurship."

21. Grewal, *Network Power*, 4.

22. 关于这一区别的经典研究仍是 Berenice A. Carroll, "Peace Research: The Cult of Power," *Journal of Conflict Resolution* 16, no. 4 (1972): 585–616。

23. Paul A. David and Shane Greenstein, "The Economics of Compatibility Standards: An Introduction to Recent Research," *Economics of Innovation and New Technology* 1, nos. 1/2 (1990): 3–41; Shane Greenstein, *How the Internet Became Commercial: Innovation, Privatization, and the Birth of a New Network* (Princeton, NJ: Princeton University Press, 2015).

24. Alejandro M. Peña, "Governing Differentiation: On Standardisation as Political Steering," *European Journal of International Relations* 21, no. 1 (2015): 52–75. 尼尔斯·布伦松（Nils Brunsson）也提出了类似的观点，但更关注在哪些条件下，标准化被成功地用于替代等级组织、规范社区或市场的问题，参见 Nils Brunsson, "Organizations, Markets, and Standardization," in *A World of Standards*, Nils Brunsson and Bengt Jacobsson, eds. (Oxford: Oxford University Press, 2000), 31–35。关于标准化的整个社会学方法的讨论，可以参见 Stefan Timmermans and Steven Epstein, "A World of Standards but Not a Standard

World: Toward a Sociology of Standards and Standardization," *Annual Review of Sociology* 36 (2010): 69–89。

第一章 20世纪以前：工程专业化及民间工业标准制定

1 公制的演变与扩散，参见 Robert Tavernor, *Smoot's Ear: The Measurement of Humanity* (New Haven, CT: Yale University Press, 2007); Robert P. Crease, *World in the Balance: The Historic Quest for an Absolute System of Measurement* (New York: W. W. Norton, 2011); Ken Alder, "A Revolution to Measure: The Political Economy of the Metric System in France," in *The Values of Precision,* ed. M. Norton Wise (Princeton, NJ: Princeton University Press, 1995)。

2 Crease, *World in the Balance*, 29.

3 Tavernor, *Smoot's Ear, 133–134; 145–146*; Crease, *World in the Balance*, 134–37. Crease 指出，该组织的成员实际上在 1870 年首次进行了短暂的会晤，之后由于法国和普鲁士之间爆发战争而休会，至 1872 年再次召开。

4 Crease, *World in the Balance*, 133; "History of the IGU," International Geographical Union, accessed June 12, 2017, http://igu-online.org/about-us/history/.

5 John Noble Wilford, *The Mapmakers: The Story of the Great Pioneers in Cartography—from Antiquity to the Space Age* (New York: Alfred A. Knopf, 1981), 220–21.

6 *International Conference Held at Washington for the Purpose of Fixing a Prime Meridian: Protocols of the Proceedings* (Washington, DC: Gibson Bros., 1884), 6. 派代表出席会议的有奥匈帝国、巴西、智利、哥伦比亚、哥斯达黎加、丹麦、法国、德国、英国、危地马拉、意大利、日本、利比里亚、墨西哥、荷兰、巴拉圭、俄国、西班牙、瑞典、瑞士、土耳其、委内瑞拉和美国等。

7 *Prime Meridian*, 20.

8 *Prime Meridian*, 199–200. 在时间、世界日等相关问题上，表决结果略有不同。

9 Bruce J. Hunt, "The Ohm Is Where the Art Is: British Telegraph Engineers and the Development of Electrical Standards," *Osiris* 9, no. 1 (1994): 48–63. 这篇报道大量引用了这一资料，引文摘自第 55 页。

10 参见 Hunt, "The Ohm," 57–61，关于该委员会的形成及活动，亦可参见 Larry Randles Lagerstrom, "Constructing Uniformity: The Standardization of International Electromagnetic Measures, 1860–1912" (PhD diss., University of California, Berkley, 1992), 15–27。

11 Lagerstrom, "Constructing Uniformity," 17, 27–28; Hunt, "The Ohm," 57–61.
12 Hunt, "The Ohm," 57–61; Lagerstrom, "Constructing Uniformity," 27–48.
13 Lagerstrom, "Constructing Uniformity," 49–81.
14 参见，例如，Bob Reinalda, *Routledge History of International Organizations: From 1815 to the Present Day* (London: Routledge, 2009), 85–89; F. S. L. Lyons, *Internationalism in Europe, 1815–1914* (Leyden: A. W. Sythoff, 1963), 39。最近，罗伯特·马克·斯波尔丁（Robert Mark Spaulding）认为，早期的莱茵河航行管委会应该是第一个具有现代政府间组织大部分特征的组织，同时也是国际电报联盟和后来机构许多做法的来源。参见他的论文"The Central Commission for the Navigation of the Rhine (CCNR) and European Media, 1815–1848," in *International Organizations and the Media in the Nineteenth and Twentieth Centuries*, ed. Jonas Brendebach, Martin Herzer, and Heidi J. S. Tworek (London: Routledge, 2018), chapter 2。Reinalda (*Routledge History*, 28–32) 和其他人承认该委员会对主要政府间组织后来的做法产生了影响。他们将该委员会的区域性任务与国际电报联盟和后来公共国际联合会普遍受到的关注进行了对比。

美国政治学家保罗·赖因施（Paul S. Reinsch）创造了"公共国际联合会"（public international union），用来区别那些成员主要是政府机构（如国家电报和邮政管理局等行政机构）的国际协会和19世纪下半叶建立的数量多得多的严格意义上的民间国际协会。参见 Paul S. Reinsch, *The Public International Unions, Their Work and Organization: A Study in International Administrative Law* (Boston: Ginn, 1911), 4。

15 Craig N. Murphy, *International Organization and Industrial Change: Global Governance since 1850* (New York: Oxford University Press, 1994), 86.
16 "Overview of ITU's History," ITU, accessed June 12, 2017, http://www.itu.int/en/history/Pages/ITUsHistory.aspx; International Telecommunication Union, "CCITT/ITU-T 1956–2006, 50 Years of Excellence", ITU, July 20, 2006, accessed October 11, 2012, http://www.itu.int/ITU-T/50/docs/ITU-T_50.pdf; George Arthur Codding Jr., *The International Telecommunication Union: An Experiment in International Cooperation* (Leiden: Brill, 1952; repr., New York: Arno Press, 1972), 13–23.
17 Codding, *International Telecommunication Union*, 38–79.
18 它最初是在1874年成立的邮政总联盟，于1878年更名为万国邮政联盟。Lyons, *Internationalism in Europe*, 45. 也可以参见 Codding, *International Telecommunication Union*, 52。
19 Lyons, *Internationalism in Europe*, 42–51.

20　Lyons, *Internationalism in Europe*, 40–43.

21　"Our History," Institution of Civil Engineers, accessed October 26, 2012, https://www.ice.org.uk/about-ice/our-history.

22　M. A.-C. Benoit-DuPortail, "Notice sur la Société des Ingénieurs Civils de France," A*nnuaire—Société des ingénieurs civils de France,* 1903 (Paris: Société des ingénieurs civils de France, 1903), 8–16.

23　关于富兰克林学会的早期历史，参见 Bruce Sinclair, *Philadelphia's Philosopher Mechanics: A History of the Franklin Institute, 1824–1865* (Baltimore: Johns Hopkins University Press, 1974)。

24　Edwin T. Layton Jr., *The Revolt of the Engineers: Social Responsibility and the American Engineering Profession* (Baltimore: Johns Hopkins University Press, 1986), 28–29.

25　Kees Gispen, *New Profession, Old Order: Engineers and German Society, 1815–1914* (Cambridge: Cambridge University Press, 1989), 45–46.

26　Tanabe Sakuro, "Progress of Engineering in Japan," in *World Engineering Congress Tokyo 1929 Proceedings 2: General Problems Concerning Engineering* (Tokyo: Kogakki, 1931), 130.

27　Rollo Appleyard, *The History of the Institution of Electrical Engineers* (1871–1931) (London: IEE, 1939), 38; "The Royal Institution of Naval Architects and Its Work—1860–1960—a Brief Historical Note," Royal Institute of Naval Architects, accessed August 25, 2017, http://www.rina.org.uk/Historical.

28　Appleyard, *Electrical Engineers*; "A History of the Institution of Engineering and Technology," Institution of Engineering and Technology, accessed June 22, 2017, http://www.theiet.org/resources/library/archives/research/guides-iet.cfm.电报工程师协会最初对会员的要求是基于作为电报工程师的年龄和经验，但后来逐渐将关注点扩大到其他对于电力的使用。

29　Peter Lundgreen, "Engineering Education in Europe and the U.S.A., 1750–1930: The Rise to Dominance of School Culture and the Engineering Professions," *Annals of Science* 47, no. 1 (1990): 73–74.

30　"History of the Institution of Mechanical Engineers," Institution of Mechanical Engineers, accessed June 12, 2017, http://www.imeche.org/about-us/imeche-engineering-history/institution-and-engineering-history; Bruce Sinclair, *The Centennial History of the American Society of Mechanical Engineers, 1880–1980* (Toronto: University of Toronto Press for ASME, 1980), 22–24.

31　Master Car-Builders Association, *History and Early Reports of the Master Car-Builders' Association* (New York: Martin B. Brown, 1885).

32 Layton, The Revolt. 对于20世纪早期关于美国工程师这一争论细致入微的重新评估，亦可参见 Peter Meiksins, "The 'Revolt of the Engineers' Reconsidered," *Technology and Culture* 29, no. 2 (April 1988), 219–246。对于推动美国工程师专业身份的社会历史讨论，参见 Yehouda Shenhav, Manufacturing Rationality: *The Engineering Foundations of the Managerial Revolution* (Oxford: Oxford University Press, 1999), especially chapter 1。

33 "Accueil: Historique," Union Technique de l'Électricité, accessed June 12, 2017, http://ute-asso.fr; J. Mikoletzky, "Vom Elektrotechnischen Verein in Wien zum Österreichischen Verband für Elektrotechnik—125 Jahre OVE," *Elektrotechnik & Informationstechnik* 125, no. 5 (2008): 147–52.

34 A. Michal McMahon, The Making of a Profession: A Century of Electrical Engineering in America (New York: IEEE Press, 1984), 28–29.

35 McMahon, *Making of a Profession*.

36 Appleyard, *Electrical Engineers*.

37 "Overview," IEEJ, accessed July 27, 2017, http://www.iee.jp/?page_id = 1547; "Association Suisse des Électriciens," Dictionnaire Historique de la Suisse, accessed July 11, 2017,http://www.hls-dhs_dss.ch/textes/f/F16470.php.

38 Michael Schanz and Frank Dittmann, "The History of the VDE: A Development from a German Technical Society to an Association Acting as an All-Inclusive Platform for Electrotechnology," VDE, accessed August 25, 2018, https://www.vde.com/resource/blob/815276/193aa7d90b1675eae22ff63833bb3f18/history-of-the-vde-data.pdf, 1. 在1879年由维尔纳·冯·西门子担任主席的柏林ETV和1893年德国电工协会成立之间，西门子和他的公司处于德国电气技术的最前沿。不幸的是，西门子本人在德国电工协会建立之前去世了。

39 "Our Mission," Federazione Italiana di Elettrotecnica, Elettronica, Automazione, Informatica e Telecomunicazioni, accessed August 25, 2018, https://www.aeit.it/aeit/r02/struttura/pagedin.php?cod = chi_siamo.

40 Bruce Sinclair, *Early Research at the Franklin Institute: The Investigation into the Causes of Steam Boiler Explosions, 1830–1837* (Philadelphia: Franklin Institute, 1966), 6–7, quote on page 2.

41 Bruce Sinclair, "At the Turn of a Screw: William Sellers, the Franklin Institute, and a Standard American Thread," *Technology and Culture* 10, no.1 (1969): 27–31; Sinclair, *Early Research*, 4, 9, 11.

42 *VDI-Rechtlininien-Katalog/VDI Standards Catalogue* (Berlin: Beuth, 2015), 8.

43 引自 A. E. Musson, "Joseph Whitworth and the Growth of Mass-Production Engineering," *Business History* 17, no. 2 (1975): 109–149。

44　Musson, "Joseph Whitworth," 122.

45　Sinclair, "Turn of a Screw."

46　Philip Scranton, *Endless Novelty: Specialty Production and American Industrialization, 1865–1925* (Princeton, NJ: Princeton University Press, 1997), 63–64. 斯克兰顿强调了标准化的力量和成本意义，以及对标准化的阻力。但他和辛克莱在《螺丝的转动》一书中没有提供关于塞勒斯螺纹标准被采用程度的实证数据。

47　关于 ASCE 的专业定位，参见 Layton, The Revolt, 29–30。关于铁路工程师对 ASCE 的控制，参见 Steven W. Usselman, *Regulating Railroad Innovation: Business, Technology, and Politics in America*, 1840–1920 (Cambridge: Cambridge University Press, 2002), 217–218。引用的描述这段研究的短语来自 Ashbel Welch 的三篇文章（乌塞尔曼引用），标题都是 "On the Form, Weight, Manufacture, and Life of Rails," 发表在 the Transactions of the ASCE, vol. 3 (June 10, 1874), 87–110); vol. 4 (May 5, 1875), 136–141; 以及 vol. 5 (June 15, 1876), 327–329。这些文章报告了委员会的调查和审议结果。

48　Layton, The Revolt, 29, 48n21.

49　Usselman, *Regulating Railroad Innovation*, 219–220.

50　Usselman, *Regulating Railroad Innovation*, 215–216, 220–221.

51　除非另有说明，传记细节来自 Edgar Marburg, "Biographical Sketch," in *Memorial Volume Commemorative of the Life and Work of Charles Benjamin Dudley, Ph.D.*, ed. American Society for Testing Materials (Philadelphia: American Society for Testing Materials, [1910]), 11–42。

52　Yale University, "Obituary Record of Graduates of Yale University Deceased during the Academical Year Ending in June, 1910, Including the Record of a Few Who Died Previously, Hitherto Unreported," no. 10 of the Fifth Printed Series and no. 69 of the Whole Record (Presented at the Meeting of the Alumni, June 21, 1910), accessed August 21, 2017, http://mssa.library.yale.edu/obituary_record/1859_1924/1909-10.pdf; "ACS President: Charles B. Dudley (1842–1909)," American Chemical Society, accessed July 17, 2017, https://www.acs.org/content/acs/en/about/president/acspresidents/charles-dudley.html.

53　完整名单请参阅 "Statistical Data" and "Offices and Honors Held by Charles B. Dudley," in ASTM, *Memorial Volume Commemorative of Dudley*, 113–115。美国化学工程师学会直到 1908 年，也就是达德利去世的前一年才成立，所以我们不清楚他是否与这个专业组织有联系。他是美国化学科学学会的成员，并于 1886 年到 1898 年期间担任美国化学科学学会主席一职。

54　参见达德利的自传, PhD, in ASTM, *Memorial Volume Commemorative of*

Dudley, 116–117, 他发表的作品的清单。他发表于 Transactions of the AIME, vol. 7, 1878 的两篇论文"The Chemical Composition and Physical Properties of Steel Rails" (172–201) 和 "Does the Wearing Power of Steel Rails Increase with the Hardness of the Steel" (202–205), 引发了一场关于什么使钢的耐磨性更好的争论。后来他放弃了他在那些论文中的主张，但这些主张在这一领域的研究中发挥了重要作用。关于这一内容的讨论，参见 Marburg, "Biographical Sketch," 22–24; 以及 Usselman, Regulating Railroad Innovation, 221–223。

55　引用自 Marburg, "Biographical Sketch," 23, 来源不明。

56　威廉·琼斯对 ASCE 车轮磨损委员会的最终报告发表评论, Transactions of the ASCE 21 (July-December 1889): 279–280, 引自 Usselman, Regulating Railroad Innovation, 232。

57　Usselman, Regulating Railroad Innovation, 230–232.

58　Transactions of the ASCE 28 (1893): 425–444, 引自第 426 页。

59　Robert W. Hunt, "Specification for Steel Rails of Heavy Sections Manufactured West of the Alleghenies," Transactions of the AIME 25 (February-October 1895): 654; 随后的引用出自同一页。

60　历史学家史蒂文·乌塞尔曼（Steven Usselman）也指出，"这些委员会报告中包含的铁路部分和制造指南迅速获得了行业标准的地位"。Usselman, Regulating Railroad Innovation, 232.

61　Samuel Haber, Authority and Honor in the American Professions, 1750–1900 (Chicago: University of Chicago Press, 1991), 294–300.

62　这一段和下一段内容来自 Sinclair, Centennial History, 46–60。关于 ASME 是否应该将参与标准化作为其专业化项目一部分的争论的另一种处理方法，参见 Shenhav, Manufacturing Rationality, 58–64。

63　JoAnne Yates, Control through Communication: The Rise of System in American Management (Baltimore: Johns Hopkins University Press, 1989), 9–15. 科学管理主要集中在车间，而系统管理针对从总部办公室到车间和收发室的整个组织。系统化的倡导者，如亨利·梅特卡夫（Henry Metcalfe）和科学管理领袖弗雷德里克·泰勒都在《美国机械工程师协会汇刊》(Transactions of the ASME) 上发表了文章。例如, Henry Metcalfe, "The Shop-Order System of Accounts," Transactions of the ASME 7 (May 1886): 440; 以及 Frederick W. Taylor, "A Piece Rate System Being a Step towards Partial Solution of the Labor Problem," Transactions of the ASME 16 (1895): 856–903。

64　Sinclair, Centennial History, 55.

65　Robert A. Brady, The Rationalization Movement in German Industry: A Study in the Evolution of Economic Planning (Berkeley: University of California Press,

1933), 148.
66 Walter Mattli, *The Logic of Regional Integration: Europe and Beyond* (Cambridge: Cambridge University Press, 1999), 121–128, 对走向德国统一支持工业化的程度进行了仔细的评估，结论是德国关税同盟和 1857 年最终采用单一货币在建立更大的市场区域方面发挥了关键作用，实现了工业化。在 1981 年对德国工程师的一项研究中，两名英国学者以阿尔伯特·斯佩尔（Albert Speer）为例，反思了德国工程师对纳粹的责任，他们惊讶地指出，"在德国，建筑师是荣誉工程师"！Stanley Hutton and Peter Lawrence, *German Engineers: An Anatomy of a Profession* (Oxford: Clarendon Press, 1981), 86.
67 Gispen, *New Profession*, 53–54.
68 Gispen, *New Profession,* 118.
69 引自 Gispen, *New Profession*, 117。
70 Gispen, *New Profession*, 119. 吉斯彭引用了柏林一家机床制造商主管的话，称美国工业是一个"光辉榜样"。
71 Brady, *Rationalization Movement*, 149.
72 Wilfred Hessler and Alex Inklaar, *An Introduction to Standards and Standardization* (Berlin: Deutsches Institut für Normung, 1998), 31.
73 Brady, *Rationalization Movement*, 151; Hessler and Inklaar, Introduction to Standards, 32; Robert A. Brady, *Industrial Standardization* (New York: National Industrial Conference Board, 1929), 116.
74 Appleyard, *Electrical Engineers*, 321–23.
75 到 1974 年，它被纳入法律，根据 Michael Neidle, *Electrical Installations and Regulations* (London: Macmillan Press, 1974), 2–3。
76 Schanz and Dittmann, "History of the VDE," 2.
77 Schanz and Dittmann, "History of the VDE," 4. 与更大的 VDI 一样，VDE 也从安全标准开始。
78 McMahon, *Making of a Profession*, 29.
79 McMahon, *Making of a Profession*, 83–84; "The Standardization of Generators, Motors and Transformers (A Topical Discussion)," AIEE *Transactions* 15 (1898): 3–22; 之后的引用出自 3–4 页。
80 "Standardization of Generators," 14 (Crocker quote), 20 (Steinmetz quote).
81 "Standardization of Generators," 5. 有关肯内利的从属关系，参见 McMahon, *Making of a Profession*, 85。
82 McMahon, *Making of a Profession*, 85.
83 "Report of the Committee on Standardization [Accepted by the INSTITUTE, June 26th, 1899.]," *AIEE Transactions* 16 (1899): 255–68.

84 "Report of the Committee on Standardization," 255.

85 "Standardization Rules of the American Institute of Electrical Engineers," *AIEE Transactions* 35, part 2 (1916): 1551–662. 本文首先介绍了 AIEE 标准化规则（1551—1555）的历史，然后介绍了标准本身。

86 Brady, *Industrial Standardization*, 71n3.

87 钢铁参见 Usselman, *Regulating Railroad Innovation;* 及 Thomas J. Misa, *A Nation of Steel* (Baltimore: John Hopkins University Press, 1999)；混凝土参见 Amy E. Slaton, *Reinforced Concrete and the Modernization of American Building, 1900–1930* (Baltimore: Johns Hopkins University Press, 2001)。

88 Stephen P. Timoshenko, *History of Strength of Materials, with a Brief Account of the History of Theory of Elasticity and Theory of Structures* (New York: Dover, [1953] 1983), 279-81. 另一项资料表明，慕尼黑实验室成立得更早，在 1868 年；但这些实验室在 19 世纪 70 年代后期进行升级之前都很简陋。Gispen, *New Profession*, 154–56.

89 这篇关于 IATM 成立的描述引自 Mansfield Merriman, "The Work of the International Association for Testing Materials (IATM)," (chairman's address, 2nd Annual Meeting of the American Section, August 15–16, 1899), in *Proceedings of the ASTM* 1, no. 4 (1899): 17–25; and American Section of the IATM, *History, Laws, Committees and List of Members* (Philadelphia: Office of Secretary of American Section, 1899), 7–8。

90 J. Bauschinger, in his introduction to "Resolutions of the Conventions Held at Munich, Dresden, Berlin and Vienna—for the Purpose of Adopting Uniform Methods for Testing Construction Materials with Regard to Their Mechanical Properties," trans. O. M. Carter and E. A. Gieseler for the US War Department (Washington: Government Printing Office, 1896), 7. 虽然英译本中的日期是 1896 年，但原文一定是在 1893 年写的，即维也纳会议后不久，因为包辛格在同年去世 (Timoshenko, *History of Strength of Materials*, 301)。

91 Merriman, "Work of the IATM," 18.

92 包辛格在 "Resolutions of the Conventions" 序言第 7–8 页中指出，前四次会议都设立了一个常设委员会，但梅里曼在 "Work of the IATM" 第 19 页中说，"1893 年维也纳会议任命了 20 个技术委员，其中许多委员会的报告在 1895 年的苏黎世会议上提交"。

93 Bauschinger, introduction to "Resolutions of the Conventions," 7.

94 Bauschinger, introduction to "Resolutions of the Conventions," 8.

95 "Memorial Notices of Members Deceased During the Year: Johann Bauschinger, Honorary Member," *Transactions of the ASME* 15, no. 605 (1894): 1184–1188, 引

96 "Memorial Notices: Johann Bauschinger, Honorary Member," *Transactions of the ASME*, 1187.

97 参考 Merriman, "Work of the IATM," 18–19。

98 Timoshenko, *History of Strength of Materials*, 281, 283, 301.

99 1897 年会员人数为 1 169，高于 1895 年的 493 人。到 1898 年，人数达到 1 488，其中德国 387 人，俄国 315 人，奥地利 158 人，英国和瑞士各 83 人，美国和瑞典各 68 人，法国 66 人，荷兰 48 人，挪威 42 人，丹麦 39 人，西班牙 36 人，意大利 35 人，还有另外 9 个国家的 60 名成员 (Merriman, "Work of the IATM," 19)。

100 "Minutes, Meeting of the Executive Committee, American Section, IATM," *Proceedings of the ASTM* 1, no. 7 (1900): 76.

101 如梅里曼所总结的那样，"Address of the Chairman to the Third Annual Meeting of the American Section" (speech given on October 25, 1900), *Proceedings of the ASTM* (March 1901): 20。

102 American Section of the IATM, *History, Laws, Committees and List of Members*, 4, 8, 22–23.

103 American Section of the IATM, *History, Laws, Committees and List of Members*, 14.

104 该通信被完整记录在 *Proceedings of the ASTM* 1, no. 19 (September 1900): 154–169。

105 IATM president Tetmajer to American Section chairman Mansfield Merriman, June 17, 1899, 转自 *Proceedings of the ASTM* (September 1900): 154。卡特（Carter）上尉来自美国陆军或海军，这两支部队都有军官参加了苏黎世会议，还有一名来自 ASME 的代表 (Merriman, "Work of the IATM," 19)。

106 关于亨宁在国会中的地位，参见 Sinclair, *Centennial History*, 58。

107 Tetmajer to Merriman on June 17, 1899, in *Proceedings of the ASTM* (September 1900): 154. 1899 年 7 月 3 日梅里曼的回信，见第 155 页。

108 Merriman, "Work of the IATM," 24.

109 *Proceedings of the ASTM* (September 1900): 154–69.

110 *Proceedings of the ASTM* 1, no. 21 (March 1901): 185.

111 梅里曼（"Work of the IATM," 22）指出这个数字是 21；在一封回应梅里曼要求增加美国会员的信中，泰特迈尔称这个数字是 26。Ludwig von Tetmajer to Mansfield Merriman, July 9, 1900, 转自 *Proceedings of the ASTM* (March 1901): 198–199。

112 Tetmajer to Merriman on July 9, 1900, 198–99.

113 Merriman, "Address of the Chairman," 189.

114 Merriman, "Address of the Chairman," 190.

115 General Secretary Ernest Reitler to the Members of IATM, Vienna, March 15, 1915, 转自 "Annual Report of the Executive Committee," *Proceedings of the ASTM* 15 (1915): 77。

116 *Proceedings of the ASTM* 19 (1919): title page. 有关比较，请参阅前几卷。

117 Guilliam H. Clamer, "Standardization" (annual address by the president), *Proceedings of the ASTM* 19 (1919): 91. 在1920年的会议中，ASTM执行委员会将IATM称为"现已解散的国际材料试验协会"，并讨论了豪在英国和法国有关一个可能的新组织的谈话的报告 ["Annual Report of the Executive Committee," *Proceedings of the ASTM* 20 (1920): 91]。

118 *ASTM Year Book* (Philadelphia: ASTM, August 1928), 26.

119 *ASTM Bulletin*, no. 29 (November 28, 1927): 2–5. 章程在第2页。

120 1931年，这个新组织在苏黎世召开了一次会议，但由于会议记录需要大量出版费用，加上经济大萧条导致的订购量下降，这个组织背上了沉重的债务，直到1937年，这个组织摆脱了债务，才再次召开会议。例如，可参见 "International Association for Testing Materials," a short item in *Nature* (December 31, 1932): 1008–1009. 也可参见 H. J. Gough (president of IATM), Statement on behalf of the Permanent Committee, in IATM, *London Congress: April 19–24, 1937* (London: International Association for Testing Materials, 1937), xxviii–xxxii.

121 Usselman, *Regulating Railroad Innovation*, 233–34.

122 Usselman, *Regulating Railroad Innovation*, 236–37.

123 国际理事会于1898年最初任命的成员在执行委员会关于第一委员会成员的报告中确定，该报告载于 "Minutes of the Third Annual Meeting of the American Section, Oct. 25–27, 1900," *Proceedings of the ASTM* 1, no. 21 (1901): 197。其隶属关系可以在美国分会第一委员会较长的成员名单中找到，参见 *Proceedings of the ASTM* 1, no. 18 (1900): 142。其包括3家钢铁公司（潘科伊德钢铁厂、卡内基钢铁公司和宾夕法尼亚钢铁公司）的代表和2名非生产企业的代表（富兰克林学会，代表是学会秘书威廉·沃尔，以及咨询和检查工程师威廉·韦伯斯特）。

124 "Minutes, Meeting of the Executive Committee," 76. 第一委员会的报告指出，有5家生产方公司要求加入该委员会，该请求得到了批准，并通过了进一步的决议，"由于协会的政策是，其技术委员会应平衡生产方和消费方，因此请第一委员会提名5名与制造业没有直接联系的工程师，以平衡上述5家公司"。在1900年10月召开的IATM美国分会会议上，韦伯斯特在其第一委员会的进度报告中对偏向钢铁制造商的批评做了回应 (*Proceedings of the ASTM* 1, no. 20, 177),并继续邀请 ASCE、ASME、AREMWA 和其他协会的成员就他们的建议草案提供更多意见,来帮助回应生产方委员会的指责。乌塞尔曼(Regulating Railroad Innovation, 235–39)认为这个 ASTM 的先驱倾向于钢铁制造商,但他承认,在 1902 年达德利成为新独立的 ASTM 主席之后,这种偏见就消失了。

125 "Minutes of the Executive Committee Meeting, June 25, 1898," *Proceedings of the ASTM* 1, no. 1 (1899): 5. 达德利不能出席会议,所以由另一个人进行开场讨论。

126 Robert W. Hunt, "Charles B. Dudley—a Personal Tribute," ASTM, Memorial Volume Commemorative of Dudley, 79–80.

127 Usselman, Regulating Railroad Innovation, 235–39; Misa, Nation of Steel, 145–55.

128 "Extract from the Engineering News," December 23, 1909,转自 ASTM, Memorial Volume Commemorative of Dudley, 102。

129 "Extract from the Railway and Engineering Review," December 25, 1909, 转载于 ASTM, Memorial Volume Commemorative of Dudley, 103。

130 John Wesley Hanson, *Progress of the 19th Century: A Panoramic Review of the Inventions and Discoveries of the Past Hundred Years* (Toronto: J. L. Nichols, 1900), 331–332,讨论了美国蒸汽船监督检查员的一系列报告。

131 Maurice Yeates, *The North American City*, 5th ed. (New York: Longman, 1998), 99. 他认为,这两项创新使加拿大以及美国北部和西部的现代经济成为可能。

132 1907年制定的有关电气和材料标准清单参见 H. F. Chadwick, "Standardization," *Electrical Journal* 9, no. 4 (April 1912): 15–22。

第二章 1900 年至第一次世界大战:国界内外的民间标准制定组织

1 Robert C. McWilliam, "The First British Standards: Specifications and Tests Published by the Engineering Standards Committee, 1903–18," *Transactions of the Newcomen Society* 75 (2005): 262. 这一段也引用了 McWilliam, "The Evolution of British Standards" (PhD thesis, University of Reading, 2002); McWilliam, BSI: The First Hundred Years, 1901–2001: A Century of Achievement (London: Institute of Civil Engineers, 2001)。

2 McWilliam, *Hundred Years*, 11. 下面的引用来自理事会的会议记录。
3 McWilliam, "The Evolution of British Standards," 67.
4 "John Wolfe Barry, K.C.B, L.L.D, F.R.S., Past-President, 1836–1918," *Minutes of the Proceedings of the Institution of Civil Engineers* 206, part 2 (1918): 350–57; quote is from 355. 在 Peter Specht网站上可以找到慕尼黑地铁站包辛格牌匾的照片 "Johann Bauschinger Plaque at Munich Subway Station Garching-Forschungszentrum (U6)," accessed July 21, 2017, https://www.flickr.com/photos/woodpeckar/3013745288/。
5 Douglas Fox, "Presidential Address," *Minutes of Proceedings* (n.p.: Institution of Civil Engineers, November 7, 1899), 7. 本段和下段对这一发言的引用来自第15—17页。
6 在19世纪80年代后期，当安德鲁·卡内基决定进军结构钢市场时，他以公司产品的强度作为卖点进行竞争。这是经由大量实验确定的最坚固形状的结果所决定的。(内部)标准化的形状通过其优秀的销售手册记录下来，附有详细的注释、图表和其他指导材料，这也使该手册成了"结构钢的虚拟教科书"。因此，它定义了事实上的标准，不仅为卡内基钢铁的买家所用，也为其他钢铁公司的买家所用。Thomas J. Misa, *A Nation of Steel* (Baltimore: John Hopkins University Press, 1999), 70–74, quote on 74.
7 "The Atbara Bridge," *Railway Age 29*, no. 2 (January 12, 1900): 38–39.
8 引自 BSI, *Fifty Years of British Standards*, 1901–1951 (n.p.: British Standards Institution, 1951), 25, 27。请注意，在这种情况下，制造商并不担心标准会削弱价格竞争 [Philip Scranton's argument in *Endless Novelty: Specialty Production and American Industrialization, 1865–1925* (Princeton, NJ: Princeton University Press, 1997), 63–64]，而是担心该国的制造商因缺乏标准而无法满足客户多样化的需求，从而完全失去业务。
9 BSI, *Fifty Years of British Standards*, 27; McWilliam, "The Evolution of British Standards," 67.
10 Minutes of Council, ICE, Book 16 (1901–1903), January 22, 1901, item 25, 引自 McWilliam, "The Evolution of British Standards," 68。
11 Minutes of Council, ICE, 引自 McWilliam, "The Evolution of British Standards," 70。
12 本段基于ICE理事会的会议纪要，引自 McWilliam, "The Evolution of British Standards," 70–74; and McWilliam, Hundred Years, 17–27。
13 W. Noble Twelvetrees, "The Engineering Standards Committee and Its Work," *Public Works* 2 (November 15, 1903): 88.
14 McWilliam, *Hundred Years*, 22; McWilliam, "The Evolution of British Standards," 73–74.

15　BSI, *Fifty Years of British Standards*, 28.
16　创始机构并不包含化学工程师组织，因为化学工程师学会直到 1922 年才成立；在 ESC 成立之初，只有化学工业协会存在，但它并不是一个真正的专业协会。（"Our Origins", IChemE, accessed June 27 2017, http://www.icheme.org/about_us/origins_of_icheme.aspx）.
17　McWilliam, "The Evolution of British Standards," 83.
18　McWilliam, "The First British Standards," 267.
19　BSI, *Fifty Years of British Standards*, 28–29.
20　McWilliam, "The Evolution of British Standards," 75.
21　McWilliam, *Hundred Years*, 22.
22　McWilliam, "The First British Standards," 269–79. 在 ESC 独立于 ICE 之前发布的八十一项标准中，有三项是信息性的标准。
23　McWilliam, "The First British Standards," 266–267. 数字 14 反映了麦克威廉在这篇文章中列出的另一个部门委员会，但在他的其他出版物中没有：Railway Rolling Stock Underframes, formed in 1901 (table 1, 267)。表格显示，该委员会没有独立发布标准，只是与其他部门委员会协调合作，看起来更像是现有委员会的一个小组委员会，而不是自己的部门委员会。
24　McWilliam, "The First British Standards," 267.
25　Twelvetrees, "Standards Committee," 96.
26　BSI, *Fifty Years of British Standards*, 31.
27　引自 McWilliam, *Hundred Years*, 33。
28　McWilliam, "The Evolution of British Standards," 85–86.
29　H. F. Chadwick, "Standardization," *Electric Journal* 9, no. 4 (April 1913): 320.
30　这八项原则出自 McWilliam, *Hundred Years*, 26。完整表格参见 Sir John Wolfe Barry, "The Standardization of Engineering Materials and Its Influence on the Prosperity of the Country" ("James Forrest" Lecture, n.p., 1917), 10，存于土木工程研究所档案，ICE BSI 3.1-33 (1)。
31　Alexander Blackie William Kennedy, "Physical Experiment in Relation to Engineering," "The 'James Forrest' Lecture," May 7, 1896, *Minutes of the Proceedings of the Institution of Civil Engineers 126* (1896): 321.
32　Anonymous, "The Engineering Standards Committee," Builder 85 (July 11, 1903): 31.
33　McWilliam, "The Evolution of British Standards," 52.
34　本章着重关注它的最初发展，要了解它的制度结构和程序是如何发展到今天的，请参阅 Tim Büthe, "Engineering Uncontestedness? The Origins and Institutional Development of the International Electrotechnical Commission

(IEC)," *Business and Politics* 12, no. 3 (2010): 1–62。

35 "Elihu Thomson," Engineering and Technology History Wiki, accessed June 27, 2017, http://www.ieeeghn.org/wiki/index.php/Elihu_Thomson; Jeanne Erdmann, "The Appointment of a Representative Commission," IEC History, accessed June 27, 2017, http://www.iec.ch/about/history/beginning/commission.htm. 关于他在通用电气的职业生涯，参见 W. Bernard Carlson, *Innovation as a Social Process: Elihu Thomson and the Rise of General Electric, 1870–1900* (Cambridge: Cambridge University Press, 1991)。

36 引自 L. Ruppert, *History of the International Electrotechnical Commission* (Geneva: Bureau Central de la Commission Electrotechnique Internationale, [1954]), accessed June 27, 2017, http://www.iec.ch/about/history/documents/pdf/IEC%20History%201906-1956.pdf。

37 Mark Frary, "Colonel Crompton: The King of Electricity," IEC History, accessed June 27, 2017, http://www.iec.ch/about/history/beginning/colonel_crompton.htm; Alexander Russell, "Rookes Evelyn Bell Crompton: 1845–1940," *Obituary Notices of Fellows of the Royal Society* 3, no. 9 (January 1941): 401.

38 Russell, "Rookes Evelyn Bell Crompton," 395–97; 这篇讣告包括获得克里米亚战争奖章和塞瓦斯托波尔勋扣的声明，克朗普顿的自传也是如此。R. E. B. Crompton, Reminiscences (London: Constable & Co. Ltd, 1928), 15. 相比之下，Frary, "Colonel Crompton."克朗普顿从布尔战争归来后，被迫离开了公司的领导层，公司面临财务危机；他在1912年断绝了与公司的一切联系 (Crompton, *Reminiscences*, 206–208)。

39 Crompton, *Reminiscences*, 195–200.

40 Crompton, *Reminiscences*, 141–42. 麦克威廉在讨论这个标准时没有提到克朗普顿，并且将实验室的成就归功于国家物理实验室，而不是克朗普顿在他自己实验室的工作。(McWilliam, "The Evolution of British Standards," 121).

41 IEC, *Report of Preliminary Meeting Held at the Hotel Cecil, London, on Tuesday and Wednesday, June 26th and 27th 1906* (London: IEC, 1906), 44, 可以在IEC历史网站上找到, accessed September 2, 2018, http://www.iec.ch/about/history/documents/pdf/IEC_Founding_Meeting_Report_1906.pdf。

42 Mark Frary, "In the Beginning: The Founding of the IEC," IEC History, accessed June 27, 2017, http://www.iec.ch/about/history/beginning/founding_iec.htm.

43 Ruppert, "History of the International Electrotechnical Commission," 1–2; IEC, *Report of Preliminary Meeting*, 48.

44 Crompton, *Reminiscences*, 205; Ruppert, "History of the International Electrotechnical Commission," 2.

45 André Lange, "Charles le Maistre: His Work, the IEC," in *The 1st Charles le Maistre Memorial Lecture* (Geneva: International Electrotechnical Commission, 1955), 8.
46 IEC, *Report of Preliminary Meeting*, 3–5.
47 IEC, *Report of Preliminary Meeting*, 14.
48 IEC, *Report of Preliminary Meeting*, 9–10.
49 IEC, *Report of Preliminary Meeting*, 10；下一个引用的是第 14 页。
50 Douglas Howland, "Telegraph Technology and Administrative Internationalism in the Nineteenth Century," in *The Global Politics of Science and Technology: Concepts from International Relations and Other Disciplines*, ed. Maximilian Mayer, Mariana Carpes, and Ruth Knoblich (Heidelberg: Springer, 2014), 186–89.
51 IEC, *Report of Preliminary Meeting*, 14.
52 IEC, *Report of Preliminary Meeting*, 34.
53 IEC, *Transactions of the Council Held in October 1908* (London: IEC, 1909), 44–48, IEC Records, Geneva. 法国代表团希望保留全体一致通过的要求，以此来保护法国的小公司，但克朗普顿指出，英国"在过去六年中处理电气标准委员会的经验已经表明，即使是在没有争议的问题上，也不可能取得一致通过，因此，似乎绝大多数人维护相关普遍利益是确保成功的唯一合理方法"。最终，克朗普顿的观点胜出。
54 IEC, *Report of Preliminary Meeting*, 10.
55 Kees Gispen, New Profession, *Old Order: Engineers and German Society, 1815–1914* (Cambridge: Cambridge University Press, 1989), 322.
56 IEC, *Report of Preliminary Meeting*, 10.
57 IEC, *Report of Preliminary Meeting*, 20.
58 "Ichisuke Fujioka: A Wizard with Electricity," Toshiba Science Museum, accessed August 27, 2018, http://toshiba-mirai-kagakukan.jp/en/learn/history/toshiba_history/spirit/ichisuke_fujioka/index.htm.
59 IEC, *Report of Preliminary Meeting*, 30.
60 IEC, *Report of Preliminary Meeting*, 52.
61 IEC, *Report of Preliminary Meeting*, 48.
62 Ruppert, "History of the International Electrotechnical Commission," 2.
63 引自 Ruppert, "History of the International Electrotechnical Commission," 2。
64 IEC, *Publication 7: Second Annual Report to 31st December 1910* (London: IEC, March 1911), 12, IEC Records.
65 IEC, *Publication 3: List of Members* (London: IEC, March 1910), IEC Records.
66 IEC, *Publication* 7, 12.

67　IEC, *Publication 7*, 2–3.

68　American Philosophical Society, Philadelphia, Elihu Thomson Papers / Ms. Coll.74/Series/Le Maistre, C/International Electrotechnical Commission/1908–1916, courtesy of the American Philosophical Society.

69　Le Maistre to Stratton, Washington, May 3, 1909；下一句引用的是1909年5月11日勒·迈斯特写给汤姆森的信，参见Elihu Thomson Papers。

70　这三段分别来自这三封信：1910年1月10日勒·迈斯特写给汤姆森的信，1910年1月17日勒·迈斯特写给汤姆森的信，1910年2月3日勒·迈斯特写给汤姆森的信；参见Elihu Thomson Papers。

71　1910年1月10日勒·迈斯特写给汤姆森的信，第1页，参见Elihu Thomson Papers。

72　1911年2月24日勒·迈斯特写给汤姆森的信，参见Elihu Thomson Papers。

73　2010年10月26日勒·迈斯特写给汤姆森的信；接下来的内容引自1911年2月24日勒·迈斯特写给汤姆森的信, 见Elihu Thomson Papers。

74　IEC, *Publication 24: Fourth Annual Report* (London: IEC, August 1913), 24, IEC Records.

75　Clifford B. Le Page, "Twenty-Five Years—the American Standards Association (Origins)," Industrial Standardization 14, no. 12 (1943): 317–22. 参见Comfort A. Adams, "National Standards Movement—Its Evolution and Future," *National Standards in a Modern Economy*, ed. Dickson Reck (New York: Harper & Brothers, 1956), 23–24; Andrew L. Russell, *Open Standards and the Digital Age: History, Ideology, and Networks* (Cambridge: Cambridge University Press, 2014), 62–63。

76　Russell, *Open Standards*, 63.

77　Adams, "National Standards Movement," 23–24.

78　"Standardization Rules of the American Institute of Electrical Engineers," *AIEE Transactions* 35, part 2 (1916): 1555. 勒·迈斯特到访纽约是为了帮助修订美国电气工程师学会（AIEE）的规则。亦可参见Russell, *Open Standards*, 50–51。罗伯逊的死，请参见McWilliam, *Hundred Years*, 79; Grace's Guide to British Industrial History, accessed January 15, 2018, https://www.gracesguide.co.uk/Leslie_Stephen_Robertson。

79　与英国的工程标准委员会一样，美国工程标准委员会（AESC）也缺乏一个由化学工程师组成的专业协会。美国化学工程师学会（AIChE）成立于1908年（"Governance," AIChE, accessed June 27, 2017, https://www.aiche.org/about/governance），它本可以纳入AESC，但没有，可能是因为AESC的创始人在模仿工程标准委员会，或因为其认为AIChE还不够成熟，不能加入其他更老的学会，或者其他原因。尽管如此，美国材料试验协会（ASTM）包括了许多化学工程师和其他类型的工程师，从而代表了该领域。

80 美国工程标准委员会（AESC）的会议记录，1918年5月4日，记录于美国国家标准学会总部（后来被称为纽约市ANSI记录）。下面几处引用均出自第一次会议的会议记录，除非另有说明。

81 Minutes of AESC Meeting, October 19, 1918, ANSI Records; Adams, "National Standards Movement," 25; Russell, *Open Standards*, 65–66.

82 Adams, "National Standards Movement," 21–30; P. G. Agnew, "International Standardization: The Four Stages of Industrial Standardization—National and International Bodies—Examples of Accomplishment—Information the Basis of Co-operation," *American Machinist 57*, no. 17 (October 26, 1922): 633–638, 引自第634页。

83 Agnew, "International Standardization," 634–635.

84 Adams, "National Standards Movement," 25.

85 美国工程标准委员会（AESC）的会议记录，1919年1月17日，记录于美国国家标准学会总部（后来被称为纽约市ANSI记录）。

86 从1917年到1926年，它正式成为德国工业协会（NADI）。从1926年到1975年，它的官方名称是Deutscher Normenausschuss，还有一个现在令人困惑的缩写DNA。"History of DIN," DIN, accessed September 1, 2018, https://www.din.de/en/din-and-our-partners/din-e-v/history. 自组织成立以来，DIN在许多场合被非正式地用来指该组织。德国标准被称为"德意志工业−诺曼"（*Deutsche Industrie-Normen*），在两条粗体线之间有一个独特的商标字母DIN，见图3.3。

87 Robert A. Brady, *The Rationalization Movement in German Industry: A Study in the Evolution of Economic Planning* (Berkeley: University of California Press, 1933), 151; Wilfred Hessler and Alex Inklaar, *An Introduction to Standards* (Berlin: Droz, 1998), 32; Brady, *Industrial Standardization* (New York: National Industrial Conference Board, 1929), 116; 参见 Waldemar Hellmich and Ernst Huhn, *Was will Taylor? Die arbeitssparende Betriebsführung und kritische Bemerkungen über das "Taylorsystem"* (Berlin: VDI, 1919)。

88 Brady, *Industrial Standardization*, 116.

89 Brady, *Industrial Standardization*, 25–26.

90 Brady, *Industrial Standardization*, 26–27.

91 Siglinde Kaiser, "Standardization Strategy" (paper presented at the Fourth International Workshop on Conformity Assessment, Rio de Janerio, December 12, 2008), accessed July 10, 2017, http://docslide.us/documents/din-deutsches-

institut-fuer-normung-e-v-2008-din-e-v-standardization.html, slide 11.凯泽（Kaiser）的演讲基于德国标准化研究所（DIN）的档案管理员彼得·安东尼（Peter Anthony）的研究；引文由凯泽和安东尼提供，来自 DIN 档案中赫尔米奇在该组织 10 周年纪念日上的演讲，2016 年 10 月 6 日 S.凯泽发给 C.墨菲的邮件。

92 Brady, *The Rationalization Movement*, 26.

第三章　第一次世界大战至大萧条时期：一个共同体和一场运动

1   Willy Kuert, "The Founding of ISO," in *Friendship Among Equals: Recollections from ISO's First Fifty Years*, ed. Jack Latimer (Geneva: ISO, 1997), 16; Clayton H. Sharp, "Discussion on Standardization," *AIEE Transactions* 35, no. 1 (1916): 491.

2   Kuert, "The Founding of ISO," 17.

3   安德鲁·L.拉塞尔对保罗·高夫·阿格纽也有类似的看法，但阿格纽的国际影响力远不如勒·迈斯特。参见 Andrew L. Russell, *Open Standards and the Digital Age: History, Ideology, and Networks* (Cambridge: Cambridge University Press, 2014), 68。

4   这一评估基于 1927 年查尔斯·勒·迈斯特为获得皇家特许而起草的对英国工程标准协会（BESA）历史的"非技术性"描述："超过 2 000 名工程师和商人为这项全国性的工作付出了时间和经验，没有任何费用或报酬。" Enclosure in a letter from le Maistre to Weir, November 4, 1927, Papers of Viscount Weir, University Archives, Glasgow University, collection 96, box 15, page 1. 在 20 世纪 20 年代，还有两个国家标准机构通常被描述为与 BESA 规模相当——德国和美国机构（比如，Robert A. Brady, Industrial Standardization [New York: National Industrial Conference Board, 1929], 103–121）。我们假设，1927 年，国际电工委员会（IEC）和其余 16 个国家标准机构的技术委员会参与人数与三大标准机构的成员人数一样，那我们估计会有 12 000 人。但是，没有任何证据表明，在两次世界大战之间的这段时间有女性参与标准制定活动。

5   Marie-Laure Djelic and Sigrid Quack, "Transnational Communities and Governance," in *Transnational Communities: Shaping Global Economic Governance* (Cambridge: Cambridge University Press, 2010), 28; and Marie-Laure Djelic and Sigrid Quack, "The Power of 'Limited Liability' — Transnational Communities and Cross-Border Governance," in *Research in the Sociology of Organizations*, vol. 33, *Communities and Organizations*, ed.

Christopher Marquis, Michael Lounsbury, and Royston Greenwood (Bingley, UK: Emerald Group, 2011), 73–85.

6   Djelic and Quack, "Transnational Communities," 13.

7   Charles le Maistre, "Standardisation and Its Assistance to the Engineering Industries," *Electrician* 78 (October 13, 1916): 38–40. Reprinted in *Engineering, the Engineer, the Mechanical Engineer, the Horseless Age: Automobile Engineering Digest, Science and Industry,* and the Victorian Institute of Refrigeration *Annual Proceedings.*

8   P. G. Agnew, "International Standardization," *American Machinist* 37, no. 17 (October 26, 1922): 634.

9   Djelic and Quack, "Transnational Communities," 18.

10 关于实践共同体的概念，请参见 Jean Lave and Etienne Wenger, *Situated Learning: Legitimate Peripheral Participation* (Cambridge: Cambridge University Press, 1991)。Djelic and Quack（"Transnational Communities," 21）将这个术语应用于标准制定者。

11 早在 1923 年，德国人就采用了一个英文翻译为"标准化工程师"的专业名称，但是他们把这个名字用在了公司按照泰勒的方法进行时间和运动研究的咨询工程师身上，而不是那些在技术委员会工作的人身上 (Brady, *Industrial Standardization*, 75)。第二次世界大战后，一群主要由美国工程师组成的标准工程协会（SES）为公司雇用的男性和女性提供专业发展空间，参加技术委员会并评估是否符合自愿标准（"About SES," SES, accessed June 29, 2017, http://www.ses-standards.org/?page = A2)。

12 A. A. Stevenson, "The American Engineering Standards Committee and National Standardization," *Proceedings of the Second National Standardization Conference Held in Connection with the Twenty-Fourth Annual Conference of the American Mining Congress,* Chicago, October 17–22, 1921, 121.

13 Stevenson, "American Engineering Standards Committee," 127–28, 271. DIN 是"第一个以活页形式发布标准的组织……其理念是，标准页面应像工作图纸一样，直接分发给设计师、制图员和工头"。(Norman F. Harriman, *Standards and Standardization* [New York: McGraw-Hill, 1928], 174–75).

14 在这个案例中，勒·迈斯特关于最佳实践的直觉被证明是错误的。1926 年，为了省钱，他建议独立选举委员会放弃这种自 1913 年第一个标准出版以来一直遵循的做法，只出版年鉴。但这个想法几乎在提出的那一刻就被抛弃了。关于不出版年鉴的决定，请参见 IEC Committee of Action, *RM 34: Proces Verbaux de Reunions* (New York: IEC, April 21, 1926); and IEC, RM 49 (London: IEC, September 23, 1929)。

15 Brady, *Industrial Standardization*, 122–23. 布雷迪没有提供成立日期的机构信息，可以通过 "ISO: A Global Network of National Standards Bodies," ISO, accessed June 29, 2017, https://www.iso.org/members.html 中特定国家的链接获得。Lino Camprubi, *Engineers and the Making of the Francoist Regime* (Cambridge, MA: MIT Press, 2014), 147, 表明西班牙规范化协会成立于1924年，引用1935年DIN标准的西班牙语版；我们采用了这个日期。

16 Brady, *Industrial Standardization*, 122.

17 Alain Durand, *AFNOR: 80 Années d'Histoire* (Paris: AFNOR Éditions, 2008), 30.

18 同美国在1901年所做的一样，大多数工业化国家的政府在世纪之交建立了这样的计量机构，这一点我们在前言中讨论过。在第二章中讨论过的英国国家物理实验室，它的建立也是为了履行许多与美国和法国政府机构相同的职能。

19 Durand, *AFNOR*, 30.

20 "Obituary Notices: Charles Delacour le Maistre," *Journal of the Institution of Electrical Engineers* 1953, no. 9 (September 1953): 308.

21 Standards New Zealand, *Standards Council Annual Report for the Twelve Months Ended 30 June 2012* (Wellington: Standards New Zealand), 2.

22 Le Maistre to Weir, February 23, 1932, Papers of Viscount Weir, University Archives, Glasgow University, collection 96, box 15.

23 Standards New Zealand, *Annual Report*, 2, 将1932年7月7日作为成立的日期，并断言勒·迈斯特的关键访问开始于同月月初。勒·迈斯特在2月23日写给韦尔（Weir）的信中指出，访问开始得更早，这表明勒·迈斯特并不像官方叙述的那样是一位奇迹创造者。

24 "Russian Affairs," *Electrical Review* 92, no. 2373 (May 18, 1923): 761–762, 证实了勒·迈斯特的一次访问，including his accompaniment of "Senator Wheeler of Montana U.S.A." (762). Burton K. Wheeler's memoir, *Yankee from the West: The Candid, Turbulent Life of the Yankee-Born U.S. Senator from Montana* (Garden City, NY: Doubleday, 1962), 199–203, 描述了他的旅行，却没有提到勒·迈斯特。The IEC Records, Box CA-1 20.11.1924-15.11.1926, 载有迈斯特与苏联同事关于参加国际会议的信件；一开始是在1925年讨论美国是否愿意给苏联代表团签证，因为下一次重要会议将在1926年4月举行。国际电工委员会（IEC）记录封面的照片，*Publication 40: Report of the General Conference held in Bellagio, September 1927* (London: IEC, [ca. 1927]), IEC Records, 包括一个来自苏联的代表团。这可能是苏联工程师第一次参加国际标准化会议。

25 BESA, *Unofficial Conference of the Secretaries of the National Standardising*

Bodies Convened under the Instructions of the Main Committee of the British Engineering Standards Association /Report of Meetings of Secretaries at the Offices of the Association (London: BESA, September 1921), marked "Private and Confidential," archives of the Institute for Civil Engineering, ICE BSI 3.1-33 (1), 5. 法国、意大利和瑞典未能参加。捷克斯洛伐克正在建立这样一个组织。德国没有出现在会议记录中，但是美国工程标准委员会（AESC）的秘书阿格纽在其他地方广泛地报告了他在会议上了解到的关于德国标准制定的情况（P. G. Agnew, "Industrial Standardization in Europe," *Proceedings of the Second National Standardization Conference Held in Connection with the Twenty-Fourth Annual Conference of the American Mining Congress*, Chicago, October 17–22, 1921, 124–127)。

26 "Second Unofficial Conference of the Secretaries of the National Standardizing Bodies at Baden and Zürich Switzerland July 3rd–6th 1923," Papers of Viscount Weir, University Archives, Glasgow University, collection 96, box 15; Minute #1446 of AESC Executive Committee Meeting, November 12, 1925, ANSI Records.

27 这一过程可能被德杰利克（Djelic）和奎克（Quack）（"The Power of 'Limited Liability,'" 89–92）视为典型的"自下而上"的跨国共同体发展过程：具有共同目标的人之间相对非正式的"横向互动"导致"相互学习"，之后是周期性的"仪式化集会"，在这些集会上，原本分散的群体的不可避免的冲突得到解决，一些"基础广泛的"国际集合体被创造出来。但这一过程与勒·迈斯特在表面上不进行领导的情况下运用微妙且具有战略性的领导作用是一致的。

28 未注明日期的打印稿说明 1926 年 4 月勒·迈斯特到达美国的背景，IEC Records, Box CA-1 20.11.1924-15.11.1926。

29 Le Maistre to Clayton Sharp in New York, February 23, 1926, IEC Records, Box CA-120.11.1924-15.11.1926.

30 Mansfield Merriman, "The Work of the International Association for Testing Materials (IATM)" (chairman's address, 2nd Annual Meeting of the American Section, August 15–16, 1899), in *Proceedings of the ASTM* 1, no. 4 (1899): 24.

31 这张图是通过谷歌图书扫描出的英语书籍中"标准化运动"（不区分大小写）得出的词频统计情况。虽然书籍的选择不是随机的，但没有理由认为它在任何方面会受到影响，以至于会影响这个词语的相对频率。

32 Comfort A. Adams, "National Standards Movement—Its Evolution and Future," *National Standards in a Modern Economy*, ed. Dickson Reck (New York: Harper & Brothers, 1956), 23–24.

33 引自 "The Engineer as a Citizen," Items of Interest, *Proceedings of the American Society of Civil Engineers 45*, no. 4 (April 1919): 420。

34 引自 "The Engineer as a Citizen"。坦克是第一次世界大战中出现的一种新武器，在战争期间和战争结束后，经常出现在隐喻性的漫画和海报中，比如，1920 年 3 月 3 日出版的《笨拙》(*Punch*) 杂志上就有一幅画，温斯顿·丘吉尔碾过了一位议会对手，https://farm8.static.flickr.com/7372/12629410303_bb8cd82eca_b.jpg。

35 Summary of Adams's speech in "Duties of an Engineer in Government Affairs," *Electrical World* 78, no. 13 (March 29, 1919): 648.

36 Winton Higgins, *Engine of Change: Standards Australia Since 1922* (Blackheath, AU: Brandl & Schlesinger, 2005): 39–40.

37 关于反奴隶制、妇女权利和不缠足运动，请参见 Margaret E. Keck and Kathryn Sikkink, *Activists beyond Borders: Advocacy Networks in International Politics* (Ithaca, NY: Cornell University Press, 1998), 39–78。关于红十字会和其他早期的人道主义运动，请参见 Michael A. Barnett, *Empire of Humanity: A History of Humanitarianism* (Ithaca, NY: Cornell University Press, 2011), 49–95。

38 Cecelia Lynch, *Beyond Appeasement: Interpreting Interwar Peace Movements in World Politics* (Ithaca, NY: Cornell University Press, 1999), 2, 50–57; Craig N. Murphy, *International Organization and Industrial Change: Global Governance since 1850* (New York: Oxford University Press, 1994), 151, 167, 28; Iwao Frederick Ayusawa, "International Labor Legislation," *Columbia University Studies in History, Economics, and Public Law* 91, no. 2 (1920): 15–58, 255. Daniel T. Rodgers, *Atlantic Crossings: Social Politics in the Progressive Age* (Cambridge, MA: Harvard University Press, 1998)，强调了从 19 世纪 90 年代到第二次世界大战期间北大西洋两岸进步主义政治的共同世界。工程运动在一方面比它所关注的运动世界更大，而在另一方面也更小——更大是因为工程专业还要团结拉丁美洲、日本和所有欧洲殖民地的人民，而更小是因为它仅限于特定的专业精英及其盟友。例如，它的成员可能认为自己是为了劳动人民，但他们绝对不属于劳动人民。

39 Frank Trentmann, *Free Trade Nation: Commerce, Consumption, and Civil Society in Modern Britain* (Oxford: Oxford University Press, 2008).

40 Charles le Maistre, "Standardization: Its Fundamental Importance to the Prosperity of Our Trade" (Paper read before the North East Coast Institution of Engineers and Shipbuilders on March 24, 1922)，根据理事会的命令重印，p. 1, Papers of Viscount Weir, University Archives, Glasgow University, box 15, collection 96。

41　Minute #1356 of AESC Executive Committee Meeting, June 19, 1922, ANSI Records.
42　Minutes of the AESC meeting, August 15, 1919, ANSI Records.
43　"Russian Affairs," 71.
44　Minutes of the AESC, August 15, 1919.
45　IEC, *Publication 30: Report of the Berlin Meeting Held September 1913* (London: IEC, June 1914), 54–59, IEC Records.
46　André Lange, "Charles le Maistre: His Work, the IEC," in *The 1st Charles le Maistre Memorial Lecture* (Geneva: International Electrotechnical Commission, 1955), 3.
47　Conrad Noel, *The Labour Party: What It Is and What It Wants* (London: T. Fisher Unwin, 1906), 176; "Cobden Club," *Liberal Yearbook, Second Year* (London: Liberal Publication Department, 1906), 14; 参见 H. G. Wells, *A Reasonable Man's Peace* (London: International Free Trade League, 1917) 封面上的地址。
48　Jacques Bardoux, *L'Angleterre radical: Essai de psychologie sociale 1906–1913* (Paris: Librairie Félix Alcan, 1913), 27–28.
49　"Police Raids (Enemy Propaganda)," Parl. Deb. H.C., November 26, 1917, vol. 99, cols. 1628–30, accessed June 29, 2017, http://hansard.millbanksystems.com/commons/1917/nov/26/police-raids-enemy-propaganda.
50　Thorstein Veblen, *The Theory of Business Enterprise* (New York: Charles Scribner's Sons, 1904), 23.
51　Veblen, *The Theory of Business Enterprise*, 36.
52　Thorstein Veblen, *The Engineers and the Price System* (New York: B. W. Huebsch, 1921).
53　IEC, *Publication 33: Fourth Plenary Meeting* (London: IEC, October 1919), 8–10, IEC Records.
54　IEC, *Publication 33*, 46–50.
55　Douglas F. Dowd, "Against Decadence: The Work of Robert A. Brady (1901–63)," *Journal of Economic Issues* 28, no. 4 (December 1994): 1031–61.
56　Brady, *Industrial Standardization*, 14–15.
57　Robert A. Brady, *The Rationalization Movement in German Industry: A Study in the Evolution of Economic Planning* (Berkeley: University of California Press, 1933), 4, 引用 Thorstein Veblen, *Imperial Germany and the Industrial Revolution* (New York: Macmillan, 1915)。
58　Brady, *Rationalization Movement*, 12.
59　Brady, *Rationalization Movement*, 12–13.

60 Jeffrey Allan Johnson, "Chemical Engineering and Rationalization in Germany 1919–33," in *Neighbors and Territories: The Evolving Identity of Chemistry, Proceedings of the 6th International Conference on the History of Chemistry*, ed. José Ramón Bertomeu-Sánchez, Duncan Thorburn Burns, and Brigitte Van Tiggelen (Leuven: Mémosciences, 2008), 481.

61 Thomas Wölker, *Entstehung und Entwicklung des Deutschen Normenausschusses 1917 bis 1925* (Berlin: Beuth Verlag, 1992), 244–59. "Ein Wahl Grenzacher: Waldemar Hellmich Erfinder der DIN Norm," *Musée Sentimental de Grenzach-Whylen* (2011), accessed June 30, 2017, http://www.zeitzeugengw.de/ZeitungenMusent/zeitungHellmich.pdf.

62 Waldemar Hellmich, "Zehn Jahre deutsche Normung," *Zeitschrift des Vereines deutscher Ingenieure* 71 (1927): 1526, translated and quoted in Frank Dittmann, "Aspects of the Early History of Cybernetics in Germany," *Transactions of the Newcomen Society* 71, no. 1 (1999): 50.

63 Waldemar Hellmich and Ernst Huhn, *Was will Taylor? Die arbeitssparende Betriebsführung und kritische Bemerkungen über das "Taylorsystem"* (Berlin: VDI, 1919).

64 参见 "Systematic Bibliography of Works and Articles Recently Published in German on Scientific Management," in Paul Deviant, *Scientific Management in Europe*, International Labour Office Studies and Reports, Series B: Economic Conditions, no. 17 (Geneva: ILO, 1927), 172–210。

65 参见 John D. McCarthy and Mayer N. Zald, "Resource Mobilization and Social Movements: A Partial Theory," *American Journal of Sociology* 82, no. 6 (May 1977): 1212–1241; JoAnne Yates and Craig N. Murphy, "Charles le Maistre: Entrepreneur in International Standardization," Entreprise et Histoires 51 (2008): 10–27; Hans Gerhard De Greer, *Rationaliseringsrörelsen i Sverige: Effektivitetsidéer och socialt ansvar under mellankrigstiden* (Stockholm: Studieförb, 1978); Russell, Open Standards; Ellis W. Hawley, "Herbert Hoover, the Commerce Secretariat, and the Vision of an 'Associative State,' 1921–1928," *Journal of American History* 61, no. 1 (June, 1974): 116–140; Lee Vinsel, "Virtue via Association: The National Bureau of Standards, Automobiles, and Political Economy" (paper presented at the Business History Conference Annual Meeting, Frankfurt, March 15, 2014); 以及 Consumer Union, "A Fifteenth Anniversary Report from Consumers Union: Consumer Problems in a Period Of International Tension," *Proceedings of Conference in Cooperation with Vassar Institute for Family and Community Living*, July 27–29, 1951。

66　Sidney Tarrow, "States and Opportunities: The Political Structuring of Social Movements," in *Comparative Perspectives on Social Movement: Political Opportunities, Mobilizing Structures and Cultural Framings*, ed. Doug McAdam, John D. McCarthy, and Mayer N. Zald (Cambridge: Cambridge University Press, 1996) 是分析政治机会结构和社会运动的一个重要里程碑。

67　Trentmann, Free Trade Nation, 259; George H. Nash, *The Life of Herbert Hoover: The Humanitarian, 1914–1917* (New York: W. W. Norton, 1988).

68　Trentmann, *Free Trade Nation*, 260.

69　Murphy, *International Organization*, 160–61.

70　Ellis Hawley, "Three Facets of Hooverian Associationalism: Lumber, Aviation, and Movies, 1921–1930," in *Regulation in Perspective: Historical Essays*, ed. Thomas K. McCraw and Morton Keller (Boston: Harvard University Graduate School of Business Administration, 1981), 99, 104.

71　参见 Brady, *Rationalization Movement*; Mauro F. Guillén, *Models of Management: Work, Authority, and Organization in a Comparative Perspective* (Chicago: University of Chicago Press, 1994); De Greer, *Rationaliseringsrörelsen i Sverige*。

72　术语的流行源于企业战略领域的管理学派。Klaus Schwab and Hein Kroos, *Moderne Unternehmensführung im Maschinenbau* (Frankfurt: Maschinenbau-Verlag, 1971); 以及 R. Edward Freeman, *Strategic Management: A Stakeholder Approach* (Boston: Pitman, 1984) 都是早期重要的作品。正如我们所看到的，早期的德国标准制定者确实使用了 Interessensgruppen 一词，这个术语最初是由施瓦布和克罗斯使用的（参见第九章）。现在这个术语通常被翻译为"利益相关者"（又译"利益相关方"）。

73　Charles le Maistre, "Summary of the Work of the British Engineering Standards Association," *Annals of the American Academy of Political and Social Science* 82 (March 1919): 247–248.

74　BESA, *Unofficial Conference*, 19.

75　Stevenson, "American Engineering Standards Committee," 120–21.

76　Kaare Heidelberg, "Die ISA(International Federation of Standardizing Associations) 1926–1939," *DIN-Mitteilungen: Zentralorgan der Deutschen Normung* 56, no. 3 (1977): 135; 以 及 Thomas Wölker, "Der Wettlauf um die Verbreitung nationaler Normen in Ausland nach dem Ersten Weltkrieg und die Gründung der ISAaus der Sicht deutscher Quellen," *Vierteljahrschrift für Sozial- und Wirtschaftsgeschichte* 80, no. 4 (1993): 495。

77　Le Maistre to Guido Semenza, March 24, 1924, IEC Records, Box CA-1 20.11.1924-15.11.1926.

78. IEC Committee of Action, *RM 7: Proces Verbaux de Reunions* (IEC, April 28, 1924), IEC Records.
79. IEC Committee of Action, *RM 8: Proces Verbaux de Reunions* (IEC, July 17, 1924), IEC Records.
80. Le Maistre to Karl Strecker, January 1, 1925, IEC Records, Box CA-1 20.11.1924-15.11.1926.
81. M. Kloss to Charles le Maistre, March 8, 1925, document marked "Translation of letter from Dr. Kloss," IEC Records, Box CA-1 20.11.1924-15.11.1926.
82. Nalle Sturén, interview by Maria Nassén, January 13, 2008.
83. Le Maistre, "Summary of the Work," 252.
84. Ian Stewart, *Standardization Association of Australia Monthly Information Sheet*, April 1977, 4, 引自 Higgins, *Engine of Change*, 144；斯图尔特的背景参见第126页。
85. 希金斯（*Engine of Change*, 141）提到斯图尔特关于"在代表各种利益的平等者之间不受限制的讨论中得出决策的合法性和优越性"的论点经常与尤尔根·哈贝马斯（Jürgen Habermas）联系在一起。
86. Ivar Herlitz, "The IEC, Yesterday, Today, and Tomorrow," in *Eighth Charles le Maistre Memorial Lecture* (Geneva: Central Office of the IEC, 1962), 17.
87. Jürgen Habermas, *The Inclusion of the Other: Studies in Political Theory* (Cambridge, MA: MIT Press, 1998); Jane Mansbridge et al., "The Place of Self-Interest and the Role of Power in Deliberative Democracy," *Journal of Political Philosophy* 18, no. 1 (2010): 64–100.
88. Jürg Steiner, *The Foundations of Deliberative Democracy: Empirical Research and Normative Implications* (Cambridge: Cambridge University Press, 2012), 268–71.
89. 社会学家吉尔·基尔科尔特（Jill Kielcolt）将这些事情描述为典型的社会运动，在该运动中，其成员对该事业产生了强烈而持久的认同。K. Jill Kiecolt, "Self-Change in Social Movements," in *Self, Identity, and Social Movements*, ed. Sheldon Stryker et al. (Minneapolis: University of Minnesota Press, 2000): 125–26.
90. 博弈论和协商决策的学生都认为，在处于难以解决的"合作"问题变成更容易解决的"协调"问题的情形中，如果引导得当，对个人利益的不确定性会让人变得"友善"。Randall L. Calvert, "Leadership and Its Basis in Problems of Social Coordination," *International Political Science Review* 13, no. 1 (1992): 7–24; Thomas Risse, "'Let's Argue': Communicative Action in World Politics," *International Organization* 54, no. 1 (2000): 1–39.

91 Charles le Maistre, "The Effect of Standardisation on Engineering Progress" (paper read before the Royal Society of Arts, February 4, 1931), 3, Papers of Viscount Weir, University Archives, Glasgow University, box 15, collection 96.

92 IEC, "Meeting of the Committee on Screw Caps and Holders, Geneva, November 25, 1922," in *RM 4: Proces Verbaux de Reunions* (IEC), IEC Records.

93 IEC, "Meeting of the Committee on Lamp Sockets, Koninklijk Instituut van Ingenieurs, The Hague, April 17, 1925," in *RM 18: Proces Verbaux de Reunions* (IEC), IEC Records.

94 Percy Good, "Electrical Standardization, 1929–1930," *Journal of the Institution of Electrical Engineers* 69, no. 411 (March 1931): 404–13; US Department of Commerce, "International Electrotechnical Commission," in *International Standards Yearbook* (Washington, DC: US Department of Commerce, Bureau of Standards Miscellaneous Publication, 1932), 77.

95 Mansbridge et al., "Deliberative Democracy," 74.

96 虽然标准化运动致力于一种技术官僚主义，但不应将它与短暂的、最终相对无关紧要的美国"技术官僚主义运动"（technocracy movement）弄混淆。美国的"技术官僚主义运动"是哥伦比亚大学工业工程师沃尔特·劳滕斯特劳赫（Walter Rautenstrauch）和他浮夸但未经训练的同事霍华德·斯科特（Howard Scott）在20世纪30年代初的创意，后者讽刺韦布伦的观点。参见 Donald R. Stabile, "Veblen and the Political Economy of the Engineer," *American Journal of Economics and Sociology* 45, no. 1 (January 1986): 51; 以及 David Adair, "The Technocrats, 1919–1967: A Case Study of Conflict and Change in a Social Movement" (MA Thesis, Department of Political Science, Sociology, and Anthropology, Simon Fraser University, January 1970), 32–61。

97 美国工程标准委员会（AESC）的创始会议集中讨论了其所遵循的规则缺乏一致性的问题："目前许多机构正在制定标准。不同组织关于这种程序的规则并不统一；在某些情况下，从事这项工作的委员会不具有代表性；在相当多的案例中，其并没有征询所有相关利益方的意见。" Minutes of AESC Meeting, October 19, 1918, ANSI Records. 当然，ASTM是在美国严格的官僚等级制度下的例外，它确实遵循了这些规则。

98 Harriman, *Standards and Standardization*, 177.

99 Brady, *Industrial Standardization*, 100–123.

100 例如，美国材料试验协会（ASTM）的官方历史报告是该协会对"二战"的第一个"重大贡献"，它在1942年出版了"1 000多个标准规范，供产业和政府使用"。"由于其中一半以上是采购规格，它们可以直接被写入数以万计战争必需品的政府合同中。" ASTM, *ASTM 1898–1998: A Century of*

Progress (West Conshohocken, PA: ASTM International, 1998), 41.
101 Brady, Rationalization Movement, 12–13.
102 Harriman, *Standards and Standardization*, 178–79.
103 Harriman, *Standards and Standardization*, 75.
104 SIS, *Standardiseringen i Sverige*, 1922–1992 (Stockholm: SIS, 1993), 29.
105 SIS, *Standardiseringen i Sverige*, 30.
106 Timothy W. Luke, *Ideology and Soviet Industrialization* (Westport, CT: Greenwood Press, 1985), 123–24; Brady, *Industrial Standardization*,122.
107 Herbert Hinnenthal, "The 'Reichskuratorium für Wirtschaftlichkeit' (RKW)," *Commercial Standards Monthly* 7, no. 5 (November 1930): 155–56. 玛丽·诺兰说："'合理化运动'是由RKF的第一位商业经理赫伯特·欣南塔尔创造的，当代美国学者罗伯特·布雷迪在他的书的标题中使用了它。这一术语不仅体现了所做努力的全面性，还体现了许多人对合理化理论和实践的意识形态和情感承诺。" Mary Nolan, *Visions of Modernity: American Business and the Modernization of Germany* (New York: Oxford University Press, 1994), 274n10.
108 J. Ronald Shearer, "The Reichskuratorium für Wirtschaftlichkeit: Fordism and Organized Capitalism in Germany, 1918–1945," *Business History Review* 71, no. 4 (Winter 1997): 569–602.
109 Olle Sturén, "Toward Global Acceptance of International Standards"（1972年6月在华盛顿特区国家标准局发表的演说）, 2, Sturén Papers。
110 Oskar E. Wikander quoted in "Introducing Industrial Standards," *Comments on the Argentine Trade* 2, no. 4 (November 1922): 21.
111 Wölker, "Der Wettlauf um die Verbreitung nationaler Normen," 490.
112 [Charles le Maistre], "Memorandum in regard to the Work of the British Engineering Standards Association in Furtherance of British Export Trade" [1925], ICE Holdings of the BSI, formerly in the Science Museum, Part 3, Envelope 5.
113 Charles le Maistre, "Industrial Standardisation and Simplification: Report of Lecture Delivered at the Twenty-Sixth Conference for Works Directors, Managers, Foremen etc."（1928年4月19日至4月23日，在牛津大学贝利奥尔学院举行），引用 Robert C. McWilliam, "The Evolution of British Standards" (PhD thesis, University of Reading, 2002) , 204。
114 Russell, *Open Standards*, 87–88.
115 Minute #1844 of AESC Executive Committee Meeting, July 21, 1927, ANSI Records.
116 "ASA Growth Curves," *Industrial Standardization* 14, no. 12 (December 1943): 316.

117 Durand, *AFNOR*, 26.
118 Durand, *AFNOR*, 26.
119 Strecker to Charles le Maistre, December 16, 1926, Swiss Federal Archives, E2001D#1000/1553#286, Huber-Ruf, Alfred, Ing., Bern, 1940–1945 (Dossier), Topic "Organization, Standards, Rationalization."
120 胡伯-鲁夫1906—1941年的简历附在胡伯-鲁夫1941年12月11日写给"吕瑟先生"（Direktor Lusser）的信中，Swiss Federal Archives, E8190(A)1981/#196, Eidgenössisches Elecktishes Amt. Huber-Ruf, Alfred, Ing。
121 Semenza to Charles le Maistre, n.d., 框中的顺序表明是在1926年11月初, IEC Records, Box CA-1 20.11.1924-15.11.1926。
122 Le Maistre to Guido Semenza, November 8, 1926, IEC Records, Box CA-1 20.11.1924-15.11.1926。
123 美国工程标准委员会（AESC）的执行委员会关于改进"作为一个整体的组织或运动"工作方式的讨论被广泛记录在Minute #1793 of AESC Executive Committee Meeting, May 19, 1927, ANSI Records 中。
124 P. G. Agnew, "Development of the ASA," *Industrial Standardization* 14, no. 12 (December 1943): 328.
125 Minute #1657 of AESC Executive Committee Meeting, October 14, 1926, ANSI Records.
126 Minute #1657 of AESC Executive Committee Meeting.
127 Minute #2045 of AESC Executive Committee Meeting, October 12, 1928, ANSI Records. 胡伯-鲁夫的全职雇主及其简历上的地址（附在胡伯-鲁夫1941年12月11日写给"吕瑟先生"的信中，瑞士联邦档案馆）。这一距离通过谷歌地图计算得出。瑞士联邦档案馆中关于胡伯-鲁夫的记录也清楚地表明，至少从1939年开始，他在家中管理着国家标准化协会国际联合会（ISA）。
128 Minute #2168 of the ASA Board of Directors, October 16, 1929, ANSI Records. （注：在AESC名称和组织机构变更后，原AESC执行委员会的会议记录将继续作为ASA董事会会议记录。）
129 McWilliam, "The Evolution of British Standards," 209. 1937年，英国作为成员参加了巴黎ISA会议，但澳大利亚、加拿大和新西兰没有参加。"ASA Represents American Industry at International Meetings," *Industrial Standardization and Commercial Standards Monthly* 8, no. 9 (September 1937): 241. 虽然在此之前它们还不是成员，但它们参加过特定的委员会。
130 Durand, AFNOR, 30; Wölker, "Der Wettlauf um die Verbreitung nationaler Normen in Ausland."
131 Le Maistre to Clayton Sharp, November 17, 1927, IEC Records, Box CA-1 20.11.1924-

15.11.1926.
132 包括赫尔米奇在内的德国标准制定者对他们所认为的英寸国家保护其市场的努力的不满程度之深可参见 Wölker, "Der Wettlauf um die Verbreitung nationaler Normen in Ausland"。
133 Minute #1657 of AESC Executive Committee Meeting.
134 Minute #1717 of AESC Executive Committee Meeting, February 3, 1927, ANSI Records.
135 "USNC Standardization Work Reorganized," *ASA Bulletin* 3, no. 6 (June 1932): 199.
136 "Overview of ITU's History," ITU, accessed June 12, 2017, http://www.itu.int/en/history/Pages/ITUsHistory.aspx. 1956 年，国际电话咨询委员会（CCIF）和国际电报咨询委员会（CCIT）合并为 CCITT，即今天的 ITU-T。今天的国际无线电咨询委员会 (CCIR) 相当于 ITU-R。
137 自 20 世纪 90 年代以来，随着电子邮件处理方式的兴起，万国邮政联盟一直维持着一个类似的万国邮政联盟标准委员会 (Universal Postal Union, "General Information on UPU Standards," Bern, June 28, 2017)。
138 IEEE EMC Society, *50 Years of Electromagnetic Compatibility: The IEEE Electromagnetic Compatibility Society and Its Technologies, 1957–2007* (Piscataway, NJ: IEEE EMC Society, 2007).
139 "International Radiotelegraph Conference (Berlin, 1906)," ITU, accessed August 14, 2017, http://www.itu.int/en/history/Pages/RadioConferences.aspx?conf = 4.36.
140 "International Radiotelegraph Convention of Washington, 1927," ITU, accessed August 14, 2017, http://search.itu.int/history/HistoryDigitalCollectionDocLibrary/5.20.61.en.100.pdf.
141 International Radiotelegraph Convention of Washington, 1927, *General Regulations Annexed to the International Radiotelegraph Convention and General and Supplementary Regulations, Washington, November 25, 1927* (London: His Majesty's Stationery Office, 1928), accessed August 14, 2017, http://www.itu.int/dms_pub/itu-s/oth/02/01/S02010000144002PDFE.pdf.
142 John Braithwaite and Peter Drahos, *Global Business Regulation* (Cambridge: Cambridge University Press, 2000), 329.
143 International Radiotelegraph Convention, General Regulations, 111–12.
144 George Valensi, *The First Five Years of the International Advisory Committee for Long-Distance Telephone Communications* (Berlin: Verlag Europäischer Fernsprechdienst, 1929), 5–6.
145 Ernest K. Smith, "The History of the ITU, with Particular Attention to the CCIT

and CCIR, and the Latter's Relation to URSI," *Radio Science* 11, no. 6 (June 1976): 499–500; 也可参见 "International Radiotelegraph Conference (Madrid, 1932)," ITU, accessed August 14, 2017, http://www.itu.int/en/history/Pages/RadioConferences.aspx?conf = 4.41。

146　Vol. 1 of *World Engineering Congress Tokyo 1929 Proceedings: General Reports* (Tokyo: Kogakki, 1931). The data are from the front matter, vii, while the quotation is from "Sectional Meetings, Section XII Scientific Management," 47.

147　*WEC Proceedings*, 1:1.

148　Stanislav Špacek, "History of and Proposition for the Foundation of a World Engineers' Federation," in *WEC Proceedings*, 2:4.

149　*WEC Proceedings*, 2:2.

150　Tadashiro Inouye, "The Engineer as a Factor in International Relations," in *WEC Proceedings*, 2:17.

151　Inouye, "The Engineer as a Factor in International Relations," 2:18–19.

152　A. Huber-Ruf, "ISA: International Federation of the National Standardising Associations," in *WEC Proceedings*, 2:26.

153　胡伯-鲁夫写道，"对某个特定体系给予偏好的问题绝对不应该与标准化工作联系起来"（"ISA," 2:26）。

154　Charles E. Skinner, "Standardization," in *WEC Proceedings*, 2:31.

155　F. A. E. Neuhaus, "Die Normung in Deutschland," and S. Konishi, "On Engineering Standardization in Japan," in *WEC Proceedings*, 2:45–78.

156　John Hays Hammond, "International Cooperation of Engineers," in *Abstracts of Papers to Be Read at World Engineering Congress* (Tokyo: Kogakki, 1929), 491.

157　Axel Enström, "The Engineer's Profession," *WEC Proceedings*, 2:123.

158　Johannes-Geert Hagmann, "Ambassadors of the 'Fifth Estate': The American Venture in the World Engineering Congress 1925–1929"（论文，2016 年 6 月 22 日至 26 日，新加坡，技术史学会年会）。

159　*Commercial Standards Monthly* 7, no. 9 (March 1931).

160　I. Guttmann, "Short Courses in Standardization for Soviet Russia," *ASA Bulletin* 3, no. 6 (June 1932): 187–88.

161　José Luciano Dias, *História da Normalização Brasileira* (São Paulo: ABNT, 2011), 47–53. 关于其他拉丁美洲机构的资料载于 "Anniversary Messages from Other Countries," *Industrial Standardization* 14, no. 12 (December 1943): 333。

第四章　20世纪30年代至50年代：标准化运动的衰落与复兴

1　Listed at the back of *ISA Bulletin*, no. 29 (November 1940).
2　Willy Kuert, "The Founding of ISO," in *Friendship Among Equals: Recollections from ISO's First Fifty Years*, ed. Jack Latimer (Geneva: ISO, 1997), 15.
3　*ISA Bulletin* No. 6: Conversion Tables: Inches-Millimeters (August 1934).
4　*ISA Bulletin No. 7: Paper Sizes* (August 1934). 美国角度可参见 John Gaillard, "A System of Paper Sizes as Developed in Europe," *Industrial Standardization* 3, no. 7 (July 1932): 201–208。
5　Howard Coonley, "The International Standards Movement," in *National Standards in a Modern Economy*, ed. Dickson Reck (New York: Harper, 1956), 39.该标准首次亮相见 *ISA Bulletin No. 16: Sound Film 16mm* (May 1938); Harvey Fletcher, "International Agreement Determines Standard Noise Measurement Units," *Industrial Standardization and Commercial Standards Monthly* 9, no. 1 (January 1938): 18–20. W. H. Martin, "Decibel—the Name for the Transmission Unit," *Journal of the AIEE* 48, no. 3 (March 1929): 223。
6　*ISA Bulletin 30: Symbols for Magnitudes and Units* (November 1940). 参见 "nano" on the Sizes Inc. website, accessed July 12, 2017, http://sizes.com/units/nano.htm。
7　IEC Committee of Action, *RM 177* (Paris: IEC June 28, 1939).
8　Charles le Maistre, "The Effect of Standardisation on Engineering Progress" (paper read before the Royal Society of Arts, February 4, 1931), 3–4, Papers of Viscount Weir, University Archives, Glasgow University, box 15, collection 96.
9　Le Maistre, "The Effect of Standardisation," 3–4.
10　Le Maistre, "The Effect of Standardisation," 3–4.
11　Hans Gerhard De Greer, *Rationaliseringsrörelsen i Sverige: Effektivitetsidéer och social ansvar under mellankrigstiden* (Stockholm: Studieförb, 1978), 360.
12　SIS, *Standardiseringen i Sverige, 1922–1992* (Stockholm: SIS, 1993), 36.
13　"ASAGrowth Curves," *Industrial Standardization* 14, no. 12 (December 1943): 316.
14　P. G. Agnew, "Standards in Our Social Order," *Industrial Standardization* 11, no. 6 (June 1940): 146.
15　美国对这个案例最全面的研究参见 Robert J. Gordon, *The Rise and Fall of American Growth: The US Standard of Living since the Civil War* (Princeton, NJ: Princeton University Press, 2016)。戈登提到了电气标准化在19世纪电气发明普及到20世纪20年代至40年代几乎每个美国家庭中的作用（第121—122

页），他的书讲述了其他行业具体的标准化故事，并以标准化在从20世纪20年代至50年代美国生活水平"大跃进"中"平淡但很重要"的作用为结论作为结尾（第561—562页）。

16　"ASA Growth Curves," 316.

17　"ASA Growth Curves," 316.

18　1943年7月（第14卷，第7期），标题变成了简单的"工业标准化"，并且没有提到与联邦政府的合作。

19　Alain Durand, *AFNOR: 80 Années d'Histoire* (Paris: AFNOR Éditions, 2008), 18, 76–79.

20　Robert C. McWilliam, "The Evolution of British Standards" (PhD thesis, University of Reading, 2002), 109–11, 204.

21　McWilliam, "Evolution of British Standards," 109–11.

22　Robert A. Brady, *Business as a System of Power* (New York: Columbia University Press, 1943), 153, 240, 引自 McWilliam, "The Evolution of British Standards," 110, 204。

23　McWilliam, "The Evolution of British Standards," 203–5.

24　美国关税在全球大萧条中的严重程度和持续时间中的作用的辩论仍在继续。Douglas A. Irwin, *Peddling Protection: Smoot Hawley and the Great Depression* (Princeton, NJ: Princeton University Press, 2011). 它引发了报复，导致20世纪30年代世界贸易的显著下降，并带来持续数十年对美国商品的歧视。

25　Charles le Maistre, "Empire Trade Requires Uniform Standards" (address to the Empire Club of Canada, Toronto, April 29, 1932), accessed July 5, 2017, http://speeches.empireclub.org/61016/data?n=2.

26　Charles le Maistre, *Director's Report on His Visit to the Argentine (1936)* (London: British Standards Institution), CE(OC)2700, 1937, ICE Holdings of the BSI, 389.6. Percy Good, *Standardisation and Certification: Deputy Director's Report on his visit to Australia and New Zealand (Canada and USA)* (London: British Standards Institution), CF(OC) 2067, March 1939, ICE Holdings of the BSI.

27　McWilliam, "The Evolution of British Standards," 205.

28　Winton Higgins, *Engine of Change: Standards Australia Since 1922* (Blackheath, AU: Brandl & Schlesinger, 2005), 345.

29　IEC Committee of Action, *RM 176* (Torquay: IEC, June 29, 1938).

30　国家标准化协会国际联合会（ISA）标准清单、胡伯-鲁夫访问墨索里尼的纪念品，以及他1940年从DIN获得的表彰，都在瑞士联邦档案馆里，在胡伯-鲁夫——组织、标准、合理化收藏中。它们原本是在胡伯-鲁夫于1941年底和1942年初写给瑞士政府机构负责人的信中，这封信谈到了标准化的重要性以及他自己在这一国际运动中的意义。

31 Alexander L. Bieri, *Traditionally Ahead of Our Time* (Basel: Roche Historical Archive, 2016), 27. 赫尔米奇保留了 DIN 策展人的头衔，并为柏林许多 DIN 的工作人员充当一个远程操控者的身份 (Peter Anthony, archivist of DIN, email to C. Murphy, June 15, 2016)。

32 Bieri, *Traditionally Ahead of Our Time*, 26.

33 Durand, AFNOR, 75–79.

34 Arild Sæle, Erik Sundt, and Kay E. Fjørtoft, "Overview of Standardisation Processes and Standardisation Organisations" (Norwegian Maritime Technology Research Institute, Trondheim, February 1, 2002), 11.

35 Minute #3378 of ASA Board of Directors meeting, March 26, 1941, records in the Headquarters of the American National Standards Institute [之后被称为美国国家标准学会（ANSI）记录], 纽约。目前还不清楚胡伯-鲁夫是否收到了任何款项。1941 年 12 月，国家标准化协会国际联合会（ISA）对胡伯-鲁夫的支持结束了，于是他开始在瑞士联邦电力委员会找工作。Letters exchanged between Huber-Ruf and Direkter Lusser, December 1–December 20, 1941, Swiss Federal Archives, E8190(A)1981/#196, Eidgenössisches Elecktishes Amt. Huber-Ruf, Alfred, Ing.

36 Minute #3384 of ASAStandards Council Meeting, April 10, 1941, ANSI Records.

37 Minute #3410 of ASAStandards Council Meeting, April 10, 1941, ANSI Records.

38 Minute #3438 of ASAStandards Council Meeting, September 18, 1941, ANSI Records.

39 Minutes #3438 and #3448 of ASAStandards Council Meeting, September 18, 1941, ANSI Records.

40 P. G. Agnew, "Legal Aspects of Standardization and Simplification: A Discussion from the Point of the Lay Worker," *Industrial Standardization* 12, no. 10 (October 1941): 260.

41 H. S. Osborne, "Events of the Year," *Industrial Standardization* 14, no. 12 (December 1943): 337.

42 "ASAGrowth Curves," 316.

43 Charles le Maistre, "Wartime Standardization" (address to the North East Coast Institution of Engineers and Shipbuilders at Newcastle-upon-Tyne, January 8, 1943), ICE Holdings of the BSI, 3.3, 2.

44 Le Maistre, "Wartime Standardization."

45 P. G. Agnew, "War-Time Methods of the ASA," *Industrial Standardization* 14, no. 12 (December 1943): 347.

46　Ralph E. Flanders, "How Big Is an Inch?," *Atlantic Monthly*, January 1951, 48.

47　Minute #3709, item 9, of the ASAStandards Council Meeting, September 14, 1944, ANSI Records.

48　"New Foreign Standards Now in ASALibrary," *Industrial Standardization* 14, no. 12 (December 1943): 355.

49　"War-Jobs 1943," *Industrial Standardization* 14, no. 12 (December 1943): 348–50. 珀西·古德的评论载于 "BS/ARP Secret Specification for the Lighting Perimeters of Internment and Prisoners of War Camps," n.d., ICE Holdings of the BSI, 3.4 (3)。

50　Flanders, "How Big Is an Inch?," 44.

51　Flanders, "How Big Is an Inch?," 44–45.

52　"UNSCC," *Economist* 148 (March 3, 1945): 286.

53　Minute #3410 of ASAStandards Council Meeting, April 10, 1941.

54　Minute #3674 of ASAStandards Council Meeting, May18, 1944, ANSI Records.

55　Minute #3674 of ASAStandards Council Meeting, May18, 1944.

56　Minute #3707 of ASAStandards Council Meeting, September 14, 1944, ANSI Records.

57　Kuert, "The Founding of ISO," 16. 最终成员名单来自 Coonley, "International Standards Movement," 39。

58　Charles le Maistre, form letter inviting standards organizations to join UNSCC, n.d.（内容表明它写于 1944—1945 年冬天或 1945 年春天），Early records of the ISO and its predecessors, ISOHeadquarters, Geneva。严格来说，苏联并没有在第一次会议上加入该组织，但联合国标准协调委员会（UNSCC）的章程在其执行委员会中包括了苏联国家标准机构的代表（以及英国、加拿大和美国的代表），章程解释说，该委员会的成员不一定是要来自 UNSCC 成员的标准机构。"UNSCC," 287.

59　Minute #3758 of ASAStandards Council Meeting, December 8, 1945, ANSI Records.

60　勒·迈斯特以信函的形式报告说，他已于 1944 年 4 月辞去英国标准协会（BSI）执行委员会主席一职。信头上写着他的新地址。"Obituary: Charles le Maistre, C.B.E.," *Engineer* 196, no. 5086 (July 17, 1953): 81, 表明他于 1942 年辞去了 BSI 秘书职位。

61　"UNSCC," 286–87.

62　例如，美国标准协会（ASA）同意从事无线电干扰、虫胶和纺织品测试的工作 (Minute #3795 of ASABoard of Directors Meeting, May 25, 1945, ANSI Records)，在联合国标准协调委员会（UNSCC）执行委员会下达这些任务期间（1944 年 7 月至 10 月），它还考虑为平底轨道、机场照明、气瓶、建筑材料和设备、食品容器以及与塑料工业相关的术语制定标准。UNSCC, "November 1944 Report on Progress," Early records of the ISO and its predecessors, ISO Headquarters, Geneva.

63 关于沃尔纳在财政部的工作，参见 H. J. Wollner et al., "Isolation of a Physiologically Active Tetrahydrocannabinol from Cannabis Sativa Resin," *Journal of the American Chemical Society* 64, no. 1 (1943): 26–29.

64 Minute #3758 of ASA Standards Council Meeting, December 8, 1945.

65 International Business Conference, foreword to *Final Reports of the International Business Conference, Westchester Country Club, Rye, N.Y., November 10–18, 1944* (New York: International Business Conference, 1944), 1.

66 Luther H. Hodges, "Hints for Headline Readers: We Aren't Waiting This Time to Plan for Peace after War Has Been Won," Rotarian (April 1945): 11.

67 Craig N. Murphy, *International Organization and Industrial Change: Global Governance since 1850* (New York: Oxford University Press, 1994), 160–61.

68 Sections 2, 5, and 7 of International Business Conference, *Final Reports of the International Business Conference*.

69 关于瑞安在他的公司以及英国标准协会（BSI）中扮演的角色，参见 "New Members [of the Royal Commission of Awards to Inventors]," *Glasgow Herald*, December 22, 1952, 8.

70 Le Maistre, form letter, 2. "I.C.I." 国际照明委员会成立于 1913 年，旨在解决测量煤气灯亮度的技术问题。它在 20 世纪 20 年代才开始运作，并将其兴趣扩展到电灯照明。到 1935 年，它通过技术委员会研究各种各样的问题，比如颜色的标准。尽管这些委员会的报告被视为事实上的国际标准，但该组织直到 20 世纪 80 年代才认为自己是一个制定标准的机构。参见 Martina Paul, "Nearly 100 Years of Service—CIE's Contribution to International Standardization," *ISO Focus* (May 2009): 17–19.

71 "UNSCC Meeting of 8.9.10 & 11 October 1945 in New York, List of Participants," 手写文件，笔迹似乎是查尔斯·勒·迈斯特的。Early records of the ISO and its predecessors, ISO Headquarters, Geneva. Minute #3851 of ASA Standards Council Meeting, December 7, 1945, ANSI Records, 报告了新西兰、挪威和苏联的存在，它们并没有被包括在手写文件中。据报告，瑞士是在 1945 年 10 月 8 日报告的。UNSCC, "Proceedings of the New York Meeting," October 8–11, 1945. Early records of ISO and its predecessors, ISO Headquarters, Geneva.

72 Minute #3808 of ASA Standards Council Meeting, September 27, 1945, ANSI

Records; and UNSCC, "Proceedings."

73 UNSCC, "Proceedings"; and Minute #3851 of ASAStandards Council Meeting, December 7, 1945, which reports the entertainments.
74 UNSCC, "Proceedings," 9.
75 UNSCC, "Proceedings," 9.
76 "Founding Member States," United Nations, accessed July 6, 2017, http://www.un.org/depts/dhl/unms/founders.shtml.
77 UNSCC, "Proceedings," 19–33, 60–74.
78 UNSCC, "Proceedings," 74.
79 UNSCC, "Proceedings," 210–22, 283.
80 UNSCC, "Proceedings," 107–18.
81 UNSCC, "Proceedings," 47–52.
82 Minute #3851 of ASAStandards Council Meeting, December 7, 1945.
83 Minute #3896 of ASAStandards Council Meeting, April 25, 1946, ANSI Records.
84 引自 Minute #3896 of ASAStandards Council Meeting, April 25, 1946。胡伯-鲁夫自1941年至1949年的就职情况，参见 Swiss Federal Archives, E8190(A)1981/#196, Eidgenössisches Elecktishes Amt. Huber-Ruf, Alfred, Ing。
85 Kuert, "The Founding of ISO," 17. 胡伯-鲁夫在瑞士联邦档案馆的工作记录（见第84条注释）表明，疾病可能不是唯一的原因。1945年12月，他申请了1946年夏季三天的假期来处理国家标准化协会国际联合会（ISA）的事务。没有记录表明该请求得到了批准。
86 JoAnne Yates and Craig N. Murphy, "From Setting National Standards to Coordinating International Standards: The Formation of the ISO," *Business and Economic History* 4 (2006): 20.
87 IEC Council, *RM 179*, 7.
88 IEC Council, *RM 179*, 7.
89 UNSCC, *Report of Conference of the United Nations Standards Co-ordinating Committee together with Delegates from Certain Other National Standards Bodies* (London, October 14–26, 1946), 9–10.
90 UNSCC, *Report*, 35.
91 UNSCC, *Report*, 6.
92 Minute #3990 of ASAStandards Council Meeting, November 21, 1946, ANSI Records.
93 Minute #3990 of ASAStandards Council Meeting, November 21, 1946.
94 胡伯-鲁夫的任职记录（见第84条注释）包括1946年12月17日因国家标准化协会国际联合会（ISA）的业务要求而在家工作一天，这是这些记录中最后一次提到 ISA。记录显示，胡伯-鲁夫在过去的三年里试图从瑞士政府获得养老金，但没有成功，记录还包括了来自律师的信件，其中没有一封提到过 ISA 的资金。胡伯-鲁夫的"战时"工作于 1947 年 8 月结束，但他继续以临时政府合同工的身份工作，直到 1949 年 12 月（记录结束）。

95   IEC Committee of Action, *RM 183* (Brussels: IEC, October 28, 1947), 6, IEC Records.
96   Roger Maréchal, "We Had Some Good Times," in *Friendship among Equals: Recollections from ISO's First Fifty Years*, compiled by Jack Lattimer (Geneva: ISO, 1997), 30.
97   Maréchal, "We Had Some Good Times," 25–26.
98   UN Economic and Social Council, "List of Non-governmental Organizations in Consultative Status with the Economic and Social Council as of 1 September 2014," E/2014/INF/5, 4–7.
99   Lino Camprubi, *Engineers and the Making of the Francoist Regime* (Cambridge, MA: MIT Press, 2014), 147.
100 IEC, *RM 183*, 2.
101 IEC, *RM 183*, 3.
102 Percy Good to Dr. Frank, Deutscher Normenauschuss, March 13, 1947, in *Packet Prepared for Mr. Cooke for a Trip to Germany in 1947*, ICE BSI 33.3 (2), ICE Holdings of the BSI. 上一封信是珀西·古德写给卢因先生的。March 13, 1947, same packet.
103 Letter marked "confidential" from E. G. Lewin, H. Q. Control Commission for Germany (British Element) to J. O. Cooke, Esq., British Standards Institution," March 22, 1947, in *Packet Prepared for Mr. Cooke for a Trip to Germany in 1947*.
104 Lewin to Cooke, March 22, 1947.
105 Konrad H. Jarausch, *The Unfree Professions: German Lawyers, Teachers, and Engineers, 1900–1950* (New York: Oxford University Press, 1990), 209–210.
106 Thomas P. Hughes, "Elmer Sperry and Adrian Leverkühn: A Comparison of Creative Styles," in Springs of Scientific Creativity: Essays on Founders of Modern Science, ed. Rutherford Aris, Howard Ted Davis, and Roger H. Stuewer (Minneapolis: University of Minnesota Press, 1983), 201.
107 Jarausch, *The Unfree Professions*, 209–210.
108 Jarausch, *The Unfree Professions*, 210–211.
109 Letters reporting votes in Box: APPLICATIONS FOR MEMBERSHIP (by country), File: "Germany DIN 1951," IEC Records.
110 Richard Vieweg, "Measuring—Standardizing—Producing," in *Fourth Charles le*

Maistre Memorial Lecture [Stockholm, July 10, 1958] (Geneva: IEC, 1958), 5.

111　"Obituary: Charles le Maistre, C.B.E.," 81. 利亚门楼的照片可以在英国皇家建筑师学会的图像图书馆找到，accessed August 31, 2018, https://www.architecture.com/image-library/ribapix.html?keywords = lea%20gate%20house%20bramley。

112　Vieweg, "Measuring—Standardizing—Producing," 5.

113　J. F. Stanley to Mr. Ruppert, April 11, 1957, in Box: APPLICATIONS FOR MEMBERSHIP (by country), File: "People's Republic of China 1957," IEC Records.

114　Count of letters in Box: APPLICATIONS FOR MEMBERSHIP (by country), File: "People's Republic of China 1957," IEC Records.

115　国际标准化组织（ISO），未注明日期和未署名的 "Draft of Letter to UN Secretary-General," to Mr. Trygve Lie [served February 2, 1946 through February 1, 1951]；以及 "Statement by the International Organization of Standardization Regarding Coordinating of the Activities of the United Nations Organs and Agencies in the Sphere of Standardization," 30, Early records of the ISO and its predecessors, ISO Headquarters, Geneva。

116　IEC Committee of Action, RM 243 (Estoril: IEC, July 10, 1951), 12.

117　ISO, "Draft of Letter"; and "Statement," 26, Early records of the ISO and its predecessors, ISO Headquarters, Geneva.; Johan Schot and Frank Schipper, "Experts and European Transport Integration, 1945–1958," *Journal of European Public Policy* 18, no. 2 (2011): 274–93.

118　Craig N. Murphy, *The United Nations Development Programme: A Better Way?* (Cambridge: Cambridge University Press, 2006), 88–102.

119　Olle Sturén, typescript, with handwritten corrections, speech to the ISO Council, 1986, 1, Sturén Papers.

120　Mohammed Hayath, "What the IEC Means to the Developing Countries," in *Seventh Charles le Maistre Memorial Lecture* [Interlaken, June 19, 1961] (Geneva: IEC, 1961), 20.

121　Hayath, "What the IEC Means to the Developing Countries," 14–15.

第五章　20世纪60年代至80年代：全球市场标准

1　Olle Sturén, typescript, with handwritten corrections, speech to the ISO Council, 1986, 1, Sturén Papers.

2　Sturén, typescript; and Nalle Sturén, interview by Maria Nassén, January 13,

2008.
3   Lars and Lolo Sturén [Olle Sturén's sons], interview by Maria Nassén, August 20, 2007.
4   A. Scott Henderson, *Housing and the Democratic Ideal: The Life and Thought of Charles Abrams* (New York: Columbia University Press, 2000), 181.
5   The photograph, clipped from the paper, is in the folder titled "ISO," Sturén Papers. 同一个文件夹中还有《简报》的副本。On the purpose of the Bulletin, Lars and Lolo Sturén, Maria Nassén 采访。
6   "Final Edition," *Bulletin of the IEC* [General Meeting], July 18, 1958, Stockholm, "ISO" folder, Sturén Papers.
7   Vince Grey, "ISO—a New Time, a New Start, the Transport Success Story," in *100 Year Commemoration for International Standardization: Addresses Presented* (Geneva: ISO, 1986), 49; 1961 in "Notebook Listing Travel," 1953-[1987], Sturén Papers.
8   Bob Bemer, "A History of Source Concepts for the Internet/Web [ca. 2002]," accessed September 4, 2018, https://web.archive.org/web/20161002194504/http://www.bobbemer.com/CONCEPTS.HTM.
9   Lolo Sturén, interview by Maria Nassén.
10 Olle Sturén, "Standardization and Variety Reduction as a Contribution to a Free European Market," SIS Report, May 16, 1958, Archives of the Institution for Civil Engineers (ICE BSI 3.3, Part 1).
11 International Committee for Scientific Management (CIOS), *Report of the European Management Conference*, Berlin (Geneva: CIOS, 1958), 159–72, "ISO" folder, Sturén Papers.
12 Roger Maréchal, "We Had Some Good Times," in *Friendship among Equals: Recollections from ISO's First Fifty Years, compiled by Jack Lattimer* (Geneva: ISO, 1997), 31.
13 Olle Sturén, "Toward Global Acceptance"（1972年6月在华盛顿特区国家标准局的讲话）, 2–3, Sturén Papers.
14 "Statement by the Netherlands Delegation," "ISO" folder, Sturén Papers.
15 Henry St. Leger (ISO general secretary) to Olle Sturén, Sveriges Standardiseringskommission, Stockholm, February 16, 1965, Sturén Papers.
16 Olle Sturén to Mr. Henry St. Leger, general secretary ISO, Geneva, February 23, 1965, "ISO" folder, Sturén Papers.
17 Olle Sturén to J. M. Madsen and F. F. van Rhijn, March 29, 1965; Olle Sturén [note for files], NEDCO: arbetsuppgifter [duties] April 13, 1965; "Elaboration

of Statement of Netherlands Delegation," April 12, 1965, ISO/NEDCO (Netherlands-1), 1; Ollé Sturén to Mr. V. Clermont, Mr. F. Hadass, Mr. J. M. Madsen, Mr. F. F. van Rhijn, Mr. J. Wodzicki, 以及 "One representative from the USSR," April 22, 1965, all in "ISO" folder, Sturén Papers。

18 "Report of the Committee for the Study of Netherlands' Statement Concerning ISO Liaisons and Activities," July 1965, Sturén Papers.

19 Ollé Sturén to H. A. R. Binney (BSI), September 30, 1965, 标为 "private and confidential," "ISO" folder, Sturén Papers。

20 "Exchange of Letters about St. Leger Leaving ISO" file, Sturén Papers.

21 Maréchal, "We Had Some Good Times," 31.

22 ISO assistant general secretaries R. Maréchal and W. Rambal to the president of ISO Sir Jehangir Ghandy, Jamshedpur (India), January 7, 1966, "Exchange of Letters..." file, Sturén Papers.

23 Maréchal and Rambal to Ghandy.

24 Maréchal and Rambal to Ghandy.

25 Alain Durand, *AFNOR: 80 Années d'Histoire* (Paris: AFNOR Éditions, 2008), 120.

26 Maréchal, "We Had Some Good Times," 31.

27 Typescript marked "1969," section headed "The Secretary-General, Olle Sturén, made the following speech," 14–15, "ISO" file, Sturén Papers.

28 Sturén, "Toward Global Acceptance," 2–4.

29 Sturén, "Toward Global Acceptance," 5.

30 Sturén, "Toward Global Acceptance," 8.

31 Sturén, "Toward Global Acceptance," 6–7.

32 "Reference to Standards in Legislation," [1978], Old Fellows History File, Box CA-2, IEC Records. 关于1970年制定电子元件标准的组织网络的复杂性，请参见 E. H. Hayes, "Some International Aspects of Reliability and Quality Control," *Microelectronics Reliability* 9, no. 2 (1970): 137–143。尽管国际电工委员会（IEC）的资料表明，美国政府特别关注欧洲质量控制组织（EOQC）可能建立的标准在实际中会成为非关税贸易壁垒，海斯指出，该组织，"实际上，比名字所暗示的更加国际化。EOQC中有美国、日本和苏联的代表（第138页）"。

33 Ollé Sturén, "The Scope of the ISO" (address given at the annual meeting of the Standards Council of Canada, Ottawa, June 1977), 1–2, Sturén Papers; Ollé Sturén, "Responding to the Challenge of the GATT Standards Code" (address given at the American National Standards Institute Evaluation Update Meeting, Washington, DC, March 18, 1980), Sturén Papers.

34 ISO and IEC, "ISO/IEC Code of Principles on 'Reference to Standards,'" in *ISO/EEC Guide 15-1977* (E) [1973 年 9 月由 ISO 理事会批准，1974 年 1 月由 IEC 理事会批准], accessed August 31, 2018, https://www.iso.org/files/live/sites/isoorg/files/archive/pdf/en/iso_iec_guide_15_1977.pdf。

35 Sturén, "Notebook Listing Travel."

36 Nalle Sturén, interview by Maria Nassén.

37 Sturén, "Scope of the ISO," 2.

38 Olle Sturén, "International Standardization: Why?" (address given to the Japan Standards Association, Tokyo, April 1978), 6, Sturén Papers.

39 Olle Sturén, "The Geography of the ISO" (1977 年 3 月于惠灵顿，在新西兰标准协会标准委员会的演说), 3–4, Sturén papers。

40 Sturén, "Scope of the ISO," 2–3.

41 Sturén, "Scope of the ISO," 3.

42 Sturén, "International Standardization: Why?," 2.

43 Sturén, "International Standardization: Why?," 6.

44 例如, Vince Grey, "Setting Standards: A Phenomenal Success Story," in Lattimer, *Friendship among Equals*, 33–42。

45 比如，参见 Tineke M. Egyedi, "The Standardised Container: Gateway Technologies in Cargo Transport," *Homo Oeconomicus* 17, no. 3 (2000): 231–62; Lawrence Busch, *Standards: Recipes for Reality* (Cambridge, MA: MIT Press, 2011)。

46 引自 Eric Rath, *Container Systems* (New York: John Wiley & Sons, 1973), 7。

47 Rath, *Container Systems*, 3.

48 Rath, *Container Systems*, 404–405.

49 Rath, *Container Systems*, 4.

50 例如，欧洲大陆的运输使用更小的"可拆卸车体"，装满货盘，用铁路和卡车进行运输（但不是海运）(Egyedi, "The Standardised Container," 253–257)。

51 参见"History," Bureau International des Containers, accessed July 14, 2017, https://www.bic-code.org/about-us/history/。1948 年，该组织在战后重新启动，更名为国际集装箱和联运局（BIC），并在 1970 年设计了用于标记集装箱的 BICC-CODE 系统。

52 Marc Levinson, *The Box: How the Shipping Container Made the World Smaller and the World Economy Bigger* (Princeton, NJ: Princeton University Press, 2006), 29–32.

53 Hans van Ham and Joan Rijsenbrij, *Development of Containerization: Success through Vision, Drive and Technology* (Amsterdam: IOS Press, 2012), 8. 也可

参见 Francis G. Ebel, "Evolution of the Concept and Adoption of the Marine and Intermodal Container," in *Case Studies in Maritime Innovation* (prepared for the Maritime Transportation Research Board, Commission on Sociotechnical Systems, National Research Council, Washington, DC: National Academy of Sciences, May 1978), 5–6。

54 例如，国防部（以及商务部）赞助了国家科学院的一系列研究 (Ebel, "Marine and Intermodal Container," 20)。拉思 (Container Systems, 19) 指出，这些研究影响了标准工作。他还指出，美国农业部和交通部，以及州际商业委员会（ICC）、民用航空局和联邦海事委员会都对标准化感兴趣并参与其中。

55 Levinson, *The Box*, 16–35. 成本估算在 pp. 9–10, 34。关于港口堵塞问题的进一步讨论可参见 Rath, *Container Systems*, 7; 以及 Ebel, "Marine and Intermodal Container," 3–6。

56 Van Ham and Rijsenbrij, *Development of Containerization*, 14. The details in this paragraph come from pp. 14–15.

57 也可参见 Levinson, *The Box*, 49。

58 以下对麦克莱恩和海陆联运的描述基于 Levinson, *The Box,* 36–59, 67–75。

59 Levinson, *The Box*, 49–50，引自 p. 50。

60 根据 Rath (*Container Systems*, 31)，麦克莱恩选择这些尺寸是基于美国东部的卡车车身。

61 Levinson, *The Box,* 59–67.

62 Van Ham and Rijsenbrij, *Development of Containerization*, 28–29.

63 Van Ham and Rijsenbrij, *Development of Containerization*, 33–35.

64 Grey, "Setting Standards," 40. For Muller's affiliation, see Rath, *Container Systems*, 37. 美国铝业公司在 20 世纪的大部分时间里被称为 Alcoa，尽管直到 1999 年才正式采用 Alcoa 作为它的名字。

65 Levinson, *The Box*, 128–131.

66 Grey, "Setting Standards," 40; Van Ham and Rijsenbrij, *Development of Containerization*, 45.

67 Levinson, *The Box*, 128–132. 然而，美国海事局仍然参与其中，莱文森认为，朝着标准化方向发展得到了政府利益的支持，而商定的具体标准在一定程度上取决于政府的批准 (Levinson, email to J. Yates, June 12, 2014)。

68 Email from Marc Levinson to J. Yates, based on his records collected while writing *The Box*, June 12, 2014; 另可参见 *The Box*, 132–137。

69 Egyedi, "The Standardized Container," 239–240; 244–245; 247–248.

70 Egyedi, "The Standardized Container," 239.

71 Levinson, *The Box*, 134–37; also email from Marc Levinson to J. Yates, June 12,

2014, and November 7, 2017.
72 Egyedi, "The Standardized Container," 239–240; Herman D. Tabak, *Cargo Containers: Their Stowage, Handling and Movement* (Cambridge, MD: Cornell Maritime Press, 1970), 2.
73 引自 Van Ham and Rijsenbrij, *Development of Containerization*, 44. 他们指出，美森的莱斯利·哈兰德和其他参与该过程的人也表达了类似的观点。
74 Egyedi, "The Standardized Container," 240.1971年，根据 Van Ham and Rijsenbrij (*Development of Containerization*, 42)，他们成功地将 24 英尺和 35 英尺的尺寸加入了 ANSI 标准（那时，ASA 已经变成了 ANSI），从而避免了更多的立法问题，但并没有影响 ISO 标准或国际标准的整体发展。
75 Rath, *Container Systems*, 31.
76 Van Ham and Rijsenbrij, *Development of Containerization*, 24–26.
77 Rath, *Container Systems*, 31–32.
78 Grey, "ISO—a New Time, a New Start," 46–52.
79 Egyedi, "The Standardized Container," 240. 30 英尺集装箱不在 MH-5 工作组的提案中，当时他们提出了 ISO TC104 的长度。它们是在 TC104 协商系列 1 标准时被添加的。
80 Egyedi, "The Standardized Container," 240–42; and Levinson, *The Box*, 138. 这两种说法之间有细微的差异，包括 ISO 系列 1 标准的年份（1964 年或 1968 年），但欧洲最终放弃了稍微宽一点的容器所提供的额外空间，以确保 40 英尺的长度。
81 From ISO/TC104 (Sec. 196), 337, July 10, 1972, cited by Egyedi, "The Standardized Container," 242.
82 Grey, "Setting Standards," 42.
83 Levinson, *The Box*, 139.
84 Egyedi "The Standardized Container," 243.
85 Van Ham and Rijsenbrij, *Development of Containerization*, 44.
86 Egyedi ("The Standardized Container," 247) notes, "TC104 adhered to the basic rule of avoiding proprietary and patented solutions in order not to restrict the use of standards."
87 Levinson, *The Box*, 139.
88 Van Ham and Rijsenbrij, *Development of Containerization*, 45.
89 Levinson, *The Box*, 140.
90 Egyedi, "The Standardized Container," 242–43, quote from 243. On Strick Trailers, 亦可参见 Levinson, *The Box*, 139, 142; 以及 Strick's own history on its website, accessed July 14, 2017, http://www.stricktrailers.com/history.aspx。

91　Levinson, *The Box*, 141.
92　Levinson, *The Box*, 142.
93　Levinson, *The Box*, 142.
94　Van Ham and Rijsenbrij, *Development of Containerization*, 46.
95　Levinson, The Box, 142–44; Van Ham and Rijsenbrij, *Development of Containerization*, 46.
96　Tabak, *Cargo Containers*, 4.
97　Levinson, *The Box*, 148.
98　Ebel, "Marine and Intermodal Container," 18–19.
99　Levinson, *The Box*, 163–65; Ebel, "Marine and Intermodal Container," 19.
100　Ebel, "Marine and Intermodal Container," 10–11.
101　Van Ham and Rijsenbrij, *Development of Containerization*, 49. 不幸的是，作者们没有给出这一事件发生的年份或他们的来源。
102　Toby Poston, "Thinking inside the Box," *BBC News*, April 25, 2006, accessed July 24, 2017, http://news.bbc.co.uk/2/hi/business/4943382.stm.
103　Scott Baier and Jeffrey Bergstrand, "The Growth of World Trade: Tariffs, Transport Costs, and Income Similarity," *Journal of International Economics* 53, no. 1 (2001): 1–27; David Hummels, "Transportation Costs and International Trade in the Second Era of Globalization," *Journal of Economic Perspectives* 21, no. 3 (2007): 131–54.
104　Daniel M. Bernhofen, Zouheir El-Sahli, and Richard Kneller, "Estimating the Effects of the Container Revolution on World Trade," *Journal of International Economics* 98 (January 2016): 26–50.
105　Egyedi, "The Standardized Container."
106　Egyedi, "The Standardized Container," 252–53.
107　1974 年 4 月，联合国贸易和发展会议达成了一项协议，对少数控制跨洋航运的工业化国家公司进行监管。许多发展中国家的官员担心，国际航运从传统班轮到集装箱船的大规模转变会破坏这些监管规定。参见 Lawrence Juda, "World Shipping, UNCTAD, and the New International Economic Order," *International Organization* 35, no. 3 (1981): 493–516。
108　Van Ham and Rijsenbrij, *Development of Containerization*, 51.
109　Van Ham and Rijsenbrij, *Development of Containerization*, 51.
110　Van Ham and Rijsenbrij, *Development of Containerization*, 52. 这句话的原始出处没有给出，在 2012 年这本书出版之前，用英语和荷兰语在网上搜索也没有找到。
111　Martin Rowbotham, "The Relationship between Standardization and Regulation

as They Affect Containerization," in *Proceedings of the Container Industry Conference, London, November/December 1977, vol. 1* (London: Cargo Systems International, 1978), 229.

112 Burton Paulu, *Radio and Television Broadcasting on the European Continent* (Minneapolis: University of Minnesota, 1967), 33.

113 Donald G. Fink, "Television Broadcasting in the United States, 1927–1950," *Proceedings of the IRE 39*, no. 2 (February 1951): 117; Donald G. Fink, ed., *Color Television Standards: Selected Papers and Records of the National Television System Committee* (New York: McGraw-Hill, 1955), 1. 在《彩色电视标准》(*Color Television Standards*)的扉页上，芬克（Fink）被确定为国家电视系统委员会（NTSC）的副主席，1950—1952年。

114 ASA Briggs, *The History of Broadcasting in the United Kingdom, vol. 4, Sound and Vision* (Oxford: Oxford University Press, 1995), 448. 关于法国采用德国系统和苏联系统，请参见 Isabelle Gaillard, "The CCIR, the Standards and the TV Sets' Market in France (1948–1985)"（发表于经济和商业史协会第11届年会，日内瓦，2007年9月14日），4, accessed July 14, 2017, http://www.ebha.org/ebha2007/pdf/Gaillard.pdf。

115 Briggs, *The History of Broadcasting*, 448.

116 "Report on the International Television Standards Conference," *Proceedings of the IRE 38*, no. 2 (February 1950): 116.

117 引自 Gaillard, "The CCIR," 5。

118 Erik B. Esping, "Study group XI of the CCIR," *IEEE Transactions on Broadcast and Television Receivers 12*, no. 2 (May 1966): 6.

119 Hugh R. Slotten, *Radio and Television Regulation: Broadcast Technology in the United States, 1920–1960* (Baltimore: Johns Hopkins University Press, 2000), 190.

120 Slotten, *Radio and Television Regulation*, 189–95. 也可参见 Fink, *Color Television Standards*, 5。总的来说，斯洛顿对事件持批判态度，关注美国无线电公司（RCA）及其盟友［GE，其子公司——全国广播公司NBC等］对联邦通信委员会（FCC）的商业优势和影响的各种可能途径，因为RCA持有单色标准背后的关键专利。芬克认为FCC在努力为公众利益服务，并以更接近表面价值的方式对待其他参与者。

121 Slotten, *Radio and Television Regulation*, 195–203; Fink, *Color Television Standards*, 5–8.

122 Slotten, *Radio and Television Regulation*, 202–3; Fink, *Color Television Standards*, 8.

123 Slotten, *Radio and Television Regulation*, 203–4.
124 Slotten, *Radio and Television Regulation*, 215–19.
125 Slotten, Radio and Television Regulation, 214–16.
126 Slotten, *Radio and Television Regulation*, 216–26.
127 Fink, *Color Television Standards*, 17–19 (RCA system) and 13–14 (CTI system).
128 Fink, *Color Television Standards*, 9. Slotten (*Radio and Television Regulation*, 208–209) 表明联邦通信委员会（FCC）的重要成员之一罗伯特·琼斯质疑芬克和其他人的客观性，怀疑他们对 RCA 有偏见。
129 Fink, *Color Television Standards*, 10.
130 Slotten, *Radio and Television Regulation*, 226–28.
131 Slotten, *Radio and Television Regulation*, 228–29; Fink, *Color Television Standards*, 10.
132 Slotten, *Radio and Television Regulation*, 214–16, 229; Fink, *Color Television Standards*, 2–3, 21–37.
133 Fink, *Color Television Standards*, 40; Slotten, *Radio and Television Regulation*, 229.
134 Esping, "Study Group XI of the CCIR," 6–7.
135 Andreas Fickers, "The Techno-politics of Colour: Britain and the European Struggle for a Colour Television Standard," *Journal of British Cinema and Television 7*, no.1 (2010): 95–114.
136 Fickers, "Techno-politics of Colour," 95.
137 Fickers, "Techno-politics of Colour," 97; Rhonda J. Crane, *The Politics of International Standards: France and the Color TV War* (Norwood, NJ: Ablex, 1979), 13–14. 克兰把 SECAM 的发展时间放在 1958 年到 1960 年之间，但菲克斯认为它是在 1956 年被开发出来的，这更加符合克兰所描述的法国战略的时间节点。
138 Crane, *Politics of International Standards*, 38–40. 她描述了法国反对美国在技术和经济上的主导地位，并努力领导欧洲缩小所能感知到的与美国的技术差距。她还认为，随着欧洲经济共同体的开放，法国不能再依靠关税和进口壁垒来保护其产业，因此不得不转向标准等非关税壁垒（第 40—44 页）。CFT 是由 générale de télégraphe sans fils 成立的，目的是开发和营销 SECAM 设备（第 47 页）。
139 Crane, *Politics of International Standards*, 53–55.
140 Albert Abramson, *The History of Television, 1942 to 2000* (Jefferson, NC: McFarland, 2003), 100; Crane, *Politics of International Standards*, 57.
141 Paulu, *Radio and Television Broadcasting*, 35.

142 Crane, *Politics of International Standards*, 59.

143 Paulu, *Radio and Television Broadcasting*, 35; Crane, *Politics of International Standards*, 19.

144 Gerald Gross (ITU secretary general), *Report on the Activities of the International Telecommunication Union in 1964* (Geneva: ITU, 1965), 42, ITU Archives.

145 Fickers, "Techno-politics of Colour," 100–101; Crane, *Politics of International Standards*, 59–62. 以下关于美国拖延并在之后试图获得苏联支持的叙述，参见 Crane, *Politics of International Standards*, 62–70。

146 Crane, *Politics of International Standards*, 72.

147 "Summary Record of the Opening Sessions (Thursday, 25 March, 1965 at 10 a.m.)" Doc. X/66-E, Doc. XI/69-E, March 29, 1965, ITU Archives.

148 Fickers, "Techno-politics of Colour," 102–3; Crane, *Politics of International Standards*, 72–76.

149 *Paulu (Radio and Television Broadcasting*, 35–36). 据报告，三种系统的投票结果是，有22票支持SECAM，11票支持PAL，7票支持NTSC；Crane (*Politics of International Standards*, 75) 报告称，两种系统的投票结果是，有21票支持SECAM，18票支持合并后的系统。

150 Fickers, "Techno-politics of Colour," 103–5. 针对英国对SECAM的负面技术评估，Paulu (*Radio and Television Broadcasting*, 35) 报告说，英国的《金融时报》（1965年4月8日）写道：电视专家在这里一次又一次地声明，从客观的技术角度来看，尽管PAL可能更适合，但NTSC无疑是最好的系统。这里没有人怀疑SECAM是三种系统中最糟糕的。当然，《金融时报》的"技术性"评判可能也受到了政治因素的影响。

151 Fickers, "Techno-politics of Colour," 105–8.

152 Esping, "Study Group XI of the CCIR," 6–7, quote from page 7.

153 George, H. Brown, "Comments on the NTSC System," *IEEE Transactions on Broadcast and Television Receivers* 12, no. 2 (May 1966): 83–85. 布朗是一名RCA的工程师。克兰声称，在技术上可以通过625线或其他线标准来传输NTSC系统 (*Politics of International Standards*, 17)；因此，拒绝NTSC一事反映了经济和政治因素。

154 Crane, *Politics of International Standards*, 20.

155 Report by Sub-group XI-A-2, Annex to CCIR Doc.XI/1024-E, Study Group XI, "Report...Characteristics of Colour Television Systems," July 20, 1966, CCIR XIth Plenary Assembly, Oslo, 1966, 29–31, ITU Archives. 引自第29页。

156 Fickers, "Techno-politics of Colour," 108–10; Report by Sub-group XI-A-2, "Report...Characteristics of Colour Television Systems," 29–31.

157 Paulu, *Radio and Television Broadcasting*, 36.

158 Crane, *Politics of International Standards*, 77.

159 CCIR XIth Plenary Assembly, Oslo, 1966, Volume VI, 115, ITU Archives.

160 Fickers, "Techno-politics of Colour," 110.

161 比如，参见 D. H. Pritchard and J. J. Gibson, "Color Television Part II: Worldwide Color Television Standards—Similarities and Differences," in *National Association of Broadcasters Engineering Handbook*, ed. E. B. Crutchfield, 7th ed. (Washington, DC: National Association of Broadcasters, 1985), 51–52。

162 Sturén, "Responding to the Challenge," 2; Olle Sturén, "Collaboration in International Standardization between Industrialized and Developing Countries" (speech given at the German Institute for Standardization [DIN], Bonn, November 1981), 4, Sturén Papers.

163 Olle Sturén, "Developments in International Standardization and Their Relevance to Foreign Trade"（1981 年 10 月 19 日于渥太华在加拿大出口协会年会上的讲话), 5. Sturén Papers。

164 Sturén, "Developments in International Standardization."

165 Sturén, "Developments in International Standardization," 4–5.

166 Sturén, "Developments in International Standardization," 6.

167 D. Linda Garcia, "Standards for Standard Setting: Contesting the Organizational Field," in *The Standards Edge: Dynamic Tension*, ed. Sherrie Bolin (Ann Arbor, MI: Sheridan Press, 2004), 8.

168 US Congress, Office of Technology Assessment (OTA), *Global Standards: Building Blocks for the Future* (Washington, DC: Office of Technology Assessment, 1992), 49, 13.

169 Garcia, "Standards for Standard Setting," 9.

170 Garcia, "Standards for Standard Setting," 8.

171 Mark S. Frankel, ed., "Professional Self-Regulation after the Hydrolevel Decision," *Perspectives on the Professions* 3, no. 3 (1983): 1–9.

172 Sturén, "Responding to the Challenge," 4.

173 OTA, *Global Standards*, 55–56. 该通知可在这里找到：the *US Federal Register* 45, no. 14 (January 21, 1980): 4326–4329。在 A-119 公告中，"自愿共识标准制定"这一术语，以前被美国材料试验协会（ASTM）用来描述其工作，成为美国监管机构提及批准的民间标准制定的公认方式。

174 OTA, *Global Standards*, 57.

175 Olivier Borraz, "Governing Standards: The Rise of Standardization Processes in France and in the EU," *Governance* 20, no. 1 (2007): 60–62.

176 Stephen Oksala, "The Changing Standards World: Government Did It, Even Though They Didn't Mean To," *Standards Engineering* 52, no. 6 (2000): 4.
177 Oksala, "The Changing Standards World," 4.
178 Oksala, "The Changing Standards World," 4.
179 Oksala, "The Changing Standards World," 6.
180 Olle Sturén, "A Non-political International Collaboration" (address to the Standards Institute of Israel January 23, 1986), 4, Sturén Papers.
181 Sturén, "Non-political International Collaboration," 2.
182 Sturén, "Non-political International Collaboration," 4.
183 Olle Sturén, "Music and Its Message for International Standardization," 打印稿, Sturén Papers, 此后修订发表于 *100-Year Commemoration for International Standardization* (Geneva: ISO, 1986), 67–78。
184 Arturo F. Gonzales Jr., "Standardization: A Measure of Reason," *Rotarian* 131, no. 3 (September 1977): 46–47.

第六章 第二次世界大战至20世纪80年代：美国参与国际RFI/EMC标准化

1 Susan J. Douglas, *Inventing American Broadcasting, 1899–1922* (Baltimore: Johns Hopkins University Press, 1987), 299–311.
2 Donald Heirman and Manfred Stecher, "A History of the Evolution of EMC Regulatory Bodies and Standards," *Proceedings of EMC Zurich 2005 Symposium* (Zurich: 2005): 83, 85.
3 Heirman and Stecher, "A History," 85; G. A. Jackson, "The Early History of Radio Interference," *Journal of the IERE 57*, no. 6 (1987): 244–50.
4 Heirman and Stecher, "A History," 92. 这些标准在1934年才公布。
5 Harold E. Dinger, "Radio Frequency Interference Measurements and Standards," *Proceeding of the Institute for Radio Engineering* 50, no. 5 (May 1962): 1313–14.
6 "Standards Committees Report Progress on Important Electrical Problems," *Industrial Standardization and Commercial Standards Monthly* 8, no. 3 (March 1937): 61 and 67. 在美国标准协会（ASA）电气标准委员会的主持下，有65个电气委员会的名单，其中包括由无线电制造商协会管理的C63无线电电气协调委员会，并表明它在1936年举办了第一次会议。
7 Nina Wormbs, "Standardising Early Broadcasting in Europe: A Form of Regulation," in *Bargaining Norms, Arguing Standards: Negotiating Technical*

Standards, ed. Judith Schueler, Andreas Fickers, and Anique Hommels (The Hague: STT Netherlands Study Centre for Technology Trends, 2008), 115–18. See also F. L. H. M. Stumpers, "International Co-operation in the Suppression of Radio Interference—the Work of C.I.S.P.R.," *Proceedings, Institution of Radio and Electronics Engineers, Australia*, February 1971, 51–55. 最初的十个国家是奥地利、比利时、捷克斯洛伐克、法国、德国、英国、荷兰、挪威、西班牙和瑞士。

8 IEC Committee of Action, *RM 102* (IEC, January 25, 26, and 27, 1933), IEC Records; Stumpers, "Suppression of Radio Interference," 51; Heirman and Stecher, "A History," 85–86.

9 代表每个组织的数字在 1933 年的会议上达成一致；参见 IEC Committee of Action, *RM 106* (IEC, October 9, 1933), IEC Records。

10 IEC Committee of Action, *RM 115* (IEC, October 13, 1934), 7, IEC Records.

11 Heirman and Stecher, "A History," 86.

12 Stumpers, "Suppression of Radio Interference," 51–52. 1966 年，国际无线电咨询委员会（CCIR）正式建议国际电信联盟各成员国政府应尽可能地遵循国际无线电干扰特别委员会（CISPR）的建议，并在其国家无线电干扰法规中使用 CISPR 制定的测量方法和仪器。

13 CISPR, *Report of the Meeting Held in London on 18th–20th November, 1946* (n.p.: Central Office of the IEC, 1946), 6, Leonard Thomas Papers, 从丹·霍利汉处获得，并存放于哈格利博物馆和图书馆 [之后为 Thomas Papers 所有]。也可参见 Heirman and Stecher, "A History," 86。至于该委员会的欧洲特征，请参见 Stumpers, "Suppression of Radio Interference," 52。美国和日本的观察员偶尔也会出席。图 6.1 中的女士可能是一名翻译或速记员，因为直到很久以后才有女性在代表团中任职。

14 IEC Committee of Action, *RM 147* (IEC, June 23, 1937), IEC Records.

15 CISPR, *Report of the Meeting held in Paris on 3rd–4th July, 1939* (n.p.: Central Office of the IEC, 1939), Thomas Papers.

16 Heirman and Stecher, "A History," 84.

17 "Pioneers in EMC: Leonard W. Thomas," *ITEM 1990*, 362, found in 出自 Thomas Papers。

18 Minute #3771 of ASAStandards Council, meeting May 24, 1945, 13.

19 "Pioneers in EMC." According to Heirman and Stecher ("A History," 93), 该标准被命名为 "150 kHz 至 20MHz 范围内无线电噪声计的美国战争标准"。

20 CISPR, *Report of the Meeting Held in London*, 5.

21 Stumpers, "Suppression of Radio Interference," 52; Jackson, "History of Radio

Interference," 245; Heirman and Stecher, "A History," 86.
22　CISPR, *Report of the Meeting held in London*, 30.
23　CISPR, *Report of Meeting held in Lucerne on 22th–25th [sic] October*, 1947, 8–10, 13–24, quote from 10 (Central Office of the IEC, n.d.), Thomas Papers.
24　CISPR, *Report of the Meeting held in London*, 9–13, quote from page 10.
25　CISPR, *Report of the Meeting held in London*, 18.
26　CISPR, *Report of the Meeting held in London*, 9. 与国际无线电咨询委员会（CCIR）的联系将特别紧密。在1971年的一篇论文中，国际无线电干扰特别委员会（CISPR）的荷兰主席F. L. H. M. Stumpers（任职时间1967—1973年）强调了CCIR和CISPR之间的密切关系，提到了CCIR的两名主任参与了CISPR的早期工作，相互派遣观察员参加对方的会议，以及CCIR 1966年的推荐规范即遵循了CISPR的推荐标准(Stumpers, "Suppression of Radio Interference," 52)。
27　CISPR, *Report of Meeting held in Lucerne*, 26, 8, 10.
28　CISPR, *Report of Meeting held in Lucerne*, 24; IEC Council, RM 194 (IEC, October 13, 1948), IEC Records; Heirman and Stecher, "A History," 85–86.
29　Per Åkerlind, *Fifty Years of the CISPR: 1934–1984* (Paris: Ets Busson, 1984), 2. IEC Records. Åkerlind dates the decision to make CISPR a special committee of IEC to 1946, but Heirman and Stecher ("A History," 86) say it was formally constituted as such in 1950.
30　Åkerlind, *Fifty Years of the CISPR*, 5.
31　George Arthur Codding Jr., *The International Telecommunication Union: An Experiment in International Cooperation* (Leiden: Brill, 1952; repr., New York: Arno Press, 1972), 180–84, 203; Anthony R. Michaelis, *From Semaphore to Satellite* (Geneva: International Telecommunication Union, 1965), 178, 180. 据米切里斯（Michaelis）（第191页）说，这两个协商会议还同意让国际电信联盟成为联合国在电信领域的"专门机构"。最初的提议是让它成为"一个专门机构"，但是，为了让它在这个领域拥有独特的地位，它坚持被称作一个"联合国在电信领域的专门机构"。
32　该机构由11名来自不同国家的资深无线电专家组成，他们被选中代表所有的地理区域，但并"不作为各自国家或区域的代表，而是作为国际公共信托的托管人"。(Michaelis, *Semaphore to Satellite*, 250).
33　Atlantic City 1947 convention, as quoted in Codding, *International Telecommunication Union*, 273. 有关专门秘书处的设立，请参见R. C. Kirby, "50 Years of International Radio Consultative Committee (CCIR)," *Telecommunication Journal* 45, no. 6 (1978): 6。

34 Kirby, "50 Years of CCIR," 5, 显示截至 1978 年的会议年份和地点。

35 SG IV Terms of Reference, SG IV, CCIR, Documents of the Xth Plenary Assembly, Geneva, 1963, Vol. 4, 343. 第四研究小组的前职责被委派给另一个研究小组。

36 E. Metzler, "Report by the Director, CCIR（第 9 次至第 10 次全体大会之间）," October 11, 1962, [为了准备] 10th Plenary Assembly, CCIR, New Delhi, 1963, 1–3, Doc. 16-E, Box 26, Donald MacQuivey Papers, Silicon Valley Archives, Courtesy of Department of Special Collections and University Archives, Stanford University Libraries [hereafter MacQuivey Papers]. Also [Col. Lochard, France], "Report by the Chairman of Study Group 1: Transmitters," [为了准备] 10th Plenary Assembly, CCIR, New Delhi, 1963, Doc. 1-E, November 2, 1962, Box 26; P. David [France], "Report by the Chairman of Study Group II: Receivers," [为了准备] 10th Plenary Assembly, CCIR, New Delhi, 1963, Doc. 2-E, 22 October 1962, Box 26; and H. C. A. van Duuren [Netherlands], "Report by the Chairman of Study Group III: Fixed Service Systems," October 1962, 3, [为了准备] 10th Plenary Assembly, CCIR, New Delhi, 1963, Doc. 3-E, Box 26, 全收录在 MacQuivey Papers。本部分主要借鉴了唐纳德·麦克奎维（Donald MacQuivey）的论文，他在斯坦福研究所工作，是国际无线电咨询委员会（CCIR）成员。

37 Metzler, "Report by the Director," 8.

38 Ivar Herlitz, "The IEC, Yesterday, Today, and Tomorrow," in *Eighth Charles le Maistre Memorial Lecture* (Geneva: Central Office of the IEC, 1962), 15.

39 "Summary Report of the 48th Meeting of the US National CCIR Organization Executive Committee on January 25, 1962," Item 331, Box 10, MacQuivey Papers.

40 [Lochard], "Study Group 1: Transmitters," 11–12; David, "Study Group II: Receivers," 4.

41 CCIR Doc. 2191-D, February 5, 1963, nested within CISPR (Secretariat) 550, April 1963, found in CISPR files of the Ralph M. Showers Papers, 直接从肖沃斯家人处获得的大量未编目的文件 [之后成为 Showers Papers]。这些文件存放在哈格利博物馆和图书馆。

42 Metzler, "Report by the Director," 9–10; 16–21.

43 Ernst Metzler, "Curriculum vitae," in "Erzwungene elektrische Schwingungen an rotationssymmetrischen Leitern bei zonaler Anregung" (doctoral thesis, Eidgenössischen Technischen Hochschule in Zürich, 1943), 101.

44 这一系列相关且连续的流程组成了一个流程系统。Wanda J. Orlikowski and

JoAnne Yates, "Genre Repertoire: Examining the Structuring of Communicative Practices in Organizations," *Administrative Science Quarterly* 39 (1994): 541–74.

45　Metzler, "Report by the Director," 20.

46　回溯到 19 世纪，大多数全球级别政府间会议的决议都遵循了与下面所述类似的格式。参见 "Debate, Resolutions, and Voting: The Normal Procedure," in Johan Kaufmann, *Conference Diplomacy: An Introductory Analysis*, 3rd ed. (London: Macmillan, 1996), 17–22。

47　*Drafting Committee summary report of the 1st meeting*, Friday, January 18, 1963, Appendix 1 to Annex 1 to Doc. 293-E, Box 26, MacQuivey Papers.

48　梅茨勒的国际无线电咨询委员会（CCIR）主任的报告评论说，他认为许多"考虑因素"是不必要的，增加了大量文件，在临时会议上，一些与会者建议"通过删除'考虑因素'来减少 CCIR 文件"。(Metzler, "Report by the Director," 21). 他接着总结了 CCIR 的决定："虽然对一项文档的'考虑'应保持在最低限度，但不应全部取消，因为某些类型的'考虑'对一份明确清晰的文本至关重要。"

49　约翰·考夫曼（Johan Kaufmann）认为，在政府间会议中使用类似的格式，即使所讨论的主题明显是政治性的，其修辞目的也是相同的。该格式将新的行动与先前就事实达成的一项协议联系起来。Kaufmann, "Debate, Resolutions, and Voting."

50　David, "Study Group II: Receivers," 1.

51　Van Duuren, "Study Group III: Fixed Service Systems," 9.

52　David, "Study Group II: Receivers," 5–6.

53　Department of State Telecommunications Division, Executive Committee 252, "Terms of Reference for the United States National C.C.I.R. Organization," April 1, 1960, 1, Doc. 252, Box 26, MacQuivey Papers.

54　比如，参见 the discussions of participation problems faced by US chairmen of US SG I and SG II in "Summary Report of the 47th Meeting of the US National CCIR Organization Executive Committee on December 14, 1961," 4–5, Item 322, Box 10, MacQuivey Papers。

55　政府代表的比例从 64% 增长到 81%，根据 1961—1963 年美国国家 CCIR 组织执行委员会的会议总结报告计算如下：August 1961, 45th meeting, item 290; December 1961, 47th meeting, item 322; January 1962, 48th meeting, item 331; March 1962, 49th meeting, item 350; October 1962, 51st meeting, item 372; November 1962, 52nd meeting, item 375; January 1963, 53rd meeting, item 378, 均收录在 Box 10, MacQuivey Papers。第 46 次和第 50 次会议的简要报告没有列入本汇编。私人公司（如 AT&T、西联、雷神）和非营利组织〔如无线

电工程师协会（IRE）]在这一时期也有代表。《美国国家 CCIR 组织第 48 次会议摘要报告》中地点的作用被强调了，一名居住在华盛顿的候补代表被任命为美国国家 CCIR 组织执行委员会的成员，这说明他能够比居住在其他地方的前代表发挥更积极的作用。

56 "Summary Report of the 47th Meeting of the US National CCIR," 2; 1962 年 3 月，当美国提出在华盛顿特区举办第四研究小组和第八研究小组临时会议时，它请求工业界贡献"一个好的项目，比如主办活动、娱乐、实地考察等"。"Summary Report of the 45th Meeting of the US National CCIR Organization Executive Committee," 6.

57 "Summary Report of the 45th Meeting of the US National CCIR Organization," 5.

58 "Summary Report of the 45th Meeting of the US National CCIR Organization," 10.

59 "Summary Report of the 48th Meeting of the US National CCIR Organization," 3.

60 "Summary Report of the 45th Meeting of the US National CCIR Organization," 3.

61 Doc. 350, Summary Record of the US National CCIR Organization Executive Committee meeting on March 1, 1962, 3, Box 10; Doc. IV/58, described in Doc. IV/78-E, "Study Group IV, Summary Record of the Second Meeting," 2, Box 7; Doc. 115-E, "Active Earth Satellite 'Telstar': Preliminary Results at the United Kingdom Ground Station of Goonhilly Downs, Cornwall," October 4, 1962, Box 26, 均收录在 MacQuivey papers。

62 "Ralph M. Showers—Vita," ca. 1991; *Greystones* 1935, Haverford High School yearbook, 41; letters, 1940–43 re: Ralph M. Showers employment and draft deferment, 均由珍妮特·肖沃斯·帕特森（Janet Showers Patterson）提供。也可参见 Dan Hoolihan, "Completed Careers: Ralph Showers 1918–2013," *IEEE Electromagnetic Compatibility Magazine* 2, no. 4 (2013): 44–46。

63 丹·霍利汉确认了另外两名男性是约翰·查普尔（John F. Chappell）和约翰·奥尼尔（John J. O'Neill），他们也是美国 EMC 标准共同体的成员 (email from Dan Hoolihan to Janet Showers Patterson, July 24, 2017, forwarded to J. Yates, May 5, 2018)。根据霍利汉的说法，查普尔是 1958 年和 1965 年美国 CISPR 代表团的一员，但肖沃斯的照片似乎更有可能是拍摄于 1958 年。

64 Ralph Showers to Bea[trice] Showers, The Hague, Sun. Eve., [1958], in "Traveling the World with BeaBea and DaDa: 1958–2005,"这是一份由珍妮特·肖沃斯·帕特森为拉尔夫·肖沃斯的孙子们编纂的未出版的文件，由珍妮特·肖沃斯·帕特森提供，其中包括他们旅行中的信件、明信片、照片、菜单等。

65 Minutes of Sectional Committee on Radio-Electrical Coordination C63 [hereafter

C63], May 5, 1960, 112–13, Thomas Papers. Information on Aeronautical Radio, Inc., from Donald A. McKenzie, *Inventing Accuracy: A Historical Sociology of Nuclear Missile Guidance* (Cambridge, MA: MIT Press, 1993), 172n17.

66　Minutes of C63, February 10, 1960, 29–30, Thomas Papers.
67　ANSI C63 Steering Committee Minutes, January 30, 1970, Thomas Papers.
68　帕卡拉和肖沃斯，以及C63的成员伦纳德·托马斯（Leonard W. Thomas）和哈罗德·高珀（Harold A. Gauper），在无线电工程师协会（IRE）无线电射频干扰专业小组管理委员会的会议记录中，都被列为管理委员会成员，1962年3月26日，Thomas Papers中被列为行政委员会成员。此时C63只有肖沃斯代表IRE。
69　帕卡拉于1924年加入美国电气工程师学会（AIEE），并于1926年成为一名当地官员(参见 "Membership—Applications, Elections, Transfers, etc.," *Journal of the AIEE 44*, no. 1 (1925): 109; "Officers of the AIEE, 1926–27," *Journal of the AIEE 46*, no. 3 (1927): 317)。
70　参见C63会议记录中帕卡拉辞去主席职务并总结他职业生涯的公告，以及肖沃斯接任主席职务并总结他职业生涯的公告，July 26, 1968, 228–229。肖沃斯的下属变更，参见 minutes of C63, May 5, 1960, 113; March 28, 1963,148; and February 1, 1968, 212, 均收录在Thomas Papers。
71　Minutes of the IRE Professional Groups Committee, February 6, 1962, and May 8, 1962, and of Administrative Committee meeting of the IRE Professional Group on Radio Frequency Interference, March 26, 1962, 均收录在 Thomas Papers; Robert W. Fairweather to Herman Garlan, November 25, 1962, letter containing minutes of the IRE Professional Groups Committee meeting, November 20, 1962; and B. M. Oliver and Hendley Blackmon memo to chairmen, Professional Technical Groups and Technical Committees, March 15, 1963, on IEEE letterhead, 均收录在 Thomas Papers。
72　参见 minutes of Administrative Committee meeting of the IEEE Professional Technical Group on RFI, March 26, 1963; and June 3, 1963, 引自第7页，均收录在Thomas Papers。公开宣布名字变更是"为了反映扩大的范围，也为了更紧密地用现在大多数政府工作中使用的术语来确定工作组的工作"。IEEE, *Professional Technical Group Radio Frequency Interference Newsletter*, no. 27 (April 1963), 1.
73　"IEEE Standards and Association History," accessed August 16, 2017, http://ethw.org/IEEE_Standards_Association_History; minutes of the Administrative Committee meeting of the IEEE EMC Group, June 8, 1964; and November 18, 1964, Thomas Papers.

74 在 CISPR 和 IEC 中担任重要角色的拉尔夫·肖沃斯，与 CCIR 多少也有些关系，从 1978 年到 1990 年，他是 CCIR 美国学习小组 1A 的一员，该小组主要研究关于频谱的有效利用和频谱共享的问题。"Ralph M. Showers—Vita," ca. 1991.

75 这三个标准均被列在 Minutes of C63, December 6, 1960, 127–128, Thomas Papers。The finalization dates come from Ralph M. Showers, "Influence of IEC Work on National Electromagnetic Compatibility Standards," *ElectroMagnetic Compatibility 1993: 10th International Zurich Supplement to Symposium and Technical Exhibition on Electromagnetic Compatibility* (Zurich: EMC Proceedings Editor, March 1993), 7–8。

76 Minutes of C63, February 4, 1964, 159; February 4, 1965, 176; July 8, 1966, 191, Thomas Papers.

77 Minutes of C63, December 12, 1968, 242–43; July 24, 1969, 254–56; December 11, 1969, 264–67, Thomas Papers.

78 例如，1963 年，其成员机构之一国家电气制造商协会（NEMA）提议将其标准之一制定为美国标准。(Minutes of C63, March 28, 1963, 154, Thomas Papers).

79 Minutes of C63, February 1, 1968, 213–16; July 26, 1968, 230–35; December 12, 1968, 242 and appendix A (dated January 1969), all in the Thomas Papers.

80 Ralph Showers to Bea[trice] Showers, The Hague, Midnight, Tuesday eve., [1958], and Showers to Bea, Amsterdam, Sun. Eve., [1958], in "Traveling the World with BeaBea and DaDa."

81 Minutes of C63, May 5, 1960, 117–18; December 6, 1960, 132–33, Thomas Papers.

82 Minutes of C63 Steering Committee, February 10, 1960, 29–30; May 5, 1960, 120–21, Thomas Papers.

83 Letter from Pakala to US representatives, October 17, 1960, 转自 minutes of C63, December 6, 1960, 134, Thomas Papers; [Pakala] to US representatives on CISPR Working Groups and to all members of C63, memorandum, January 30, 1961, exhibit H to minutes of C63, December 6, 1960, Thomas Papers。

84 Minutes of C63, June 14, 1961, 142–45, Thomas Papers. By the first post-CISPR meeting of C63, 提供了一份关于国际无线电干扰特别委员会（CISPR）费城会议的初步财务报告，但 CISPR 主要办事处尚未印发会议报告。Minutes of C63, March 28, 1963, 150–52 and exhibit B, Thomas Papers.

85 A. H. Ball and W. Nethercot, *Radio Interference from Ignition Systems: Comparison of American, German and British Measuring Equipment, Techniques*

and Limits, paper no. 3550 E (London: Institution of Electrical Engineers, May 1961), 273–78.

86 Committee Correspondence, B. H. Short to Mr. W. E. Pakala, subject: "Report of February 9 and 10, 1960, Meeting of the CISPR Working Group #4—Interference from Ignition Systems," Frankfurt, Germany, exhibit B to minutes of C63, May 5, 1960, 2, Thomas Papers.
87 Committee Correspondence, B. H. Short to Mr. A. C. Doty Jr., exhibit E to minutes of C63, December 6, 1960, Thomas Papers. 汽车工程师学会（SAE）的声明来自本文档的附录1，John M. Roop, SAE, to B. H. Short, September 20, 1960, 2。
88 Committee correspondence, B. H. Short to Mr. A. C. Doty Jr., exhibit E, 2.
89 Minutes of C63, December 6, 1960, 133（引用），以及 exhibit G, W. E. Pakala to S. David Hoffman, January 13, 1961, Thomas Papers。
90 "Horn Not Enough—Motorists May Signal Others by Radio," *Broadcasting: The Weekly Newsmagazine of Radio*, August 19, 1946, 66.
91 *Anderson Daily Bulletin*, February 2, 1960, 4.
92 Ball and Nethercot, *Radio Interference*, 274.
93 Ball and Nethercot, *Radio Interference*, 277.
94 B. H. Short to Mr. A.C. Doty Jr., December 6, 1960, 2.
95 Minutes of C63, February 4, 1964, 160–61, Thomas Papers.
96 Minutes of C63, February 4, 1964, 163–64. 本段所有引文均来自此处。
97 Minutes of C63, June 19, 1964, 168, Thomas Papers.
98 Minutes of C63, February 4, 1965, 3, Thomas Papers.
99 Minutes of C63, February 4, 1965, 3.
100 像肖特一样，鲍尔也坦率地写了关于 WG4 的文章。他也更加积极，这在随后的引用中可以看到。
101 Frederick Bauer to Ralph M. Showers, November 30, 1998, courtesy of Janet Showers Patterson.
102 Minutes of C63, July 8, 1966, exhibit B, 7, Thomas Papers.
103 Minutes of C63, February 4, 1965, 17 (quote), 178.
104 Minutes of C63, February 2, 1966, 184–18, Thomas Papers.
105 Minutes of C63, February 4, 1965, exhibit B, 4.
106 Frederick Bauer, report on meeting of WG4, CISPR, April 25–29, in minutes of C63, July 8, 1966, exhibit B, 2, Thomas Papers.
107 Bauer, report on meeting of WG4, CISPR, April 25–29, 10–11.
108 Report on meeting of WG4, CISPR, April 2–5, 1967, exhibit B in minutes of C63,

June 19, 1967, 1, 3–5, 10–11, Thomas Papers.

109　Report on meeting of WG4, CISPR, April 2–5, 1967, exhibit B, 11.

110　Report on meeting of WG4, CISPR, April 2–5, 1967, exhibit B, 1.

111　类似于以计算机科学的名义超越冷战分歧，参见 Ksenia Tatarchenko, "'The Anatomy of an Encounter: Transnational Mediation and Discipline Building in Cold War Computer Science," in *Communities of Computing: Computer Science and Society in the ACM*, ed. Tom MiSA(New York: ACM Books and Morgan and Claypool, 2016), 199–227。

112　鲍尔在 1966 年布拉格第 4 工作组会议上的代表名单表明，德意志联邦共和国、意大利、英国（四名代表中的三名）和美国是仅有的由私人企业派驻代表的国家，而奥地利、捷克斯洛伐克、丹麦、法国、荷兰、挪威、瑞典、苏联和南斯拉夫是由政府派驻代表的国家 (Bauer, report on meeting of WG4, CISPR, April 25–29, 1966, in minutes of C63, July 8, 1966, exhibit B, Thomas Papers, emphasis in the original)。

113　Bauer, report on meeting of WG4, CISPR, April 25–29, 1966, 11.

114　Report on meeting of WG4, CISPR, April 2–5, 1967, 8.

115　Report on meeting of WG4, CISPR, April 2–5, 1967, 8.

116　Minutes of C63 Sub-Committee 3, June 28, 1967, in exhibit C to minutes of C63, February 1, 1968, Thomas Papers.

117　S. A. Bennett, J. J. Egli, H. Garlan, G. C. Hermeling, and R. M. Showers, "Report of Delegates to the Plenary Assembly of the International Special Committee on Radio Interference (CISPR)," August 26–September 7, 1967, 5, in exhibit D to minutes of C63, February 1, 1968, Thomas Papers.

118　Minutes of C63, February 1, 1968, 219–20.

119　Compiled from a series of Showers's curriculum vitae, 由珍妮特·肖沃斯·帕特森提供。

120　Minutes of C63, June 23, 1978, 2, Thomas Papers. 此外，美国电气工程师学会是 1963 年合并成电气和电子工程师协会的两个组织之一，早在 1900 年之前就有了自己的标准化委员会（参见第一章）。

121　根据肖沃斯的说法，美国国家标准学会（ANSI）的重组是由管理和预算局（OMB）公告 A-119 "Federal Participation in the Development and Use of Voluntary Standards," 发起的，minutes of C63, August 21, 1981, 9, Thomas Papers。考虑到法院在 Hydrolevel 案中对美国机械工程师协会（ASME）做出的极其昂贵的裁决，对反垄断行动的担忧显然也是一个因素；参见 Hedvah L. Shuchman, "Professional Associations and the Regulation of Standard-Setting," Perspectives on the Professions 3, no. 3 (1983): 6–10。

122 列表上的公司参加了接下来的诸多会议：minutes of C63, October 12, 1979; March 26, 1980; October 10, 1980, Thomas Papers。

123 参见 minutes of C63, December 9, 1994, 1–2, Showers Papers。上次会议（December 2–3, 1993, 1–2, Showers Papers）的会议记录列出了不代表组织的企业而作为客人的参会者。要么在 1994 年有所变化，要么准备会议记录的两位秘书（Luigi Napoli in December 1993 and W. Kesselman in December 1994）对成员资格有不同的解释。

124 Sue Vogel (secretary, C63) to members of C63, memorandum, June 26, 1990, Showers Papers.

125 Minutes of special meeting of C63, January 16, 1979, 7, Thomas Papers.

126 摘自美国国家标准学会 (ANSI) 于 2011 年 10 月 12 日颁发给伊莱休·汤姆森的电工奖章，引自 Heirman, "Completed Careers: Ralph Showers 1918–2013," 44。

127 Minutes of C63, April 6, 1983, 4, Thomas Papers。会议在华盛顿特区的联邦通信委员会办公室举行。

128 Minutes of C63, "Policy on Immunity Standards" (adopted April 6, 1983), C63 会议纪要的非指定附件, April 6, 1983, 4, Thomas Papers。

129 Minutes of C63, October 12, 1979, 8; Ralph M. Showers, "Voluntary Standardization for Electromagnetic Compatibility," in *Proceedings of the 1978 Electromagnetic Interference Workshop*, ed. M. G. Arthur, NBS Special Publication 551 (Washington, DC: National Bureau of Standards, 1979), 12–19. 参考列表在第 17—18 页。

130 Minutes of C63, October 12, 1979, 8.

131 Minutes of C63, March 26, 1980, 3–5, 加上附件 C-E, Thomas Papers。引自附件 B, "Scope, Purpose and Approach of an EMC Standard"。

132 Minutes of C63, August 21, 1981, 3–4 (引自 3), 以及附件 C, Thomas Papers。

133 J. 耶茨对 C63 前任主席唐·赫尔曼 (2014 年 8 月 9 日) 和现任主席丹·霍利汉 (2014 年 8 月 9 日)（两份记录都保存在威尔明顿的哈格利博物馆和图书馆）的采访，都强调了一个持续存在的问题，即缺少活跃成员。这一问题在 2015 年 7 月 18 日唐·赫尔曼给 J. 耶茨的私人电子邮件中做出过解释。

134 Don Heirman to Ed Bronaugh and Al Smith, memorandum, February 7, 1983 (with a copy of ANSI C63.4-1981 attached); Don Heirman, marked-up copy of C63.4, March 30, 1983, and report of the voting on C63.4-1981; Ray Magnuson to committee, August 16, 1983, summary of comments on "Do Not Approve" ballots from that voting; "Notes on Meeting of Ad Hoc Committee on Open Area Test Sites (OATS) Amendment to C63.4," April 27, 1984; and Showers to Ad Hoc

Committee on OATS Amendment to C63.4, May 15, 1984, with "a first attempt (Draft 11, May 1984) to accommodate many of the comments submitted during the voting on the OATS document," 均收录在 Showers Papers。

135 Siegfried Linkwitz and Ray Magnuson to Fred Huber, August 4, 1987, copied to the IEEE Board of Standards Review and the Ad Hoc Subcommittee working on incorporating OATS material into C63.4, Showers Papers. For the second flurry, see, Ed Bronaugh to "Members Ad Hoc Committee to Work MP-4, MP-4 'A' and CBEMA Proposed MP-4 into C63.4," September 4, 1987, Showers Papers.

136 Fred Huber to Ralph Showers, September 21, 1988; and Showers to Huber (with results of his agreement to revise certain sections of C63.4), Draft 2, March 23, 1988, Showers Papers.

137 C63.4/D11, Revision of ANSI C63.4-1988, 该草案未得到批准, Feb 6, 1990, in Binder on C63.4/D11 balloting, Showers Papers。投票结果来自同一活页夹中一张未注明日期的手写纸条，标题为"ballot C63.4/D11 closed on 4/9/90"。

138 Showers to Kristin Dittman, April 30, 1990; Glen Dash to Showers, May 1, 1990; "Further Corrections to C63.4D11," May 21, 1990; "Actions Taken with regard to Negative Ballots on C63.4D11," May 21, 1990; ballot on revised draft 11.3, June 14, 1990, from Art Wall; Showers to Vogel, June 25, 1990, 均收录在 Binder on C63.4/D11 balloting, Showers Papers。

139 Showers, "Actions Taken as a Result of the Reballotting of the Revision of C63.4," attachment to July 10, 1990, letter to Sue Vogel, in Binder on C63.4/D11 balloting, Showers Papers.

140 Vogel to members of C63, memorandum, subject: "Final draft-C63.4," August 5, 1990; Roger McConnell to Showers, comments on "Final Draft-C63.4," September 19, 1990; faxed letter from Heirman to Showers and others on McConnell's comments, October 2, 1990; John Hirvela to Showers, October 2, 1990; Bronaugh to Showers, Heirman, and Vogel, October 9, 1990; Heirman to Showers, October 10, 1990; Showers to Vogel, October 12, 1990; James B. Pate and Albert A. Smith Jr. to Showers, October 16, 1990; Robert McConnell to Showers, October 20, 1990, all in C63.4/D11 binder, Showers Papers.

141 "Chronology of C63.4-1991 Letter Ballot, 20 Feb 1991," binder on C63.4/D11 ballotting, Showers Papers. 参见克莉丝汀·迪特曼（Kristin Dittmann）编辑的文章草稿，"Accredited Standards Committee C63 Revises Its Standard on the Measurement of Radio Noise Emissions (C63.4)," for publication in the IEEE Standards Bearer, Showers Papers。在这一过程中，它的范围稍微扩大了一些，更名为"Methods of Measurement of Radio-Noise Emissions from Low-

Voltage Electrical and Electronic Equipment in the Range of 9 kHz to 1 GHz (revision of ANSI C63.4-1988)", rather than from 10 kHz to 1 GHz (see ANSI Standard C63.4-1991, IEEE Explore Digital Library, accessed July 19, 2017, http://ieeexplore.ieee.org/stamp/stamp.jsp?tp=&arnumber=159236)。

142 在 2013 年的追悼会上，珍妮特·肖沃斯·帕特森、卡洛琳·肖沃斯和弗吉尼亚·肖沃斯·怀特（Virginia Showers White）回忆了其父亲，由肖沃斯的家人提供。

143 引自 Heirman, "Completed Careers: Ralph Showers 1918–2013," 46。

144 关于消费电子行业的这次损失，请参见 Alfred D. Chandler Jr., Inventing the Electronic Century: The Epic Story of the Consumer Electronics and Computer Industries (New York: Free Press, 2001)。

145 "U.S. Industry's Stake in International Standards Making," special supplement, *EIA Weekly Report to the Electronic Industries* (no date indicated), exhibit C of minutes of C63, December 16, 1971, Thomas Papers.

146 Minutes of C63, December 16, 1971, 6, Thomas Papers.

147 USNC 1657, "Voting Policy of the USNC/IEC (1973 年 12 月 5 日由执行委员会批准)," attachment to minutes of C63, December 12, 1974, Thomas Papers。

148 Handwritten manuscript of Ralph Showers's acceptance speech when he was awarded the IEC Lord Kelvin Award in 1998, courtesy of Janet Showers Patterson.

149 Heirman, "Completed Careers: Ralph Showers 1918–2013," 44; IEC, "Granting of the IEC Lord Kelvin Award in Houston," news release, October 21, 1998, courtesy of Janet Showers Patterson.

150 Minutes of C63, December 12, 1974, Thomas Papers.

151 Dan Hoolihan, interview by J. Yates.

152 参见 letter, Showers to J. E. Bridges, Michael De Lucia, E. D. Knowles, and R. E. Sharp, January 23, 1973, Showers Papers，在这个过程中，肖沃斯以技术顾问的身份请求对拟议的国际无线电干扰特别委员会（CISPR）文件进行评论，以帮助确立美国在该文件上的立场。

153 从 1971 年到 2000 年，他的纳税申报单上的抵扣页（由珍妮特·肖沃斯·帕特森提供）显示，他为自己支付的大量国内和国际旅行进行了抵扣。例如，1972 年，他列出了 1 111 美元的差旅费，这相当于 2017 年的 6 715 美元。当他还是国际无线电干扰特别委员会（CISPR）的主席时，他的旅行增加了很多。1985 年，也就是他担任该职位的最后一年，他申报了 8 936 美元的未报销差旅费，相当于 2017 年的 20 329 美元。（所有的转换都是用通货膨胀计算器完成的，在 https://www.officialdata.org/, accessed May 4, 2017。）

154 关于他的思乡之情，参见 Ralph to Bea Showers, September 5, 1967, from Copenhagen, in "Traveling the World with BeaBea and DaDa." The table of contents of this document indicates each trip location, date, and who wrote letters/postcards. Starting in 1970, correspondence was mostly from Bea Showers。

155 Ralph Showers to John O'Neil, August 13, 1973, copy for Mrs. Showers, 由珍妮特·肖沃斯·帕特森提供。"Traveling the World with BeaBea and DaDa"的内容显示，到那时，她已经陪同他进行了四次主要的国际旅行，其中至少三次是 CISPR 会议，要么是全体会议，要么是工作组会议。

156 在 1971 年的 C63 会议上，肖沃斯解释说，英国曾提议在同一领域建立一个纯粹的国际电工委员会（IEC）的委员会；"问题在于，国际无线电干扰特别委员会（CISPR）在某种程度上是一个与 IEC 委员会竞争无线电干扰事务管辖权的自治组织。"他推测，妥协可能会使 CISPR 程序与 IEC 的程序更加一致。Minutes of C63, December 16, 1971, 6, Thomas Papers.

157 Åkerlind, *Fifty Years of CISPR*, 12, 14.

158 这个过程各个部分的例子可以在 CISPR/A (Secretariat) and CISPR/A (Central Office /Bureau Central) 中找到, obtained in scanned form directly from Donald Heirman, former CISPR chairman。这些论文可以在 MSA291, Donald N. Heirman Papers, Karnes Archives and Special Collections, Purdue University [之后成为 Heirman Papers] 中找到。

159 之前的版本，可参见 CISPR/A (Central Office) 14, March 1980, "Report on the Voting under the Six Months Rule for the approval of Document CISPR/A (Central Office) 9," Central Office Documents 13–88, 1980–94; for the later IEC form, see, for example, CISPR/A (Central Office) 71, annex A, result of voting on DIS—Document CISPR/A (Central Office) 58, date of ballot November 30, 1991, in Central Office Documents 13–88, 1980–94, both in Heirman Papers。

160 例如，参见 "Changes in CISPR/A (Central Office) 9 Suggested as a Result of the Voting under the Six Months Rule," appendix to IEC/CISPR/A (Central Office) 14, March 1980, "Report on the Voting under the Six Months' Rule for the Approval of Document CISPR/A (Central Office) 9," in Central Office Documents 13–88, 1980–94, Heirman Papers。

161 如 Ralph Showers, ca. 1991 简历中所展现的那样，由珍妮特·肖沃斯·帕特森提供。

162 Minutes of C63, June 23, 1978, 14; see also Åkerlind, *Fifty Years of the CISPR*, annex 2, 12.

163 V. A. Leonov to Showers, March 5, 1984, Showers Papers.

164 国际无线电干扰特别委员会（CISPR）首位女主席，是来自瑞典的贝蒂娜·芬克（Bettina Funk），于 2016 年开始她的任期 (IEC/CISPR, accessed August 18, 2017, http://www.iec.ch/emc/iec_emc/iec_emc_players_cispr.htm)。当被问及第一批女性 CISPR 代表时，一位前 CISPR 主席回忆说，1989 年有两三个苏联女性参加了列宁格勒的会议，部分原因是她们的英语比许多男性同事说得更好，从那时起，总共不超过 6 名女性 (personal communication from Don Heirman to J. Yates, July 9–10, 2017)。

165　例如，在 2013 年 9 月 17 日，国际无线电干扰特别委员会（CISPR）的日本代表、CISPR/日本全国委员会秘书 Katsuaki Hoshi 发来的唁电中（贴在拉尔夫·肖沃斯的互联网纪念留言簿上），肖沃斯"在 1973 年介绍我们（日本代表）加入 CISPR"，并鼓励积极参与。

166　私人信件，来自珍妮特·肖沃斯·帕特森，2018 年 4 月 1 日。

167　戴维·迪克森，于 2013 年 9 月 16 日发布，并于 2013 年 9 月 16 日通过电子邮件发送给珍妮特·肖沃斯·帕特森，由珍妮特·肖沃斯·帕特森提供。

168　最近，他指导过的一位年轻同事唐·赫尔曼也走上了他的道路。赫尔曼在 2007—2016 年担任 CISPR 主席。J. 耶茨对唐·赫尔曼的采访；也可参见 "Oral-History: Don Heirman," *Engineering and Technology History Wiki*, accessed August 16, 2017, http://ethw.org/Oral-History:Don_Heirman。

169　Hugh Denny, quoted in Heirman, "Completed Careers: Ralph Showers 1918–2013," 45.

170　Herb Mertel, as quoted in Heirman, "Completed Careers: Ralph Showers 1918–2013," 46. 下一个引用来自鲍勃·霍夫曼（Bob Hofmann），来源同上。

171　鲍尔致肖沃斯，1998 年 11 月 30 日，由珍妮特·肖沃斯·帕特森提供。

第七章　20 世纪 80 年代至 21 世纪初：计算机网络开创标准制定新纪元

1　TC97 第一次会议，参见 Andrew L. Russell, *Open Standards and the Digital Age: History, Ideology, and Networks* (Cambridge: Cambridge University Press, 2014), 147–148。X3 的成立日期，参见 "SDO: InterNational Committee for Information Technology Standards," ANSI, accessed June 29, 2016, http://www.standardsportal.org/usa_en/sdo/incits.aspx。

2　ＪＴＣ１和国际电工委员会（IEC）的技术委员会，参见 IEC 的时间表，"Techline," IEC, accessed August 17, 2017, http://www.iec.ch/about/history/techline/swf/；以及 ISO 主页的 JTC1, "ISO/IEC JTC1—Information Technology," ISO, accessed August 17, 2017, http://www.iso.org/iso/home/

standards_development/list_of_iso_technical_committees/jtc1_home.htm。1960年，IEC 还成立了计算机与信息处理技术委员会——IEC TC53，但在 1990年解散。

3 Russell, *Open Standards*, 172.

4 Russell, *Open Standards*, 149; ACM 的形成参见 JoAnne Yates, *Structuring the Information Age: Life Insurance and Information Technology in the 20th Century* (Baltimore: Johns Hopkins University Press, 2005), 296n3。

5 国际信息处理联合会（IFIP）将自己定位为"信息与通信技术与科学领域领先的跨国、非政治性组织"，代表信息技术社会，并得到联合国教科文组织的认可。"About IFIP," IFIP website, accessed August 17, 2017, http://www.ifip.org/index.php?option=com_content&task=view&id=124&Itemid = 439.

6 Russell, Open Standards, 147–261. 这部分，我们大量引用了他的论述，以及 Janet Abbate, Inventing the Internet (Cambridge, MA: MIT Press, 1999)。互联网名字与编号分配机构（ICANN）经常被认为是互联网治理的工具，因此有时也被错误地认为是一个标准化机构。虽然它是一个涉及多方利益的机构，但它并不制定技术标准。它对互联网命名功能提供中央监督，但不直接管理该功能。互联网治理专家劳拉·德纳迪斯（Laura DeNardis）推测，对 ICANN 的巨大关注源于两个因素：它监督的域名比基础技术协议对互联网用户更可见，以及围绕美国在形成 ICANN 中角色的国际争议 (Laura DeNardis, *The Global War for Internet Governance* [New Haven, CT: Yale University Press, 2014], 22)。关于互联网治理中涉及的不同机构及其功能的差异，请参阅 Mark Raymond and Laura DeNardis, "Multistakeholderism: Anatomy of an Inchoate Global Institution," *International Theory* 7, no. 3 (2015): 572–616。他们将 ICANN 的功能归类为控制"关键的互联网资源"，而不是设定互联网标准。

7 Abbate, *Inventing the Internet*, 8–41.

8 Abbate, *Inventing the Internet*, 73–74; Russell, *Open Standards*, 168–69.

9 Russell, Open Standards, 170–71. 瑟夫很快就会为国防部高级研究计划局工作。同样是在 1972 年，ARPA 在其名称的开头加上了"Defense"，并在首字母缩写中加上了字母 D，成为 DARPA（除了在 20 世纪 90 年代有一段短暂的时间恢复为 ARPA），但简单起见，我们在本章将其称为 ARPA。

10 Russell, *Open Standards*, 172–73.

11 Russell, *Open Standards*, 173–75, 引自第 174 页。对 ISO TC97 的引用来自瑟夫 1974 年的一份文件，第 174—175 页。.

12 Abbate, *Inventing the Internet*, 122, 127, 140.

13 Russell, *Open Standards*, 178–79, 183–87.

14 Abbate, *Inventing the Internet*, 160.
15 Russell, *Open Standards*, 187–88, 193–96. 1976年春，国际电话电报咨询委员会（CCITT）工作组就提交给全体会议的建议做出决定后，国际网络工作组的投票结果才被公布。投票结果显示，多数人赞成妥协，但也有许多人弃权，包括罗伯特·卡恩。
16 Russell, Open Standards, 202–213.
17 尽管如此，ISO确保TC97第16小组委员会建立正式的联络机制，与国际电话电报咨询委员会（CCITT）协调和分享这一领域的标准制定工作；此外，IBM通过其运营的各个国家（如英国、法国）的委员会代表团的代表，在不同的时间点干预并放慢了速度 (Russell, *Open Standards*, 218–219)。
18 这七层，参见 ISO/IEC International Standard 7498-1, in *Information Technology—Open Systems—Interconnection—Basic Reference Model: The Basic Model*, 2nd ed. November 15, 1994, corrected and reprinted June 15, 1996 (Geneva: ISOand IEC, 1996), 34。
19 Russell, *Open Standards*, 241–58.
20 Carl F. Cargill, *Open Systems Standardization: A Business Approach* (Upper Saddle River, NJ: Prentice Hall PTR, 1997), 73–74. 关于嘉吉公司最近的合作关系，请参见 the Adobe website, accessed March 23, 2018, https://www.adobe.com/devnet/author_bios/carl-cargill.html。
21 Series II, X3T2 materials, Boxes 6–8, Freeman Papers, Haverford College Archives; the quotation is from "Meeting 36," Box 7, Folder 8.
22 Abbate, *Inventing the Internet*, 142–45; the paper is Fred C. Billingsley, "An Almost-Everything—Independent Data Transfer Method," March 23, 1987, X3T2 Documents 1985–1999, Freeman Papers.
23 Abbate, *Inventing the Internet*, 206–8; Russell, *Open Standards*, 239–41. For the date and history of the early meetings, see Scott Bradner, "The Internet Engineering Task Force," in *Open Sources: Voices from the Open Source Revolution*, ed. Chris DiBona and Sam Ockman (Sebastopol, CA: O'Reilly Media, 1999), 47–53.
24 Andrew L. Russell, "'Rough Consensus and Running Code' and the Internet-OSI Standards War," *IEEE Annals of the History of Computing* 28 (July-September 2006): 48–61. 戴维·克拉克引自他的 "A Cloudy Crystal Ball: Visions of the Future" (1992年7月3日至17日，马萨诸塞州剑桥镇，因特网工程任务组第24次会议上的全体报告)，引自 Russell, "'Rough Consensus and Running Code,'" 49, 55。
25 参见 Russell, *Open Standards*, 229–261, 这是一篇关于互联网发展过程中专制

与民主相互抵消的精彩讨论。此后，互联网架构委员会（IAB）进一步扩大了其成员范围。

26　Gary Malkin, "The Tao of IETF: A Guide for New Attendees of the Internet Engineering Task Force," RFC 1391, IETF (1993), accessed August 17, 2017, https://tools.ietf.org/rfc/rfc1391。关于它目前的形式（副标题略有变化），参见 Paul Hoffman, ed., "The Tao of IETF: A Novice's Guide to the Internet Engineering Task Force," IETF (2012), accessed August 17, 2017, http://www.ietf.org/tao.html。取代了征求意见稿（RFC）版本的万维网版本是基于2006年发布的 RFC 4677 版本而来的，并由霍夫曼和苏珊·哈里斯(Susan Harris)编辑。其转换为网页的描述出自 RFC 6722, "Publishing the 'Tao of the IETF' as a Web Page," IETF (2012), accessed August 17, 2017, https://tools.ietf.org/html/rfc6722。RFC 在 1994 年进行了两次修订，然后是 2001 年和 2006 年的修订，直到 2012 年才变成网页。

27　引自 2012 webpage version, Hoffman, "The Tao of IETF," Sec. 2; it has only minor changes of wording from original 1993 version。

28　引自 2012 webpage version, Hoffman, "The Tao of IETF," Sec. 4.2; the wording is identical in earlier versions, but section numbers vary。在 2001 年版本的原始部分中，额外的文本注释如下："并且，如果你思考一下，当它无法计算出参与者时，你如何在一个任何人都可以加入的群体中进行'投票'？"Susan Harris, ed., "The Tao of IETF: A Novice's Guide to the Internet Engineering Task Force," RFC 3160, Sec. 3.2, IETF (2001), accessed August 17, 2017, https://tools.ietf.org/pdf/rfc3160)。

29　关于因特网工程任务组（IETF）为什么以及如何被大量使用的详细讨论，请参见 P. Resnick, "On Consensus and Humming in the IETF," RFC 7282, IETF (2014), accessed August 17, 2017, https://tools.ietf.org/html/rfc7282。

30　参见 J. Galvin, "IAB and IESG Selection, Confirmation, and Recall Process: Operation of the Nominating and Recall Committees," in *BCP [Best Current Practices] 10*, RFC 3777, IETF (June 2004), accessed August 17, 2017, https://tools.ietf.org/html/rfc3777。

31　蒂莫西·西姆科（Timothy Simcoe）发现，"从 1992 年到 2000 年，从初稿到最终规范的平均时间从 7 个月增长到 15 个月"（"Delay and De Jure Standardization: Exploring the Slowdown in Internet Standards Development," in Standards and Public Policy, ed. Shane Greenstein and Victor Stango [New York: Cambridge University Press, 2007], 260–295, quote from p. 262）。他认为，在互联网商业化的这一时期，因特网工程任务组（IETF）与会者的增多促成了这一增长。他的措施从第一个公布的草案开始，因此省略了从第一个想法

到那个点的时间，这可能也是重要的。

32　Richard Barnes, interview by J. Yates, January 15, 2015.

33　DeNardis, *The Global War for Internet Governance*, 73.

34　O. Kolkman, S. Bradner, and S. Turner, "Characterization of Proposed Standards," RFC 7127, IETF (January 2014), accessed March 28, 2018, https://tools.ietf.org/html/rfc7127.

35　参见 archived IETF email list messages from the period right before the July 1992 meeting in ftp://ftp.ietf.org/ietf-mail-archive/ietf/ under 1992–07 (accessed July 7, 2016)。也可参见 Russell, *Open Standards*, 244–46, for reference to the flame wars and Russell, " 'Rough Consensus and Running Code,' " 55, for a description of the meeting. 自 20 世纪 90 年代中期以来，研究计算机中介传播的语言学家观察到，这种交流方式倾向于吸引男性参与者，但排斥女性参与者。关于这一文献的开端，请参阅 Susan Herring, "Gender Differences in Computer-Mediated Communication: Bringing Familiar Baggage to the New Frontier" (keynote talk at panel entitled "Making the Net*Work*" at American Library Association annual convention, Miami, FL, June 27, 1994), accessed March 28, 2018, http://www.universalteacher.org.uk/lang/herring.txt。

36　Malkin, "The Tao of IETF."

37　本段引自 2013 年 5 月 14 日和 5 月 16 日 J. 耶茨对鲁斯·休斯利的采访。

38　Russell, *Open Standards*, 217–19.

39　安德鲁·拉塞尔（与 J. 耶茨的私人交谈，2018 年 1 月 10 日）注意到，这种平衡规则的缺乏也避免了监督，因为在 ANSI 委员会中，一方可以在不充分平衡的基础上挑战更高级别的决定。随着互联网的全球化，全球平衡的问题也出现了，本章后续将会对此进行讨论。

40　J. 耶茨对鲁斯·休斯利的访谈，2013 年 5 月 14 日和 5 月 16 日。.

41　Andrew Updegrove, "The Essential Guide to Standards," ConsortiumInfo.org, accessed August 17, 2014, http://www.consortiuminfo.org/essentialguide/. 在 2013 年的一次采访中，厄普德格罗夫表示，他已经成立了 120 个联盟，据他所知，只有另外两家律师事务所成立了"大量"联盟，但比他的要少，他所知的其他大部分联盟都是由刚刚成立的一两个律师事务所创建的。厄普德格罗夫接受墨菲和耶茨的采访，2013 年 2 月 27 日。

42　有关各种法律形式的讨论，请参阅 Updegrove, "Essential Guide," "II—What is a Consortium?"

43　Tineke M. Egyedi, "Consortium Problem Redefined: Negotiating 'Democracy' in the Actor Network on Standardization," *International Journal of IT Standards and Standardization* 1, no. 2 (July-December 2003): 23。有关各种标准联盟在

当代的延伸性讨论，请参阅 Andrew Updegrove, "Dissecting the Consortium: A Uniquely Flexible Platform for Collaboration," *Standards Today* 9, no. 1 (January/February 2010): 1–17。

44 参见 Updegrove, "Dissecting the Consortium," 6。

45 Andrew Updegrove, "1988—the Year of the Consortium," Gesmer Updegrove LLP, accessed August 17, 2017, http://www.gesmer.com/news/july-1989-issue-of-the-technology-law-bulletin-1988—the-year-of-the-consortium. 原载于 the July 1989 issue of the *Technology Law Bulletin*。

46 Biographical information on Cargill from the Adobe website, accessed March 23, 2018, https://www.adobe.com/devnet/author_bios/carl-cargill.html.

47 Carl F. Cargill, "Consortia and the Evolution of Information Technology Standardization," in *Standardisation and Innovation in Information Technology: SIIT'99 Proceeding: Aachen, September 15–17, 1999*, edited by K. Jakobs and R. Williams (Piscataway, NJ: IEEE), 37–42.

48 Andrew L. Russell, "Dot-org Entrepreneurship: Weaving a Web of Trust," *Entreprise et Histoire* 51 (June 2008): 48. 他还指出，另外支持标准联盟的立法在随后几年通过了（第49页）。

49 Cargill, "Consortia," 2–8.

50 然而，厄普德格罗夫认为，以战略目标建立的联盟不如非战略联盟成功和持久 (Andrew Updegrove, "Forming, Funding, and Operating Standard-Setting Consortia," *IEEE Micro* 13, no. 6 (December 1993): 52–61)。

51 Cargill, *Open Systems Standardization*, 222–25.

52 Cargill, *Open Systems Standardization*, 219–22.

53 参见 "About Us," Open Group, accessed August 17, 2017, http://www.opengroup.org/aboutus。

54 Cargill, "Consortia," 8.

55 Andrew Updegrove, "Changing Industries /Changing Consortia: 13A (A Case Study)," *Consortium Standards Bulletin* 2, no. 3 (February 2003), accessed August 17, 2017, http://www.consortiuminfo.org/bulletins/feb03.php#trends.

56 参见 "History of Ecma," Ecma International, accessed August 17, 2017, http://www.ecma-international.org/memento/history.htm。除非另有说明，本段引用均出自那段历史。

57 欧洲计算机制造商协会（ECMA）章程，引自1962年的ECMA备忘录，在1992年之后每年都被提起。1993年的ECMA备忘录显示了修改后的章程，对硬件和软件有着不同的定义。1962年到2016年的ECMA备忘录可以在 http://www.ecma-international.org/publications/memento_index.htm (accessed

August 17, 2017) 下载。

58　Egyedi, "Consortium Problem Redefined," 23.

59　Egyedi, "Consortium Problem Redefined," 34.

60　Andrew Updegrove, "Openness and Legitimacy in Standards Development," *Standards Today* 11, no. 1 (November 2012), accessed September 4, 2018, https://www.consortiuminfo.org/bulletins/nov12.php#feature.

61　ISO/IEC JTC1 N535, August 31, 1989, "Directives for the Work of ISO/IEC Joint Technical Committee 1 (JTC1) on Information Technology," 25, accessed August 17, 2017, http://isotc.iso.org/livelink/livelink?func=ll&objId=6721404&objAction=browse. 也可参见 Tineke Egyedi, "Shaping Standardization: A Study of Standards Processes and Standards Policies in the Field of Telematic Services" (PhD thesis, Technische Universiteit Delft, 1996)。埃杰迪简要总结了 ISO/IEC 的一般步骤 (106–108, based on ISO/IEC Directives, Part 1, 1992, p. 16)，并指出快速通道程序是在 1987 年为 ISO 和 IEC 建立的。她还追溯了快速通道程序演变的细节 (108–111)。

62　ISO/IEC JTC1 N535, 35–36; Tineke M. Egyedi, "Why Java Was—Not—Standardized Twice," *Computer Standards & Interfaces* 23 (2001): 253–265, 详见第 257 页。

63　例如，2000 年 10 月 24 日，一个给 IEEE802 列表的消息，转发了一个公告，"ISO/IEC JTC1 已经批准 IEEE 的计算机学会和 ISO/IEC JTC1/SC7（软件和系统工程）之间的 Type A 联络"，accessed March 22, 2018, http://www.ieee802.org/secmail/msg00931.html。

64　John L. Hill, "Publicly Available Specification: A New Paradigm for Developing International Standards," *Computer* 28, no.10 (October 1995): 97–98. 埃杰迪（"Java," 257）将 JTC1 的 PAS 程序确定为 1994/1999 年，这意味着该程序在 1999 年正式开始（而不仅仅是试用）。

65　List of approved PAS submitters to JTC1 (past and current), accessed August 17, 2017, http://isotc.iso.org/livelink/livelink?func=ll&objId=8913248&objAction=browse&sort=name.

66　ISO/IEC Directives Part 1, Edition 12.0. 2016-05, IEC website, accessed August 18, 2017, http://www.iec.ch/members_experts/refdocs/. 事实上，该指令的 JTC1 补充仍在发布，以突出该指令和其他 JTC1 特定的过程（参见 "ISO/IEC Directives, Part 1: Consolidated JTC 1 Supplement 2015—Procedures specific to JTC 1, Based on ISO/IEC Directives Part 1 Eleventh Edition- 2014," IEC, accessed August 18, 2017, http://www.iec.ch/members_experts/refdocs/)。它指的是该文件的早期版本，可能始于 20 世纪 90 年代中期。在更广泛的 ISO/IEC

指令中，一个 PAS 的有效期为三年，可以延长为另一个期限，但最终必须失效或遵循正常程序成为国际标准。目前，IEC 本身将 PAS 定义为"响应紧急市场需求的出版物"，通常反映"在 IEC 外部组织（如制造商或商业协会、工业联盟、用户组及专业和科学协会）的共识"。它的目的是将工业联盟的工作纳入 IEC 的范围。"Publicly Available Specifications (PAS)," IEC, accessed July 13, 2016, http://www.iec.ch/standardsdev/publications/pas.htm.

67　Joseph Farrell and Garth Saloner, "Coordination through Committees and Markets," *RAND Journal of Economics* 19, no. 2 (1988): 235–52.

68　关于万维网和万维网联盟出现的讨论基于 Tim Berners-Lee, *Weaving the Web: The Original Design and Ultimate Destiny of the World Wide Web by Its Inventor* (New York: Harper Collins, 1999); Russell, "Dot-org Entrepreneurship," 44–56; Andrew Russell, "Constructing Legitimacy: The W3C's Patent Policy," in *Opening Standards: The Global Politics of Interoperability*, ed. Laura DeNardis (Cambridge, MA: MIT Press, 2011), 159–76; and Abbate, Inventing the Internet, 212–18。关于因特网工程任务组（IETF）标准化中 URL 的转换，请参阅 Tim Berners-Lee, Robert Cailliau, Ari Luotonen, Henrik Frystyk Nielsen, and Arthur Secret, "The World-Wide Web," *Communications of the ACM 37*, no. 8 (August 1994): 76–82。

69　Russell, "Dot-org Entrepreneurship," 45; JoAnne Yates and Craig N. Murphy, "Charles le Maistre: Entrepreneur in International Standardization," *Entreprise et Histoires* 51 (2008): 10–27.

70　此后，欧洲信息学与数学研究联盟取代了 INRIA 成为欧洲主办机构，并于 2013 年加入了第 4 个主办机构北京航空航天大学。参见 "Facts about W3C," W3C, accessed August 18, 2017, https://www.w3.org/Consortium/facts.html。

71　Simpson Garfinkel, "The Web's Unelected Government," *Technology Review* 101, no. 6 (November/December 1998): 38–46.

72　W3C 收费结构的完整历史可以在 W3C 网站上找到，at "W3C History," W3C, accessed August 18, 2017, https://www.w3.org/Consortium/fee-history。

73　参见 Garfinkel, "Unelected Government"; and Egyedi, "Consortium Problem Redefined," 29–30。埃杰迪称自己的角色是独裁者，而不是国王。

74　"Memo from the Top," excerpting Tim Berners-Lee's response to critics' complaints that W3C is under his control, *Technology Review* 101, no. 6 (November/December 1998): 47.

75　专利和专利政策在 20 世纪 80 年代以前的标准中并不常见。Rudi Bekkers and Andrew Updegrove, "A Study of IPR Policies and Practices of a Representative Group of Standards Setting Organizations Worldwide" (commissioned by the US

National Academies of Science, Board of Science, Technology, and Economic Policy [STEP], Project on Intellectual Property Management in Standard-Setting Processes), National Academies of Science, September 17, 2012, accessed August 18, 2017, http://sites.nationalacademies.org/cs/groups/pgasite/documents/webpage/pga_072197.pdf. Bekkers and Updegrove 指出，根据 ANSI 程序委员会的建议，其所声称的可能是第一个正式的标准专利政策，"普遍来看，专利设计或方法不被纳入标准。然而，每一种情况都应考虑其自身的优点，如果专利权人愿意授予避免垄断倾向的权利，则可以给予将这种专利设计或方法纳入标准的有利考虑"(referenced by authors to minutes of ANSI Standards Council, Item 2564: "Relation of Patented Designs or Methods to Standards," November 30, 1932)。

76　除了前面提到的，这段话摘自 Russell, "Constructing Legitimacy," 165–171。2017 年 7 月 11 日，安德鲁·厄普德格罗夫给耶茨的一封电子邮件中提到了法庭案件的作用。他还指出，合理和不歧视性（RAND）政策可能要求公开专利，从而防止潜在专利的问题，拉塞尔（"Constructing Legitimacy," 165–171) 将这一问题视为企业成员免版税政策的优势。

77　W3C, *W3C Patent Policy Framework: W3C Working Draft 16 August 2001*, W3C, August 16, 2007, accessed August 18, 2017, https://www.w3.org/TR/2001/WD-patent-policy-20010816/.

78　Tim Berners-Lee to Patent-Policy Comment mailing list, October 24, 2001, accessed August 18, 2017, https://lists.w3.org/Archives/Public/www-patentpolicy-comment/2001Oct/1642.html.

79　Mission and design principles come from "W3C Mission," W3C, accessed January 2, 2017, https://www.w3.org/Consortium/mission.

80　"About," OpenStand, accessed February 15, 2013, http://open-stand.org/about-us. 到 2017 年 1 月 2 日，OpenStand 网站根据上文引用的原始声明的第三条款，将第三条原则改写为"集体赋权"（collective empowerment）。

81　参见 the Center for Democracy and Technology's paper, "The Importance of Voluntary Technical Standards for the Internet and Its Users," August 29, 2012 (the day of the OpenStand declaration), accessed August 11, 2017, https://cdt.org/insight/the-importance-of-voluntary-technical-standards/。本文以 OpenStand 为例，具体阐述了它所认为的来自国际电信联盟的威胁。OpenStand 宣言只是确认了开放标准的原则，没有提及国际电信联盟。事实上，当被问及这个问题时，W3C 首席执行官杰夫·贾菲（Jeff Jaffe）表示，尽管 OpenStand 的原则与国际电信联盟的原则不同，但宣言的目的只是确认什么是最佳实践——而不是将其与其他方法区分开。2016 年 11 月 1 日，耶茨对贾菲的访谈。

82　OpenStand 网站对平衡的定义与旧的原则保持一致："标准活动不完全由任何特定的个人、公司或利益集团主导"（"Principles," OpenStand, accessed February 17, 2014, http://open-stand.org/principles/）。

83　关于信息和通信标准的开放性的不同观点，请参见 Russell, *Open Standards*。

84　W3C 有三个密级：公开的、仅限成员的和仅限团队的；大多数工作组网站和邮件列表都是公开的（"W3C Process Document," W3C, accessed July 11, 2017, https://www.w3.org/2005/10/Process-20051014/comm.html）。IETF committee lists are open to the public.

85　2016 年 11 月 1 日，耶茨对贾菲的访谈。

86　的确，在 2013 年，IETF 前主席休斯利指出，IETF 正在积极讨论各种类型的多样性，包括国际多样性，因为当 IETF 的新成员最近被选为 IESG（IETF 的最高治理结构）时，他们"都是来自西方国家的男性"。2013 年 5 月 14 日和 5 月 16 日，休斯利接受 J. 耶茨的采访。.

87　"Past Meetings," IETF, accessed March 24, 2018, https://www.ietf.org/how/meetings/past/.

88　"A Little History of the World Wide Web" and "Technical Plenary (TPAC) Meetings," W3C, accessed March 24, 2018, https://www.w3.org/History.html and https://www.w3.org/2002/09/TPOverview.html.

89　Andrew Edgecliffe-Johnson, "Lunch with the FT: Tim Berners-Lee," *Financial Times*, September 12, 2012, accessed September 13, 2018, https://www.ft.com/content/b022ff6c-f673-11e1-9fff-00144feabdc0#axzz2NRakIIKj.

90　"Sir Tim Berners-Lee Hopes Peace Will Be the Lasting Legacy of the World Wide Web," *Drum*, September 5, 2012, accessed September 5, 2017, http://www.thedrum.com/news/2012/09/14/sir-tim-berners-lee-hopes-peace-will-be-lasting-legacy-world-wide-web#wKcodIEx8g7x4jSg.99.

91　Trond Arne Undheim, "The Standardization Landscape in 2020," *Trond's Opening Standard* (Oracle blog), May 27, 2009, accessed May 22, 2017, https://web.archive.org/web/20090621101432/https://blogs.oracle.com/trond/.

第八章　2012 年至 2017 年：W3C 网络加密 API 标准的制定

1　虽然这个工作组的电子邮件档案和会议记录是公开的，但是电话会议和面对面会议的记录本身不是。从 2012 年底开始，W3C 首席执行官杰夫·贾菲和工作组主席维尔日妮·加林多（Virginie Galindo）允许 J. 耶茨参加这些会议。这种权限允许耶茨在四年时间里从内部跟踪网络加密工作组（WebCrypto WG），阅读工作组邮件列表上的所有帖子（从 2012 年 4 月成立到 2017 年 1 月，WebCrypto API 成为推荐 / 标准），通过音频电话会议和互联网实时聊天参加定期的（通常是两周一次）会议，参加了两次面对面会议，对小组的关键成员进行了两次访谈。

2 该章程还指定了一个不在推荐标准中的额外交付产品，一个使用案例和需求文档，它将列出添加到规范中的任何特征需求，超出了章程中列出的特性，这是 W3C 标准开发的一个常见部分。

3 W3C, *Web Cryptography Working Group Charter* (W3C, September 20, 2016), accessed January 2, 2017, https://www.w3.org/2011/11/webcryptography-charter.html. 此链接指向文档的最终版本，但只有重要日期自原始版本以来发生了改变。

4 *World Wide Web Consortium Process Document* [hereafter W3C Process Document], September 1, 2015, accessed Sept. 10, 2018, https://www.w3.org/2015/Process-20150901/. This document also says, "The Director and CEO may delegate responsibility (generally to other individuals in the Team) for any of their roles described in this document." 然而，在 2016 年 6 月 2 日麻省理工学院 2016 年博士毕业典礼上，耶茨和 W3C 主管伯纳斯 - 李之间的一次偶然对话透露出，伯纳斯 - 李知道谁是 WebCrypto 工作组的主席，这表明他经常参与 W3C 工作组的活动。

5 根据 WebCrypto 工作组成员马克·沃森（Mark Watson）的说法，W3C 拥有比他工作过的任何其他标准化组织（包括 ISO、IETF、ITU-T 和欧洲电信标准协会）更强大的编辑。2013 年 4 月 9 日，J. 耶茨对沃森的访谈。

6 2013 年 4 月 9 日，J. 耶茨对沃森的访谈。

7 *W3C Process Document*, sec. 6, "W3C Technical Report Development Process," accessed January 4, 2017, https://www.w3.org/2015/Process-20150901/#Policies. 除非另有说明，本节及其引用均来自该文档。

8 参见 Web Cryptography Working Group Charter, accessed September 10, 2018, https://www.w3.org/2011/11/webcryptography-charter.html. 它的重要阶段包括 FPWD、Last Call、CR、PR, and recommendation。在 2015 年 W3C Process Document 中，Last Call 并没有被列为一个单独的阶段，文中指出 "该过程下的 Last Call 与专利政策中讨论的 '工作草案最终征求意见稿' 相对应"。

9 在 W3C 的 CVS 日志中，WebCrypto 章程的历史要求在 2014 年 3 月结束，即在章程最初于 2012 年 3 月创建两年后。

10 Minutes of W3C WebCrypto, public meeting, May 7, 2012, accessed January 4, 2017, https://www.w3.org/2012/05/07-crypto-minutes.html. 在制定章程和 WG 发布标准之间有 2 个月的延迟，离原定的时间只剩下 1 年零 10 个月。

11 自 WebCrypto 工作组启动以来，W3C 首席执行官杰夫·贾菲表示，W3C 已经转向了一种新的模式，增加了社区组，在其中可以孵化可能的标准，并在工作组正式成立之前达成一些初步共识（2016 年 11 月 1 日，耶茨对杰夫·贾菲的采访）。虽然这一过程将加快工作组的进度，但它可能不会大大缩短从构想到发布推荐标准的整个过程。

12　根据麻省理工审查委员会同意的程序，我们获得了对 WebCrypto 工作组成员访谈资料的引用许可，允许我们在正文中提及参与者的名字（不带姓氏），在经批准印用相关人士的言论时，在注释中列出相关者的全名。

13　此背景和对她角色的评价来自 2013 年 4 月 25 日 J. 耶茨对维尔日妮·加林多的访谈。

14　W3C 和 IETF 工作组一个推动过程，一个负责内容，且通常有一个共同的主席［2013 年 5 月 7 日，耶茨对卡伦·奥多诺休（Karen O'Donoghue）的采访］。

15　关于研讨会的更多信息，请参见 "Call for Participation," W3C, accessed January 4, 2017, https://www.w3.org/2011/identity-ws/。关于 DomCrypt 及其与 WebCrypto 的关系，请参见 the 2011 description of DomCrypt in the *Mozilla Wiki*, updated July 26, 2011, accessed September 11, 2018, https://wiki.mozilla.org/Privacy/Features/DOMCryptAPISpec/Latest。

16　WebCrypto, public meeting. 请注意，这些电话会议记录（以及在本章中引用的所有其他会议记录，电话会议或面对面会议）是由一个指定的记录员创建的，在整个会议过程中，他将讨论的摘要输入互联网实时聊天（会议中的所有与会者通常也与该聊天连接，并通过该聊天在会议期间的任何时间进行评论），创建一个实时运行的账户。这些会议记录的链接在会议结束后发出，会议记录在随后的会议开始时通过批准。

17　WebCrypto, public meeting.

18　David Dahl to the WebCrypto list, "Re: [WebCrypto WG] Agenda for next call on 14th of May," May 9, 2012. 除非另有说明，本章中提到的 WG 列表中的所有邮件都可以在 WG 的邮件档案中找到，https://lists.w3.org/Archives/Public/public-webcrypto/, accessed January 6, 2017。在从列表中识别电子邮件时，我们会引用日期和主题行，但请注意，经常会有同一个人在同一天用相同的主题行对列表进行多次交流。此外，特定的消息通常会发送给前一个消息的作者，并将其作为一个整体复制到 WebCrypto 列表中，但为了简单起见，我们只指出列表中的所有消息。

19　Ryan Sleevi to list, "Re: [WebCrypto WG] Agenda for next call on 14th of May," May 9, 2012.

20　David Dahl to list, "Re: [WebCrypto WG] Agenda for next call on 14th of May," May 10, 2012.

21　Minutes of W3C WebCrypto API WG, face-to-face meeting May 21, 2012, accessed January 6, 2017, https://www.w3.org/2012/05/21-crypto-minutes.html.

22　原始调查数据分享于 David Dahl 的一个链接，"Fwd: Survey raw data," June 6, 2012; David Dahl 的 "Survey Summary (Google Docs Version)," June 6, 2012 中也有一个总结。

23　Minutes of W3C WebCrypto Working Group, face-to-face meeting June 11, 2012, accessed January 6, 2017, https://www.w3.org/2012/06/11-crypto-minutes.html.

24　Ryan Sleevi to list, "Strawman proposal for the low-level API," June 18, 2012. 戴维对此的评论，参见 minutes of W3C Web Cryptography WG teleconference, July 2, 2012, accessed January 6, 2017, https://www.w3.org/2012/07/02-crypto-minutes.html。

25　Minutes of Web Cryptography WG, face-to-face meeting, July 24, 2012, accessed January 6, 2017, https://www.w3.org/2012/07/24-crypto-minutes.html.

26　其他文档，例如用例文档，在不同的点上也有一个或多个编辑器，但是它们在整个过程中显然没有那么大的影响力。

27　数据来自"public-webcrypto@w3.org Mail Archives," accessed July 12, 2017, http://lists.w3.org/Archives/Public/public-webcrypto/。

28　Crypto Forum Research Group (CFRG) members to Zooko Wilcox-O'Hearn [now Zooko Wilcox], forwarded in Zooko Wilcox-O'Hearn to list, "feedback from CFRG," September 20, 2012.

29　Ryan Sleevi to list, "Re: Feedback from CFRG," September 20, 2012.

30　这份投诉发布在 WG 的公开评论列表上，回应也发布于此：Ryan Sleevi to the Public-webcrypto-comments list, September 19, 2012。来自这个公开评论列表的电子邮件可以在 WG 的电子邮件档案中找到，accessed September 11, 2018, at https://lists.w3.org/Archives/Public/public-webcrypto-comments/。

31　在公开的 WebCrypto 评论列表中，非 WG 成员对公开工作草案评论时，反复质疑低层级 API 具有的一些特点，他们呼吁采取更多的安全措施来防止开发者经常提到的糟糕或不安全的加密。例如 thread with subject line "web crypto API: Side effects of a low-level API [1/6]," May, 24–25, 2013。

32　例如，在 2012 年 8 月，流量最高的月（发布了 425 条消息），瑞安发布了 120 条，约占总数的 28%。根据作者对每月 public-webcrypto@w3.org Mail Archives 排序计算出的数字，计算来自瑞安的数字，然后从列出的总数中减去来自 W3C Tracker 和 Bugzilla（用于讨论调试规范）的自动消息。只有一个月，即 2014 年 10 月，瑞安的参与率低于 10%。

33　参见 the thread with subject line "Re: Proposal for key wrap/unwrap (ISSUE-35), March 1–20, 2013。

34	Minutes of W3C Web Cryptography WG, November 27, 2012, accessed January 12, 2017, https://www.w3.org/2012/11/26-crypto-minutes.html.
35	Mark Watson to list, November, 28, 2012. 随后的引用来自这个主题的进一步消息，subject line "Re: On Optionality," from Mike Jones, Ryan Sleevi, Mark Watson, and Virginie Galindo, 都在同一天。
36	Ryan Sleevi to list, "Re: W3C Web Crypto WG—no conf call today, but voting instead," November 19, 2012.
37	Harry Halpin to list, "Re: W3C Web Crypto—no conf call today, but voting instead," November 19, 2012.
38	Minutes of Web Cryptography WG, face-to-face meeting, November 14–15, 2013, https://www.w3.org/2013/11/14-crypto-minutes.html and https://www.w3.org/2013/11/15-crypto-minutes.html, both accessed on January 12, 2017. 电话会议的时间问题一直没有得到解决，尽管主席多次尝试其他时间，并提出在其他时间与韩国成员举行额外的电话会议。
39	这次讨论发生在 2013 年 11 月 15 日，参见 Virginie Galindo to list, "W3C Web Crypto WG—Shenzhen F2F Take Away," November 27, 2013。
40	Minutes of Web Cryptography WG, November 14–15, 2013. 这次讨论是在 11 月 15 日的会议结束时进行的，会议记录中没有显示瑞安对提供的帮助有任何回应。
41	Minutes of W3C Web Cryptography WG, December 2, 2013, accessed January 12, 2017, https://www.w3.org/2013/12/02-crypto-minutes.html.
42	2014 年 10 月 30 日 J. 耶茨对瑞安的采访。
43	马克这样描述这种风格上的差异："我仍然不相信瑞安强加给我的方法，即带有许多重复过程的冗长程序。所以我会用不同的方式去做，但他从一开始就非常坚持，我们不得不不断地跳过这些障碍。"2014 年 10 月 30 日 J. 耶茨对马克的采访。以下引用也出自此处。
44	耶茨对瑞安的采访。
45	Minutes of W3C Web Cryptography WG, face-to-face meeting May 14, 2012, accessed January 13, 2017, https://www.w3.org/2012/05/14-crypto-minutes.html. w3.org/2012/05/14-crypto-minutes.html.
46	Minutes of W3C Web Cryptography WG, face-to-face meeting, October 30, 2014, accessed January 16, 2017, https://www.w3.org/2014/10/30-crypto-minutes.html. Minutes 指出，Chrome、Internet Explorer 和 Firefox 都实现了这一点，但是苹果的 Safari 怎样，没有人知道。此外，理查德宣布他已经构建了一个称作 PolyCrypt 的 API 实现（在浏览器顶部，而不是在浏览器内部，用 JavaScript 编写）(Richard Barnes to list, "PolyCrypt," January 7, 2013)。

47 参见 Virginie Galindo to list, "W3C Web Crypto WG—testing activity wiki," July 25, 2013。一位 W3C 测试专家在 2014 年 10 月 30 日的面对面会议上解释了其测试工具, 但他承认 W3C 在获得良好的测试方面仍有困难, 因为建立和运行这些测试涉及大量的工作。

48 Minutes of Web Cryptography WG, September 14, 2015, W3C, accessed January 16, 2017, https://www.w3.org/2015/09/14-crypto-minutes.html。例如, 参见 thread starting with Harry Halpin to list, "WebCrypto edits on key material (Option 2)," January 15, 2016。

49 Ryan Sleevi to list, "Re: [W3C Web Crypto WG] how to progress?," January 21, 2016。

50 例如, 请参阅 W3C Web Cryptography WG 的新成员和关于测试的讨论, March 7, 2016, accessed July 27, 2017, https://www.w3.org/2016/03/07-crypto-minutes.html; minutes of W3C Web Cryptography WG, April 4, 2016, accessed January 6, 2017, https://www.w3.org/2016/04/04-crypto-minutes.html; minutes of W3C Web Cryptography WG, June 6, 2016, W3C, accessed January 6, 2017, https://www.w3.org/2016/04/04-crypto-minutes.html。

51 In Virginie Galindo to list, "[W3C Web Crypto WG] CfC on moving the Web Crypto API to PR —> 24th of October," October 10, 2016, 她在当天的电话会议上宣布, 工作同意进入 PR 阶段, 开始两周的在线异议等待期。WebCrypto API作为推荐标准的最终批准是在 W3C员工联系温迪·萨尔茨列表中宣布的, "Fwd: The W3C Web Cryptography API is a W3C Recommendation," January 26, 2017。

52 WC3, *Web Cryptography Working Group Charter*. The three W3C working groups were the HTML Working Group, the Web Applications Working Group, and the Web Application Security Group. 作为 W3C 委员会, 这些工作组有机会对 WebCrypto 发布的工作草案发表评论。

53 2013 年 4 月 22 日 J. 耶茨对理查德·巴恩斯的采访。从 2012 年 5 月开始, 我们搜索了整个 WebCrypto 邮件列表, 发现只有 25 条（5 433 条）消息与 ECMA 有关, 而且这些消息是针对 JavaScript 的某些方面的 ECMA 标准, 而不是与 ECMA 组织的任何当前联系。相比之下, 104 条消息涉及 WHATWG, 307 条消息涉及 JOSE, 639 条消息涉及 IETF, 而这些消息通常涉及当前的联系人。

54 W3C, "Dependencies and Liaisons."

55 Mike Jones (Michael B. Jones) 是 JOSE 的主要编辑, 活跃在 WebCrypto WG 中, 充当了事实上的 JOSE 与 WebCrypto WG 的联络人。共同主席卡伦·奥多诺休被列为受邀专家, 定期参加电话会议, 但不在列表上; 共同主席 Jim

Schaad 活跃在会议和列表上，尤其是在 2016 年。其他 WebCrypto WG 成员，如理查德·巴恩斯都参与了这两个项目。

56 Ryan Sleevi to list, "Re: crypto-ISSUE-13: Relationship between the W3C Web Cryptography work product and the IETF JOSE WG [Web Cryptography API]," August 5, 2012.

57 Harry Halpin to list, "Re: crypto-ISSUE-13: Relationship between the W3C Web Cryptography work product and the IETF JOSE WG [Web Cryptography API]," August 8, 2012; and Ryan Sleevi to list, same subject, August 8, 2012.

58 关于协议，参见 David Dahl to list, "Re: crypto-ISSUE-13: Relationship between the W3C Web Cryptography work product and the IETF JOSE WG [Web Cryptography API]," August 8, 2012; 参见 Mike Jones to list, same subject, August 17, 2012。

59 Ryan Sleevi to list, "Proposed text to close ISSUE-13," August 29, 2012; Mike Jones to list, same subject, August 29, 2012.

60 Richard Barnes to list, "Re: IANA registry for WebCrypto?" January 18, 2013; Ryan Sleevi to list, same subject, January 18, 2013; Richard Barnes to list, same subject, January 18, 2013; the thread extends to January 24, 2013.

61 Barnes, interview by Yates.

62 Mike Jones to list, "FW: JOSE—19 drafts intended for Working Group Last Call," December 29, 2013. 也可参见 Ryan Sleevi to list and additional Mike Jones to list, same subject, all December 29, 2013。

63 参见 WHATWG—FAQ, accessed September 11, 2018, https://whatwg.org/faq。

64 耶茨对贾菲的采访。瑞安·斯利维（Ryan Sleevi）也表示这就是 WHATWG 成立的原因 (耶茨对斯利维的采访)。关于 HTML5 的不稳定关系，请参见 Stephen Shankland, "Growing Pains Afflict HTML5 Standardization," CNET, June 28, 2010, accessed March 12, 2017, https://www.cnet.com/news/growing-pains-afflict-html5-standardization/。

65 WHATWG—FAQ.

66 耶茨对巴恩斯的采访。

67 Shankland, "Growing Pains." Hickson was at Opera when WHATWG was founded but soon after moved to Google. 他不再是 WHATWG 的唯一编辑了。这句话出自 "FAQ," *WHATWG Wiki*, accessed September 15, 2017, https://web.archive.org/web/20170715193408/https://wiki.whatwg.org/wiki/FAQ. 这不再是官方政策。WHATWG 当前网站描述了编辑在听取社区的意见后达成了一个大致共识 (WHATWG—FAQ)。

68 Minutes of W3C Web Cryptography WG, June 3, 2013, accessed January

16, 2017, https://www.w3.org/2013/06/03-crypto-minutes.html。关于微软和 WHATWG，参见 Garry Trinder, "You, Me and the W3C (aka Reinventing HTML)," in *Albatross!* (the personal blog of Chris Wilson), January 10, 2007, accessed July 12, 2017, https://blogs.msdn.microsoft.com/cwilso/2007/01/10/you-me-and-the-w3c-aka-reinventing-html/。微软最近改变了对 WHATWG 的立场："2017 年，苹果、谷歌、微软和摩斯拉帮助 WHATWG 制定了知识产权政策和治理结构，共同组成了一个指导小组来监督相关政策"，WHATWG—FAQ。

69 Ryan Sleevi to list, "Re: Registries and Interoperability," February 6, 2013.
70 Arun Ranganathan to list, "Re: Registries and Interoperability," February 7, 2013.
71 耶茨对巴恩斯的采访。
72 耶茨对瑞安的采访。在随后的访谈中，瑞安使用了"用户代理"而不是"浏览器"；为了便于理解，我用"浏览器"来代替。
73 例如，参见 Jeff Jaffe, "Decision by Consensus or by Informed Editor; Which Is Better?," W3C CEO's blog, October 7, 2014, accessed July 13, 2017, https://www.w3.org/blog/2014/10/decision-by-consensus-or-by-informed-editor-which-is-better/。
74 Virginie Galindo to list, "[W3C Web Crypto] CfC to make Key Discovery a Note," October 30, 2015; Virginie Galindo to list, same subject, March 23, 2016.
75 马克说他的首要任务就是公司的首要任务。他还指出，他的公司在 WebCrypto WG 中似乎很不寻常，因为其他非常大的应用程序提供商都不是 WG 的一部分——代表的大公司大多是浏览器（2014 年 10 月 30 日，耶茨对沃森的访谈。）。关于 W3C 的用户优先级，请参阅 *W3C, HTML Design Principles: W3C Working Draft 26 November 2007* (W3C, November 27, 2007), accessed January 24, 2017, https://www.w3.org/TR/html-design-principles/#priority-of-constituencies: "In case of conflict, consider users over authors over implementors over specifiers over theoretical purity"。浏览器制造商使之成为现实，而作者是网站作者或应用程序提供者。
76 根据 WebCrypto 2013 年和 2017 年的官方参与者名单（该名单现已隐藏），原来的 55 位成员中，9 位是应邀专家，46 位代表 21 个成员组织；在最后列出的 70 名成员中，5 位是受邀专家，65 位来自成员组织。
77 我们根据 Zakim（语义网代理/机器人，它与互联网实时聊天一起工作，以促进会议）建立的会议记录统计了每次会议的与会者名单。在 Zakim 知道参与者的姓名和电话号码之前，它会列出呼叫者的电话号码，当有人手动将号码和名字联系到一起时，它还会单独列出名字。因此，Zakim 列出的数字和名字可能会有重叠，尤其是在第一年，统计的数字超过目前的实际数字。

在此期间，Zakim 列出的最高数字是 27。然而，到 2013 年底，Zakim 认出了大多数来电号码，因此主要或仅列出了姓名。从 2013 年 12 月开始，35 次会议中只有 4 次超过个位数（其中 13 次是最高数字），都发生在围绕"最终征求意见稿"阶段的争议时期。

78　耶茨采访奥多诺休。
79　2014 年 8 月 9 日，J. 耶茨对唐·赫尔曼的访谈。
80　2013 年 4 月 9 日，耶茨对马克·沃森的访谈。
81　2013 年 5 月 1 日，J. 耶茨对维贾雅·巴拉德瓦杰（Vijay Bharadwaj）的采访。
82　耶茨对加林多的采访。
83　耶茨对巴恩斯的采访。
84　耶茨对巴拉德瓦杰的采访。
85　2013 年 5 月 14 日和 5 月 16 日 J. 耶茨对鲁斯·休斯利的采访。

第九章　20 世纪 80 年代以来：质量管理和社会责任自愿标准

1　Robin Kinross, "A4 and Before: Towards a Long History of Paper Standards" (Sixth Koninklijke Bibliotheek Lecture, Netherlands Institute for Advanced Study in the Humanities and Social Sciences, Wassenaar, 2009), 7.

2　Estimate of the size of the UN staff is from Craig N. Murphy, foreword to *The United Nations Development Programme and System*, by Stephen Browne (London: Routledge, 2011), xix.

3　John Seddon, *The Case against ISO9000*, 2nd ed. (Dublin: Oak Tree Press, 2000), 1. Kristina Tamm Hallström 写道："一个标准通常被认为为后来质量体系标准的发展奠定了基调，这就是美国在 1959 年制定的 MIL-Q-9858。" *Organizing International Standardization: ISO and the IASC in Quest of Authority* (Cheltenham, UK: Edward Elgar, 2004), 53.

4　Tamm Hallström, *Organizing International Standardization*, 1.

5　Carl F. Cargill, *Open Systems Standardization: A Business Approach* (Upper Saddle River, NJ: Prentice Hall PTR, 1997), 216.

6　引自 Tamm Hallström, *Organizing International Standardization*, 54。

7　Olle Sturén, "Notebook Listing Travel, 1953-[1987]," Sturén Papers.

8　Lars and Lolo Sturén, interview by C. Murphy, November 20, 2007. On the history of Canada's standards network, see "History," Standards Council of Canada, accessed May 16, 2017, https://www.scc.ca/en/about-scc/history.

9　Lawrence D. Eicher, "International Standardization: Live or Let Die" (keynote address to the Canadian Forum on International Standardization, November 17,

1999), 6, ISORecords.
10 Masami Tanaka, "Address Under Agenda Item 1.1" (29th ISOGeneral Assembly, Ottawa, September 13, 2006), ISORecords.
11 JoAnne Yates, *Control through Communication: The Rise of System in American Management* (Baltimore: Johns Hopkins University Press, 1989).
12 William M. Tsutsui, *Manufacturing Ideology: Scientific Management in Twentieth-Century Japan* (Princeton, NJ: Princeton University Press, 2001), 197–201.
13 ISOCentral Secretariat, "What Is a Quality Management System?" in *ISO9001: 2015* (Geneva: ISO, 2015), PowerPoint Presentation, accessed June 24, 2017, https://www.iso.org/files/live/sites/isoorg/files/standards/docs/en/iso_9001.pptx, slide 3.
14 "Report of the ISOActing Secretary-General to the ISOGeneral Assembly, Agenda Item 4," Stockholm, September 25, 2002, 9, ISORecords.
15 例如, John Braithwaite and Peter Drahos, *Global Business Regulation* (Cambridge: Cambridge University Press, 2000), 280。
16 Winton Higgins, *Engine of Change: Standards Australia Since 1922* (Blackheath, AU: Brandl & Schlesinger, 2005), 215.
17 "Our History," BSI, https://www.bsigroup.com/en-GB/about-bsi/our-history/; "History: Remaining True to Our Focus," CSAGroup, http://www.csagroup.org/about-csa-group/history/ (both accessed May 16, 2017).
18 "History," ANAB, accessed May 16, 2017, http://www.anab.org/about-anab/history; Allison Marie Loconto, "Models of Assurance: Diversity and Standardization in Modes of Intermediation," *Annals of the American Academy of Political and Social Science* 671 (2017): 112–13.
19 "CB [certification body] Registry," ANAB, http://anabdirectory.remoteauditor.com; Perry Johnson Registrars, homepage, http://www.pjr.com; "Directory of Accredited Management Certification Bodies," Standards Council of Canada, https://www.scc.ca/en/accreditation/management-systems/directory-of-accredited-bodies-and-scopes, all accessed May 16, 2017.
20 "Accreditation by the ANSI-ASQ National Accreditation Board Granted to the Standards Institution of Israel, Quality and Certification Division," ANAB, accessed June 16, 2017, http://anab.jadianonline.com/Certificate.mvc?PKey=C264B28D-EABB-463C-AA49-9E05396FAC7E&useId=true&OrgId=e26e0b9e-9b4f-4434-8a00-05ea809a2d7a.
21 "Survey 2015," spreadsheet from ISO, accessed May 16, 2017, https://www.iso.org/the-iso-survey.html.
22 Higgins, *Engine of Change*, 215; "Survey 2015."

23 Denise Robitaille, "ISO9000: Then and Now," *Quality Digest* 25, no. 11 (2006): 27; David Verboom, "The ISO9001 Quality Approach: Useful for the Humanitarian Aid Sector?," ReliefWeb, January 23, 2002, www.reliefweb.int/rw/rwb.nsf/AllDocsByUNID/25f9cf5a7c0b4ab0c1256b4b00367719; Indian astrologer Rajendra Raaj Sudhanshu advertises his ISO9001:2008 certification to his global clients on his website, http://www.sudhanshu.com/about_astrologer.htm, both accessed May 22, 2017.

24 "Survey 2015."

25 Eitan Naveh and Alfred Marcus, "Achieving Competitive Advantage through Implementing a Replicable Management Standard: Installing and Using ISO9000," *Journal of Operations Management 24*, no. 1 (2005): 1–26; Pavel Castka, Daniel Prajogo, Amrik Sohal, and Andy C. L. Yeung, "Understanding Firms' Selection of Their ISO9000 Third-Party Certifiers," *International Journal of Production Economics* 162 (2015): 125–33.

26 Khalid Nadvi and Frank Wältring, "Making Sense of Global Standards," Institut für Entwicklung und Frieden der Gerhard-Mercator-Universität Duisburg, Heft 58 (2002); Isin Guler, Mauro F. Guillén, and John Muir Macpherson, "Global Competition, Institutions, and the Diffusion of Organizational Practices: The International Spread of ISO9000 Quality Certificates," *Administrative Science Quarterly* 47, no. 2 (2002): 207–32; Nick Johnstone and Julien Labonne, "Why Do Manufacturing Facilities Introduce Environmental Management Systems? Improving and/or Signaling Performance," *Ecological Economics* 68, no. 3 (2009): 719–30; Xun Cao and Aseem Prakash, "Growing Exports by Signaling Product Quality: Trade Competition and the Cross-National Diffusion of ISO9000 Quality Standards," *Journal of Policy Analysis and Management* 30, no. 1 (2011): 111–35; Cornelia Stortz, "Compliance with International Standards: The EDIFACT and ISO9000 Standards in Japan" *Social Science Japan Journal* 10, no. 2 (2007): 217–41.

27 "ISOFlags, ISOBanners, ISOLogos," Standards Flags, accessed May 21, 2017, http://standardflags.com; information on the different standards from the relevant web pages at https://www.iso.org/. OHSAS18001 在 2017 年修订并重新发布为 ISO 标准草案编号 45001，这是该组织的第一个劳工标准。

28 ISO, *Recommendations from ISOTC 176 on Communicating and Marketing the ISO9000:2000 Revisions* (Geneva: ISO, November 2000), 8.

29 Higgins, *Engine of Change*, 333.

30 Higgins, *Engine of Change*, 334.

31 Higgins, *Engine of Change*, 331.

32 James A. Thomas, "A Better Way of Doing Things," ASTM *Standardization News*, May 1999, 1.

33 ASTM, "Name Change Reflects Global Scope" (ASTM International news release #6261, December 11, 2001), accessed September 15, 2018, https://www.astm.org/HISTORY/astm_changes_name.pdf.

34 ASTM, "ASTM and ISOAdditive Manufacturing Committees Approve Joint Standards under Partner Standards Developing Organization Agreement" (ASTM International News Release #9389, June 3, 2013), accessed September 15, 2018, https://www.astm.org/cms/drupal-7.51/newsroom/astm-and-iso-additive-manufacturing-committees-approve-joint-standards-under-partner. 如第七章所述，该标准是新兴计算机工业中预期标准的另一个例子。

35 "Memorandum of Understanding between IULTCS and ISOon Cooperation in the Development of Standards Associated with the Testing of Tanned Leather and Tanning Products," Geneva, December 12, 2005, IULTCS, accessed August 1, 2017, http://www.iultcs.org/pdf/MoU_IULTCS.pdf; Duff Johnson, "It Just Works: PDF Turns 20!," PDF Association, June 15, 2013, accessed August 1, 2017, https://www.pdfa.org/it-just-works-pdf-turns-20/. 2008年，ISO与PDF协会和数字文档标准协会合作，从它们最初的公司开发者奥多比系统手中接管了PDF（便携式文档格式）标准的维护工作。

36 Trond Arne Undheim, "The Messy Globalization of Standards," *Trond's Opening Standard* (Oracle blog), May 20, 2009, accessed May 22, 2017, https://web.archive.org/web/20090621101432/https://blogs.oracle.com/trond/.

37 Seddon, *Case against ISO9000*, 142–43.

38 Deborah Cadbury, *Chocolate Wars: The 150-Year Rivalry between the World's Greatest Chocolate Makers* (New York: Public Affairs, 2010), 引用的短语出自第十二章。

39 John G. Ruggie, "International Regimes, Transactions, and Change: Embedded Liberalism in the Postwar Economic Order," *International Organization* 36, no. 4 (1982): 379–415.

40 Paul M. Goldberg and Charles P. Kindleberger, "Toward a GATT for Investment: A Proposal for the Supervision of the International Corporation," *Law and Policy in International Business* 2 (1970): 295–325.

41 Tagi Sagafi-Nejad in collaboration with John H. Dunning, *The UN and Transnational Corporations: From Code of Conduct to Global Compact* (Bloomington: Indiana University Press, 2008), 23-33.

42 John Bolton, "Should We Take Global Governance Seriously?," *Chicago Journal of International Law* 1 (2000): 218 (第一处引用), 220–221 (第二处引用)。
43 Sagafi-Nejad, *UN and Transnational Corporations*, 121. 布特罗斯 - 加利将联合国贸易与发展会议从纽约迁至日内瓦，大幅裁减人员，并使其成为联合国贸易与发展会议中的一个小机构。
44 Sagafi-Nejad, *UN and Transnational Corporations*, 71–73.
45 Craig N. Murphy and JoAnne Yates, *The International Organization for Standardization: Global Governance through Voluntary Consensus* (London: Routledge Press, 2009), 77–80.
46 "Survey 2015."
47 Murphy and Yates, *International Organization for Standardization*, 78–79; Aseem Prakash and Matthew Potoski, *The Voluntary Environmentalists: Green Clubs, ISO14001, and Voluntary Environmental Regulations* (Cambridge: Cambridge University Press, 2006); Paul Langley, "Transparency in the Making of Global Environmental Governance," *Global Society* 15 (2001): 73–92; the Canadian study is Olivier Borial, "Corporate Greening through ISO14001: A Rational Myth?," *Organization Science* 18, no. 1 (2007): 127–46, quotations from 127. "Standards Catalogue: ISO/TC 207 Environmental Management," ISO, accessed June 21, 2017, https://www.iso.org/committee/54808/x/catalogue/p/1/u/0/w/0/d/0.
48 "Survey 2015."
49 Kenneth W. Abbott and Duncan Snidal, "The Governance Triangle: Regulatory Standards Institutions and the Shadow of the State," in *The Politics of Global Regulation*, ed. Walter Mattli and Ngaire Woods (Princeton, NJ: Princeton University Press, 2009), 49–50. 现有代码的估计数量出自 Gare Smith and Dan Feldman, *Company Codes of Conduct and International Standards: An Analytical Comparison*, 2 vols. (Washington, DC: World Bank, 2003)。
50 Suzanne Shanahan and Sanjeev Khagram, "Dynamics of Corporate Responsibility," in *Globalization and Organization: World Society and Organizational Change*, ed. Gili S. Drori, John M. Meyer, and Hokyu Wang (Oxford: Oxford University Press, 2006), 203, 222; Larry Catá Backer, "Creating Private Norms for Corporate Social Responsibility in Brazil," *Law at the End of the Day*, June 25, 2006, accessed July 9, 2017, lcbackerblog.blogspot.com/2006/06/creating-private-norms-for-corporate.html.
51 Declan Walsh and Steven Greenhouse, "Certified Safe, a Factory in Karachi Still Quickly Burned," *New York Times*, December 7, 2012, A1.
52 Alice Tepper Marlin, speaking in the film *Architect of Corporate Responsibility:*

The Story of Alice Tepper Marlin and the Founding of Social Accountability International (Arlington, VA: Ashoka Global Academy for Social Entrepreneurship, in partnership with Skoll Foundation, 2006).

53 Tepper Marlin, speaking in *Architect of Corporate Responsibility*；泰珀·马林为 SA8000 制订的计划受到了她丈夫约翰·泰珀·马林工作的影响，他于 1973 年在《会计杂志》(*Journal of Accountancy*) 上发表了一篇开创性的文章，阐述了公司如何衡量环境污染，会计师如何验证环境污染，并于 1988 年为新英格兰冰激凌制造商本杰里（Ben & Jerry's）进行了首次全面的社会审计。Alice Tepper Marlin and John Tepper Marlin, "A Brief History of Social Reporting," *Business Respect*, no. 51 (2003), www.businessrespect.net/page.php?Story_ID=857.

54 引自 Tepper Marlin, speaking in *Architect of Corporate Responsibility*；2009 年 8 月 18 日麦吉对泰珀·马林的采访。

55 "Number of SA8000-Certified Organisations by Year," Social Accountability Accreditation Services, http://www.saasaccreditation.org/?q = node/110; "SA8000 Certified Organisations," Social Accountability Accreditation Services, http://www.saasaccreditation.org/certfacilitieslist, both accessed June 21, 2017.

56 *Setting the Standard for the Global Economy: Strategies from Alice Tepper Marlin, Founder of Social Accountability International* (Arlington, VA: Ashoka Global Academy for Social Entrepreneurship, in partnership with Skoll Foundation, 2006); Deborah Leipziger, ed., SA8000: The First Decade: *Implementation, Influence, and Impact* (Sheffield: Greenleaf, 2009); 该卷的这一研究概述了严谨的评估研究如何成为可能, Michael J. Hiscox, Claire Schwartz, and Michael W. Toffel, "Evaluating the Impact of SA8000 Certification," 147–165。

57 Keller Easterling, *Extrastatecraft: The Power of Infrastructure Space* (London: Verso, 2014), 197.

58 Jean Krasno, "Kofi Annan: From Ghana to the World Stage," in *Personality, Political Leadership, and Decision Making: A Global Perspective*, ed. Jean Krasno and Sean LaPides (Santa Barbara, CA: Praeger, 2015), 337–358; 以及 Kofi Annan, "The Quiet Revolution," *Global Governance* 4 (1998): 123–138。

59 安南引用 George Kell and David Levin, "The Evolution of the Global Compact Network: An Historic Experiment in Learning and Action" (paper presented at the Academy of Management Annual Conference, Building Global Networks, Denver, August 11–14, 2002), accessed September 5, 2018, http://citeseerx.ist.psu.edu/viewdoc/download?doi = 10.1.1.493.8153&rep = rep1&type = pdf, 6。

60 安南引用 Kell and Levin, "Global Compact, 6–7。

61 来自圆桌会议的传记细节：John G. Ruggie, Distinguished Scholar in International Political Economy, 40th Annual Convention of the International Studies Association, Washington, DC, February 19, 1999。
62 Kell and Levin, "Global Compact," 35.
63 Kell and Levin, "Global Compact," 35.
64 Transparency International, "International Corporations Decide to Add Anticorruption Principle to UN Global Compact" (Transparency International press release, June 24, 2004).
65 Kell and Levin, "Global Compact," 39–40.
66 Kell and Levin, "Global Compact," 10.
67 Robert Beckett and Jan Jonker. "AccountAbility 1000: A New Social Standard for Building Sustainability," *Managerial Auditing Journal* 17 (2002): 36–42; "Global Sullivan Principles of Social Responsibility," CSRIdentity.com, accessed June 21, 2017, http://csridentity.com/globalsullivanprinciples/index.asp; "GRI's History," GRI, accessed June 22, 2017, https://www.globalreporting.org/information/about-gri/grihistory/Pages/GRI's%20history.aspx.
68 麦吉对泰珀·马林的采访。
69 The list of members of the Global Compact Council appears in Kell and Levin, "Global Compact," 36.
70 麦吉对泰珀·马林的采访。
71 "Our Participants," UN Global Compact, accessed June 21, 2017, https://www.unglobalcompact.org/what-is-gc/participants/.
72 S. Prakash Sethi and Donald H. Schepers, "United Nations Global Compact: The Promise-Performance Gap," *Journal of Business Ethics* 122 (2014): 193–208. 关于全球契约对品牌和使用其标识的政策，请参见 "UN Global Compact Logo Policy," UN Global Compact, December 2015, accessed June 24, 2017, https://www.unglobalcompact.org/docs/about_the_gc/logo_policy/Logo_Policy_EN.pdf。
73 "Human Rights Principles and Responsibilities for Transnational Corporations and Other Business Enterprises," UN Doc. E/CN.4/Sub.2/2002/XX, E/CN.4/Sub.2/2002/WG.2/WP.1 (February 2002 for discussion in July/August 2002) 是最重要的草案, University of Minnesota Human Rights Library, accessed August 18, 2017, http://hrlibrary.umn.edu/principlesW-OutCommentary5final.html。
74 John G. Ruggie, "Business and Human Rights: Treaty Road Not Traveled," *Ethical Corporation Newsdesk*, May 6, 2008, accessed August 9, 2017, https://sites.hks.harvard.edu/m-rcbg/news/ruggie/Pages%20from%20ECM%20May_

FINAL_JohnRuggie_may%2010.pdf.
75 International Chamber of Commerce and International Organisation of Employers, "The Sub-commission's Draft Norms," March 2004, https://www.humanrights.ch/upload/pdf/070706_ICC_IOE_subcomm.pdf; quotation from p. 10.
76 Thosapon Mengweha, "ISO26000, a Social Responsibility Standard: Lesson Learned and Expectation to Drive the Pragmatic Sustainable Development Approach" (MA Thesis, Mälardalen University, Västerås, Sweden, May 23, 2007), 29.
77 "New Work Item Proposal: Social Responsibility," ISO26000.info, October 7, 2004, accessed June 23, 2017, http://iso26000.info/wp-content/uploads/2016/02/2004-10-07_-_New_work_item_proposal_-_Social_responsibility.pdf.
78 "History of ISO26000," ISO26000.info, accessed June 23, 2017, http://iso26000.info/history/; Kristina Sandberg, interview by Maria Nassén, January 16, 2008; Dorothy Bowers, "Making Social Responsibility the Standard," *Quality Progress* 39 (April 2006): 35–38.
79 "Social Responsibility," ISOWorking Group on Social Responsibility, accessed August 2, 2017, http://isotc.iso.org/livelink/livelink/fetch/2000/2122/830949/3934883/3935096/home.html; "About the ISO26000.info Website," ISO26000.info, http://iso26000.info/about/; "Miljöpriset till svenskar som enade världen kring socialt ansvar," Sveriges Ingenjörer press release, April 18, 2016), https://www.sverigesingenjorer.se/Aktuellt-och-press/Nyhetsarkiv/Pressmeddelanden/Miljopris-till-svenskar-som-enade-varlden-kring-socialt-ansvar, all accessed June 24, 2017.
80 2009年8月18日霍诺尔·麦吉（Honor McGee）对SAI标准及影响高级主管罗谢尔·扎伊德（Rochelle Zaid）的采访；Tineke Egyedi and Sebastiano Toffaletti, "Standardising Social Responsibility: Analysing ISORepresentation Issues from an SME Perspective," in *Proceedings of the 13th EURAS Workshop on Standardisation*, ed. Kai Jakobs (Aachen: Wissenschaftsverlag Mainz, 2008), 121–136; Kristina Sandberg, email to C. Murphy, May 19, 2008；麦吉对泰珀·马林的采访；Pavel Castka and Michaela A. Balzarova, "The Impact of ISO9000 and ISO14000 on Standardisation of Social Responsibility—an Inside Perspective," *International Journal of Production Economics* 113 (2008): 74–87; Halina Ward, "ISO26000: Social Responsibility Talks Tread on Government Toes," *Ethical Corporation*, May 15, 2009, accessed June 24, 2017, http://www.ethicalcorp.com/content/iso-26000-social-responsibility-talks-tread-government-toes。

81 Adrian Henriques, *Standards for Change: ISO26000 and Sustainable Development* (London: International Institute for Environment and Development, 2012), 21.

82 Oshani Perera, *How Material Is ISOSocial Responsibility to Small and Medium-Sized Enterprises?* (Winnipeg: International Institute for Sustainable Development, 2008), 16; Hendriques, Standards for Change.

83 "ISOand Sustainability," iso26000.org, accessed July 3, 2017, http://iso26000.info/isosust/.

84 麦吉对扎伊德的采访。

85 麦吉对泰珀·马林的采访。麦吉对扎伊德的采访。

86 麦吉对泰珀·马林的采访。

87 麦吉对扎伊德的采访。

88 ISEAL Alliance, *Standard-Setting Code*, draft revision 5.2—March 30, 2014, side-by-side version, accessed August 9, 2017, 仅 ISEAL 成员和订阅者可进入, https://www.isealalliance.org/sites/default/files/Standard-Setting%20Code%20V5.2-Side-by-side_FINAL%201%20Apr2014.pdf。

89 Jason Potts et al., eds., *The State of Sustainability Initiatives Review 2014: Standards and the Green Economy* (Winnipeg: International Institute for Sustainable Development and International Institute for Environment and Development, 2014), 48; see also Loconto, "Models of Assurance," 112–32.

90 Potts et al., *State of Sustainability Initiatives Review 2014*, 31, 38.

91 Craig N. Murphy, "Globalizing Standardization: The International Organization for Standardization," *Comparativ—Zeitschrift für Globalgeschichte und vergleichende Gesellschaftsforschung* 23 (2013): 137–53.

92 Ethical Corporation Institute, *Guide to Industrial Initiatives in Corporate Social Responsibility* (London: Ethical Corporation Institute 2009).

93 Ruggie, "Business and Human Rights," 832.

94 John G. Ruggie, "Prepared Remarks" (Public Hearings on Business and Human Rights, European Parliament, Brussels, April 16, 2009), accessed July 5, 2017, https://business-humanrights.org/sites/default/files/reports-and-materials/Ruggie-remarks-to-European-Parliament-16-Apr-2009.pdf. 麦吉受到理查德·洛克（Richard M. Locke）及其同事的研究的影响，参见 Richard M. Locke, *The Promise and Limits of Private Power: Promoting Labor Standards in the Global Economy* (Cambridge: Cambridge University Press, 2013)。

95 Walsh and Greenhouse, "Certified Safe." SAI讨论了与火灾相关的更新情况，"Fire Safety a Key Focus in SA8000 Revision," March 11, 2013, accessed

September 15, 2018, http://www.sa-intl.org/index.cfm?fuseaction=Page.ViewPage&PageID=1435#.WrvzvGaZO3g。
96 Scott Cooper emails to C. Murphy, January 16, February 19, and March 10, 2015.
97 Scott Cooper, "The International Labor Organization and the International Organization for Standardization," *Professional Safety* 63 (October 2018): 70–74.
98 Klaus Schwab and Hein Kroos, *Moderne Unternehmensführung im Maschinenbau* (Frankfurt: Maschinenbau-Verlag, 1971), 20; 译本出自 WEF, *A Partner in Shaping History: The First 40 Years 1971–2010* (Geneva: WEF, 2009), 7。
99 Richard Samans, Klaus Schwab, and Mark Malloch Brown, "Running the World, after the Crash," *Foreign Policy* 184 (2011): 80–83, 给出了官方的过程描述；Harris Gleckman, "Multi-stakeholderism: A Corporate Push for a New Form of Global Governance," in *State of Power 2016: Democracy, Sovereignty, and Resistance* (Amsterdam: Transnational Institute, 2016), 91–106, 提供了一个辩证性的观点。
100 WEF, *Everybody's Business: Strengthening International Cooperation in a More Interdependent World* (Geneva: WEF, 2010).
101 Gleckman, "Multi-stakeholderism," 97. Gleckman's exhaustive critique, "Readers' Guide: Global Redesign Initiative," can be found at https://www.umb.edu/gri, accessed August 21, 2017.
102 Braithwaite and Drahos, *Global Business Regulation*, 280, 579.
103 对新企业社会责任标准影响的平衡评估出现在 Tim Bartley, "Re-centering the State," in *Rules without Rights: Land, Labor, and Private Authority in the Global Economy* (Oxford: Oxford University Press, 2018), 258–283。

结论

1 Mark Mazower, *Governing the World: The Rise and Fall of an Idea 1815 to the Present* (New York: Penguin Books, 2012), 201–15.
2 Swedish Standards Institute, *Money Doesn't Make the World Go Round; Standards Do* (Stockholm: SIS Forum AB, 2013), 5.
3 例如，参见David Singh Grewal *Network Power: The Social Dynamics of Globalization* (New Haven, CT: Yale University Press, 2008); Keller Easterling, *Extrastatecraft: The Power of Infrastructure Space* (London: Verso, 2014), 171–209; Jonathan Sterne, *MP3: The Meaning of a Format* (Durham, NC: Duke University Press, 2012); 以及 Lawrence Busch, *Standards: Recipes for Reality* (Cambridge, MA: MIT Press, 2011). 虽然我们没有意识到女性主义者对标准化

4 　J. 耶茨对唐·赫尔曼（2014年8月9日）和丹·霍利汉（2014年8月9日）的采访。
5 　2017年6月30日，在柏林DIN总部举行的第22届EURAS会议闭幕式上，一家大型软件公司的标准化负责人发表了演讲。
6 　2018年4月1日墨菲对王平的采访。
7 　2013年5月14日和5月16日J. 耶茨对鲁斯·休斯利的采访。
8 　Wang Ping and Zheng Liang, "Beyond Government Control of China's Standardization System—History, Current Status, and Reform Suggestions," in *Megaregionalism 2.0: Trade and Innovation within Global Networks*, ed. Dieter Ernst (Singapore: World Scientific, 2018), 333–61.
9 　墨菲对王平的采访。
10 　耶茨对霍利汉的采访。
11 　Craig N. Murphy, "Globalizing Standardization: The International Organization for Standardization," *Comparativ—Zeitschrift für Globalgeschichte und vergleichende Gesellschaftsforschung* 23, nos. 4/5 (2014): 137–53.
12 　Amy Cohen, "On Being Anti-imperial: Consensus Building, Anarchism, and ADR," *Law, Culture, and the Humanities* 9, no. 2 (2013): 243–60.